COMPÓSITOS ESTRUTURAIS:

ciência e tecnologia

Blucher

COMPÓSITOS ESTRUTURAIS:

ciência e tecnologia

2ª edição revista e ampliada

Prof. Dr. Flamínio Levy Neto
Ph.D. em Engenharia Mecânica
University of Liverpool, UK

Prof. Dr. Luiz Claudio Pardini
Ph.D. em Engenharia e Ciências dos Materiais
University of Bath, UK

Compósitos estruturais: ciência e tecnologia, 2. ed.

3ª reimpressão - 2022
Editora Edgard Blücher Ltda.

Blucher

Rua Pedroso Alvarenga, 1245, 4º andar
04531-934 - São Paulo - SP - Brasil
Tel.: 55 11 3078-5366
contato@blucher.com.br
www.blucher.com.br

Segundo o Novo Acordo Ortográfico, conforme 5. ed. do *Vocabulário Ortográfico da Língua Portuguesa*, Academia Brasileira de Letras, março de 2009.

Dados Internacionais de Catalogação na Publicação (CIP)
Angélica Ilacqua CRB-8/7057

Levy Neto, Flamínio
Compósitos estruturais : ciência e tecnologia / Flamínio Levy Neto, Luiz Claudio Pardini. - 2. ed. revista e ampl. - São Paulo : Blucher, 2016.
418 p. : il.

ISBN 978-85-212-1078-8

1. Materiais compósitos I. Título II. Pardini, Luiz Claudio

16-0520 CDD 620.118

Índice para catálogo sistemático:
1. Materiais compósitos

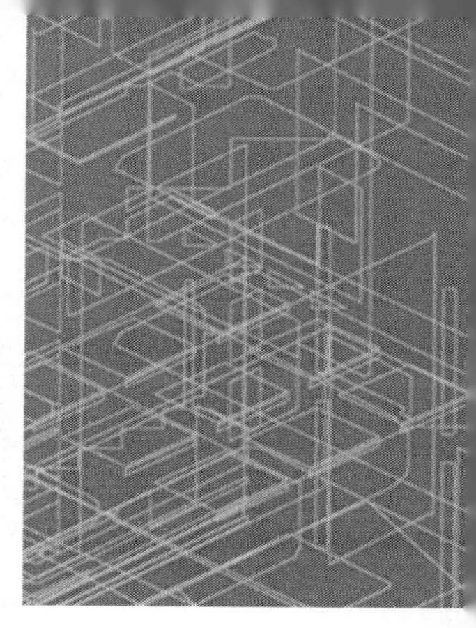

Agradecimentos

Os autores agradecem ao Criador, pela constante inspiração que receberam durante a redação do livro. A seus pais, por décadas de dedicação, amor e apoio incondicionais. A suas "Companheiras de Viagem", Man Lin e Adriane, pelo amor, carinho e compreensão, compartilhados ao longo da vida. Ao Brasil e a nossos educadores pela formação gratuita e de qualidade que receberam em seus cursos de graduação e pós-graduação junto ao ITA, à UFMG e à UFSCar. Ao CNPq, à Capes, à Fapesp, à Finep e ao Comando da Aeronáutica/CTA, pelos investimentos em pesquisa que receberam ao longo de ou em períodos de suas carreiras docentes e científicas. E às contribuições pessoais que receberam de Edmundo Ortiz, da Hexel, em São José dos Campos. Em especial, os autores agradecem à Odilma Gonçalves Couto pela revisão gramatical. Finalmente, também são gratos aos seus alunos e orientados, atuais e já formados, pois, ao tentarem lhes transmitir conhecimentos e com eles interagir, também muito aprenderam.

Prefácio da 2ª edição

Ter lançado este livro em 2006 e observado sua difusão e aceitação pelo Brasil desde então tem sido uma experiência gratificante. Durante este período, o emprego dos materiais compósitos prosseguiu consolidando-se como a principal alternativa para o desenvolvimento de estruturas de alto desempenho, e suas aplicações abrangem: todos os meios de transporte (aeronáutico, naval e terrestre); a geração de energias limpas e renováveis (pás de geradores eólicos e turbinas hidrocinéticas); a construção civil (reparos em pontes, viadutos e túneis); e a área da saúde (implantes ortopédicos e odontológicos biocompatíveis), dentre outras.

Diante da diversificação e expansão de sua utilização bem-sucedida, em inúmeros setores industriais, a certificação e a qualificação dos vários tipos de compósitos existentes atualmente no mercado ganhou uma especial relevância. Assim, nesta segunda edição revisada e ampliada, foi adicionado um capítulo específico e autossuficiente para tratar deste assunto. Entretanto, mantendo o foco nos conceitos e princípios básicos mais essenciais, procuramos fazer esta atualização sem expandir sobremaneira o tamanho do livro.

Agradecemos à Editora Blucher pelo apoio a esta nova edição e a todos os leitores da primeira edição.

Os Autores

Brasília

São José dos Campos

Abril 2016

Prefácio da 1ª edição

Em décadas recentes, o tema **compósitos estruturais** tem sido contemplado com um significativo número de excelentes livros, principalmente na Europa e na América do Norte, sendo tais publicações praticamente circunscritas a textos em inglês, alemão, russo e francês, e por vezes espanhol. Entretanto, por se tratar de uma área tecnologicamente estratégica, multidisciplinar por excelência, e com inúmeras aplicações em vários ramos da engenharia, na medicina, na odontologia e na arquitetura, entre outras áreas, é importante a existência de um texto básico e abrangente em português, para tornar mais dinâmico o desenvolvimento científico e tecnológico do Brasil nesta área.

Em virtude de o tema compósitos envolver e integrar um significativo número de áreas, podendo-se citar ramos da: Física; Química; Ciência dos Materiais; Tecnologia dos Polímeros; Metalurgia; Mecânica Aplicada, do cálculo estrutural, e dos processos de fabricação, um livro que cobrisse todo o assunto, de forma abrangente e profunda, seria por demais extenso. E seria muita pretensão, pela complexidade que cerca o assunto, abordá-lo de forma completa. Neste sentido, o enfoque principal deste livro é transmitir o significado físico dos conceitos fundamentais mais importantes, sem descuidar do conteúdo básico que o assunto exige, de forma a fornecer uma base sólida ao leitor, procurando motivá-lo no desenvolvimento de produtos em compósito de utilidade. A intenção é sedimentar, para profissionais que não possuem conhecimento prévio do assunto, uma plataforma que possa ser utilizada nos estudos de tópicos mais particulares ou avançados. Adicionalmente, o texto foi elaborado para incluir uma série de informações técnicas e propriedades de diferentes tipos de compósitos, bem como de seus constituintes, e também pode ser utilizado por estudantes de pós-graduação e profissionais de diferentes áreas de atuação nas indústrias e centros de pesquisa.

O mercado dos materiais compósitos tem crescido de forma constante e expressiva nas últimas três décadas e, hoje, inclui diversas aplicações aeroespaciais, biomédicas, na indústria automobilística, bem como na infraestrutura civil. Nestes e em vários outros setores, muitos profissionais têm sentido a necessidade de conceber produtos com esses novos materiais. O texto presente destina-se tanto a alunos dos últimos anos de graduação, que estejam iniciando uma especialização em compósitos, bem como a profissionais da indústria, de institutos de pesquisa e de cursos de pós-graduação, em busca de informações técnicas e de maior aprofundamento no assunto. Neste contexto, os capítulos iniciais tratam de temas mais básicos e introdutórios, incluindo: tópicos fundamentais sobre as propriedades físicas e químicas dos constituintes, matriz e reforço, da interface fibra/matriz; das preformas têxteis; dos processos de fabricação. Os capítulos finais são direcionados a abranger tópicos bem mais especializados, tais como: princípios básicos de teoria micromecânica; o comportamento elástico de materiais isotrópicos, lâminas, vigas e placas compósitas; efeitos ambientais e exemplos envolvendo compósitos híbridos especiais. Tendo em vista as considerações iniciais expostas, optamos por uma abordagem mais conceitual e fenomenológica dos tópicos a serem apresentados, nos quais os desenvolvimentos matemáticos exigidos serão circunscritos ao estritamente necessário e correspondentes aos cursos superiores nas áreas de ciências exatas e engenharia. Com isso, evitam-se técnicas analíticas altamente complexas. Entretanto, o texto possui mais de 250 referências bibliográficas, distribuídas nos capítulos. Os leitores que assim o desejarem podem utilizá-las para fins de aprofundamento em tópicos mais complexos e/ou leitura complementar, bem como encontrar nelas desenvolvimentos matemáticos mais detalhados das equações envolvidas.

Aos leitores que estão iniciando-se no assunto, recomenda-se um estudo criterioso dos capítulos iniciais, seguindo a sequência normal do livro, de forma a prepararem-se para compreender com mais facilidade os capítulos finais. Em particular, aos que não são da área de engenharia, é importante estudar bem o Capítulo 7. Já os que possuem familiaridade com o tema materiais compósitos podem se dirigir diretamente aos capítulos de maior interesse imediato, tanto para fins de revisar ou se aprofundar em um determinado tópico, como para obter especificações técnicas de processos e/ou características físicas, químicas e mecânicas de matérias-primas e compósitos.

Em essência, a tecnologia dos compósitos consiste em dispor fibras de alta resistência mecânica e grande rigidez, na maioria dos casos muito leves e imunes à corrosão galvânica, em posições e orientações predeterminadas e envoltas por uma matriz, em frações volumétricas definidas, o que resulta na formação de um componente de elevado desempenho estrutural. Os compósidos são estruturas ou componentes fabricados a partir de combinações, normalmente em nível macroscópico, de duas ou mais fases que apresentam morfologias distintas, exceção feita aos nanocompósitos. Entre outras finalidades, a fase aglutinante, denominada matriz, seja esta polimérica, metálica, carbonosa ou cerâmica, protege as fibras e mantém o reforço coeso e, consequentemente, os filamentos, em uma configuração geometricamente estável. A outra fase (ou outras fases, no caso dos compósitos híbridos), constituída do reforço, tem a função de resistir a carregamentos mecânicos e, via de regra, constitui-se de filamentos unidirecionais, tecidos ou de preformas. Outro aspecto relevante que deve ser destacado é que, ao se combinar um dado arranjo de fibras com uma matriz, está se manufaturando com componente de características físicas, químicas e mecânicas únicas. Ou seja, as propriedades do produto final dependem não apenas dos constituintes e respectivas frações volumétricas, mas também de todo o processo de fabricação adotado, incluindo seus inúmeros detalhes (isto é, temperaturas, tempos, pressões, taxas de aquecimento/resfriamento e umidade, entre outros). Portanto, contrariamente aos materiais ditos isotrópicos, como o aço e o alumínio, por exemplo, as propriedades dos compósitos variam com a orientação das fibras que o compõem, apresentando maior rigidez e resistência na direção paralela a elas, quando o reforço é do tipo unidirecional (isto é, todas as fibras são paralelas e alinhadas na mesma direção).

Pelo exposto, verifica-se que a eficácia da tecnologia dos compósitos depende do esforço integrado de vários especialistas. Os compósitos não são materiais "de prateleira", mas materiais que são criados concomitantemente ao projeto de um dado componente estrutural desejado, e suas propriedades físicas, mecânicas e químicas dependem do processo de fabricação que foi adotado. Neste contexto, é essencial que os profissionais envolvidos com compósitos conheçam não só um amplo espectro de temas, mas também a arte de se trabalhar em grupo. Via de regra, em função da multidisciplinaridade do assunto, as equipes que trabalham com compósitos incluem profissionais de várias áreas.

Este livro foi escrito em parceria por dois engenheiros, um químico e o outro mecânico, ambos com cursos de graduação e mestrado, no Brasil, e doutorado, na Europa, na área de tecnologia de compósitos, e com mais de duas décadas de experiência em instituições de ensino (em nível de graduação e pós-graduação) e pesquisa, no Brasil e na Europa, tendo já ministrado vários cursos de treinamento a profissionais, incluindo engenheiros e pesquisadores da Petrobras/Cenpes, da Tecsis, da Aeromot e do Instituto Nacional de Pesquisas Espaciais (Inpe). Também participaram do desenvolvimento de componentes estruturais compósitos para a Embraer (bordo de ataque da asa da aeronave EMB-120-Brasília), o Centro Técnico Aeroespacial (fibras de carbono, freios em compósitos CRFC para aeronaves, gargantas de tubeiras e vasos de pressão para o Veículo Lançador de Satélites-VLS brasileiro), o Ibama (vigas híbridas de madeira e plástico reforçado com fibras) e a Marine Tech (estruturas submersíveis), entre outras.

Finalmente, em uma analogia mais ampla, os compósitos também incorporam, na prática, em realidade tangível, o princípio de que a união faz a força. E um fator vital na elaboração desta obra foi a cooperação incondicional e irrestrita dos autores, os quais, além de escrever um livro, tentaram manifestar a multiplicidade do Um.

Os Autores

Brasília / São José dos Campos

Junho 2006

Conteúdo

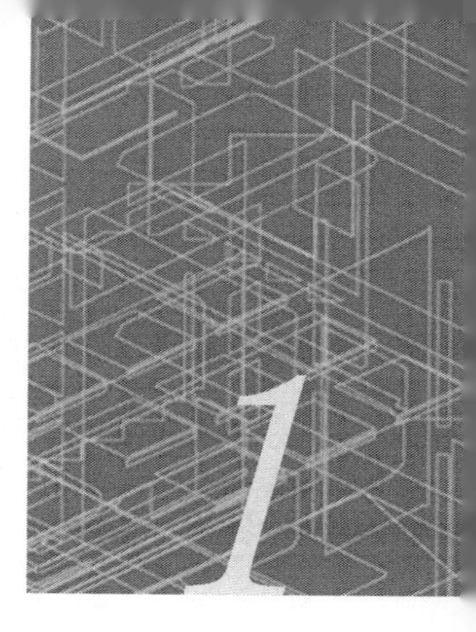

Considerações gerais e estado da arte

1.1 INTRODUÇÃO

Inúmeras conquistas tecnológicas recentes, principalmente as relacionadas com aplicações relevantes em áreas, tais como aeronáutica, aeroespacial, petroquímica, naval, bioengenharia, automobilística, construção civil, energia eólica e de artigos esportivos, entre outras, somente se tornaram viáveis após o advento dos compósitos estruturais. Essa classe de materiais é bastante ampla e abrangente, compreendendo desde os polímeros reforçados com fibras, os materiais híbridos metal/compósito e os concretos estruturais, bem como outros compósitos que incorporam matriz metálica ou matriz cerâmica. Portanto a característica básica dos compósitos é combinar, normalmente em nível macroscópico, pelo menos, duas fases distintas denominadas de matriz e reforço. No caso mais recente dos nanocompósitos, nos quais nanopartículas com dimensões características iguais ou inferiores a 10^{-9} m são adicionadas à matriz, a combinação de fases ocorre também em níveis submicroscópicos, porém de forma diferenciada em relação às ligas metálicas e aos materiais cerâmicos, nos quais as combinações são em nível atômico. Os compósitos obtidos a partir de reforços contínuos apresentam um excelente desempenho estrutural, considerando-se a resistência e a rigidez específicas. Esses materiais são muito resistentes a vários tipos de corrosão, e, se comparados às ligas metálicas estruturais, são bem mais leves (por fatores superiores a até quatro vezes). No caso particular dos compósitos Carbono Reforçado com Fibras de Carbono (CRFC), estas atrativas características mantêm-se em temperaturas significativamente elevadas, superiores a 400 °C (SAVAGE, 1994).

Embora a associação do termo compósitos esteja ligada às chamadas tecnologias de ponta – nas quais peças e dispositivos oriundos desse material são empregados em componentes utilizados em: satélites; aeronaves e helicópteros; implantes ortopédicos e odontológicos biocompatíveis; veículos de Fórmula 1; plataformas marítimas de petróleo; tubulações; pontes; edifícios; reparos em viadutos; telescópios; geradores eólicos; instrumentos musicais; e estruturas inteligentes (ou adaptativas) em geral – a origem dessa importante classe de materiais remonta a incontáveis milhares de anos, uma vez que as madeiras, os ossos e os tecidos musculares são exemplos notáveis em termos de eficiência estrutural dos chamados compósitos naturais (HULL; CLYNE, 1996). Nesses materiais, também pode-se distinguir uma fase de reforço, normalmente na forma filamentar, e outra aglutinante (a matriz), a qual permite que os reforços transfiram esforços mecânicos entre si e trabalhem de forma integrada e sinergística (CHAWLA, 1987; JONES, 1975).

Em muitos casos, é possível obter-se efeitos sinergísticos ao se combinar diferentes materiais para criar compósitos, os quais, via de regra, apresentam propriedades especiais que nenhum de seus constituintes possui isoladamente. Se reforços individuais constituídos por filamentos extremamente resistentes, rígidos e leves, fossem utilizados *sem* uma matriz que os aglutinasse, protegesse e os estabilizasse geometricamente, só poderiam ser empregados em componentes submetidos unicamente a esforços de tração. Por outro lado, os materiais poliméricos, cerâmicos ou metálicos, geralmente usados como matriz, não apresentam, *isoladamente*, desempenho estrutural elevado em dois ou mais aspectos distintos. Ou seja, não exibem simultaneamente resistência mecânica e à corrosão, ou não apresentam rigidez e tenacidade à fratura aliada à baixa massa específica. Inúmeros tipos de compósitos são conhecidos por apresentarem, simultaneamente: altos índices de resistência e rigidez por unidade de peso, mesmo quando são submetidos a esforços combinados de tração (ou compressão), flexão e torção; elevado amortecimento estrutural; ausência de corrosão em muitos ambientes agressivos aos metais e boa tenacidade à fratura em diversos casos (HULL; CLYNE, 1996; LEVY, 1983). Uma representação gráfica do conceito de se reforçar diferentes tipos de matriz para a obtenção de um compósito é ilustrada na Figura 1.1.

Se tomarmos como exemplo os compósitos obtidos a partir de matriz polimérica, constatamos que as fibras de reforço mais utilizadas em nível comercial são as fibras de carbono, fibra de vidro-E e fibras de aramida. Essas fibras conferem alta rigidez e resistência mecânica a componentes que as utilizam. Mais recentemente fibras de polietileno de ultra-alta massa molecular e fibras de copoliésteres aromáticos (PBO) têm sido utilizadas em componentes sujeitos a impacto. As matrizes poliméricas (termorrígidas e termoplásticas), embora apresentem baixa massa específica (~1g/cm^3), são bem menos resistentes e rígidas que as fibras. Essa peculiaridade faz com que as propriedades mecânicas (tensões de ruptura e constantes elásticas) dos compósitos poliméricos, utilizados em aplicações de engenharia, sejam significativamente influenciadas, tanto pela orientação (ângulo de direcionamento) das fibras em relação às solicitações mecânicas como pelas frações volumétricas de seus constituintes individuais. Tal dependência também ocorre nas propriedades higrotérmicas dos compósitos poliméricos, tais como condução de calor, dilatação térmica e absorção de umidade, entre outras (DANIEL; ISHAI, 2006; GIBSON, 1994).

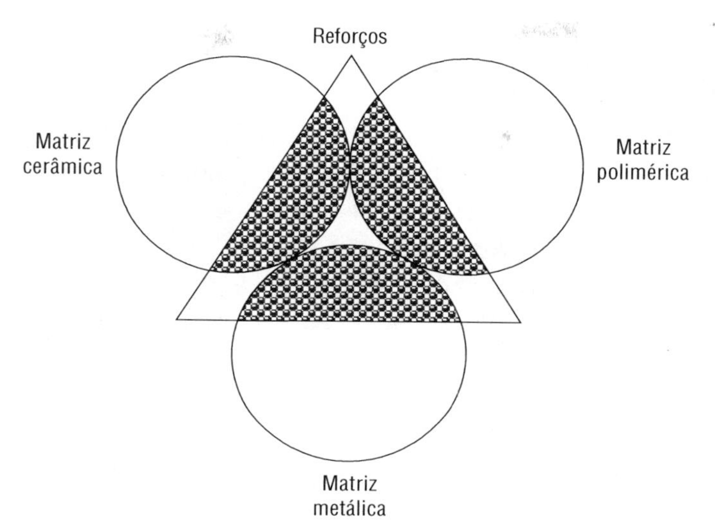

Figura 1.1 Representação das combinações possíveis em compósitos com matriz cerâmica, metálica ou polimérica.

Já as ligas metálicas comerciais, tais como as de aço, alumínio e cobre, são geralmente materiais de prateleira, cujas propriedades mecânicas são conhecidas e bem definidas no ato de aquisição. E, após a compra, a forma de alterar as propriedades (p. ex. dureza e tensão de escoamento) é por meio de tratamentos térmicos, químicos e mecânicos.

Em decorrência do exposto anteriormente, pode-se verificar que os compósitos, em relação aos materiais estruturais isotrópicos tradicionais (materiais metálicos), apresentam um grau de complexidade inerente significativamente maior. Os materiais metálicos apresentam propriedades bem definidas (normalmente independentes da direção e do sentido dos esforços mecânicos aplicados, por serem geralmente isotrópicos) repetitivas e previsíveis a partir de processos clássicos de fabricação já consolidados tecnologicamente ao longo de muitas décadas. Por outro lado, as propriedades dos compósitos são significativamente influenciadas por um grande número de fatores e variáveis, e podem ser criadas pelos projetistas, em razão de necessidades práticas. Mas, se, por um lado, este fato torna o modelamento matemático do comportamento mecânico dos compósitos mais difícil e trabalhoso, por outro, pode possibilitar a liberdade de ajustar a manufatura do material compósito dotando-o de propriedades adequadas à necessidade, atendendo a um requisito específico de projeto. Dessa forma, o compósito pode ser efetivamente projetado simultaneamente ao componente estrutural de que se necessita para uma dada aplicação, dotando-o de propriedades únicas, de forma a atender aos requisitos específicos de projeto, exigidos a cada nova situação (TSAI, 1987).

1.2 DEFINIÇÕES E CLASSIFICAÇÃO

Em um contexto bem amplo, os compósitos podem ser divididos em naturais e sintéticos. Entre os compósitos sintéticos, que são o objeto principal deste livro, e considerando as diferentes classes relacionadas com as várias opções de matriz, pode-se enumerar uma série de outras classificações decorrentes dos tipos e arranjos dos reforços existentes, conforme mostra esquematicamente o diagrama da Figura 1.2. Os compósitos associados ao corpo humano também são mostrados em itálico no diagrama. Observa-se, pela Figura 1.2, que os reforços em um compósito podem consistir-se de fibras ou partículas (incluindo as nanopartículas). Caso o reforço seja na forma de fibras, pode-se dispô-las em feixes paralelos entre si, ou entrelaçados formando tecidos, de modo a formar e orientar o reforço em multidireções, multicamadas ou na forma de camadas isoladas ou lâminas. Os compósitos obtidos com reforço multidirecional têm como ponto de partida as preformas têxteis e se constituem em um salto tecnológico, no sentido de se obter estruturas maciças de grande volume e com propriedades ajustadas à aplicação a que se destinam.

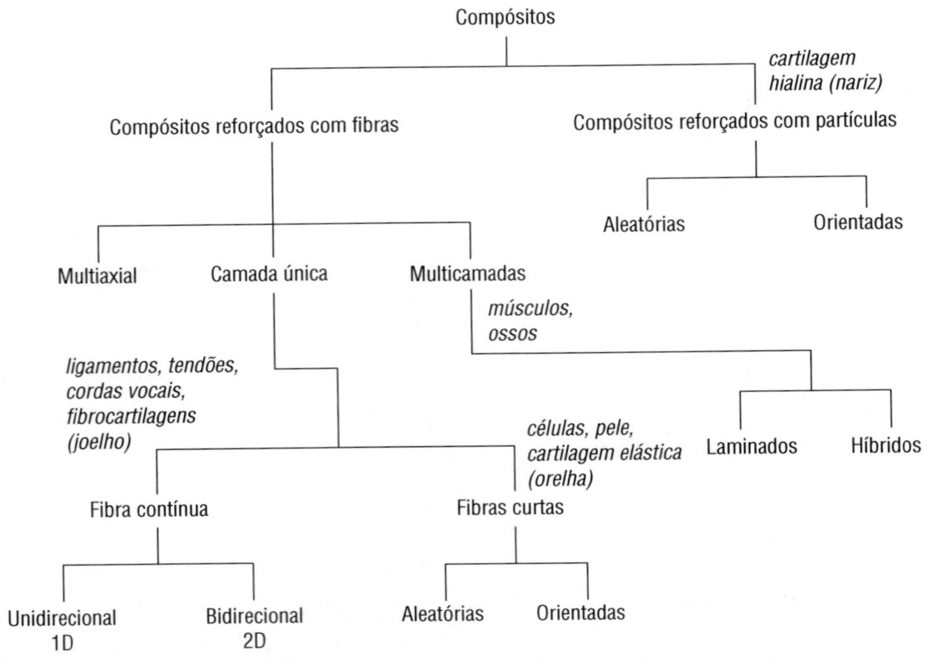

Figura 1.2 Proposta de classificação hierárquica de compósitos sintéticos e naturais.

Os compósitos com camadas isoladas podem ser subdivididos em compósitos com fibras contínuas ou fibras curtas. Já os compósitos multicamadas podem ser subdivididos em: (i) compósitos laminados, nos quais um único tipo de fibra é utilizado na manufatura do compósito, mas que podem apresentar orientações definidas e distintas entre as lâminas; e (ii) os compósitos híbridos, em que dois ou mais tipos de fibras de reforço são utilizados, ou o compósito é constituído de lâminas metálicas intercaladas com lâminas de compósito, como nos casos do "CARAL" (*carbon reinforced aluminum*) e do "GLARE" (*glass aluminum reinforced*).

Os compósitos sintéticos, obtidos com fibras contínuas, podem apresentar reforço unidirecional (Figura 1.3a) ou reforço bidirecional (tecidos, Figura 1.3b). Nesses casos, o material é moldado de forma que, em cada camada do compósito, a fase de reforço é contínua e dotada de uma orientação preferencial. Casos particulares de lâminas compósitas são ilustrados esquematicamente na Figura 1.3. Os reforços referentes às Figuras 1.3c e 1.3d são denominados mantas de fibras picadas e contínuas respectivamente.

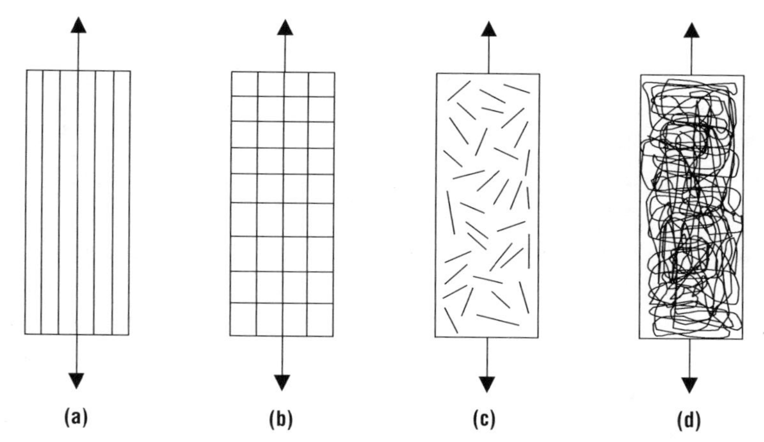

Figura 1.3 Lâminas com reforço tipo: (a) unidirecional; (b) tecido bidirecional balanceado; (c) fibras picadas; e (d) manta contínua, submetidas a esforços de tração uniaxial longitudinais.

Se considerarmos que os compósitos esquematizados na Figura 1.3 fossem fabricados a partir de uma mesma matriz e de um tipo específico de fibra, com idênticas frações volumétricas nos quatro casos, e submetidos a esforços de tração *longitudinais* (ou seja, na direção vertical), podemos ilustrar suas diferenças em relação à eficiência de comportamento mecânico.

Os compósitos obtidos a partir de lâminas reforçadas com fibras unidirecionais e tecidos bidirecionais (Figuras 1.3a e 1.3b, respectivamente), tendem a ser muito mais eficientes estruturalmente (ou seja, mais resistentes e rígidos) em relação aos compósitos obtidos com fibras picadas e mantas contínuas (Figuras 1.3c e 1.3d).

No caso 1.3a, a resistência mecânica e a rigidez teriam maiores valores na direção longitudinal, em relação ao caso 1.3b, no qual os resultados de resistência mecânica e rigidez apresentariam valores intermediários. Nos casos 1.3c e 1.3d, os valores de resistência mecânica e rigidez seriam menores que nas situações anteriores. Entretanto tal fato só se verifica para esforços mecânicos *longitudinais*. Se os esforços fossem aplicados transversalmente (direção horizontal), o melhor desempenho ocorreria na situação 1.3b, e os piores desempenhos, nos casos 1.3a, 1.3c e 1.3d. No caso 1.3a, em particular, a máxima resistência ocorre quando o esforço é paralelo às fibras, conforme mostrado na Figura 1.3. Porém, se o esforço for perpendicular (transversal) às fibras a resistência será mínima ou seja, o reforço unidirecional longitudinal (Figura 1.3a) só será o mais eficiente quando o carregamento de tração uniaxial também for longitudinal. Essas tendências indicam que a orientação das fibras em relação aos esforços aplicados, considerando-se o fato de serem contínuas ou não, influenciam significativamente as propriedades mecânicas dos compósitos. Desta forma, arranjos distintos e combinações de fibras conferem aos compósitos diferentes características e propriedades.

Outro fator determinante no desempenho de um compósito frente aos mais diversos tipos de solicitações são as frações volumétricas de fibras (V_f), matriz (V_m) e vazios (V_v). Estes parâmetros são usados para quantificar os volumes percentuais de cada componente (fibras, matriz e vazios, respectivamente), em relação ao volume total de um compósito. Os valores de V_f e V_m, em qualquer tipo de compósito, são determinados pelo processo de fabricação adotado, e, dentro de certos limites, podem ser controlados. Pode-se obter compósitos com valores de V_f de até 70%/volume (MATHEWS; RAWLINGS, 1994). Deseja-se que os valores de V_v, particularmente em compósitos poliméricos, sejam menores que 1%/volume, pois os vazios são prejudiciais ao desempenho mecânico dos compósitos, principalmente quando a resistência à fadiga é um requisito importante do projeto estrutural.

Quanto à fração volumétrica de matriz, V_m, para que todos os filamentos do reforço sejam impregnados por ela, seu valor mínimo é próximo de 30%. Em decorrência deste fato, o valor máximo de V_f é limitado a cerca de 70% (MALLICK; NEWMAN, 1990).

Outra característica marcante dos compósitos é sua versatilidade quanto ao largo espectro de propriedades físicas, químicas e mecânicas, que podem ser obtidas pela combinação de diferentes tipos de matriz e pelas várias opções de reforço. O limite de combinações para a obtenção de um compósito tende ao infinito da imaginação.

1.3 CARACTERÍSTICAS PRINCIPAIS DOS MATERIAIS REFORÇADOS COM FIBRAS

Os diferentes tipos de compósitos apresentam características bem diversas entre si, e os seus usos, em diferentes aplicações, dependem de fatores, tais como desempenho estrutural, preço e disponibilidade das matérias-primas, e cadência do processo de fabricação, entre outros parâmetros. Atualmente, o desempenho estrutural dos compósitos sintéticos, em muitos aspectos, ainda supera o dos compósitos naturais. Entretanto, com a crescente necessidade de se resguardar o meio ambiente das inúmeras agressões oriundas dos processos industriais, bem como minimizar a dependência de recursos não renováveis, como o petróleo, e assim, efetivamente, promover o desenvolvimento sustentável, o uso de matérias-primas de origem vegetal e, portanto, renováveis, vem crescendo nos últimos anos. Até então, com raras exceções, a produção de materiais sintéticos tem causado problemas ambientais, e o seu uso em compósitos, principalmente no que concerne às matrizes termorrígidas (também chamadas termofixas), tem contribuído para a geração de um lixo que apresenta dificuldades de reciclagem. Uma das poucas opções de reciclagem para os componentes compósitos descartados, em função do processo de endurecimento das matrizes termofixas ser irreversível, é moer as peças que iriam para o lixo e incorporar a carga mineral obtida em asfalto e a materiais de construção civil em geral (p. ex. concretos e argamassas). Por outro lado, é notável que materiais, tais como os ossos, os dentes, o bambu e várias espécies de madeira, também apresentem desempenhos mecânicos excepcionais em alguns aspectos, incluindo elevados índices de resistência e rigidez específicos, e mereçam ser mais bem estudados. Tais estudos, além de representarem uma esperança, em relação à solução dos problemas ambientais existentes e à de escassez de matérias-primas, podem contribuir com o próprio aperfeiçoamento dos compósitos sintéticos atualmente existentes.

Os ossos, em particular, são compósitos inteligentes (ou adaptativos), que, ao se deformar, liberam ions negativos que atraem o cálcio e se fortalecem. Adicionalmente, têm capacidade de autoregeneração ao sofrer trincas e fraturas, se permanecerem imobilizados no interior de um organismo vivo.

Em virtude de o espectro de aplicações dos compósitos ser significativamente amplo, os requisitos de desempenho estrutural e o baixo custo, aliados à cadência de produção, apresentam diferentes graus de importância nos distintos segmentos industriais. Nas aplicações aeronáuticas, aeroespaciais e biomédicas o desempenho estrutural dos componentes manufaturados em compósitos é de vital importância, ao passo que os fatores econômicos envolvidos em sua utilização têm menor relevância. Na indústria automobilística e na construção civil, por outro lado, essa situação tende a se inverter, ou seja, o baixo custo passa a ser um parâmetro preponderante, em detrimento do desempenho, conforme ilustrado na Figura 1.4.

Adicionalmente, a cadência de produção nos setores aeronáutico e aeroespacial é relativamente lenta, e permite o emprego de polímeros termorrígidos, ao passo que, na indústria automobilística e na construção civil, normalmente são necessários ciclos de produção rápidos e de alto volume, como mostra a Figura 1.5. Neste aspecto, os componentes manufaturados em compósitos para aplicações biomédicas tendem a necessitar de uma cadência de produção intermediária. Assim, componentes para uso biomédico, como, por exemplo, pinos para implante odontológico, devem apresentar requisitos, como preço, taxa de produção e desempenho estrutural, bem diferentes dos de uma viga de concreto estrutural reforçado com fibras de carbono para uso em construção civil, por exemplo (DEAN et al. 1998). Na construção civil, tem havido um uso expressivo de compósitos em reparos estruturais de viadutos, pontes, túneis e edificações em geral (MACHADO, 2002).

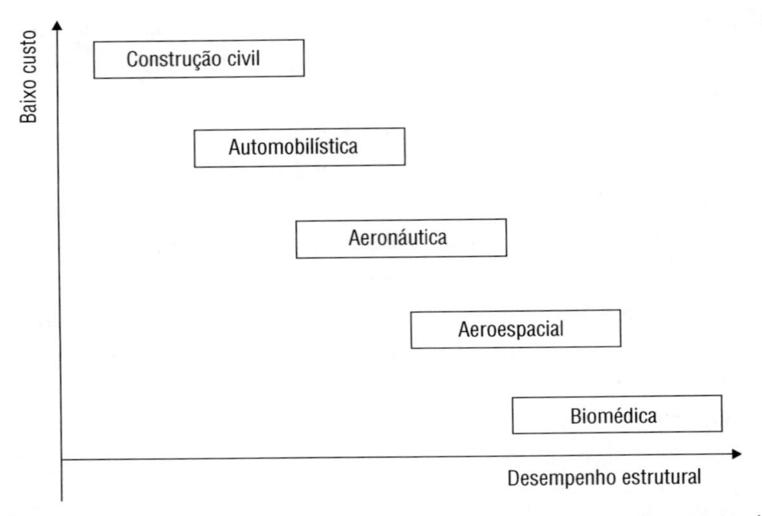

Figura 1.4 Importância relativa das necessidades de baixo custo e desempenho estrutural em componentes compósitos utilizados em diferentes ramos da indústria.

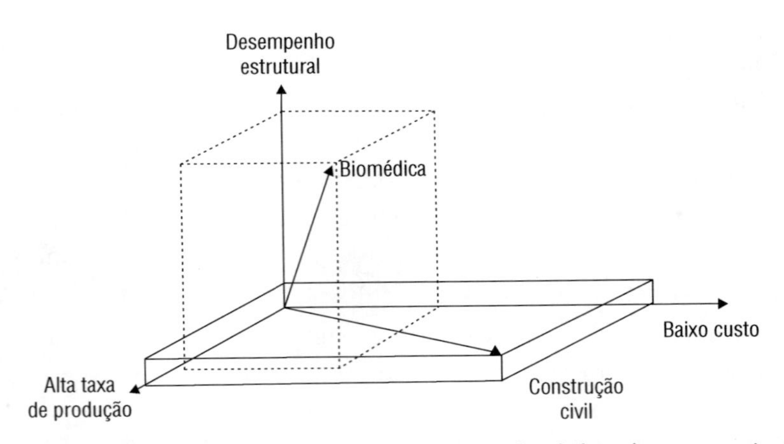

Figura 1.5 Custos, taxas de produção e desempenhos estruturais relativos de componentes obtidos em compósitos empregados na construção civil e na área biomédica.

Muito embora as características dos compósitos possam variar significativamente em razão do tipo de aplicação a que se destinam, muitos aspectos relevantes são comuns a inúmeros tipos de compósito. As relações entre tensões e deformações, em particular, apresentam certas peculiaridades que são típicas dessa classe de materiais. No Capítulo 7, são apresentadas definições detalhadas a respeito das tensões normais (σ) e de cisalhamento (τ), mostradas na Figura 1.6, bem como das deformações normais (ε) e angulares (γ).

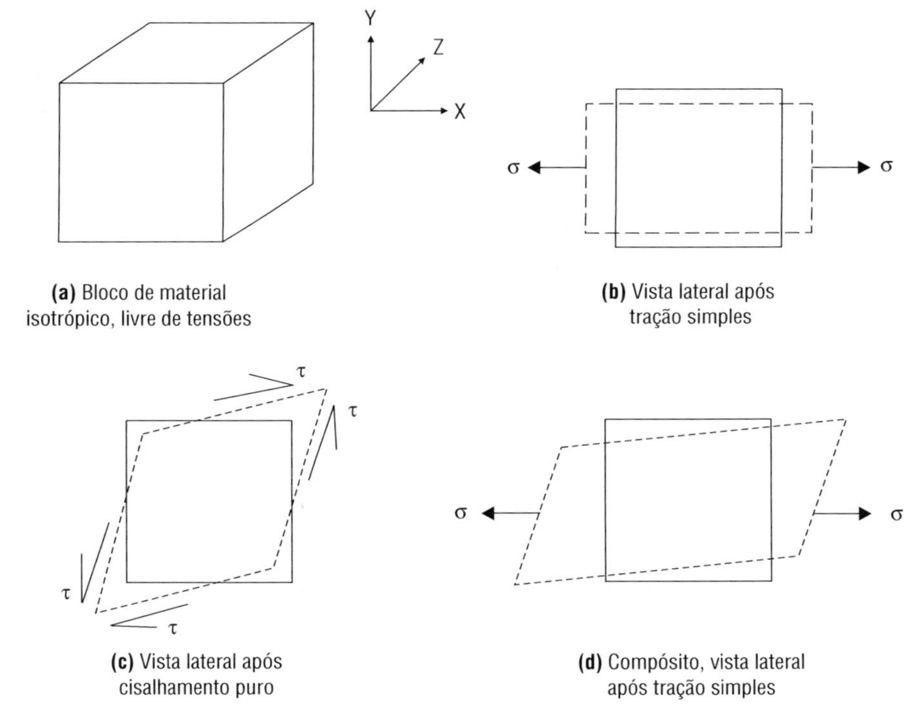

Figura 1.6 Comparação entre o comportamento mecânico de materiais isotrópicos, (a), (b) e (c), e compósitos, (d), submetidos a tensões puras normais (σ) ou de cisalhamento (τ). O bloco compósito (d) é reforçado com fibras *inclinadas* em relação ao eixo X.

Em materiais isotrópicos, (que incluem as principais ligas metálicas de uso estrutural) a aplicação exclusiva de tensões normais (σ) só produz deformações normais (ε), e a aplicação de tensões de cisalhamento puro (τ) só provoca distorções angulares (γ). Assim, se um determinado elemento de volume metálico, como o representado na Figura 1.6a for submetido à tração longitudinal (direção X), os comprimentos de suas arestas vão se modificar, conforme mostra a Figura 1.6b; e, caso este fosse solicitado por tensões de cisalhamento puro (ver Figura 1.6c), os ângulos inicialmente ortogonais de seus vértices (contidos no plano X,Y) sofreriam distorções angulares. Entretanto, ao se tracionar um compósito, podem também surgir, simultaneamente, além das deformações normais (ε), distorções angulares (γ) conforme se mostra na Figura 1.6d. Caso tensões de cisalhamento puro atuem nesse tipo de material, podem ocorrer, concomitantemente, tanto distorções angulares como deformações normais (DANIEL; ISHAI, 2006).

Esse fenômeno, peculiar aos compósitos que possuem fibras inclinadas em relação às solicitações mecânicas, é devido a um acoplamento entre extensão e cisalhamento (LEVY NETO, 1991). Assim, os efeitos típicos que as tensões normais (σ) e de cisalhamento (τ), via de regra, produzem nos materiais isotrópicos, quando aplicadas separadamente, isto é, σ isoladamente ou somente τ, podem se superpor em certos tipos de compósitos, gerando acoplamentos elásticos e tornando sua análise mais complexa (TSAI; MELO, 2015; MOURA et al. 2011; DANIEL; ISHAI, 2006).

Além do acoplamento tipo extensão/cisalhamento, em compósitos podem ocorrer outros tipos de acoplamentos, tais como (i) entre flexão e torção; (ii) entre esforços de membrana e curvaturas de flexão e torção; e (iii) entre momentos fletores e torçores e deformações no plano médio de laminados, conforme detalhado no Capítulo 9. Os acoplamentos descritos nos itens (ii) e (iii) são inerentes aos compósitos de espessura delgada (placas e cascas) que não possuem um plano médio de simetria (DANIEL; ISHAI, 2006).

1.4 MATÉRIAS-PRIMAS BÁSICAS

Tradicionalmente, os compósitos sintéticos têm se utilizado extensivamente das fibras de vidro, de carbono e de aramida (p. ex. kevlar 49) como reforços, e dos polímeros termorrígidos (epóxi, poliéster, fenólica etc.) como matriz. As matrizes termoplásticas ainda têm emprego restrito em compósitos, mas teriam a grande vantagem de poderem ser recicladas. O setor industrial, nas últimas décadas, investiu significativamente em equipamentos de processo para utilização de matrizes predominantemente termorrígidas. Mais recentemente, muitos esforços têm sido concentrados em pesquisas no sentido de se utilizar mais intensamente as matrizes termoplásticas (poli-éter-éter-cetona, poliimidas etc.), metálicas (alumínio, magnésio, titânio etc.) e cerâmicas (carbeto de silício, mulita etc.) e o concreto. As aplicações comerciais desses compósitos, entretanto, ainda não são significativas.

No âmbito dos reforços, as fibras de vidro-E apresentam Módulo de Elástico (E) de ~72 GPa, valor este próximo ao das ligas de alumínio estruturais. As fibras de aramida (poliamida aromática, p. ex. o Kevlar 49© da Du Pont) têm Módulo Elástico de ~130 GPa, sendo um pouco mais rígidas que o titânio; e as fibras de carbono de alta resistência, por exemplo, têm Módulo Elástico maior que 230 GPa, sendo mais rígidas que os aços em geral. As fibras de carbono são o único tipo de reforço que, dependendo da temperatura de tratamento térmico (500-2.500 °C), podem apresentar um largo espectro de resistência à tração e Módulo Elástico.

Adicionalmente, essas fibras de reforço utilizadas em compósitos são muito leves e apresentam massas específicas próximas de: 2,5 g/cm^3 (vidro-E); 1,4 g/cm^3 (aramida); e 1,75 g/cm^3 (carbono). Fibras de carbono de última geração obtidas a partir de piche mesofásico podem apresentar rigidez superior ao aço por fatores de até duas a quatro vezes, mas ainda apresentam custo elevado. As fibras de reforço são comercializadas a um custo que se situa entre US$ 10/kg e US$ 100/kg (TSAI, 1987).

Dentre as matrizes termorrígidas (também chamadas de termofixas ou termoestáveis), as resinas epóxi têm maior custo, mas apresentam propriedades mecânicas e resistências ao calor e umidade ligeiramente superiores em relação às resinas poliéster, e ambas são de fácil processamento. Uma característica importante é o fato de serem líquidos ou pastas moldáveis antes da polimerização (ou cura), facilitando muito a fabricação de peças. As resinas fenólicas têm baixo custo (~US$2/kg), mas seu processamento é mais trabalhoso, pois ocorre grande eliminação de voláteis (ou seja, formação de bolhas) durante a consolidação, mas nem por isso são menos importantes, porque são utilizadas em estruturas que necessitam de alta resistência ao calor ou mesmo como matrizes precursoras de compósitos Carbono Reforçado com Fibras de Carbono. A grande restrição dos polímeros, sejam eles termoplásticos ou termorrígidos, é a limitação na temperatura por eles suportada em serviço (100 a 300 °C), e a baixa tenacidade à fratura (0,1-5 kJ/m^2), que é significativamente inferior a dos aços em geral (> 50 kJ/m^2). Muitas das pesquisas atuais têm sido direcionadas no sentido de utilização de matrizes metálicas e cerâmicas, para aumento da temperatura de uso em serviço, e no sentido de utilização de preformas multidirecionais para aumento de tenacidade.

1.5 APLICAÇÕES TECNOLÓGICAS

O uso de compósitos em estruturas, e principalmente os reforçados com carbono, tem permitido uma significativa redução no peso destas, bem como contribuído para melhorar as resistências à corrosão e à fadiga de uma infinidade de componentes de aeronaves de última geração, plataformas marítimas de petróleo, satélites, submarinos, foguetes, veículos automotores, pás de geradores eólicos, vigas especiais e reparos para construção civil, trens de alta velocidade, artigos esportivos (como as raquetes de tênis e os tacos de golfe) e implantes ortopédicos, entre outras aplicações. Em razão da multiplicidade de variações possíveis na orientação das fibras em relação às direções de solicitação mecânica, o cálculo estrutural e o projeto de componentes manufaturados em compósitos tornam-se mais complexos, conforme detalhado no Capítulo 9. Entretanto, o cálculo de estruturas nas quais são empregados outros tipos de materiais de engenharia, e principalmente os materiais isotrópicos, são casos particulares simplificados das teorias macro e micromecânica de compósitos.

Os objetivos principais do presente texto se prendem a: (i) discorrer sobre as matrizes utilizadas na manufatura de compósitos; (ii) abordar os tipos de fibras utilizadas como materiais reforçantes e (iii) os tipos e características de reforços na forma de tecidos e preformas, (iv) discorrer sobre os principais processos de fabricação utilizados na produção de componentes em compósitos e suas características básicas; (v) abordar a interação fibra de reforço/matriz na forma de sua interface, (vi) abordar o comportamento elástico dos materiais, como uma introdução às (vii) teorias de micro e macromecânica, para o cálculo e projeto de estruturas em compósitos.

1.6 REFERÊNCIAS

CHAWLA, K. K. *Composite materials:* science and engineering. London: Springer--Verlag, 1987. 504p.

DANIEL, I. M.; ISHAI, O. *Engineering mechanics of composite materials.* New York: Oxford University Press, 2006. 411p.

GIBSON, R. F. *Principles of composite materials mechanics.* New York: McGraw Hill, 1994. 425p.

HULL, D.; CLYNE, T. W. *An introduction to composite materials.* Cambridge, UK: Cambridge University Press, 1996. 326p.

JONES, R. M. *Mechanics of composite materials.* Washington, D.C.: Scripta Book, 1975. 350p.

LEVY NETO, F. *Estudo da falha ao impacto de uma estrutura de material conjugado usada em aeronaves.* Dissertação de mestrado, ITA, 1983.

LEVY NETO, F. *The behaviour of externally pressurised composite dornes*, PhD. Dissertation thesis, University of Liverpool, 1991.

MACHADO, A. P. *Reforço de estruturas de concreto armado com fibras de carbono.* São Paulo: Editora Pini, 2002. 271p.

MALLICK, P. K.; NEWMAN, S. *Composite materials technology:* process and properties. Munich: Hanser Publishers, 1990. 400p.

MATTHEWS, F. L.; RAWLINGS, R. D. *Composite materials*: engineering and science. London: Chapman & Hall, 1994. 470p.

MOURA, M. F. S. F.; MORAIS, A. B.; MAGALHÃES, A. G. *Materiais compósitos.* Porto, Publindústria, 2011. 369p.

SAVAGE, G. *Carbon-carbon composites.* London: Chapman & Hall, 1994. 389p.

TSAI, S. W. *Composite design.* Think composites, Dayton-USA, 1987.

TSAI, S. W.; MELO, J. D. D. *Composite materials design and testing.* Stanford: JEC Group, 2015. 450p.

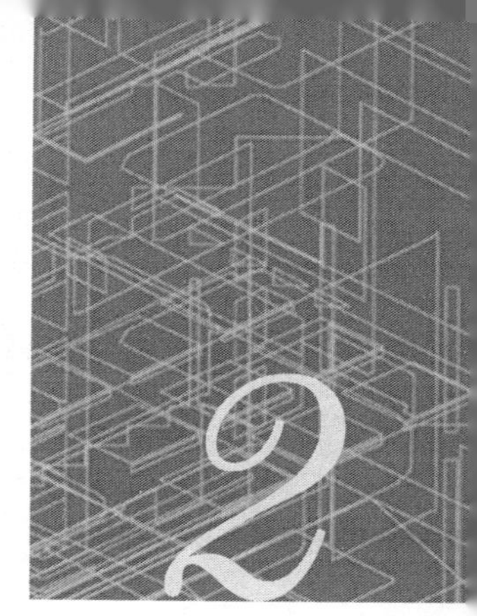

Matrizes para compósitos

2.1 MATRIZES POLIMÉRICAS

Em nível comercial, é grande o predomínio das matrizes poliméricas na fabricação de componentes compósitos. E, dentre estas, as termorrígidas tais como poliester e epóxi são as mais utilizadas. Porém o endurecimento (cura) das resinas termorrígidas é irreversível e dificulta a reciclagem de compósitos fabricados com esse tipo de matriz. Uma alternativa para melhorar a reciclabilidade de compósitos é o uso de matrizes termoplásticas (ver Seção 2.1.2).

2.1.1 Matrizes termorrígidas ou termofixas

2.1.1.1 Resina poliéster

As resinas de poliéster compõem uma família de polímeros formados a partir da reação de ácidos orgânicos dicarboxílicos e glicóis, que, quando reagem, dão origem a moléculas de cadeia longas lineares. Se um ou ambos constituintes principais são insaturados, ou seja, contêm uma ligação dupla reativa entre átomos de carbono, a resina resultante é insaturada. A *reação* de síntese da resina poliéster é uma reação de polimerização por condensação em etapas, ou seja, a *reação* de um álcool (base orgânica) com um ácido, resultando em uma *reação* de esterificação, formando um éster e água, conforme mostra a Figura 2.1.

$$R_1-\overset{\overset{\displaystyle O}{\|}}{C}-OH + HO-R_2 \rightleftarrows R_1-\overset{\overset{\displaystyle O}{\|}}{C}-O-R_2 + H_2O$$

Figura 2.1 Representação esquemática da síntese de um éster insaturado.

O grupo funcional [-COO-] é o grupo éster. A reação é reversível e, na prática, o equilíbrio é deslocado na direção da esterificação, com eliminação de água do meio reator. Se a reação se processar com um biálcool e um biácido o produto resultante contará com diversos grupos éster, dando origem a um poliéster, conforme mostra a molécula da Figura 2.2, cujas unidades são unidas entre si por ligações "éster".

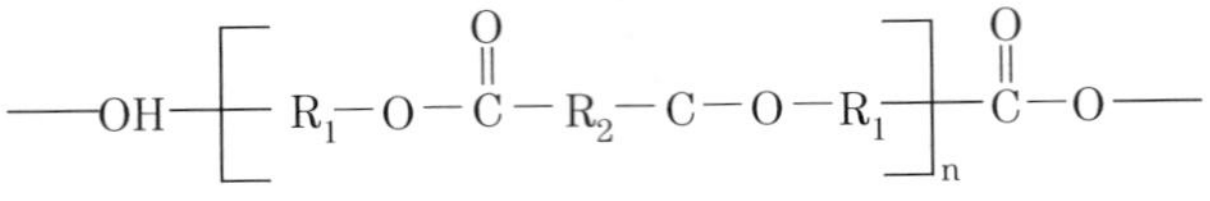

$$-OH-\left[R_1-O-\overset{\overset{O}{\|}}{C}-R_2-C-O-R_1\right]_n-\overset{\overset{O}{\|}}{C}-O-$$

Figura 2.2 Representação esquemática de uma molécula de poliéster insaturado.

As resinas de poliéster são fornecidas ao moldador na forma de um líquido viscoso, e se transformam em um sólido rígido infusível (termorrígido), por meio de uma reação química exotérmica de polimerização ou cura. Entretanto, a cura de resinas de poliéster se processaria muito lentamente, porque as moléculas que a constituem têm pequena mobilidade. Consequentemente, a probabilidade de que duas insaturações se aproximem o suficiente para dar origem às interligações intermoleculares é muito pequena. Esse problema é resolvido pela adição, à resina de poliéster, de unidades monoméricas insaturadas de baixa massa molar, fazendo com que a probabilidade de que as interligações intermoleculares ocorram seja consideravelmente maior. No início da reação, é necessário que as duplas ligações (insaturações) sejam rompidas para que as interligações ocorram. Esse problema pode ser resolvido pelo aquecimento da resina, pela aplicação de radiações eletromagnéticas, ou pela adição de catalisadores e aceleradores de reação. Os radicais livres do catalisador atacam as insaturações no poliéster ou nos monômeros de baixa massa molar, estireno, por exemplo, para iniciar a reação de polimerização em cadeia, a qual dá origem a um copolímero estireno-poliéster, formando assim uma rede tridimensional termorrígida, conforme mostra a Figura 2.3.

Como é uma reação de adição em cadeia, não há formação de produtos adicionais. Para cura à temperatura ambiente, o catalisador mais utilizado é o peróxido de metil-etil-cetona (MEKP), utilizado juntamente com os aceleradores naftenato de cobalto (CoNap), ou dimetilanilina (DMA), na proporção de 0 a 0,3% em massa. O peróxido de MEKP é, na realidade, uma mistura de peróxidos, conforme mostra a Figura 2.4, que possibilita variar a reatividade do produto modificando as proporções de cada componente. As resinas de poliéster insaturado são comercializadas com acelerador, de tal forma que o sistema reativo seja obtido pela mistura pré-acelerada com o catalisador. A quantidade de acelerador, e catalisador controla a velocidade de reação e, portanto, o tempo de gel e a temperatura máxima atingida durante a reação. Na prática, sistemas de cura à temperatura ambiente não atingem cura total, sendo necessário efetuar uma pós-cura a uma determinada temperatura e um determinado tempo, para completar a reação.

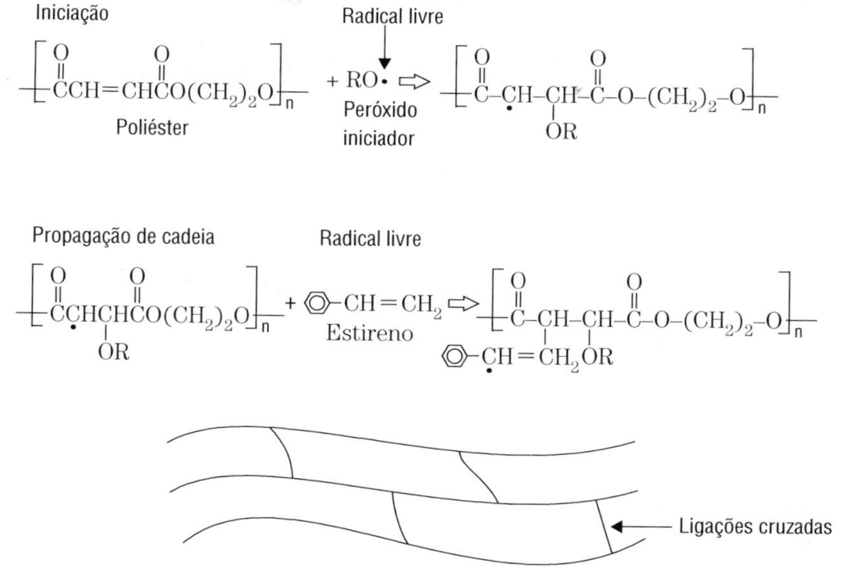

Iniciação

Radical livre

Poliéster

+ RO•

Peróxido iniciador

Propagação de cadeia

Radical livre

Estireno

Ligações cruzadas

Figura 2.3 Diagrama esquemático das reações durante o processo de cura de resinas de poliéster insaturado.

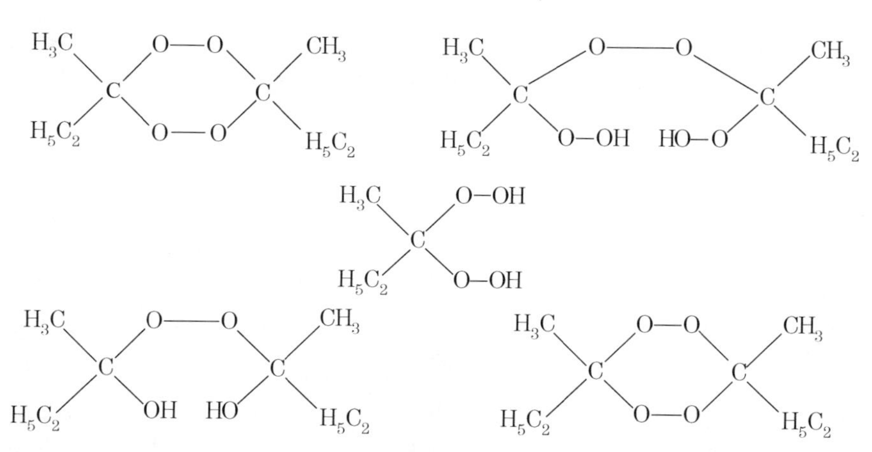

Figura 2.4 Estruturas moleculares de peróxidos componentes do catalisador de metil-etil cetona.

Os gráficos da Figura 2.5 mostram exemplos típicos do efeito de quantidades de catalisador e acelerador no tempo de gel de resinas éster-vinílicas. Ocorre uma redução no tempo de gel, à medida que uma maior quantidade de acelerador ou catalisador é adicionada à formulação. A quantidade típica de catalisador MEKP utilizada se limita a, no máximo, 2% em peso, e os tempos de gel são usualmente inferiores à uma hora. O uso de aceleradores, dimetilanilina ou naftenato de cobalto, se restringem a quantidades inferiores a 0,5% em peso, em relação ao total de resina utilizada para evitar exotermia de reação. As resinas formuladas para cura ambiente são ligeiramente instáveis e inibidoras do processo de cura: devem ser adicionadas em quantidades menores que 100 ppm, para prolongar o tempo de vida durante estocagem em temperatura ambiente.

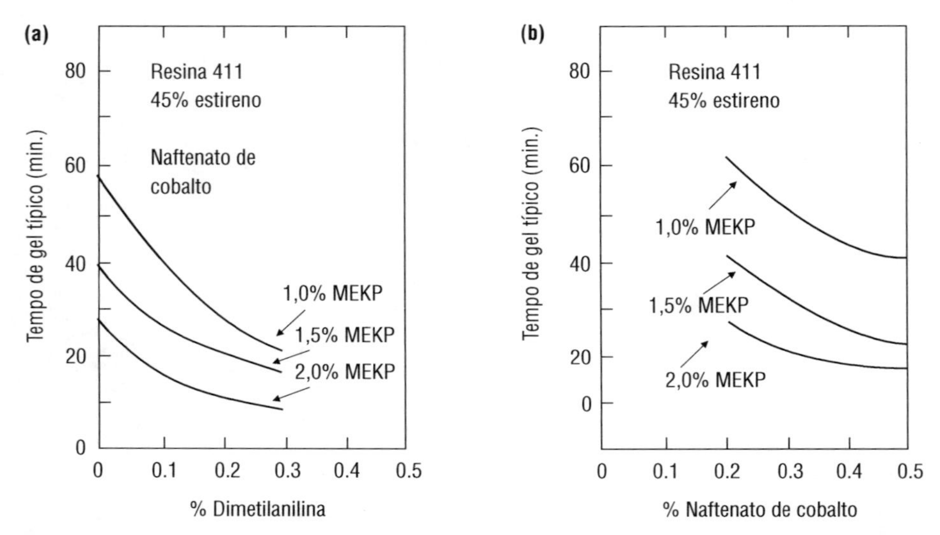

Figura 2.5 Tempo de gel para uma formulação típica de resina éster vinílica DER 411-Dow Química: (a) em função da porcentagem de dimetilanilina e catalisador metil-etil-cetona (MEKP), (b) em função de naftenato de cobalto e catalisador metil-etil-cetona.

Para moldagem sob prensagem a quente, são utilizados catalisadores sem utilização de aceleradores, e a mistura é estável por um tempo relativamente longo a baixas temperaturas. Uma vez iniciada a reação, por meio de um acréscimo de temperatura, a mistura tem um tempo de gel, pois a reação de polimerização é exotérmica. Curas realizadas à temperatura elevada têm usualmente pouco tempo de duração.

Como há um grande número de ácidos e glicóis disponíveis, há possibilidade de se obter um grande número de variações de resinas. Entretanto, fatores, como custo de matéria-prima e facilidade de processamento, reduzem esse número. Por outro lado, se fossem empregados apenas biácidos insaturados na fabricação de resinas de poliéster, o espaçamento entre as duplas ligações seria curto, resultando em um material frágil e quebradiço. Sendo assim, é necessário que a formulação básica do poliéster tenha, em sua composição, biácidos saturados que atuam como extensores de cadeia. Quanto maior a quantidade e quanto maior a proporção de ácido saturado, mais tenaz será a resina de poliéster após polimerizada, e menor encolhimento na cura será observado. Os ácidos saturados mais utilizados na síntese de resinas de poliéster são o ácido ortoftálico (na forma de anidrido) e seu isômero, ácido isoftálico, cuja representação molecular é mostrada na Figura 2.6.

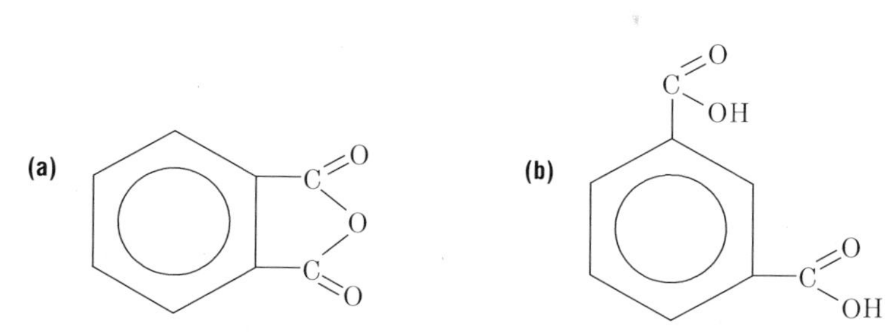

Figura 2.6 Estrutura molecular do anidrido ftálico (a) e do ácido isoftálico (b).

As resinas de poliéster ortoftálicas são, em relação às resinas isoftálicas, mais rígidas, têm tempo de gelificação mais longo, têm menor resistência química, apresentam resistência ao impacto e à tração menores, e são menos viscosas.

Os ácidos insaturados mais utilizados na síntese de resinas de poliéster são o ácido maleico e seu isômero, ácido maleico, conforme mostra a Figura 2.7. O ácido maleico é utilizado na forma anidra (anidrido maleico). A poliesterificação em presença de proprileno glicol faz com que o anidrido maleico se transforme em seu isômero, ácido fumárico.

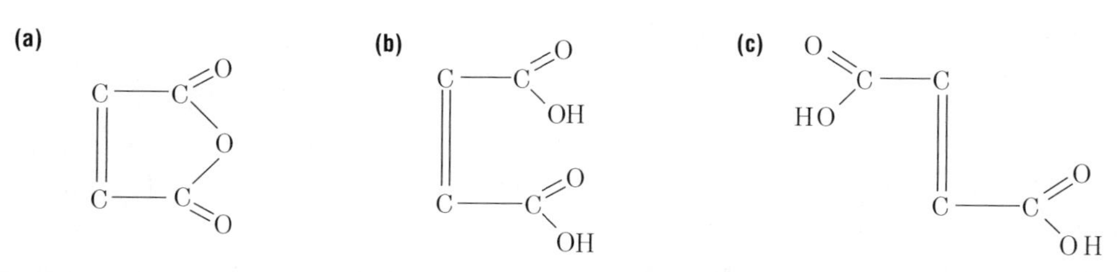

Figura 2.7 Estruturas moleculares de anidridos utilizados na síntese de resinas poliéster, (a) anidrido maleico, (b) ácido maleico, (c) ácido fumárico.

Ácidos clorados são também utilizados quando é necessário conferir resistência à chama e obter resinas autoextinguíveis. Exemplos para essa aplicação são o anidrido tetracloro-ftálico e o ácido clorêndico (ácido HET), conforme mostra a Figura 2.8. O uso de resinas cloradas como retardantes de chama tem sido descontinuado, pelo fato de produzirem vapores tóxicos durante a queima.

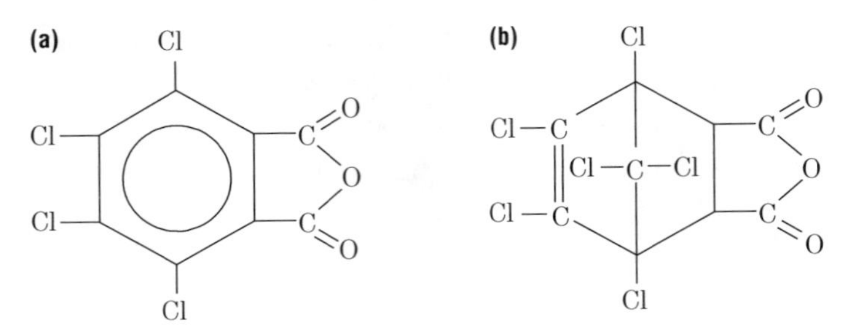

Figura 2.8 Estruturas moleculares do anidrido tetracloro-ftálico (a) e ácido hexaclorêndico (b).

A escolha de um glicol adequado para a síntese de resina de poliéster afeta a tenacidade e as propriedades físico-químicas do polímero curado. Os glicóis de maior comprimento de cadeia molecular podem dar origem a poliésteres com maior tenacidade. Entre os glicóis, o etileno glicol e o propileno glicol são os mais utilizados, embora o etileno glicol apresente a tendência à cristalização por ser uma molécula simétrica, como mostra a Figura 2.9. O propileno glicol, por sua vez, possui a cadeia mais ramificada, favorecendo a obtenção de resinas de poliéster com maior resistência ao impacto. O n-pentil glicol dá origem a resinas de poliéster com boa resistência a intempéries.

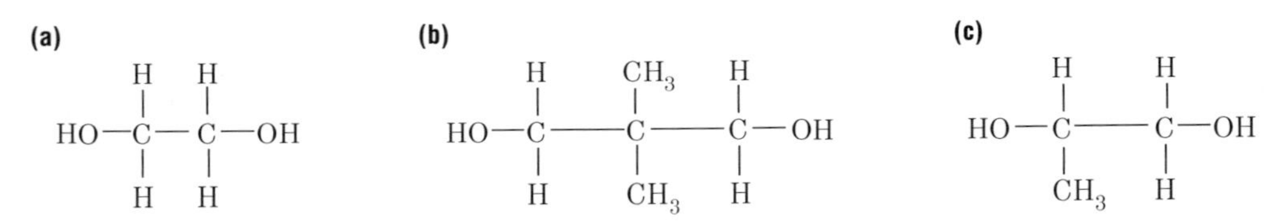

Figura 2.9 Representação molecular de glicóis mais utilizados na síntese de resinas de poliéster: (a) etileno glicol, (b) neo-pentil glicol, (c) propileno glicol.

As resinas de poliéster insaturado também podem ser sintetizadas por meio de uma reação de um ácido carboxílico insaturado, usualmente ácido metacrílico, e do diglicidil éter do bisfenol A (DGEBA). Essas resinas diferem de poliésteres insaturados convencionais pelo fato de apresentarem somente uma insaturação terminal, grupos hidroxílicos pendentes, e pela ausência de grupos terminais carboxílicos e hidroxílicos, sendo, portanto, menos susceptíveis a ataque químico. A estrutura química típica desse tipo de resina, denominada de éster vinílica, é representada na Figura 2.10.

As resinas de poliéster insaturado têm resistência à tração na faixa de 40 a 90 MPa, módulo de elasticidade em tração na faixa de 2 a 4,5 GPa, e deformação de ruptura de 3-5%. A resistência à compressão situa-se na faixa de 90 a 250 MPa.

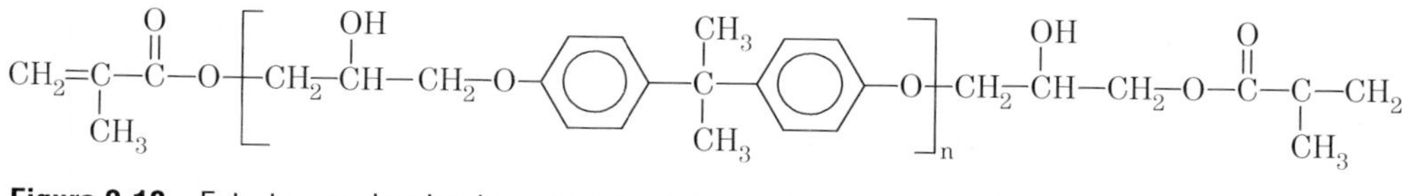

$$CH_2{=}C(CH_3){-}C({=}O){-}O{-}\left[CH_2{-}CH(OH){-}CH_2{-}O{-}C_6H_4{-}C(CH_3)_2{-}C_6H_4{-}O\right]_n{-}CH_2{-}CH(OH){-}CH_2{-}O{-}C({=}O){-}C(CH_3){=}CH_2$$

Figura 2.10 Estrutura molecular de uma resina éster vinílica.

2.1.1.2 Resinas epóxi

As resinas epóxi são termorrígidos de alto desempenho que contêm pelo menos dois grupos epóxi terminais, conhecidos também como grupos oxirano ou etoxilina, por molécula. Essas resinas são matérias-primas em vários setores industriais, como a indústria eletroeletrônica, de embalagem, construção civil e transporte (LEE; NEVILE, 1968). As aplicações de maior vulto incluem recobrimentos protetivos, adesivos, equipamentos para indústria química, compósitos estruturais, laminados elétricos e encapsulados eletrônicos. Os maiores produtores mundiais de resinas epóxi atualmente são a Shell, a Dow Química e a Huntsman e respondem por aproximadamente 70% da produção mundial.

As resinas epóxi mais utilizadas têm como base o diglicidil éter do bisfenol A (DGEBA), cuja estrutura básica é mostrada na Figura 2.11, e é sintetizada a partir de uma reação entre a epicloidrina e o bisfenol-A (ELLIS, 1993):

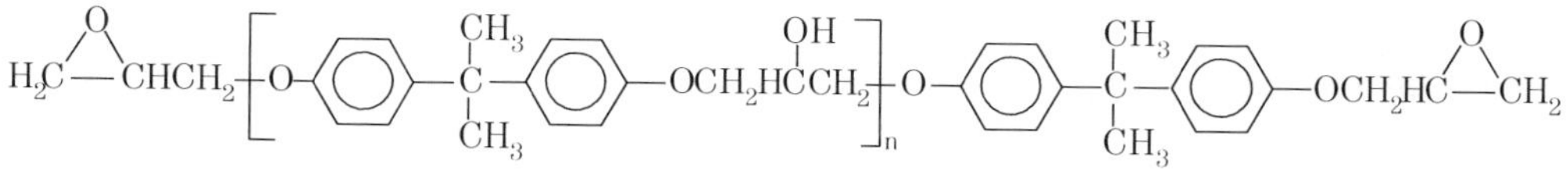

$$H_2C(O)CHCH_2{-}\left[O{-}C_6H_4{-}C(CH_3)_2{-}C_6H_4{-}OCH_2HC(OH)CH_2\right]_n{-}O{-}C_6H_4{-}C(CH_3)_2{-}C_6H_4{-}OCH_2HC(O)CH_2$$

Figura 2.11 Estrutura química de uma resina epóxi diglicidil éter do bisfenol-A (DGEBA).

A relação molar epiclorohidrina/bisfenol A pode variar de 10:1 até 1,2:1, produzindo desde resinas líquidas até resinas sólidas na forma de oligômeros ou pré-polímeros. A estrutura consiste de grupos epóxi terminais e uma unidade de repetição no meio. Como as unidades de repetição (n), que podem ser incorporadas à molécula, variam, influenciam nas propriedades da resina.

A Tabela 2.1 mostra uma comparação de propriedades e as variações na viscosidade que podem ser obtidas pela variação do valor de "n" de resinas epóxi, juntamente com as designações comerciais atribuídas pelos principais fabricantes, Shell Chem. Co., Dow Chemical Co. e Huntsman Intl.

As resinas epóxi comerciais do tipo DGEBA são, na realidade, misturas de oligômeros, e as unidades de repetição (n) podem variar de 0 a 25, podendo ser obtidas resinas líquidas de baixa viscosidade ($0 < n < 1$), até resinas sólidas ($n > 1$).

Análises de cromatografia líquida de alto desempenho (HPLC) mostram que, para uma resina epóxi com massa molar aproximada de 300, as frações de oligômero correspondentes aos componentes com unidade de repetição de n = 0, n = 1 e n = 2 representam cerca de 83,2%, 10% e 1% do peso molecular total respectivamente, para um valor médio de n = 0,15 (BAUER, 1989).

Tabela 2.1 Características de resinas epóxi do tipo diglicidil éter do bisfenol A (DGBA).

n médio	Peso equivalente em epóxi (EEW)	Viscosidade ou ponto de fusão	Shell (Epon)	Dow (DER)	Huntsman (Araldite)
0	170-178	4-6 Pa.s	825	332	6004
0,07	180-190	7-10 Pa.s	826	330	6006
0,14	190-200	10-16 Pa.s	828	331	6010
2,30	450-550	65-80 °C	1001	661	6065
4,80	850-1000	95-105 °C	1004	664	6084

Resinas epóxi podem também ser obtidas com características multifuncionais, como, por exemplo, as resinas glicidil éter de novolaca, glicidil de aminas trifuncionais ou tetrafuncionais, conforme mostram as Figuras 2.12 a 2.14. Essas resinas apresentam alta viscosidade à temperatura ambiente (η > 50 Pa.s), e permitem obter materiais com maior grau de reticulação em relação a resinas do tipo DGEBA, fazendo com que tenham melhor desempenho a altas temperaturas. Essas resinas são utilizadas, na maioria dos casos, para manufatura de pré-impregnados para indústria aeronáutica e espacial.

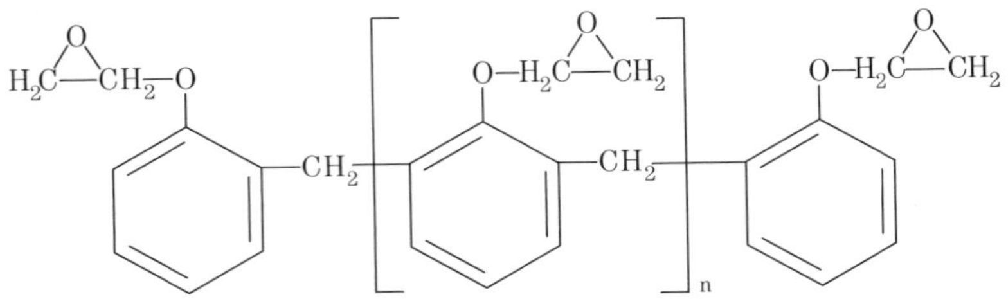

Figura 2.12 Estrutura química da resina epóxi-novolaca (REPN).

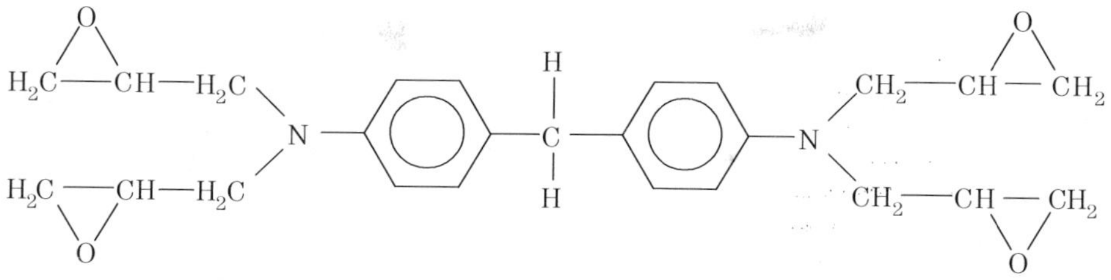

Figura 2.13 Tetraglicidil metileno dianilina (TGMDA).

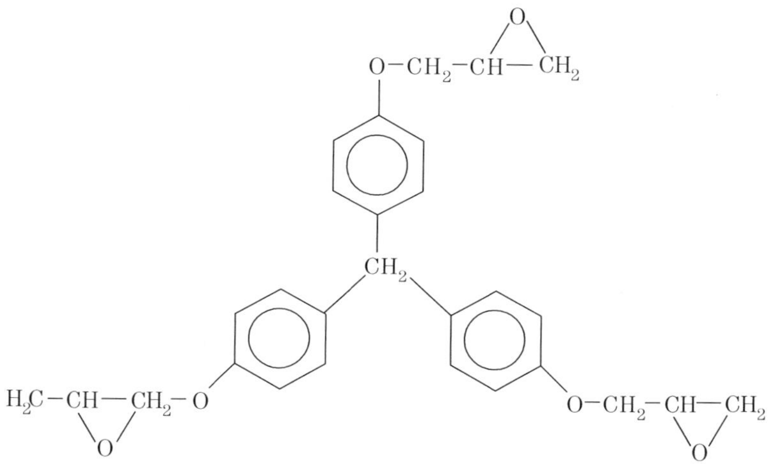

Figura 2.14 Triglicidil tris(hidroxifenil) metano (TTHM)

A Tabela 2.2 mostra propriedades de resinas epóxi, cujas estruturas químicas são mostradas nas Figuras 2.12 a 2.14. A alta viscosidade dessas resinas à temperatura ambiente permite que pré-impregnados desses polímeros tenham boa adesibilidade e conformabilidade a superfícies complexas quando da moldagem.

Tabela 2.2 Propriedades de resinas epóxi multifuncionais, REPN, TGMDA e TTHM, cujas estruturas moleculares são mostradas nas Figuras 2.12 a 2.14.

	REPN	TGMDA	TTHM
Peso equivalente em epóxi (EEW)	177	125	162
Viscosidade (Pa.s)			
50 °C	35	20	–
Viscosidade (Pa.s)			
150 °C	–	–	0,32

Uma enorme variedade de agentes de cura é empregada no processamento de resinas epóxi, e são adequados aos ciclos de processamento. O tipo de agente de cura utilizado determina o tipo de reação de cura que ocorre, influencia a cinética de cura e o ciclo de processamento (viscosidade em função do tempo) e a gelação, que irão afetar as propriedades do material curado.

Os agentes de cura amínicos são divididos em aminas alifáticas e aminas aromáticas. As aminas alifáticas, ver exemplos na Figura 2.15, são altamente reativas, têm tempo de gel relativamente curto à temperatura ambiente (< 60 min), são líquidas e voláteis à temperatura ambiente. A massa equivalente em hidrogênio ativo para o dietileno triamina (DETA) é de 21, e para o tetraetileno triamina (TETA) é de 24.

(a) $H_2N-CH_2-CH_2-NH-CH_2-CH_2-NH_2$

(b) $H_2N-CH_2-CH_2-NH-CH_2-CH_2-NH-CH_2-CH_2-NH_2$

Figura 2.15 Endurecedores de amina alifática: (a) dietileno triamina (DETA) e (b) tetraetileno triamina (TETA).

As aminas aromáticas, ver exemplos na Figura 2.16, têm menor reatividade que as aminas alifáticas, necessitam de altas temperaturas de cura (150 – 180 °C). São, portanto, endurecedores de cura a quente e permitem longo tempo de utilização durante o processamento. São comercializados na forma de pó ou flocos, e necessitam ser fundidos antes da adição à resina. O endurecedor DDM tem temperatura de fusão de ~94 °C e massa equivalente em hidrogênio ativo de 50. O endurecedor DDS tem temperatura de fusão de ~175 °C e massa de hidrogênio ativo de 62. As aminas aromáticas podem formar estágios de cura parcial com resinas epóxi, sendo adequadas para a manufatura de pré-impregnados.

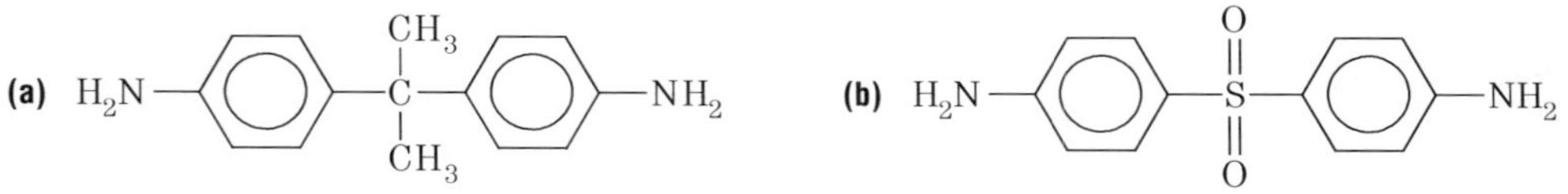

(a) $H_2N-C_6H_4-C(CH_3)_2-C_6H_4-NH_2$ **(b)** $H_2N-C_6H_4-SO_2-C_6H_4-NH_2$

Figura 2.16 Endurecedores de resinas epóxi do tipo amina aromática: (a) 4,4' Diamino-difenilmetano (DDM), (b) diaminodifenilsulfona (DDS).

Os agentes de cura do tipo anidridos têm menor reatividade que as aminas aromáticas, possibilitam longo tempo de utilização durante o processo, têm baixa exotermia e os ciclos de cura são relativamente longos. Em geral, são utilizados em conjunto com aceleradores (1% em peso) do tipo benzildimetilamina (BDMA).

Exemplos típicos de anidridos utilizados como agentes de cura de resinas epóxi são mostrados na Figura 2.17.

Figura 2.17 Endurecedores para resinas epóxi do tipo anidrido: (a) anidrido metil nádico, (b) anidrido ftálico.

A estequiometria da mistura epóxi/endurecedor é fundamental na definição das propriedades a serem obtidas do sistema curado. Em princípio, não deve haver nenhum grupo epóxi ou agente de cura não reagido após completado o processo de cura, objetivando obter propriedades otimizadas.

A porcentagem de endurecedor a ser adicionada em cem partes de resina epóxi pode ser calculada pela equação:

$$\% \text{ endurecedor} = \frac{(\text{peso equivalente H ativo}).\ 100}{\text{EEW resina}}$$

A relação epóxi/endurecedor afeta, após a cura, a transição vítrea, o módulo elástico e a resistência mecânica. A resistência à tração de sistemas epóxi curados varia de 40 a 90 MPa, enquanto o módulo elástico varia de 2,5 a 6,0 GPa, com a deformação de ruptura variando na faixa de 1 a 6%. A resistência à compressão é de 100 a 220 MPa.

2.1.1.3 Resinas fenólicas

A síntese de resinas fenólicas é realizada pela utilização de uma mistura de formaldeído e fenol, conforme mostra esquematicamente a Figura 2.18. O formaldeído é bifuncional (pode formar duas ligações) e o fenol é trifuncional (pode formar três ligações, uma delas na posição para, do anel benzênico, e duas na posição orto). A reação completa dos dois produtos é, portanto, na razão molar de 3: 2. A Figura 2.19 mostra um gráfico no qual é mostrado o tipo de resina fenólica obtido em função da razão molecular formaldeído/fenol e qual massa molecular obtida após a síntese. Como mostra o gráfico, as resinas fenólicas são divididas em dois tipos: novolacas e resóis. As resinas novolacas são conhecidas como de dois estágios, sendo normalmente sintetizadas com menor quantidade de formaldeído (<0,88 mol formaldeído/mol de fenol). Para o processo de cura é necessário a adição de um produto capaz de fornecer o restante de formaldeído ou equivalente para a reação. Invariavelmente, utiliza-se hexametileno tetramina ($C_6H_6N_4$), que age como uma mistura de formaldeído e amônia. O subproduto da reação é normalmente amônia.

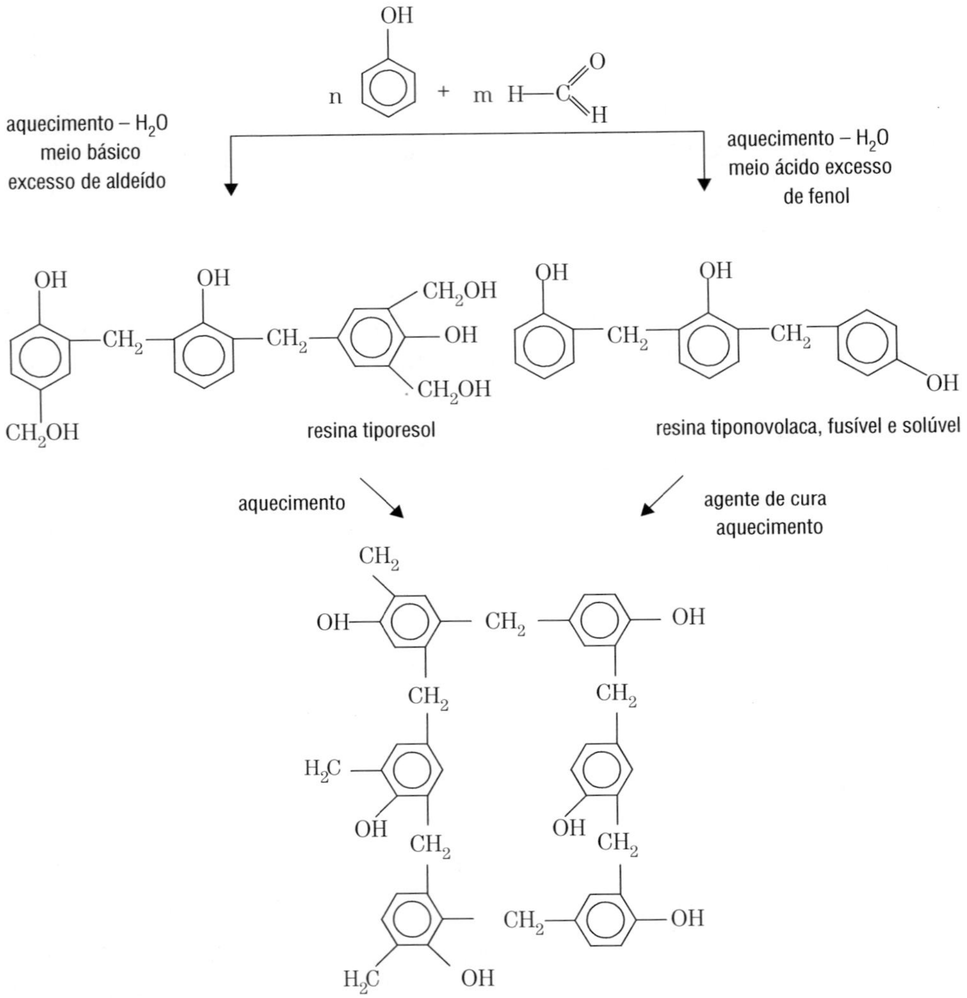

aquecimento – H_2O
meio básico
excesso de aldeído

aquecimento – H_2O
meio ácido excesso
de fenol

resina tiporesol

resina tiponovolaca, fusível e solúvel

aquecimento

agente de cura
aquecimento

Figura 2.18 Diagrama esquemático da síntese e reações de cura de resinas fenólicas do tipo resol e novolaca.

As resinas fenólicas do tipo resol são conhecidas como resinas de um estágio e são sintetizadas com catalisadores básicos e com formaldeído na quantidade necessária para permitir reação completa. A reação é interrompida com resfriamento logo que algumas ligações cruzadas estão presentes, o que representa um risco se a reação é levada a um ponto em que a resina se torna sólida à temperatura ambiente.

Por esse motivo, aplicações dessas resinas geralmente utilizam soluções líquidas ou resinas parcialmente reagidas.

Os catalisadores são componentes importantes na reação de síntese de resinas fenólicas. Catalisadores ácidos não são utilizados para resinas resóis porque não permitem acumulação de alcoóis fenólicos e éteres dibenzílicos, os quais predominam em resinas resóis (parcialmente reagidas). Catalisadores alcalinos são utilizados na síntese de resinas novolacas, mas requerem a presença de excesso de fenol para suprimir a acumulação desses intermediários, que devem ser removidos e reciclados posteriormente. As resinas fenólicas são utilizadas para obtenção de compósitos estruturais, com reforço de fibras de vidro e carbono, em virtude do caráter autoextinguível. Essas resinas são também muito utilizadas como matrizes precursoras de carbono, Seção 2.2, em virtude de seu baixo custo e facilidade de processamento (FITZER, 1981).

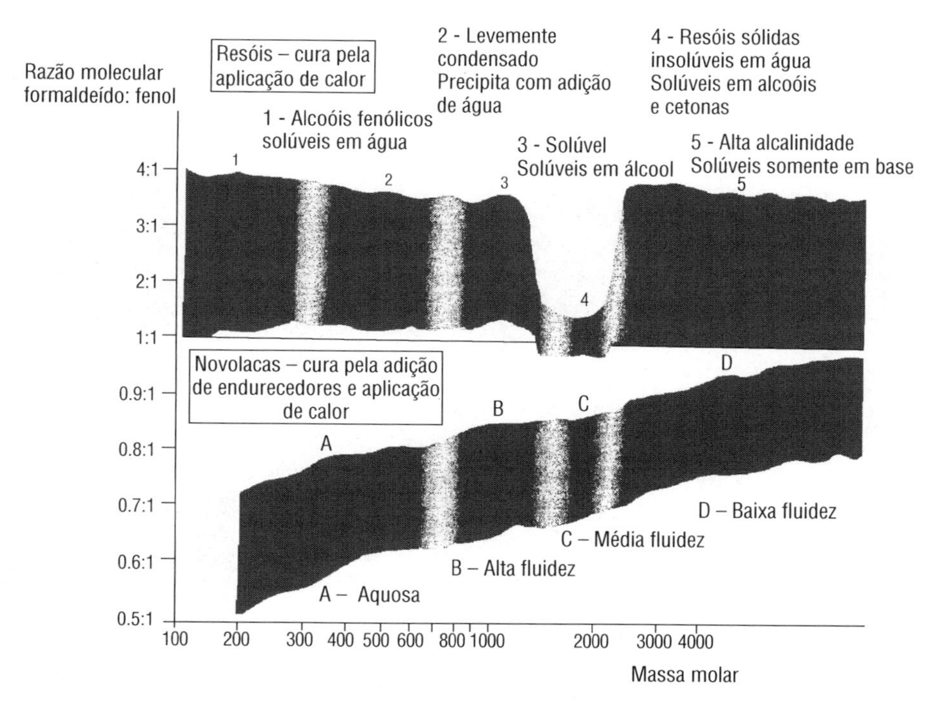

Figura 2.19 Tipos de resinas fenólicas obtidas em função da razão formaldeído/fenol e peso molecular resultante (LEMON, 1985).

2.1.1.4 Resinas poliimidas e bismaleimidas

As resinas de poliimida foram sintetizadas no início do século XX, mas foi somente na década de 1960 que se tornaram um produto comercial (WILSON; STENZENBERGER; HERGENROTHER, 1990). As resinas poliimidas utilizadas em compósitos podem ser classificadas de acordo com a reação de polimerização utilizada na síntese, podendo ser divididas como poliimidas de condensação, e poliimidas obtidas por adição, comumente chamadas de bismaleimidas. A característica marcante dessas resinas é a alta estabilidade termo-oxidativa, decorrente da presença de uma estrutura heterocíclica aromática. Essas resinas têm boa inércia química, entretanto, são atacadas por bases diluídas e ácidos inorgânicos concentrados. Compósitos obtidos com essas resinas podem ser utilizados a temperaturas de até 250 °C, em uso contínuo, e a temperaturas de até 400 °C, em utilização intermitente.

As poliimidas obtidas por condensação são preparadas pela reação entre dianidridos e diaminas via formação de um precursor ácido poliamínico. A impregnação de fibras de reforço é realizada dissolvendo o ácido poliamínico em solventes. A formação de poliimidas a partir de ácidos poliamínicos envolve imidização com geração de voláteis que podem provocar o aparecimento de vazios no compósito, após completado o processo de cura. A representação típica da molécula de uma poliimida de condensação é mostrada na Figura 2.20. As propriedades finais dessas poliimidas podem ser alteradas pela escolha adequada das unidades de R e R'.

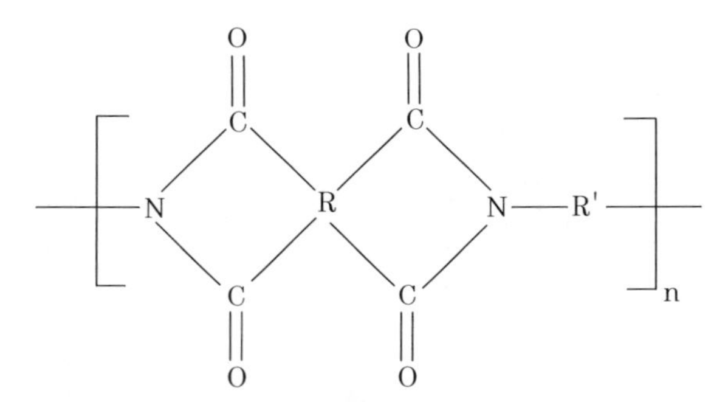

Figura 2.20 Estrutura molecular de uma poliimida de condensação.

As poliimidas obtidas por adição (bismaleimidas) podem ser submetidas a processo de cura entre si, com outras bismaleimidas como comonômeros ou com diaminas. A representação típica da molécula de uma resina bismaleimida é mostrada na Figura 2.21. Como não utilizam solventes durante a impregnação e não são gerados voláteis durante o processo de cura, podem ser obtidos compósitos virtualmente livres de vazios. O processamento dessas resinas é, portanto, bastante similar ao utilizado para resinas epóxi considerando obviamente os diferentes patamares de temperatura de processo. As reações de cura de resinas bismaleimidas são obtidas via a dupla ligação [>C = O] e, assim, como outras poliimidas, apresentam uma estrutura com alto grau de ligações cruzadas e consequentemente apresentam fragilidade. A Tabela 2.3 mostra uma comparação das propriedades típicas de resinas poliimidas e bismaleimidas.

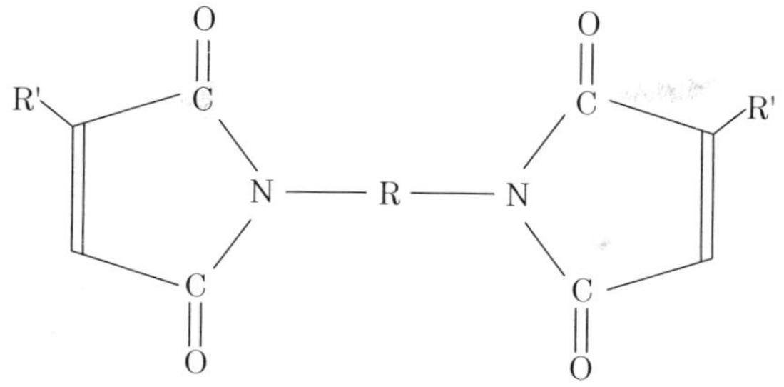

Figura 2.21 Representação esquemática da molécula de resinas poliimidas.

Tabela 2.3 Propriedades típicas de resinas poliimidas e bismaleimida.

	Poliimida (condensação)	Bismaleimida
Massa específica (g/cm³)	1,30 – 1,40	1,22 – 1,35
Resistência à tração (MPa)	70 – 180	45 – 90
Módulo de elasticidade (GPa)	3,5 – 4,0	3,0 – 4,5
Resistência à flexão (MPa)	150	100 – 150
Módulo em flexão (GPa)	3,5	3,0 – 4,5
Deformação de ruptura (%)	1,0 – 60	1,5 – 6,0

2.1.1.5 Modificadores de resinas termorrígidas

As resinas termorrígidas podem ser modificadas tanto para proporcionar uma maior facilidade de processamento quanto para alterar propriedades. Esses modificadores podem ser tanto na forma de partículas sólidas, como microesferas de vidro, sílica coloidal e negro de fumo, quanto na forma líquida, como os diluentes e elastômeros e termoplásticos.

A adição de modificadores de propriedades, é realizada tendo em vista aplicações específicas. Nesse caso, tanto cargas particuladas, como, por exemplo, microesferas de vidro e negro de fumo, bem como agentes tenacificantes podem ser utilizados. O negro de fumo, por exemplo, é utilizado para conferir condutividade térmica e elétrica ao material a ser moldado. As microesferas de vidro destinam-se a reduzir a massa específica do material a ser moldado ou mesmo a aumentar a resistência à compressão (SHAW, 1993).

De uma forma geral, a adição de diluentes, reativos ou não reativos, é um procedimento padrão quando são utilizadas resinas de alta viscosidade (>5 Pa.s) ou mesmo resinas sólidas para processos de impregnação de fibras de reforço. Entretanto, a adição de diluentes não reativos deve ser evitada, e se esses materiais forem utilizados devem ser removidos antes do processamento final de cura para não comprometer a qualidade do compósito a ser obtido.

Os diluentes reativos quando adicionados a resinas epóxi, tanto reagem entre si como copolimerizam com a resina. Em qualquer circunstância, os diluentes tendem a reduzir a temperatura de transição vítrea (Tg) de sistemas epóxi, mas podem, por outro lado, conferir tenacidade à fratura ao material moldado. Os diluentes reativos de utilização mais comum são o n-butil glicidil éter (BGE) e o fenilglicidil éter (PGE), cujas estruturas são mostradas na Figura 2.22. Esses materiais são mono-epoxídicos e devem ser utilizados de forma a não afetar significativamente as propriedades e reduzir a viscosidade da matriz a níveis aceitáveis para processamento.

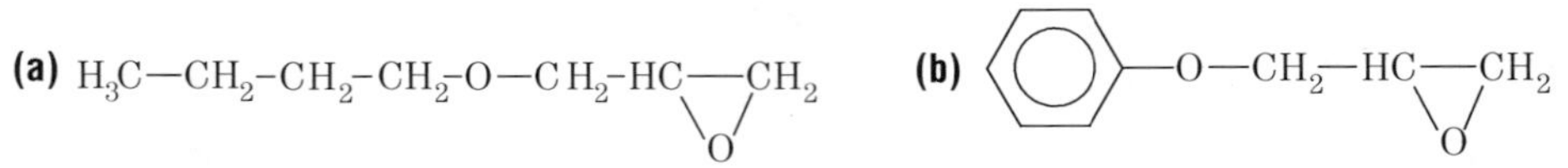

(a) $H_3C—CH_2-CH_2-CH_2-O—CH_2-HC—CH_2$ (anel epóxi: O ligando HC e CH_2)

(b) $C_6H_5—O—CH_2—HC—CH_2$ (anel epóxi: O ligando HC e CH_2)

Figura 2.22 Diluentes reativos n-butil glicidil éter (BGE) e o fenilglicidil éter (PGE).

Para compósitos avançados os agentes tenacificantes, na forma de elastômeros líquidos, são de particular importância. As borrachas líquidas são geralmente formadas por copolímeros de polibutadieno acrilonitrila com terminação carboxila (CTBN), cuja representação estrutural é mostrada na Figura 2.23. A formação de uma estrutura heterogênea de uma solução de elastômero e polímero termorrígido depende: 1) da solubilidade entre as fases, e 2) da reatividade química dos dois constituintes. Durante a cura, os pesos moleculares de cada reagente aumentam e as solubilidades mútuas se reduzem e, consequentemente, ocorre separação de fases, e a fase borrachosa é precipitada, durante a gelação, como partículas discretas na matriz termorrígida (0,1 – 5 μm). A reatividade química assegura que a fase borrachosa torna-se quimicamente ligada à matriz que a envolve (RIEW, 1976). O conteúdo em acrilonitrila no elastômero CTBN varia de 0 a 27% em peso (ROWE, 1970).

$$HOOC—\left[(H_2C—CH—CH—CH_2)_x—(H_2C—\underset{\displaystyle CN}{\underset{|}{C}}H)_y\right]_z—HOOC$$

Figura 2.23 Representação estrutural para polibutadieno terminado em carboxila (CTBN), onde x = 5, y = 1, z = 10.

Um aumento na tenacidade à fratura (K_{IC} ou G_{IC}) é função do tamanho e fração volumétrica de partículas presentes, sua distribuição de tamanho, da estrutura química da matriz e da fase dispersa (CHAN, 1984).

Outros tipos de diluentes reativos são também utilizados para formulações de resinas de poliéster insaturado. Nesse caso, a adição de um diluente reativo ocorre na proporção de 35 a 45% em massa, permitindo o controle de viscosidade, a redução de custo e conferindo maior molhabilidade às fibras de reforço. Os diluentes reativos mais utilizados para resinas de poliéster insaturado são o estireno e o dialil-ftalato (DAP), cujas estruturas moleculares são mostradas na Figura 2.24. Estes diluentes copolimerizam com os pontos de insaturação presentes na cadeia molecular do poliéster, formando ligações cruzadas com ele. O dialil-ftalato só é utilizado em cura a quente, principalmente na preparação de formulações para pré-impregnados e pré-misturas de reforço e matriz apropriadamente formulada com agentes endurecedores e cargas minerais. Outros diluentes, como o metacrilato de metila, que melhora a resistência às intempéries, ou o alfa-metil estireno, que reduz a reatividade da formulação, e, por consequência, reduz o encolhimento e o pico exotérmico, são também empregados como modificantes.

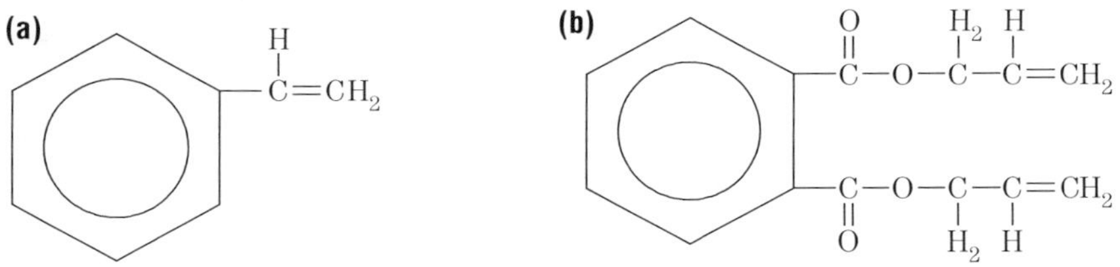

Figura 2.24 Estrutura molecular de diluentes modificadores de resinas de poliéster: (a) estireno, (b) dialil ftalato.

2.1.1.6 Cura de termorrígidos

A cura de polímeros termorrígidos é um processo de polimerização e, durante o decurso desse processo, ocorre um aumento no peso molecular médio do polímero. Os polímeros, quando submetidos ao processo de cura, desenvolvem uma rede interconectada tridimensional molecular com ligações covalentes cruzadas. É importante, nesse caso, a funcionalidade das unidades de monômero, ou seja, o número de ligações moleculares que um determinado monômero pode fazer com outras moléculas, e o grau de ligações cruzadas que ocorrem nele. A funcionalidade das unidades do monômero define as características microestruturais da rede polimérica. A densidade de ligações cruzadas, entendida aqui como o número de ligacões moleculares por unidade de volume, que é dependente da funcionalidade das unidades de monômero, define as propriedades viscoelásticas e mecânicas do polímero.

A cura pode também ser definida como o processo que conduz à mudança de propriedades de uma resina via processo de reação química. Os seguintes fenômenos podem ocorrer durante a cura: reação química, evolução de calor (calor de reação), evolução de voláteis, aumento na viscosidade, gelificação ou gelação, vitrificação e degradação (indesejável). À medida que a reação avança, a viscosidade da formulação aumenta até que se inicie a gelação. Se, após um determinado tempo, a gelação for interrompida, podem coexistir duas fases: fase gel e a fase sol. A fase sol pode ser extraída com solventes. A quantidade de fase sol presente decresce à medida que a reação se completa, ou seja, próxima ao final da gelação, até que ocorra a vitrificação.

As reações de cura são usualmente exotérmicas. Assim, como outras reações, o processo de cura requer energia adicional para iniciar a reação. Essa energia adicional pode ser advinda de diversas formas. Destas, duas são as mais utilizadas: energia térmica e energia fotônica. A atenção será voltada, nesta publicação, à cura de termorrígidos pela ação de energia térmica.

A natureza química das ligações cruzadas é quantificada pela densidade de ligações cruzadas ou grau de reticulação, que é a medida quantitativa do número de ligações cruzadas que existem em um determinado volume de polímero termorrígido. Esse valor é relacionado, de alguma maneira, ao grau de cura. O grau de cura representa certo nível de ligações cruzadas no polímero termorrígido, mas é um valor relativo. Há um grande número de técnicas, pelas quais a densidade de ligações cruzadas pode ser diretamente medida na rede polimérica. Um desses métodos envolve o uso de espectroscopia de Ressonância Magnética Nuclear (RMN) (STARK, 1985).

O tamanho da unidade monomérica tem importância no grau de reticulação de um polímero termorrígido. Se um monômero tem uma cadeia polimérica longa entre grupos funcionais, o polímero resultante é muito mais limitado em termos da densidade final de ligações cruzadas. A propriedade derivada da estrutura química do monômero que afeta a temperatura final de transição vítrea do termorrígido é o peso molecular entre ligações cruzadas. Em geral, um alto peso molecular entre ligações cruzadas conduz a uma baixa temperatura de transição vítrea, porque aumenta a flexibilidade das cadeias poliméricas individuais.

A cura de termorrígidos requer um conhecimento da cinética química para otimizar o ciclo de cura. Os parâmetros que definem o ciclo de cura determinam as propriedades físicas finais do polímero. Os parâmetros que devem ser determinados em um ciclo de cura são o número de patamares isotérmicos de temperatura, a taxa de aquecimento entre os patamares, a pressão na qual a cura deve ocorrer e o tempo total do ciclo de cura. Usualmente, um determinado ciclo de cura procura atingir um grau de cura, o qual pode ser quantificado por meio da extensão da reação. Para polímeros de cura térmica, essas quantidades podem ser calculadas com base em resultados de análise térmica e da estequiometria da reação de polimerização (STARK, 1985).

Temperatura e tempo são os parâmetros mais importantes a serem selecionados em um ciclo de cura, porque permitem, assim, o entendimento dos conceitos de gelação e vitrificação. A gelação e a vitrificação são fenômenos físico-químicos que ocorrem durante a cura de um polímero termorrígido. A gelação é definida como o ponto no qual a cadeia polimérica se extende ao longo da massa polimérica, e ocorre quando ela se transforma de um estado líquido para um estado borrachoso. Para a maioria dos termorrígidos essa mudança ocorre em um determinado estágio de cura, em que a viscosidade tende ao infinito, sendo, portanto, uma transformação irreversível.

A vitrificação é o processo no qual o polímero passa ao estado vítreo. Isto pode ocorrer tanto no estado líquido quanto no estado borrachoso. Diferentemente da gelação, a vitrificação pode ocorrer sem aumento da temperatura em um determinado estágio de cura do polímero. Entretanto, a vitrificação pode ocorrer também com o aumento do grau de cura.

Essas transformações podem ser representadas pelo diagrama clássico de transformação isotérmica tempo-temperatura (TTT), inicialmente proposto por Gillham (1979) e mostrado na Figura 2.25.

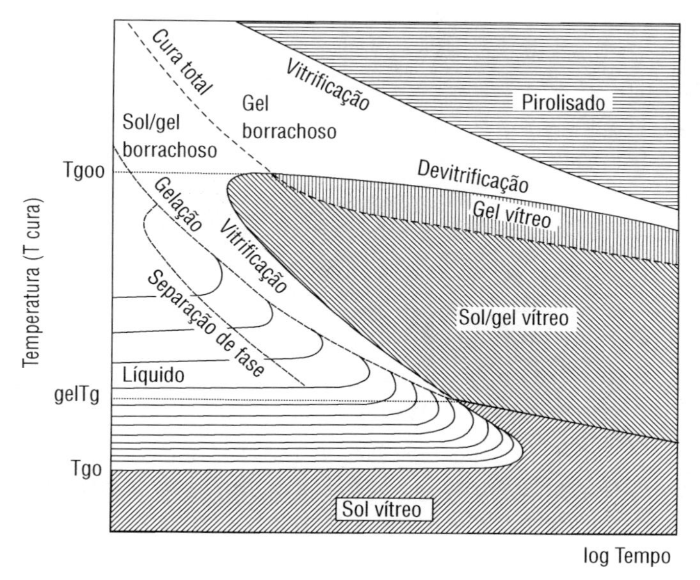

Figura 2.25 Diagrama generalizado de tempo–temperatura–transformação para polímeros termorrígidos (GILLHAM, 1979).

Esse diagrama mostra a temperatura de cura de um polímero em função do tempo de cura. Pode-se identificar a curva em que a viscosidade é constante, ou a conversão, e a faixa de temperatura na qual o polímero pode ser submetido à gelação ou vitrificação. Valores críticos mostrados no diagrama são a temperatura de transição vítrea, a temperatura de transição vítrea do gel, a qual é a temperatura na qual gelação e vitrificação ocorrem simultaneamente, e a temperatura de transição vítrea do polímero totalmente curado. As informações fornecidas por esse diagrama podem ser úteis na determinação das temperaturas de cura e dos tempos de cura referentes ao ciclo de cura.

Tanto o grau de cura como o grau de reticulação são quantidades que não podem ser medidas diretamente. Por esse motivo, a quantidade a ser medida deve ser relacionada de alguma forma com o grau de cura e com a densidade de reticulação. Uma boa aproximação é relacionar as características do material ao grau de cura pela medida da extensão da reação. Um dos métodos mais usuais para determinação da extensão do grau de cura de um polímero termorrígido é pela temperatura de transição vítrea. Por outro lado, a maneira usual de medir a extensão da reação é pela medida do calor residual de reação do polímero e comparando-a com o calor de reação conhecido para o mesmo polímero, quando totalmente curado.

As medidas que são realizadas para determinação das características de um polímero geralmente caem na categoria de análise térmica. As formas primárias de análise térmica são os métodos entálpicos (DSC – Differential Scanning Calorimetry), análise dinâmico-mecânica (DMA – Dynamic Mechanical Analysis) e análise dielétrica (DEA – Dielectric Analysis). Cada uma dessas técnicas emprega a medida de uma propriedade diferente, permitindo conhecer os eventos químicos que ocorrem no polímero, e elas podem também avaliar a temperatura de transição vítrea. Dessas medidas, pode-se obter correlações entre conversão química e temperatura de transição vítrea.

O método entálpico (DSC) mede o fluxo de calor emanado de amostras em função do tempo e temperatura. As análises realizadas com DSC são úteis na obtenção de medidas cinéticas e termodinâmicas do polímero, como monitoramento da taxa de reação de um polímero, da taxa de conversão e da temperatura de transição vítrea. Para polímeros totalmente curados, uma inflexão endotérmica na curva obtida por varredura a uma determinada taxa de aquecimento, pode caracterizar a transição vítrea. A conversão e a temperatura de transição vítrea são relacionadas ao grau de reticulação.

A análise dinâmico-mecânica (DMA) é também uma técnica analítica útil na avaliação de ciclos de cura. O instrumento pode avaliar o módulo complexo e a viscosidade em função do tempo e da temperatura, podendo ser utilizado tanto em modo ressonante quanto em frequência fixa. O ensaio é conduzido pela aplicação de uma deformação oscilatória (tração, compressão, cisalhamento ou flexão), que pode ser relacionada à ocorrência de transições físico-químicas no polímero, tais como início de gelação, vitrificação e transição vítrea. Para análise de polímeros termorrígidos em estágio líquido anterior à cura, algum tipo de suporte deve ser utilizado, como um reforço de fibras de vidro, por exemplo.

As mudanças nas propriedades dielétricas também podem ser relacionadas ao grau de reticulação em um polímero termorrígido. Essa técnica, conhecida como análise dielétrica (DEA), é similar à utilizada no DMA, entretanto, no caso da DEA a deformação periódica aplicada ao polímero é realizada por um campo oscilatório elétrico, obtendo-se assim a constante dielétrica complexa. Essa análise é bastante útil no monitoramento de ciclos de cura, com a vantagem de que a forma líquida da formulação do polímero não necessita ser suportada para teste do material durante o ciclo térmico de processamento. De forma similar, a condutividade elétrica também pode ser relacionada às mudanças no grau de reticulação de um termorrígido.

O fenômeno da mudança nas características de natureza física que ocorrem durante o processo de cura em polímeros termorrígidos, em função do aumento do grau de reticulação, pode ser mais bem observado pela mudança nas propriedades viscoelásticas. Estas também podem auxiliar na análise dos efeitos que ocorrem quando um aumento no grau de reticulação do polímero afeta o comportamento em relaxação do mesmo em função da temperatura.

Os polímeros em geral, e os termorrígidos em particular, exibem regiões características de viscoelasticidade, dependendo das características físicas do polímero e de sua história térmica. Essas regiões de comportamento podem ser observadas no diagrama do módulo de elasticidade dinâmico em função da temperatura, mostrado na Figura 2.26.

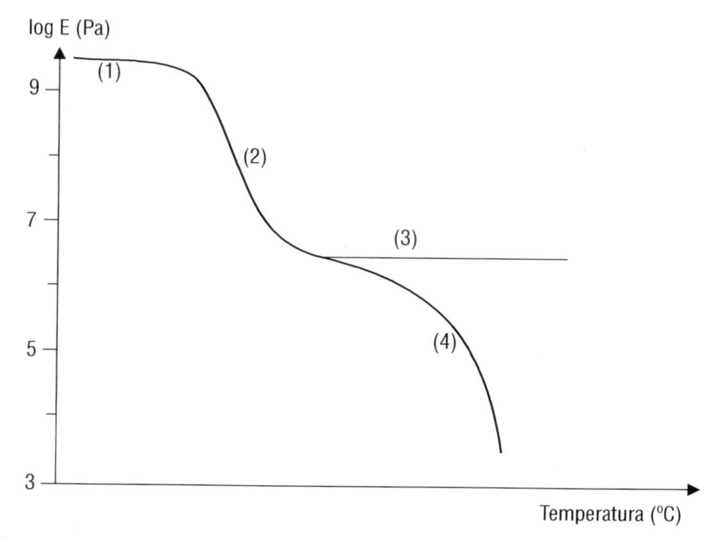

Figura 2.26 Diagrama de módulo de elasticidade dinâmico em função da temperatura, onde são mostradas regiões de comportamento viscoelástico (YOUNG; LOVELL, 1991).

A baixas temperaturas, o polímero situa-se na região vítrea (1). Nesse estado, o polímero tem módulo relativamente alto (≥1 GPa). O aumento da temperatura faz com que o polímero adentre a região de transição vítrea (2), caracterizada por um decréscimo abrupto (~ de 1.000 vezes, notar nas Figuras 2.26 e 2.27 que para cada diminuição na ordenada, log E, em uma unidade o valor de E decresce dez vezes) no módulo elástico (E) que se torna dependente da taxa de deformação e da temperatura, e a temperaturas suficientemente altas o polímero torna-se borrachoso. Se o polímero possuir ligações cruzadas, o módulo permanecerá, após a região de transição vítrea, aproximadamente constante (≥1 MPa), região (3). O módulo de polímeros lineares, como os termoplásticos, por exemplo (Seção 2.1.2), cai abruptamente a zero, a temperaturas suficientemente altas, comportando-se como líquidos viscosos, região (4) (YOUNG; LOVELL, 1991).

O processo de cura em polímeros termorrígidos indica que inicialmente o polímero exibe regiões de comportamento vítreo e de escoamento líquido em função das mudanças na temperatura de cura. Após o início da cura do termorrígido, a região borrachosa inicia sua formação, devido ao aumento de ligações cruzadas, conforme mostra a Figura 2.27.

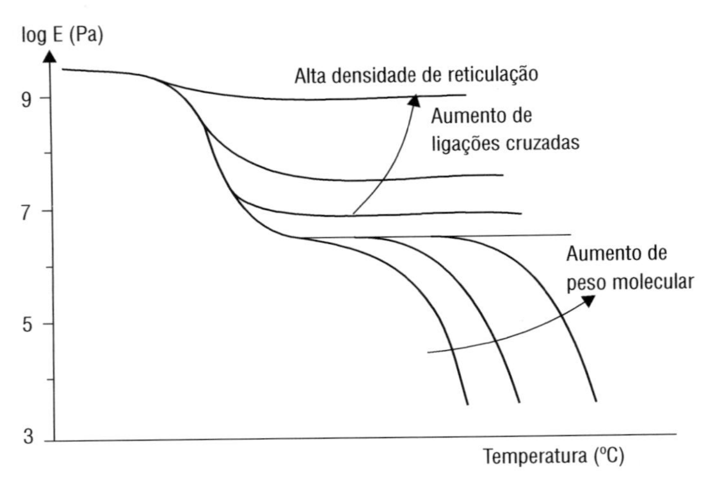

Figura 2.27 Efeito do grau de reticulação e do peso molecular no comportamento viscoelástico de polímeros termorrígidos (SPERLING, 1992).

Com o avanço da cura, essa região se torna mais alongada. Quando o ponto de gel é alcançado, a região de transição vítrea começa a se deslocar para faixas de temperatura maiores. Ao mesmo tempo, o módulo na região borrachosa aumenta e a região de escoamento líquido desaparece. Após cura total do polímero, a região borrachosa apresenta o mesmo módulo do polímero, e o escoamento borrachoso praticamente é eliminado nesse ponto, fazendo com que o polímero se degrade. O aumento no grau de reticulação do polímero faz com que ocorra um decréscimo na flexibilidade das cadeias e, portanto, essas são menos susceptíveis de mover livremente. Dessa forma, o aumento de ligações cruzadas faz com que as cadeias poliméricas sejam menos susceptíveis de se alinhar em conformações que reduzem as tensões internas que são produzidas durante o processo de cura, resultando em alto módulo elástico.

2.1.2 Matrizes termoplásticas

Embora os polímeros termorrígidos sejam responsáveis pela maior demanda de matrizes para compósitos estruturais e possam quando necessário ser tenacificados, os polímeros termoplásticos têm continuamente se mantido como uma alternativa de aplicação em estruturas, em razão da maior tenacidade à fratura, maior resistência ao impacto e maior tolerância a danos em relação aos termorrígidos. Os termoplásticos são polímeros de alta massa molar molecular, constituídos de grandes cadeias lineares (ou seja, macromoléculas) e, em alguns casos, apresentam alguma ramificação. As cadeias são emaranhadas permitindo que o material apresente integridade física, mas que são passíveis de deformação plástica quando submetidos a tensões.

Diferentemente dos termorrígidos que, por mais que sejam aquecidos, não derretem, os termoplásticos podem ser fundidos e reciclados. Essa característica (ou seja, cura reversível) abre a possibilidade para dois tipos de intervenções em compósitos de matriz termoplástica: (i) reciclar componentes descartados e reconformá-los para uma nova aplicação; e (ii) regenerar uma região na qual se formaram pequenas trincas ou fissuras, por meio de um aquecimento localizado para que o volume defeituoso aproxime-se suficientemente do ponto de fusão e as descontinuidades desapareçam. Ato contínuo, o material é resfriado de forma a solidificar-se na nova configuração sem defeitos.

Compósitos com matriz termoplástica obtidos com matriz de poliamidas ou polipropileno têm sido utilizados já há algum tempo com reforço particulado ou de fibras de vidro curtas na indústria automobilística, embora atualmente existam outras alternativas a esses materiais em uso corrente. No processamento desse tipo de compósito, podem ser utilizados processos convencionais de extrusão ou injeção, tendo como ponto de partida uma composição definida do reforço/matriz. Esses materiais, entretanto, não atendem requisitos necessários a aplicações estruturais.

O interesse em obter matrizes termoplásticas de melhor desempenho estrutural e térmico sempre tem sido objeto da atenção de pesquisadores, principalmente em virtude da maior tenacidade à fratura inerente desses polímeros em relação a matrizes termorrígidas. Compósitos termoplásticos podem atingir tenacidade à fratura interlaminar (G_{IC}) de até 5 kJ/m^2, enquanto termorrígidos tenacificados atingem, no máximo, 300 J/m^2.

As propriedades de termoplásticos são influenciadas pelo grau de cristalinidade, pela morfologia e pela orientação da rede polimérica, as quais são diretamente relacionadas às condições de processamento (YOUNG; LOVELL, 1991). Estruturas químicas de alguns polímeros termoplásticos utilizados em compósitos estruturais são mostrados na Figura 2.28.

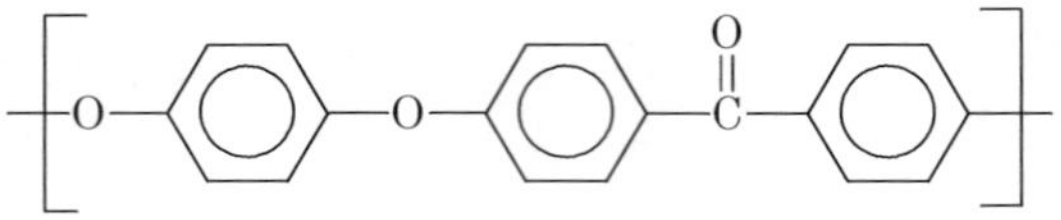

Poli-éter éter cetona (Tg = 143 °C)

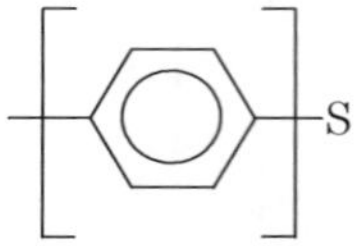

Poli-sulfeto de fenileno (Tg = 85 °C)

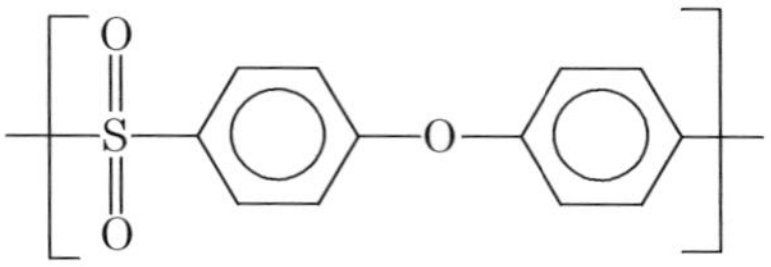

Poliétersulfona (Tg = 230 °C)

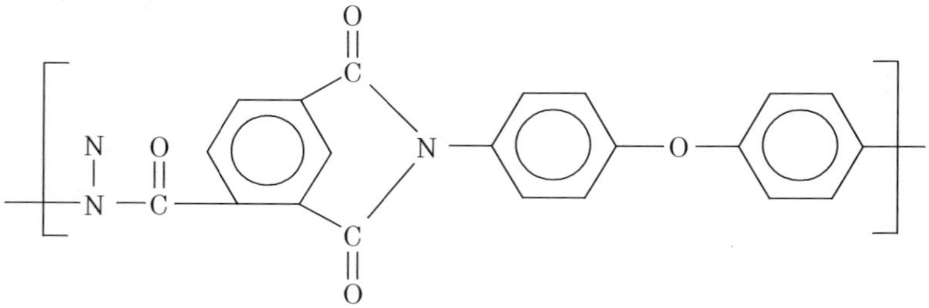

Poli-amida imida (Tg = 250-288 °C)

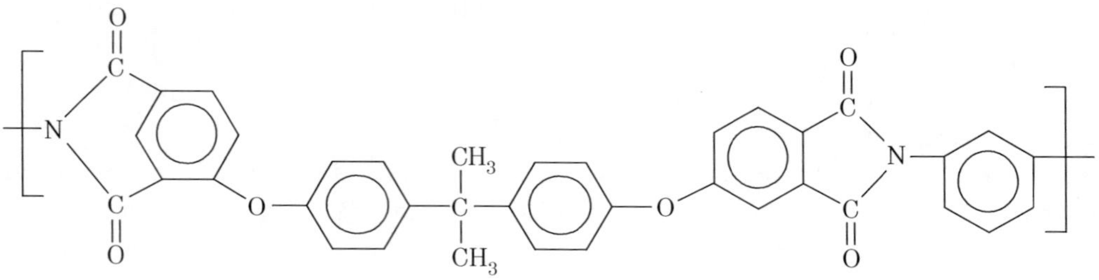

Poli-éter imida (Tg = 216 °C)

Figura 2.28 Exemplos de matrizes poliméricas termoplásticas utilizadas em compósitos estruturais, com respectivas Tg (JANG, 1993).

É inevitável que comparações entre vantagens e desvantagens entre compósitos obtidos com matrizes termorrígidas e termoplásticas sejam feitas tanto em relação ao processamento como quanto às propriedades. Particularmente, o processamento de compósitos com matriz termoplástica é realizado de tal forma que o polímero seja incorporado ao reforço ainda no estado sólido. No início da conformação, a fase termoplástica é fundida, para impregnar os reforços adjacentes a ela. Em seguida, o compósito é resfriado para que a matriz termoplástica se solidifique e defina a geometria final da peça. A Figura 2.29 mostra exemplos de como essa incorporação é realizada. Tanto em compósitos com reforço unidirecional ou na forma de tecidos, os filamentos são também justapostos a fios poliméricos, na fração em peso desejada, que irão formar a matriz durante o processo de conformação, ver Figura 2.29a e Figura 2.29b. Outra alternativa implica a formação de uma preforma de filmes poliméricos alternados com camadas de reforço para posterior conformação.

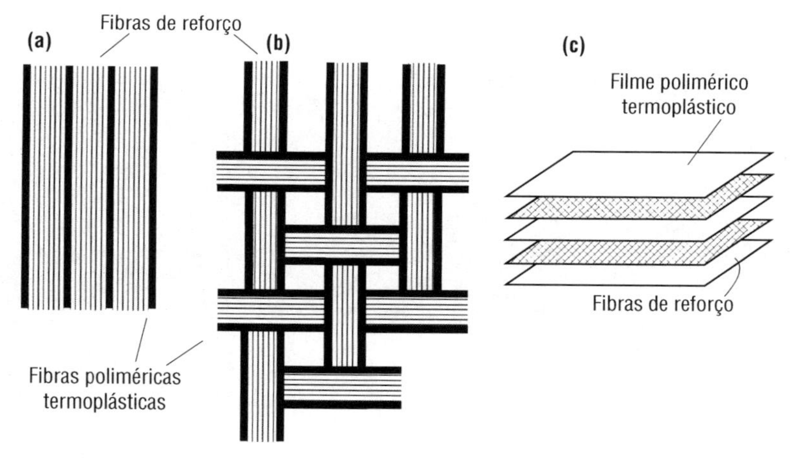

Figura 2.29 Exemplos de incorporação de polímeros termoplásticos para formação de compósitos com matriz polimérica (LYNCH, 1989).

Alternativas mais recentes indicam que matrizes termoplásticas podem efetivamente formar matrizes híbridas com matrizes termorrígidas, apresentando melhoras significativas nas propriedades de compósitos com a mesma sistemática de processamento de termorrígidos.

2.2 MATRIZES CERÂMICAS E CARBONOSAS

2.2.1 Matriz de carbono

Os carbonos são de extremo interesse em razão do fato de que são os únicos materiais que mantêm a resistência mecânica praticamente inalterada, como também podem aumentar o limite de resistência de componentes produzidos com estes, a temperaturas superiores a 1.500 °C, em atmosfera não oxidante. As matrizes carbonosas utilizadas em compósitos são basicamente obtidas pela pirólise controlada de materiais orgânicos, como, por exemplo, resinas termorrígidas e piches de alcatrão de hulha e de petróleo, ou pela decomposição de gases hidrocarbonetos, como metano, propano etc. Portanto, quanto à obtenção, as matrizes carbonosas podem ser divididas em dois grupos: as obtidas por decomposição de polímeros termorrígidos e termoplásticos e as obtidas por decomposição de gases. Dependendo da matéria-prima utilizada e da temperatura de tratamento térmico, uma grande variedade de carbonos pode ser obtida. A abordagem sobre matrizes carbonosas neste capítulo sempre vai se referir aos tipos que pode ser utilizados como material aglutinante de reforços, tanto na forma de partículas quanto na forma de fibras.

As matrizes carbonosas, cujos precursores têm como ponto de partida materiais no estado sólido, são representadas pelos polímeros termorrígidos e pelos piches termoplásticos. A Tabela 2.4 mostra os diversos tipos de matrizes termorrígidas e piches que podem ser utilizados na obtenção de carbonos, mostrando o conteúdo em carbono na molécula e seu correspondente rendimento em carbono final após pirólise à 1.000 °C, em atmosfera inerte (JENKINS; KAWAMURA, 1976).

Tabela 2.4 Precursores orgânicos para matrizes carbonosas.

Matriz	Conteúdo de carbono (%)	Rendimento em carbono após pirólise (%)
Resinas termorrígidas		
Polibenzimidazole (PBI)	96	73
Poliarilacetileno (PAA)	95	90
Álcool poli-furfural	75	63
Fenólica	78	60
Epóxi-novolaca	74	55
Poliimida	77	49
Piches		
Alcatrão de hulha	90	56
Alcatrão vegetal	69	30
Petróleo (0,1 MPa)	88	50
Petróleo (10 MPa)	88	80

(*continua*)

Tabela 2.4 Precursores orgânicos para matrizes carbonosas. (*continuação*)

Matriz	Conteúdo de carbono (%)	Rendimento em carbono após pirólise (%)
Mesofásico	>90	85
Piches sintéticos		
Truxeno	95	87
Isotruxeno	95	70
Blendas resina/piche		
Fenólica (60%)	78	75
Álcool poli-furfural (60%)	–	67
Epóxi novolaca (60%)	–	60

Os carbonos obtidos pela pirólise em estado sólido de polímeros termorrígidos com alto grau de aromaticidade e reticulação formam estruturas denominadas de "carbono vítreo". A característica mecânica mais evidente desses materiais é a fratura frágil. Salvo condições adequadas de deformação, não são grafitizáveis. O representante da classe de polímeros utilizado com mais frequência para obtenção de carbono vítreo é a resina fenólica, ver Seção 2.1.1.3. A Tabela 2.5 mostra as mudança nas propriedades experimentada pelas resinas fenólicas após pirólise a 1.000 °C (SEIBOLD, 1975).

Tabela 2.5 Propriedades da resina fenólica típica e do carbono vítreo obtido dessa resina.

	Moldada	Pirolisada a 1.000 °C
Massa específica (g/cm^3)	1,25	1,50
Resistência à tração (MPa)	60	110
Módulo de elasticidade (GPa)	4,0	30

A estrutura de um carbono vítreo é formada de rede aleatória tridimensional turbostrática de fitas com características grafíticas, não apresentando ordenamento de longa distância (Lc $\leq$ 3,0 nm). A estrutura sugere a presença de ligações sp^2 (trigonais), mas também ocorrem ligações sp^3 (PIERSON, 1993). A rede de fitas disposta de forma aleatória e a presença de ligações sp^3 impedem um maior ordenamento da estrutura, mesmo sob tratamento térmico a altas temperaturas (T > 2000 °C).

O carbono vítreo é isotrópico em escala maior que 100 nm. De acordo com Buhl (1992), a aparência das unidades básicas estruturais da configuração tridimensional do modelo estrutural de fitas do carbono vítreo, Figura 2.30a, é influenciada pelas condições de imagem, quando observada ao microscópio. A terceira dimensão da estrutura é visível somente como uma projeção no plano de imagem. Um outro modelo que considera essa restrição e a presença de microporos é apresentado na Figura 2.30b.

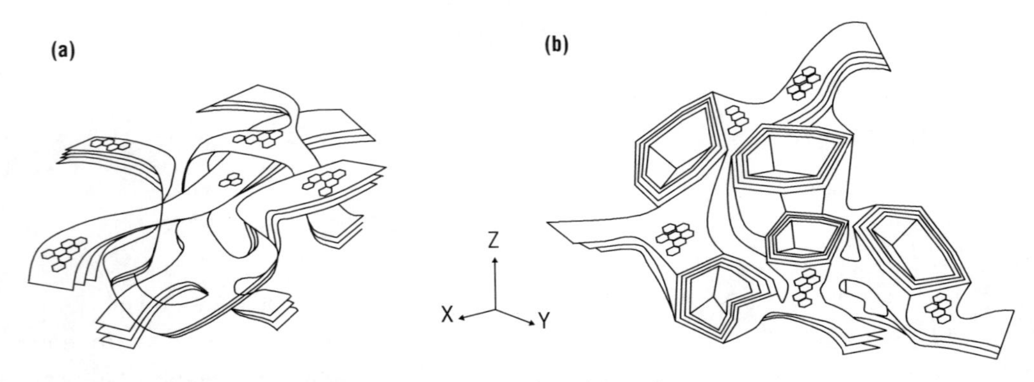

Figura 2.30 Modelo de uma estrutura turbostrática de carbono vítreo.

O tratamento térmico de precursores poliméricos para formação de carbono vítreo mostra variações na massa específica, apresenta encolhimento e perda de massa em função da temperatura. A Figura 2.31 mostra esquematicamente esses eventos para uma resina fenólica típica. Ocorre uma perda de massa equivalente a 45%/peso, representando um encolhimento volumétrico de ~40%/volume. Particularmente para as resinas fenólicas, a pirólise faz com que os voláteis sejam liberados com maior intensidade, à temperatura de 500 °C, sendo dominada principalmente por hidrocarbonetos de baixa massa molar e oxi-hidrocarbonetos, conforme mostra o gráfico da Figura 2.32, cujos resultados foram obtidos por espectrometria de massa acoplada à cromatografia gasosa (KATZMAN; MALLON; BARRY, 1995). Uma pequena quantidade de água é também liberada a temperaturas na faixa de 150-250 °C. Após pirólise, o material apresenta baixa massa específica (~1,5 g/cm^3) e, portanto, tem alta porosidade, porém de pequeno diâmetro (0,1 a 0,3 nm) (PIERSON, 1993).

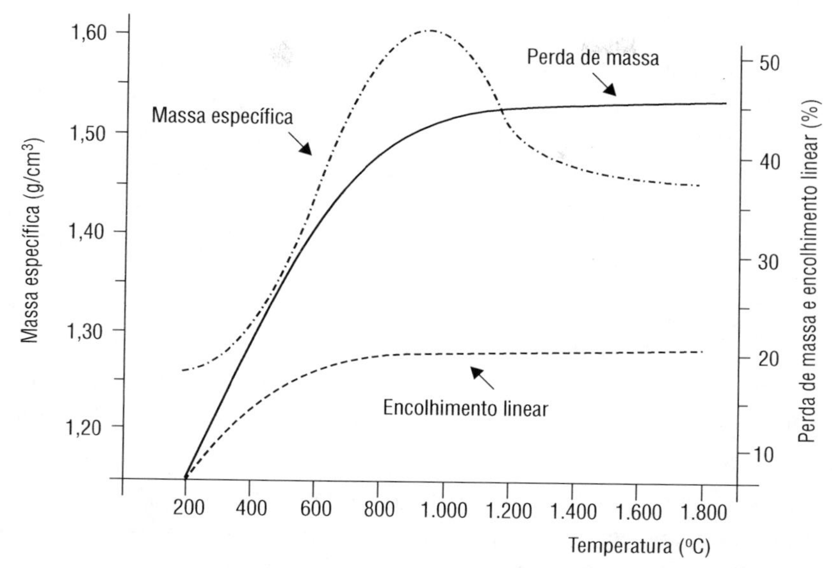

Figura 2.31 Massa específica, encolhimento linear e perda de massa em função da temperatura de tratamento térmico para uma resina fenólica típica (SEIBOLD, 1975).

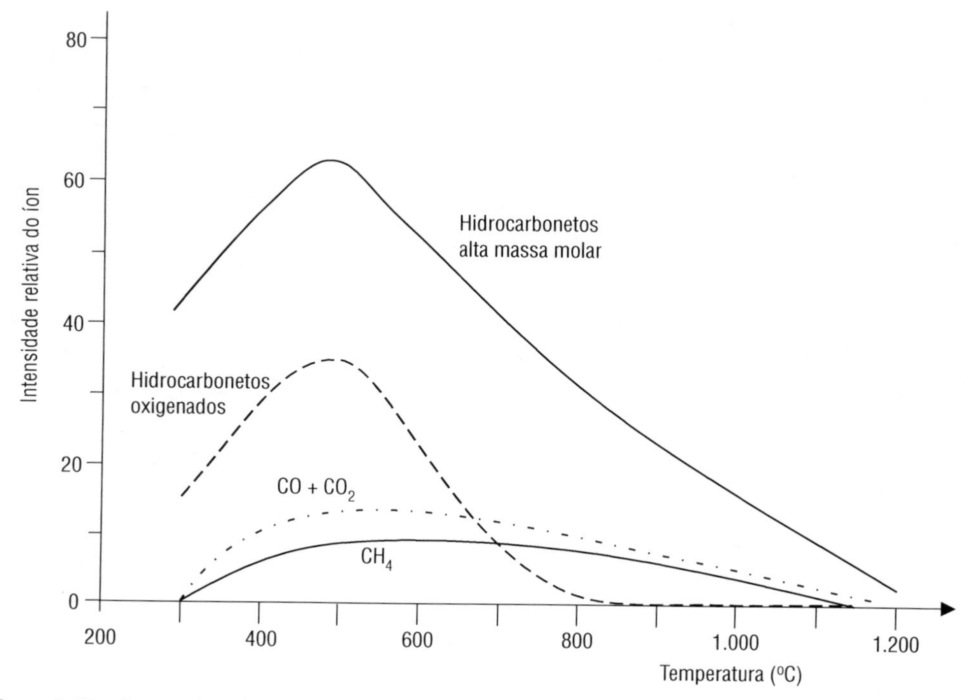

Figura 2.32 Composição e quantidade relativa de voláteis liberados durante a pirólise de resinas fenólicas (KATZMAN; MALLON; BARRY, 1995).

São crescentes as pesquisas visando obter polímeros com reduzida perda de massa durante a pirólise e, dessa forma, reduzir o ciclo de processamento de compósitos que se utilizam desse tipo de matriz, como, por exemplo, os compósitos Carbono Reforçado com Fibras de Carbono, Capítulo 6. Nesse particular, as resinas de poliarilacelileno (PAA) têm se mostrado uma das alternativas mais viáveis (KATZMAN, 1995). A resina de PAA é um polifenileno que resulta de uma reação de ciclotrimerização de dietinilbenzeno (DEB). A PAA é um pré-polímero líquido que pode ser processado mediante utilização de métodos convencionais de processamento de compósitos, Capítulo 6, na forma de pré-impregnados ou por injeção por transferência. Esses polímeros após cura exibem alto grau de reticulação de cadeias aromáticas contendo carbono e hidrogênio, permitindo que seja obtido um conteúdo final de carbono equivalente a 90%. Durante o processo de pirólise, somente hidrogênio é liberado com máxima evolução a 800 °C.

Matrizes carbonosas obtidas a partir da pirólise de piches dão origem a materiais carbonosos com melhores propriedades termomecânicas, em virtude do fato de que os hidrocarbonetos aromáticos componentes dos piches são progressivamente alinhados e orientados durante o processo de pirólise, formando uma estrutura ordenada de planos basais grafíticos. Os piches podem ser obtidos tanto da destilação de petróleo, da destilação de carvão mineral durante a produção de coque metalúrgico, quanto da destilação de coque vegetal e de origem mineral (gilsonita). Por causa variedade de rotas e parâmetros de processamento, o piche é constituído de uma mistura complexa de hidrocarbonetos predominantemente aromáticos com uma larga faixa de pesos moleculares, podendo ocorrer heteroátomos de oxigênio, nitrogênio e enxofre (MARSH, 1989). À temperatura ambiente, o piche é um sólido tendo a constituição amorfa de um líquido resfriado (RAND, 1983).

A caracterização da composição de hidrocarbonetos contidos no piche é quantificada pelo caráter aromático do mesmo por meio do quociente entre o teor de hidrogênio e o de carbono (relação H/C) (MARSH, 1989). Cada grupo de moléculas componentes do piche apresenta característica distinta de dissolução em determinados solventes orgânicos e contribuição diferenciada nas propriedades físico-químicas. Esse fato leva à utilização da técnica de fracionamento por solventes, tanto como métodos para a caracterização, como também para a modificação das características dos piches para adequação a processos específicos (MOCHIDA, 1977; MARSH, 1980). Os principais solventes utilizados no fracionamento de piches citados com maior frequência na literatura especializada são a quinolina e o tolueno (MARSH, 1989).

A fração insolúvel em quinolina (IQ) do piche pode ser dividida em dois tipos principais: os IQ-primários e os IQ-secundários. Os IQ-primários, também denominados de IQ-naturais, são aqueles provenientes do seu precursor, ou seja, do alcatrão, e consistem de finas partículas de coques ou carvões, fuligens, fragmentos de refratários e outros materiais particulados (MARSH, 1980). Os IQ-secundários são aqueles formados durante o processo de obtenção do piche e são constituídos de esferas de mesofase, insolúveis em quinolina, ou de compostos aromáticos altamente condensados (MARSH, 1980; Mochida, 1981). A fração insolúvel em benzeno ou tolueno, e solúvel em quinolina ou piridina, é supostamente responsável pelo poder aglomerante do piche, e é designada resina β, com peso moleclular variando entre 1.000 e 2.000 g/mol (NAIR, 1978).

A fração insolúvel em tolueno é tida como a fração responsável pelo poder aglomerante do piche (MARSH, 1989). Essa fração atua como acelerador da reação de condensação com o aumento da temperatura, aumentando a viscosidade do meio, levando o piche a se converter em coque com estrutura isotrópica.

O IQ-primários, quando presentes em quantidades adequadas no piche aglomerante, tendem a melhorar as propriedades mecânicas de materiais carbonos (MORGAN, 1960). Os componentes pesados do piche impregnante tendem a aumentar a resistência à compressão, e os componentes leves, a resistência à tração (WEISSHAUS, 1990). Quanto à presença de IQ-secundários no piche, foi verificado que a presença das esferas de mesofase é inconveniente no piche aglomerante, uma vez que elas se deformam durante o processo de homogeneização, podendo diminuir a propriedade de molhabilidade do piche ao reforço na forma de partícula ou fibras (MASON, 1978). A presença de heteroátomos de oxigênio, nitrogênio e enxofre em piches tende a reduzir sua grafitizabilidade (MOCHIDA, 1977).

O processo de pirólise de piches ocorre basicamente pela eliminação de hidrogênio dos hidrocarbonetos poliaromáticos que os compõem, como representado pela Figura 2.33. Parte desses hidrocarbonetos aromáticos passa por uma fase intermediária plástica, que ocorre a temperaturas na faixa de 400 °C-500 °C, conhecida como mesofase, na qual o material exibe características de um cristal líquido nemático discoico, ocorrendo um alinhamento lamelar preferencial de cristais ao longo de um eixo principal. Durante a formação da mesofase, moléculas poliaromáticas, com massa molar média aproximado de 1.000, são formadas e gradativamente aumentam de tamanho e constroem um alinhamento, pela ação de forças de Van der Waals, dando origem a coques até temperaturas de 600 °C.

A Tabela 2.6 mostra propriedades comparativas de piches de petróleo e alcatrão de hulha. O rendimento em carbono após pirólise de piches depende da pressão utilizada durante o processo, podendo variar de 50%/massa à pressão atmosférica a 85%/massa a pressões acima de 50 MPa. A massa específica do piche cru é cerca de 1,33 g/cm^3 e, após pirólise, o coque obtido apresenta massa específica de 2 g/cm^3, resultando em um rendimento volumétrico de 30 e 54%/volume para as pressões mencionadas. Os piches possuem domínios óticos que são anisotrópicos a escalas maiores que 2 nm.

Tabela 2.6 Propriedades comparativas de piches de petróleo e alcatrão de hulha.

Propriedade	Piche de petróleo	Piche de alcatrão de hulha
Ponto de fusão (°C)	120	110
Massa específica (20 °C)	1,2	1,33
Carbono fixo (% massa)	51	58
Insolúveis benzeno (BI), (% massa)	3,6	33
Insolúveis quinolína (QI), (% massa)	–	14
Cinzas (% massa)	0,16	0,1
Enxofre (% massa)	1,0	0,8
Viscosidade (Pa.s)		
160 °C	0,8	1,4
177 °C	0,3	0,4
199 °C	0,1	0,2

A Figura 2.33 mostra esquematicamente a conversão térmica de piches em material grafítico. A temperaturas próximas a 550-600 °C, o piche é transformado em um material infusível e termorrígido denominado semicoque. Se a pirólise for realizada até 1.000 °C e à pressão atmosférica, ocorre uma perda de massa equivalente a 50% do material de partida. Tratamentos térmicos superiores a essa temperatura fazem com que as cadeias benzênicas continuamente se orientem em uma direção preferencial até temperaturas de 3.000 °C, exibindo a essa temperatura uma estrutura próxima à do cristal de grafite ideal.

Os métodos de obtenção de materiais carbonosos descritos anteriormente se fundamentam na pirólise de materiais sólidos, tais como piches e polímeros. Há um outro processo denominado deposição química em fase gasosa (CVD-Chemical Vapour Deposition) que se fundamenta na decomposição de precursores gasosos hidrocarbonetos, que formam "carbonos pirolíticos" ou "grafites pirolíticos". O material, será tratado no texto como "carbono pirolítico", independentemente da temperatura de tratamento térmico a que foi submetido.

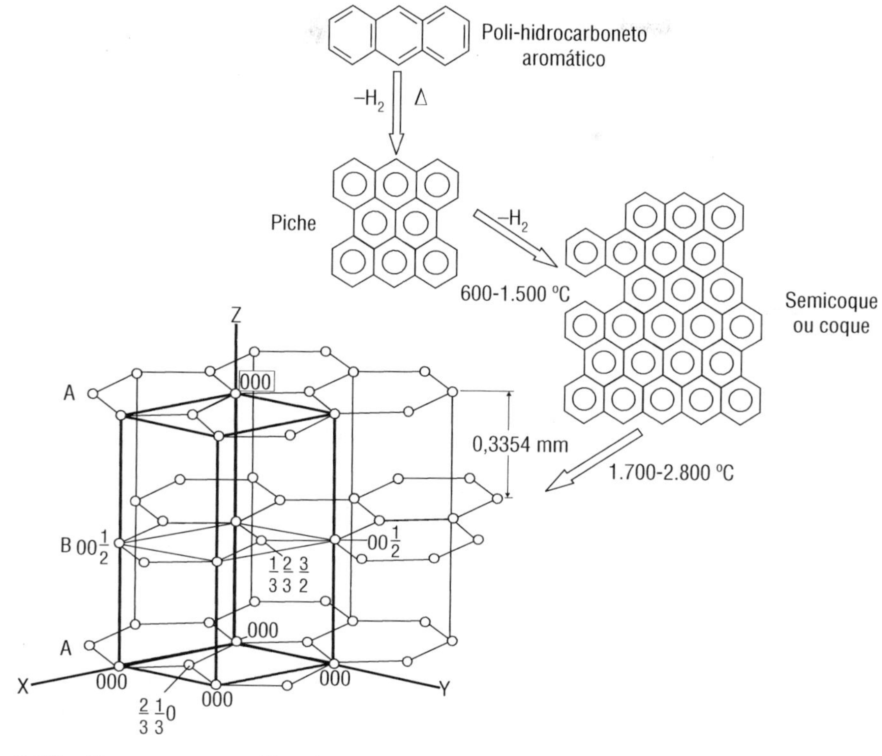

Figura 2.33 Diagrama esquemático da conversão térmica de materiais grafitizáveis.

A estrutura do carbono pirolítico depende basicamente dos seguintes fatores:

- tipo de gás utilizado como precursor, e razão C/H na mistura;
- tipo e geometria de substrato utilizado na deposição;
- fluxo de gás no sistema de deposição;
- temperatura e pressão de deposição; e
- tipo e geometria do reator.

O valor de massa específica, obtida do depósito de carbono pirolítico em função da temperatura e pressão de deposição, pode ser visualizado esquematicamente na Figura 2.34 (KOTLENSKY, 1973). A qualquer pressão de deposição e a temperaturas de 950 °C a 1.200 °C, e acima de 2.200 °C, é obtida uma massa específica equivalente a ~2,1 g/cm^3. A pressões de 20 kPa, depósitos com baixa massa específica (~1,2 g/cm^3) são obtidos a temperaturas de 1.700-1.800 °C.

A utilização de uma determinada combinação desses parâmetros pode gerar uma estrutura que tanto pode ser colunar, lamelar ou isotrópica. A estrutura colunar é obtida quando os planos basais grafíticos (paralelos ao plano "xy", conforme a

Figura 2.33, direção ab) são essencialmente paralelos à superfície de deposição. A estrutura toma a forma colunar (na forma de cones) como resultado de crescimento ininterrupto de uma unidade básica de tamanho de grão. A estrutura lamelar consiste de camadas paralelas sobrepostas ou camadas concêntricas, se depositadas sobre partículas ou fibras. Tanto a estrutura colunar quanto a lamelar são opticamente ativas sob luz polarizada, e apresentam propriedades similares (PIERSON, 1993).

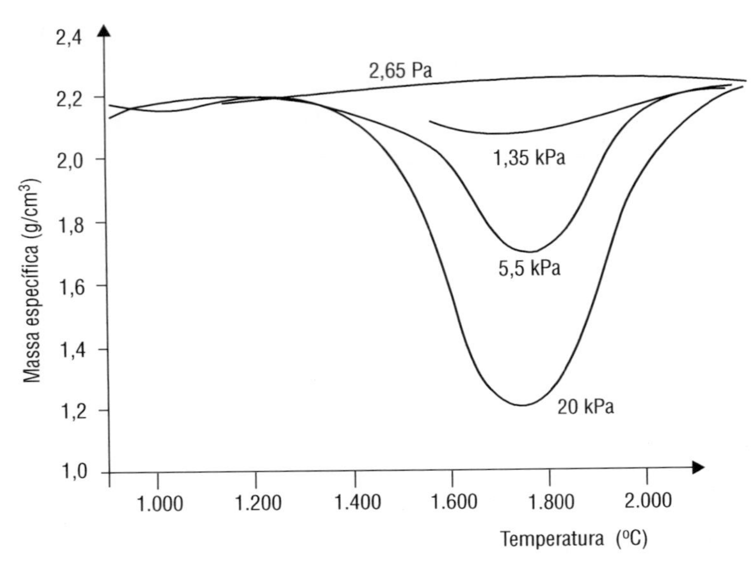

Figura 2.34 Massa específica do carbono depositado por CVI/CVD em função da temperatura de deposição e pressão parcial do gás fonte de carbono. Resultados obtidos para gás metano e propano (KOTLENSKY, 1973).

A estrutura isotrópica é composta de pequenos grãos sem orientação preferida e sem atividade ótica, sendo obtida normalmente quando utilizada a deposição em leito fluidizado, ou em condições predeterminadas de pressão e temperatura, conforme mostra esquematicamente o gráfico da Figura 2.35 (KOTLENSKY, 1973). A estrutura isotrópica não é grafitizável.

A Tabela 2.7 mostra propriedades à temperatura ambiente de carbono pirolítico. A matriz de carbono pirolítico apresenta alta anisotropia, principalmente considerando as propriedades térmicas e elétricas, podendo variar inclusive em relação à temperatura de tratamento térmico final. Enquanto a condutividade térmica na direção ab é comparável ao cobre (bom condutor), na direção c (paralela ao plano "z", da Figura 2.33) tem valor similar aos plásticos (bom isolante).

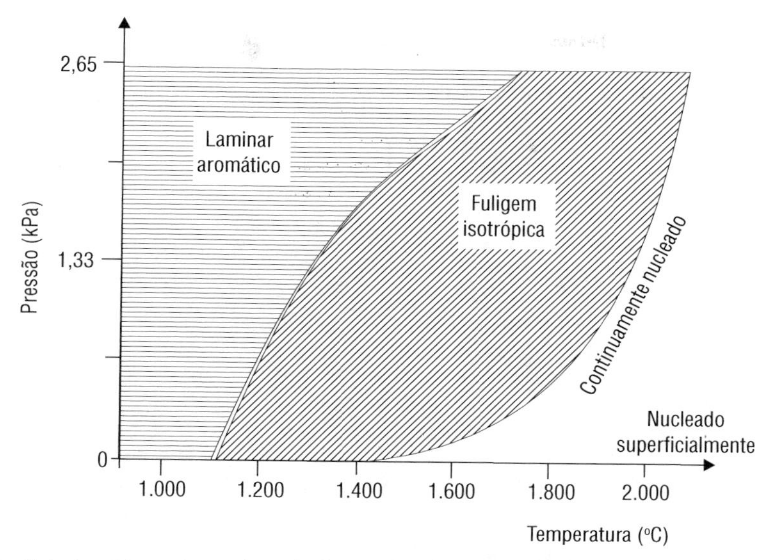

Figura 2.35 Estrutura do carbono depositado por CVI/CVD em função da pressão parcial do gás e da temperatura (KOTLENSKY, 1973).

Tabela 2.7 Propriedades de carbono pirolítico a 25 °C (PIERSON, 1993).

Massa específica (g/cm^3)	2,1-2,2
Resistência à flexão (direção c- grão) (MPa)	80-170
Resistência à tração (direção ab-// grão) (MPa)	110
Módulo de elasticidade (GPa)	28-31
Condutividade térmica (W/m.K)	
direção c	1-3
direção ab	190-390
Expansão térmica (0-100 °C) (x 10^{-6}/m.K)	
direção c	15-25
direção ab	-1-1
Resistividade elétrica ($\mu\Omega$.m)	
direção c	1.000-3.000
direção ab	4-5

2.2.2 Matriz de carbeto de silício (SiC)

Compósitos constituídos de matriz de carbeto de silício podem ser obtidos de três formas básicas:

- por prensagem e sinterização de pós de carbeto de silício (compósitos particulados);
- pelo processo de infiltração química em fase gasosa; e
- pirólise polimérica de organossilanos.

As propriedades físicas do SiC são determinadas pelo alto grau de covalência da ligação química entre os átomos de Si e C (~88%), fato este que dificulta a sinterização de compactados de pó de SiC, obtida apenas a altas temperaturas (T > 1.500 °C) e pressões. É possível, entretanto, obter compósitos particulados tendo SiC como matriz, utilizando técnicas convencionais de sinterização estabelecidas para processamento cerâmico, como prensagem uniaxial ou isostática a temperaturas de sinteração do carbeto de silício (~1.800 °C). O pó de SiC a ser utilizado como matriz, tendo uma determinada granulometria, é misturado a reforços também na forma de pó, como, por exemplo, Al_2O_3, ou à reforços na forma de monocristais (*whisker*), como, por exemplo, o Si_3N_4, obtendo-se, dessa forma, monolitos cerâmicos. Esse processo tende a obter monolitos de tamanho reduzido e na forma de compósitos particulados ricos em matriz de SiC.

O primeiro depósito de SiC obtido pelo processo de deposição em fase gasosa utilizou $SiCl_4$ e metano como precursores (PRING; FIELDING, 1909). A reação de decomposição ocorre na faixa de temperaturas entre 1.200 °C e 1.400 °C, conforme a equação (2.1):

$$CH_4(g) + SiCl_4(g) \rightarrow SiC(g) + 4HCl(g) \tag{2.1}$$

Atualmente, a formulação usual de precursores para deposição de SiC se constitui de um organossilano, um hidrocarboneto simples, um gás redutor e um gás de arrasto, entre os quais podemos citar, como exemplo, o H_3CSiCl_3, o CH_4, o H_2 e o argônio.

A deposição através de organossilanos pode ocorrer com ou sem a formação de moléculas intermediárias, que apresentem uma ligação química entre os átomos de Si e C em sua estrutura. A literatura propõe que a deposição ocorre pela polimerização do precursor resultando em $(-CH_2-SiH_2-)_x$ na superfície do substrato. Posteriormente, o polímero se decompõe para formar SiC pela perda dos átomos de hidrogênio a uma temperatura de ~900 °C. Entretanto, o mecanismo mais aceito se processa pela decomposição das moléculas na fase gasosa em radicais menores que são adsorvidos pelo substrato para formação do filme. Muitos precursores, constituídos de moléculas lineares, se decompõem segundo a reação (2.2) (BROWN; PARSONS, 1990).

$$C_nSi_nH_m \underset{\Delta}{\rightarrow} \frac{m}{2} H_2 + nSiC \tag{2.2}$$

onde "n" e "m" podem apresentar os seguintes valores:

$2 \leq n \leq 6 \qquad 2n + 1 \leq m \leq 4n + 1$

A diluição dos precursores em gás inerte provoca alterações na microestrutura do filme, podendo variar do monocristalino até o policristalino, e reduz a taxa de deposição, porque altera a viscosidade da mistura gasosa (MUROOKA; HIGASHIKAWA; GOMEI, 1996). As estruturas cristalinas próximas à razão estequiométrica são obtidas a temperaturas acima dos 1.000 °C.

Dentre os precursores organossilanos, o metiltriclorossilano (H_3CSiCl_3, MTS) é o mais utilizado para deposição de SiC. Sua reação de decomposição é mostrada pela equação (2.3).

$$H_3CSiCl_3 + H_2 \rightarrow SiC\ 3HCl \tag{2.3}$$

Nessa reação, o H_2 remove o Cl e o H do MTS, gerando β-SiC, na faixa de temperatura de 1.050 °C a 1.400 °C e de 0,5 kPa a 60 kPa. A adição de HCl produz peças transparentes de β-SiC com taxas de deposição de ~3 μm/min.

Os depósitos de SiC são influenciados pela temperatura do substrato, pressão do reator, da razão H_2/MTS, fluxo total da mistura gasosa, e do gradiente térmico na interface gás/superfície. O diagrama da Figura 2.36 mostra influência das condições de processo (pressão, temperatura do substrato e razão molar H_2/MTS), na morfologia do depósito. Depósitos com grãos facetados são obtidos em condição de baixa saturação de reagente, e depósitos colunares e lisos são obtidos em condições de grande supersaturação de reagentes.

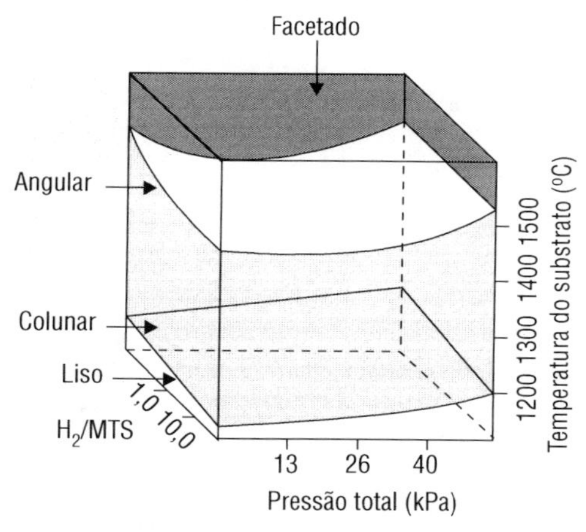

Figura 2.36 Relação entre a morfologia e os parâmetros do processo CVD para o sistema H_2 + Ar + MTS (CHIN; GANTZEL; HUDSON, 1977).

A Tabela 2.8 mostra alguns organossilanos precursores citados na literatura, e utilizados na deposição de SiC. A reação entre o MTS com H_2, por exemplo, nem sempre deposita SiC na razão estequiométrica, sendo necessária a adição de um precursor de carbono, como propano (C_3H_8), por exemplo, para assegurar que estequiometria seja obtida (CHIN; GANTZEL; HUDSON, 1977). Para evitar o uso de equipamentos e sistemas complexos de controle para múltiplos gases, e para assegurar a chegada simultânea dos átomos de Si e C no substrato com a estequiometria adequada, a pesquisa tem sido concentrada na direção de utilizar precursores organossilanos com a ligação Si–C em sua estrutura. A Tabela 2.9 mostra propriedades físicas típicas do SiC produzido pela técnica de infiltração química em fase gasosa (HAIGIS; PICKERING, 1993). A substituição parcial da matriz de carbono por SiC em compósitos foi inicialmente estabelecida por Naslain no início dos anos 1980 (NAISLAIN, 1981), com dois efeitos benéficos principais, aumento na resistência à oxidação e melhora significativa na resistência mecânica do compósito com essa matriz híbrida.

Tabela 2.8 Precursores pesquisados para deposição de SiC (AUBRETON et al., 1998; REGIANI, 2001).

Precursor	T (°C)	Pressão (kPa)	Tipo
Metiltriclorossilano H_3CSiCl_3 (MTS)	1.050 – 1.500	4,5 – 100	β-SiC
Hexametildissilano $(CH_3)_6Si_2$ (HMDS)	1.000 – 1.300 <1.000	 100	β-SiC amorfo
Dimetiliclorossilano $(CH_3)_2SiCl_2$ (DDS)	867 – 1.100	20 – 100	
Trimetilclorossilano $(CH_3)_3SiCl$ (TCS)	1.100	–	β-SiC
Tetrametilsilano $(CH_3)_4Si$ (TS)	1.100	–	β-SiC
Trimetilsilano $(CH_3)_3SiH$ (3MS)	1.000 – 1.200 <1.000	0,45 1,35	β-SiC amorfo
Dietilsilano $(C_2H_5)_2SiH_2$ (DES)	850	0,005 – 0,040	amorfo
1,3-dissilobutano	<1.000	<4.10 – 10	β-SiC

(continua)

Tabela 2.8 Precursores pesquisados para deposição de SiC (AUBRETON et al., 1998; REGIANI, 2001). (*continuação*)

Precursor	T (°C)	Pressão (kPa)	Tipo
Metilsilano $(CH_3)SiH_3$ (MS)	800 750	$0,7.10^{-3}$ $1,3.10^{-6}$	β-SiC
Siliciclobutano $c–C_3H_6SiH_2$ (SCB)	800 – 1.200	0,65	β-SiC
1,3-dissilano-n-butano	800	$6,65.10^{-4}$	β-SiC
1,3-dissilanociclobutano	800	$6,65.10^{-4}$	β-SiC
1,3,5-trissilanociclobutano	800	$6,65.10^{-4}$	β-SiC
Dietilmetilsilano $(C_2H_3)_2SiH(CH_3)$ (DEMS)	830	–	JMSE*
Bis(trimetilsilil)metano $[(CH_3)\ 3Si]_2CH_2$ (BTMSM)	830	–	JMSE
$Si_2H_6 + C_2H_4$	1.000	0,065	β-SiC

* JMSE-técnica de jato molecular supersônico epitaxial.

Tabela 2.9 Propriedades físicas do β-SiC produzido por meio de CVD (HAIGIS; PICKERING, 1993).

Massa específica (g/cm³)	3,21
Coeficiente de expansão térmica ($x10^{-6}\ C^{-1}$)	2,4
Calor específico (J/Kg K)	700
Condutividade térmica (W/m K)	250
Módulo de elasticidade (GPa)	466
Resistência à flexão a 4 pontos (MPa)	
25 °C	595
1.400 °C	588
Módulo de Weibull	11,5

A estrutura do cristal do SiC pode ser entendida como formada por tetraedros de SiC_4 ou CSi_4. A mais marcante característica da estrutura cristalina do SiC é o politipismo, caracterizado por uma sequência de empilhamento de uma determinada unidade repetida muitas vezes. As sequências não são aleatórias, uma vez que uma dada sequência se repete muitas vezes no interior do cristal. Um exemplo clássico de politipismo do SiC refere-se à ocorrência de sequências 012012..., similar ao ZnS cúbico, e 010101... como no ZnS hexagonal. Outras 45 sequências são conhecidas com o empilhamento de camadas hexagonais. A célula primitiva mais longa observada no SiC possui uma sequência com 594 camadas. Tal ordem cristalográfica não é causada por forças de longo alcance, mas pela presença de degraus ao longo de espirais produzidas por discordâncias, durante o crescimento do cristal a partir do núcleo (KITTEL, 1996). Os politipos do SiC são identificados com C ou β para o cúbico, α ou H para os hexagonais e R para os romboédricos, e o número indica quantas camadas formam o politipo em questão.

Grandes avanços no desenvolvimento de rotas sintéticas para os polímeros inorgânicos ou polímeros pré-cerâmicos têm sido alcançados, resultando em uma grande variedade de materiais que podem ser utilizados na produção de materiais cerâmicos, apresentando uma grande variedade de composição no sistema Si, C, N, O e B. A Figura 2.37 ilustra unidades de repetição de polímeros inorgânicos utilizados. Um grande número de copolímeros também é conhecido (SCHIAVON, 2002).

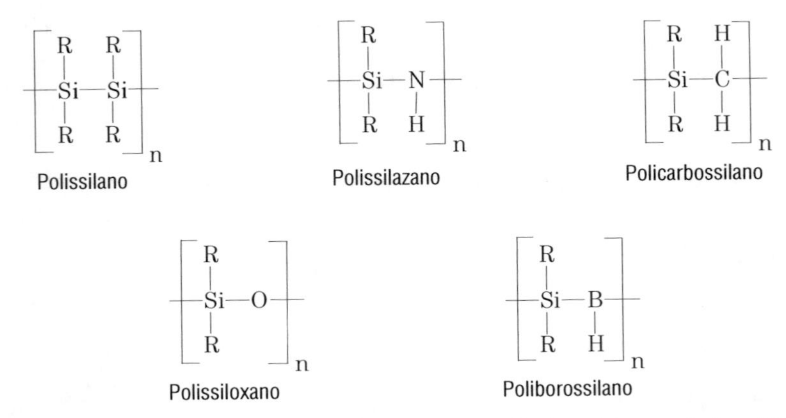

Figura 2.37 Principais polímeros de silício utilizados na obtenção de matrizes cerâmicas (GREIL, 1995).

Em virtude da versatilidade e da facilidade de manuseio, os polímeros pré-cerâmicos têm sido utilizados tanto na obtenção de compósitos com matriz cerâmica (CMC) quanto de compósitos de matriz metálica (CMM) (ver Seção 6.3). Dessa forma, esses polímeros podem ser utilizados na obtenção de cerâmicas monolíticas, de tal modo que substituam os métodos comuns de sinterização de pós, em que o polímero atua não somente como agregante do pó, mas também como fonte de uma matriz cerâmica contínua, sendo capaz de gerar materiais com microestrutura controlada. A microestrutura do material final dependerá das características morfológicas das partículas do pó de partida, da quantidade e natureza do precursor polimérico empregado, bem como das quantidades relativas de cada componente e da temperatura de pirólise. Ocorre também que a utilização desses polímeros permite a obtenção de peças com geometria complexa, por meio de métodos de moldagem comumente utilizados na indústria de compósitos.

Considerando-se a utilização de carbono e carbeto de silício, na forma de fibras e matriz, podem ser obtidos os seguintes compósitos: SiC(matriz)/SiC(fibra), C(matriz)/SiC(fibra), SiC(matriz)/C(fibra), C-SiC(matriz híbrida)/C(fibra), e C-SiC(matriz)/SiC(fibra).

2.2.3 Matrizes de cerâmicas vítreas

As matrizes de cerâmicas vítreas utilizadas em compósitos podem ser obtidas a partir de óxidos metálicos e os representantes principais são mostrados na Tabela 2.10.

Tabela 2.10 Matrizes constituídas de cerâmicas vítreas (PREWO, 1987).

Cerâmica vítrea	Temperatura de uso (°C)	Módulo de elasticidade (GPa)
Li_2O, Al_2O_3, MgO, SiO_2	1.000	90
Li_2O, Al_2O_3, MgO, SiO_2, Nb_2O_3	1.200	90
MgO, Al_2O_3, SiO_2	1.200	–
CaO, Al_2O_3, SiO_2	1.250	105

O interesse na utilização dessas matrizes se prende ao fato de que os compósitos podem ser obtidos em uma etapa única, pela facilidade com que a consolidação do compósito pode ser conduzida, em razão da fluidez inerente desses materiais e do baixo custo das matérias-primas. Além disso, é necessário citar os seguintes fatores que contribuem para que essas matrizes sejam atrativas:

- podem ser obtidas em uma larga faixa de composições, inclusive para controle de propriedades da interface matriz/reforço;
- apresentam baixo coeficiente de expansão térmica, contribuindo assim para redução de tensões térmicas envolvidas entre a matriz e o reforço; e
- o relativo baixo módulo elástico dessas matrizes, em relação aos compósitos reforçados, permite utilização efetiva das propriedades do reforço.

2.3 MATRIZES METÁLICAS

As matrizes metálicas mais comumente utilizadas na manufatura de compósitos são mostradas na Tabela 2.11. Os metais, em muitos casos, são atrativos como matrizes para compósitos, pela resistência à corrosão, alta resistência mecânica e tenacidade à fratura, bem como pela boa condutividade térmica. Particularmente, o alumínio, o magnésio e o titânio se destacam nessa classe, em virtude da baixa massa específica, e o cobre pela alta condutividade térmica.

Tabela 2.11 Propriedades de metais comumente utilizados como matrizes metálicas em compósitos.

	Massa específica (g/cm³)	Ponto fusão (°C)	Resistência à tração (MPa)	Módulo elástico (GPa)	Condutividade térmica (W/m.K)
Alumínio (Al)	2,8	580	310	70	170
Cobre (Cu)	8,9	1.080	340	115	390
Berílio (Be)	1,9	1.280	620	120	150
Magnésio (Mg)	1,7	570	280	40	75
Aço	7,8	1.460	2.070	210	29
Tungstênio (W)	19,4	3.410	1.520	410	168
Titânio (Ti)	4,4	1.650	1.170	110	7

Os compósitos de matriz metálica podem ser obtidos com reforço de fibras contínuas e pela utilização de reforços particulados. Entretanto, os reforços particulados apresentam significativas vantagens, pelo fato de que o custo de manufatura desse tipo de compósito ser reduzido, e de poderem ser utilizados os processos metalúrgicos convencionais como fundição e metalurgia do pó, seguida pelos processos de pós-processamento, como laminação, forjamento e extrusão. Dependendo do tipo de reforço particulado, os compósitos obtidos podem apresentar maior temperatura de uso em relação ao material da matriz, maior estabilidade térmica e melhor resistência ao desgaste, como é o caso de compósitos $Al_{(matriz)}/SiC_{(fibra)}$. É por esse motivo que os esforços de pesquisa têm sido direcionados para obtenção de compósitos de matriz metálica e reforço particulado.

Embora as matrizes metálicas se limitem a poucos exemplos, um grande esforço de pesquisa tem sido empreendido no sentido de utilizar novos métodos que facilitem o processamento. As matrizes metálicas são processadas para obtenção de compósitos basicamente por dois métodos:

- pela fusão do metal usualmente na forma de lâminas finas, ou
- pela mistura do metal usualmente na forma de pó, que também será submetido à fusão, e do reforço na forma particulada.

O segundo método é atraente para obtenção de peças que possam ser pós-processadas pelas técnicas convencionais de metalurgia mencionadas anteriormente, isto é, forjamento, laminação etc. Técnicas desenvolvidas recentemente envolvem a mistura de pó metálico e de polímeros, como os descritos na Figura 2.36, que podem dar origem a uma gama variada de compósitos particulados, principalmente com utilização de matrizes metálicas de baixo ponto de fusão, como o alumínio, em que o reforço, obtido como fase cerâmica, é gerado *in situ* na matriz metálica. O objetivo dessa técnica é obter uma distribuição mais homogênea, em relação a métodos convencionais, de partículas cerâmicas. Embora o exemplo mais típico de compósitos obtidos com essa técnica seja o Al/SiC, um dos primeiros relatos menciona a obtenção de compósitos com matriz metálica Fe-Cr, utilizando policarbossilano como agregante e fonte *in situ* de SiC (YAJIMA, 1976; GOZZI, 1999). Nessa circunstância, o polímero agregante é convertido em fibras, contrariamente aos compósitos cerâmicos, em que o polímero agregante é convertido em matriz contínua com reforço particulado.

Os metais que possuem menor temperatura de fusão, como o alumínio e o magnésio, apresentam maior facilidade no processamento. Entretanto, aplicações estruturais a altas temperaturas (T > 1.000 °C) e que envolvam fadiga térmica, demandam a utilização de ligas à base de aço e titânio.

2.4 CONCLUSÃO

Os principais tipos de matrizes utilizadas em compósitos podem ser classificados segundo sua estrutura e natureza química como matrizes poliméricas (termorrígidas e termoplásticas), cerâmicas, carbono e metálicas. Na formação dos compósitos, as matrizes formam a fase contínua e têm como função aglutinar reforços e distribuir ou transferir carregamentos ou tensões aplicadas ao compósito entre esses reforços. A escolha do tipo de matriz a ser utilizada na manufatura do compósito se prende primeiramente à aplicação a que este se destina e ao processo de obtenção. No atual estágio tecnológico dessa área da ciência e engenharia de materiais uma variedade imensa de combinações de materiais, formadores da matriz pode ser efetuada durante o processamento do compósito. A versatilidade é tal que compósitos pertencentes a uma determinada classe, como por exemplo os compósitos poliméricos, podem ser transformados em compósitos matriz cerâmica. Tanto a tenacidade à fratura quando temperaturas de uso mais elevadas são requisitos almejados para uma adequada seleção de matrizes, como mostra esquematicamente o gráfico da Figura 2.38.

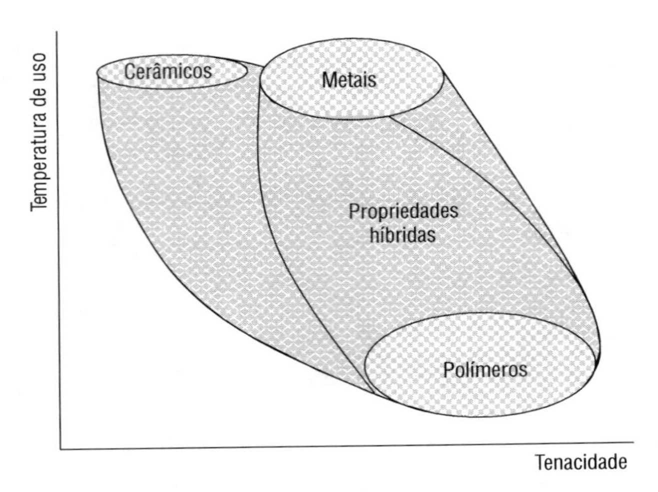

Figura 2.38 Polímeros com resistência à oxidação, tenacidade e processabilidade.

2.5 REFERÊNCIAS

AUBRETON, J. et al. Les différences voies de modélisation macroscopique du procédé de dépôt de SiC par voie gazeuse. *Ann. Chim. Sci. Mat.*, v. 23, p. 753-789, 1998.

BAUER, R. S.; CORLEY, S. Epoxy resins. In: LEE, S. M. (Ed.). *Reference book for composites technology*. v. 1. Lancaster: Technomic, 1989. p. 17-48.

BROWN, D. W.; PARSONS, J. D. *Chemical vapor deposition of silicon carbide*. USA Patent 4,923,716, 1990.

BUHL, H. *Advanced aerospace materials*. Berlim: Springer-Verlag. 1992.

CHAN, L. C. et al. Rubber-modified epóxies: cure, transitions and morphology. In: RIEW, C. K.; GILLHAN, J. K. (Eds.). *Rubber-modified thermoset resins*, ACS 208, USA, 1984. p. 235-260.

CHIN, J.; GANTZEL, P. K.; HUDSON, R. G. The structure of chemical vapor deposited silicon carbide. *Thin Solid Films*, v. 40, p. 57-72, Jan. 1977.

ELLIS, B. Introduction to the chemistry, synthesis, manufacture and characterization of epoxy resins. In: ELLIS, B. (Ed.). *Chemistry and technology of epoxy resins*. Blackie Academic, 1993. p. 1-35.

FITZER, E.; HUTTNER, W. Structure and strength of Carbon/Carbon Composites. *J. Physics D: Appl. Physics*, v. 14, n. 3, 347- 372, 1981.

GILLHAM, J. K. Formation and properties of network polymeric materials. *Polymer Engineering and Science*, v. 19, n. 10, p. 676-682, 1979.

GOZZI, M. F. *Investigações em polissilanos*: I. Estudos conformacionais em polissilanos simetricamente substituídos. II. Como precursores de SiC em compósitos. 1999. 92p. Tese (Doutorado em Química) – Instituto de Química/Unicamp, Campinas, 1999.

GREIL, P. Active-Filler-Controlled pyrolysis of preceramic polymers. *Journal of the American Ceramic Society*, v. 78, n. 4, p. 835-848, Apr. 1995.

HAIGIS, W. R.; PICKERING, M. A. CVD Scaled up for commercial production of bulck SiC. *American Ceramic Society Bulletin*, v. 72, n. 3, p. 74-78, 1993.

JANG, B. Z. *Advanced polymer composites*: principles and applications. Pdl Handbook Series. CRC Press, 297p. 1994.

JENKINS, G. M.; KAWAMURA, K. *Polymeric carbons*. Cambridge: University Press, 1976.

KITTEL, C. *Introduction to solid state physics*. New York: John Wiley and Sons, 1996.

KATZMAN, H. A. A.; MALLON, J. J.; BARRY, W. T. Polyarylacetylene-matrix composites for solid rocket motor components. *Journal of Advanced Materials*, v. 26, n. 3, p. 21-27, Apr. 1995.

KOTLENSKY, W. V. Deposition of pyrolitic carbon in porous solids. In: WALKER Jr., P. L.; THROWER, P. A. (Eds.). *Chemistry and physics of carbon*. v. 9. New York: Marcel Dekker, 1973. p. 173-262.

LEMON, P. H. R. B. Phenolformaldehyde polymers for the bonding of refratories. *Brit. Ceram. Trans. J.* v. 84, n. 2, p. 53-56, 1985.

LEE, H.; NEVILE, K. *Handbook of epoxy resins*. New York: McGraw Hill, 1968.

LYNCH, T. Thermoplastic/graphite fiber hybrid fabric. *Sampe Journal*, v. 25, n. 1, p. 17-22, Jan./Feb. 1989.

MARSH, H. *Introduction to carbon science*. London: Butterworths, 1989. 320p.

MARSH, H.; NEAVEL, R. C. Carbonization and liquid-crystal (mesophase) development. 15. A common stage in mechanisms of coal liquefaction and of coal blends for coke making. Fuel, v. 59, n. 7, July 1980, 511-513, 1980.

MOCHIDA, I.; AMAMOTO, K. MAEDA, K.; TAKESHITA, K. Compatibility of Pitch Fractions in their Cocarbonization Process. 13th Biennial Conference on Carbon, Irvine, CA, 306-307, 1977.

MOCHIDA, I.; ITO, I.; KORAI, Y.; FUJITSU, H.; TAKESHITA, K. Catalytic graphitization of fibrous and particulate carbons. *Carbon*, v. 19, n. 6, 457-465, 1981.

MORGAN, M. S.; SCHLAG, W. H.; WILT, M. H. Surface properties of the quinoline-insoluble fraction of coal-tar pitch. *J Chem Eng* Data 5, 81-84, 1960.

MUROOKA, K., HIGASHIKAWA, I.; GOMEI, Y. Growth rate and deposition process of silicon carbide film by low-pressure chemical vapor deposition. *Journal of Crystal Growth*, v. 169, n. 3, p. 485-490, Dec. 1996.

NAIR, C. S. B. Analysis of Coal Tar Pitches. Cap. 33. in *Analytical Methods for Coal and Coal Products*, 495-533, 1978.

PIERSON, H. O. *Handbook of carbon, graphite, diamond, and fullerenes*: properties, processing and applications. London: Noyes, 1993.

PRING, J. N.; FIELDING, W. The preparation at high temperature of some refractory metals from their chlorides. *Journal of the Chemical Society*, v. 95, p. 1497-1506. 1909.

PREWO, K. M. Fatigue and stress rupture of silicon-carbide fiber-reinforced glass-ceramics. *Journal of Materials Science*, v. 22, n. 8, p. 2695-2701, Aug. 1987.

RAND, B.; WHITEHOUSE, S. Pitch-Mesophase-Carbon Transformation Diagrams, *Extended Abstracts of the 16th Biennial Conf. on Carbon*, American Carbon Society, San Diego, USA, p. 30-32, 1983.

REGIANI, I. *Películas espessas de carbeto de silício, SiC, sobre mulita*. Tese (Doutorado) – USP, São Carlos, 2001.

RIEW, C. K.; SIEBERT, A. R.; ROWE, E. H. *Composition containing epoxy resin, chain extender, functionally terminated elastomer and curing agent*. US Patent 3,966,837.1976.

ROWE, E. H.; SIEBERT, A. R.; DRAKE, R. S. *Modern plastics*, August, USA, 1970.

SCHIAVON, M. A. *Síntese e caracterização de compósitos de matriz cerâmica via pirólise de polímeros de silício*. 2002. 135p. Tese (Doutorado em Química) – Instituto de Química/Unicamp, Campinas, 2002.

SHAW, S. J. Additives and modifiers for epoxy resins. In: ELLIS, B. (Ed.). *Chemistry and technology of epoxy resins*. London: Kluwer Academic Publishers, 1993, p. 117-142.

SIEBOLD, R. W.; WEATHERILL, W. T. Carbon-carbon-phenolic bimatrix composites. Proceedings of the Nineteenth National Symposium and Exhibition, Buena Park, Calif., April 23-25, Azusa, California, Society for the Advancement of Material and Process Engineering, USA, 337-345, 1974.

STARK, E. B.; SEFERIS, J. C. Kinetic information from multiple thermal analysis techniques. *Polymer Preprints*. ACS, v. 26, n. 1, p. 23-25, 1985.

SPERLING, L. H. *Introduction to physical polymer science*. 2. ed. New York: Wiley, 1992.

YAJIMA, S.; SHISHIDO, T.; KAYANO, H. *Nature*, v. 264, p. 237, 1976.

YOUNG, R. J.; LOVELL, P. *An introduction to polymers*. 2. ed. London: Chapman & Hall, p. 443. 1991.

WEISSHAUS, H.; KENIG, S.; CASTNER, E.; SIEGMANN, E. *Morphology development during processing of carbon-carbon composites*, v. 28, n. 1, 125-135, 1990.

WILSON, D., STENZENBERGER, H. D.; HERGENROTHER, P. M. *Polyimides*. New York: Chapman & Hall, 1990.

Reforços para compósitos

3.1 INTRODUÇÃO

Os reforços para compósitos podem se apresentar na forma de fibras contínuas, picadas e na forma de partículas. As fibras ou filamentos são o elemento de reforço dos compósitos estruturais que efetivamente suportam carregamento mecânico. As fibras comerciais são produzidas basicamente por três processos: fiação por fusão, fiação a úmido e fiação a seco.

As fibras se constituem em um meio efetivo de reforço porque apresentam menor número de defeitos que em sua forma mássica. Acredita-se que foi Griffith que primeiro demonstrou esse fato na prática em 1920 (GORDON, 1991). À medida que se tornam mais finos, os materiais tendem a apresentar menor número de defeitos que possam induzir a falhas e, dessa forma, a resistência tende a se aproximar mais da resistência teórica do material, representada pela resistência coesiva das camadas adjacentes de átomos.

As fibras, entretanto, praticamente não têm utilidade estrutural se não forem aglutinadas e estabilizadas por uma matriz. Isoladamente, as fibras só resistem a esforços de tração e, por serem muito esbeltas, não se mantêm estáveis geometricamente (ou seja, colapsam) sob reduzidos esforços de compressão, flexão e torção. A configuração geométrica das fibras, ou seja, pequeno diâmetro e grande comprimento, ($l/d >> 1$) permite um alto valor na relação área superficial/volume e, por consequência, a área interfacial fibra/matriz disponível para transferência de carga por unidade de volume da fibra aumenta em função da relação comprimento/diâmetro, como pode ser verificado na Figura 3.1. A Figura 3.1 mostra ainda que a área interfacial fibra/matriz disponível para transferência de tensões por unidade de volume da fibra aumenta com o aumento da relação comprimento/diâmetro, passando por um mínimo equivalente a uma partícula de formato esférico. Para as plaquetas (ou seja, $l/d < 1$) a razão área superficial/volume aumenta à medida que a relação l/d decresce.

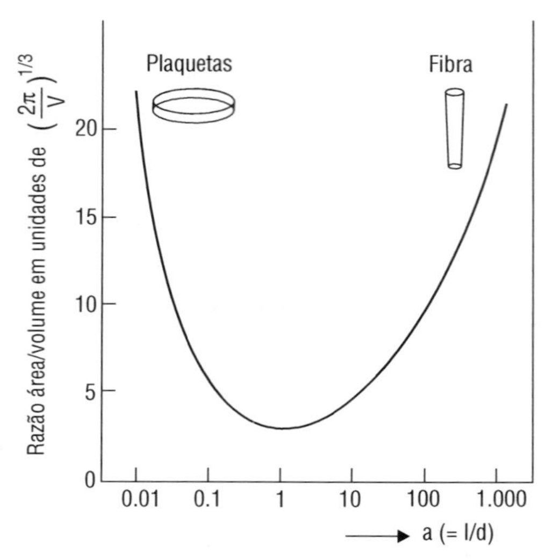

Figura 3.1 Razão entre área superficial/volume de uma partícula cilíndrica de um dado volume em função da razão de aspecto (a = 1/d) (GIBSON, 1994).

A Tabela 3.1 mostra mais detalhamente a representação gráfica mostrada na Figura 3.1. Considerando-se volumes equivalentes, ocorre um aumento na área superficial, à medida que um determinado corpo passa de uma geometria esférica para o formato de fibra. Confirmando dados obtidos da Figura 3.1, a Tabela 3.1 indica que as fibras apresentam maior razão área superficial/volume (1,87).

Tabela 3.1 Características geométricas de partículas (LEE, 1991).

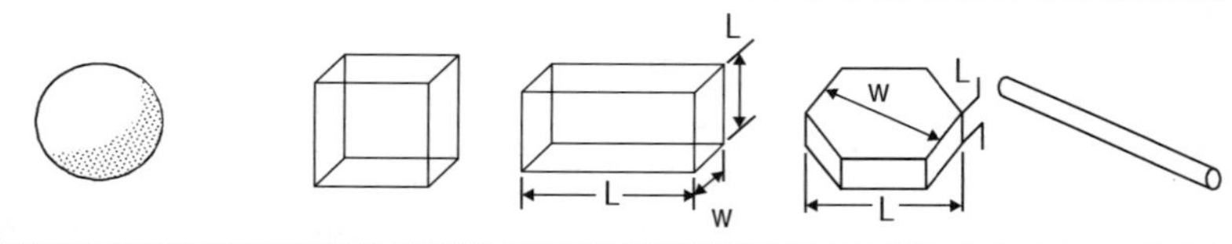

Classe de partícula	Esferoidal	Cúbica/prismática	Bloco	Floco	Fibra
Razão de aspecto					
Comprimento	1	~ 1	1,4 – 4	1	1
Largura	1	~ 1	1	≤ 1	< 0,1
Espessura	1	~ 1	≤ 1	0,25 – 0,01	< 0,1
Área superficial equivalente*	1	1,24	1,26 – 1,5	1,5 – 9,9**	1,87***

* considerando-se volumes equivalentes

** dependente da relação comprimento/espessura (4:1 = 1,5 – 100:1 = 9,9)

*** este valor ocorre para l/d = 10, e aumenta para l/d > 10

3.2 FIBRAS DE VIDRO

O tipo de fibra mais utilizado em compósitos com matriz polimérica é a de vidro, em virtude, principalmente, de seu baixo custo, alta resistência à tração, e grande inércia química. As desvantagens dessa fibra são associadas ao relativo baixo módulo de elasticidade, autoabrasividade e à baixa resistência à fadiga, quando agregada a compósitos. Composições típicas para fibras de vidro são mostradas na Tabela 3.2. Há duas variantes de processo para produção de fibras de vidro, conforme mostra-se nas Figuras 3.2a e 3.2b, mas ambas utilizam vidro fundido que atravessa uma fieira onde são produzidas as fibras. No primeiro processo, o vidro é, primeiramente, pelotizado para posterior fusão e formação das fibras. No segundo e mais usual processo, as fibras são fiadas diretamente do forno de fusão. As fibras de vidro são isotrópicas e, portanto, o módulo de elasticidade nas direções axial e transversal ao filamento é idêntico. As fibras de vidro podem ser produzidas tanto na forma de filamentos contínuos quanto na forma de fibras picadas.

Tabela 3.2 Composição de fibras de vidro utilizadas na manufatura de compósitos.

Constituintes	SiO_2	Al_2O_3	B_2O_3	MgO	CaO	Na_2O
Vidro E	55,2	14,8	7,3	3,3	18,7	–
Vidro C	65	4	5	3	14	8,5
Vidro S	65	25	–	10	–	–

Após o processo de fiação, as fibras são recobertas com um material de encimagem. Fibras destinadas a processos de tecelagem, como, por exemplo, trançagem, são recobertas com um material lubrificante, que pode ser removido posteriormente, por queima. As fibras de vidro podem também ser recobertas com agentes ligantes de forma a promover adesão química entre a matriz polimérica e a superfície da fibra. Esses agentes ligantes são usualmente organossilanos que apresentam uma estrutura do tipo X_3SiR. O grupo R é susceptível de ligação a um grupo na matriz, e os grupos X podem hidrolisar na presença de água para formar um silanol, e condensam na superfície da fibra de vidro, formando siloxanos.

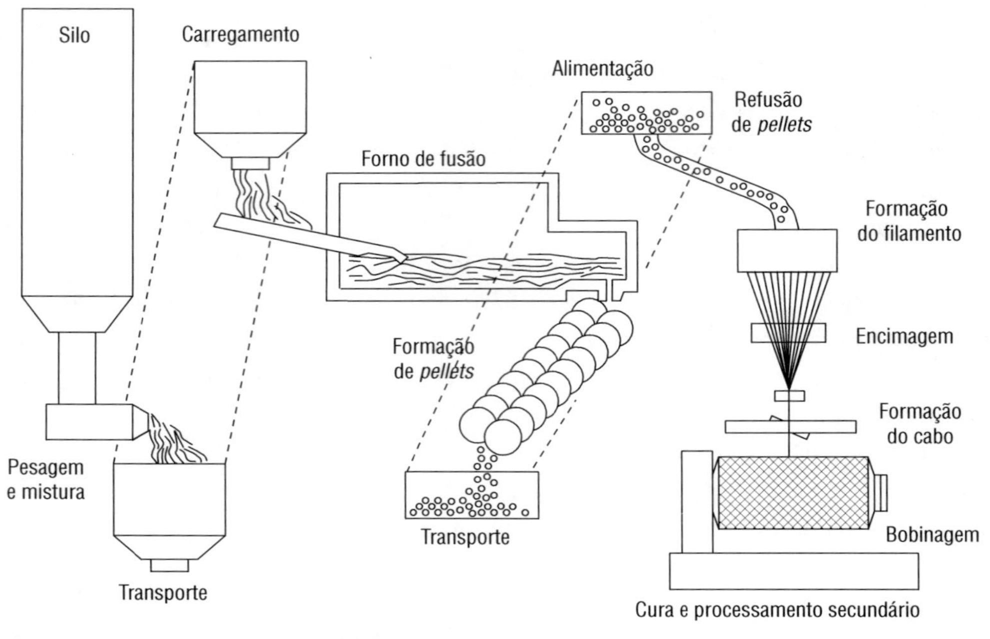

(a) Processo pelotização

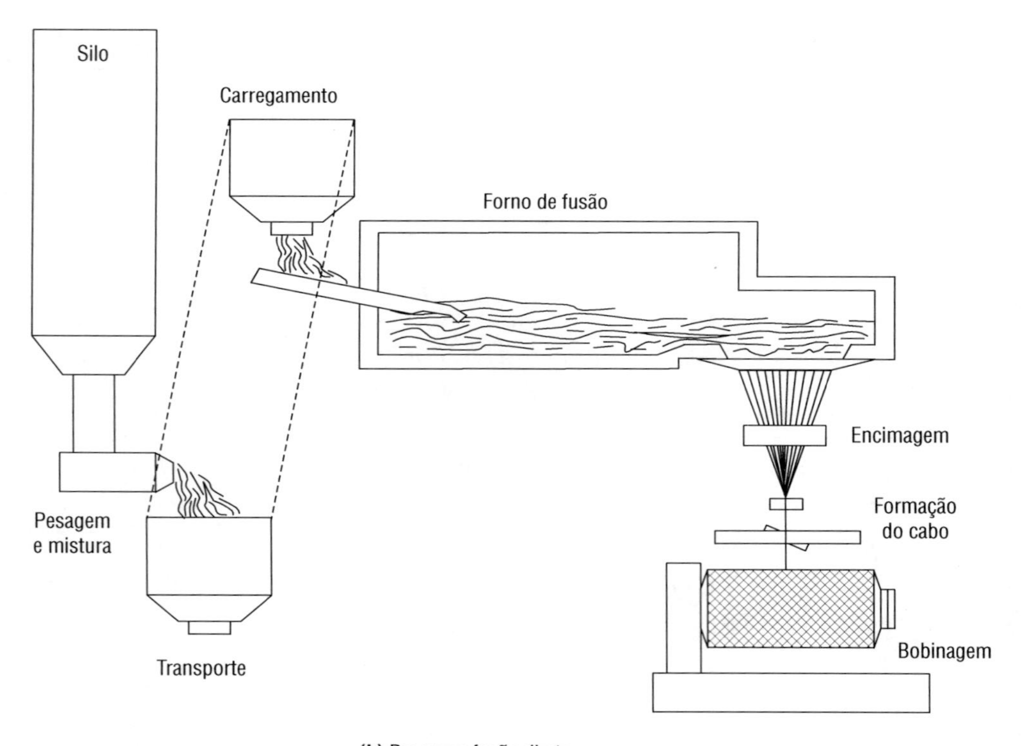

(b) Processo fusão direta

Figura 3.2 Representação esquemática do processo para produção de fibras de vidro.

As fibras de vidro têm condutividade térmica equivalente a 1,3 W/m.K e calor específico de 850 J/kg.K. A composição do vidro pode alterar significativamente as propriedades da fibra obtida, como pode ser observado pela Tabela 3.3. As fibras de vidro do tipo S têm uma dificuldade inerente de serem estiradas, em razão da estreita faixa de temperatura para formação do filamento e, portanto, apresentam maior custo.

Tabela 3.3 Propriedades dos tipos de fibras de vidro utilizadas como reforço em compósitos.

Tipo de fibras cerâmicas	Vidro E	Vidro S	Vidro AR
Massa específica (g/cm^3)	2,54	2,55	2,70
Módulo de elasticidade (GPa)	70	86	75
Resistência à tração (GPa)	2,40	2,80	1,70
Módulo específico (Mm)	27	34	34
Preço (US$)/kg	1,65 – 2,20	13,0 – 17,5	–
Preço (US$) /kg tecido	10 – 20	20 – 40	–

Embora o desempenho das fibras de vidro do tipo E seja satisfatório em ambientes aquosos neutros, elas se tornam susceptíveis de degradação em ambientes ácidos e alcalinos. Por esta razão, fibras de vidro do tipo C, utilizadas na forma de véu para barreiras químicas em equipamentos e reservatórios químicos, e fibras de vidro do tipo AR, para reforço de cimento, têm encontrado crescente utilização. As fibras AR contêm ZrO_2 e Na_2O, que conferem resistência à corrosão proveniente da alcalinidade do cimento.

A adesão de fibras de vidro a matrizes poliméricas é promovida por meio de promotores de ligação do tipo organossilanos. Esses compostos orgânicos formam uma ligação estável entre materiais orgânicos e inorgânicos, pois sua estrutura possui grupos de afinidade orgânica e inorgânica, conforme representa a estrutura genérica:

$$Y - (CH_2) - Si - (X)_3$$

Onde: Y = grupos com afinidade orgânica, e X = grupos com afinidade inorgânica.

O grupo X pode ser [-O-CH_3] (metóxi) ou [-OC_2H_5] (etóxi), que podem ser convertidos em grupo silanol [-SiOH] por meio de hidrólise, conforme reação química mostrada simplificadamente pela equação (3.1), e se condensam formando ligações covalentes estáveis com grupos óxidos presentes no vidro.

$$3\,H_2O + YSi(OR)_3 \rightarrow YSi(OH)_3 + 3OH \tag{3.1}$$

O grupo Y, de afinidade orgânica, é um grupo orgânico reativo do tipo amina, epóxi, metacrilato e estireno, que reage com o polímero que irá aderir ao substrato. A Figura 3.3 mostra dois tipos de organossilanos utilizados no tratamento superficial de fibras de vidro.

$$H_2\text{-}\overset{\overset{O}{\diagup\;\diagdown}}{CH_2\text{-}CH}\text{—}CH_2O\text{—}CH_2OCH_2\text{-}CH_2\text{-}CH_2\text{-}\underset{OCH_3}{\overset{OCH_3}{Si}}\text{—}OCH_3$$

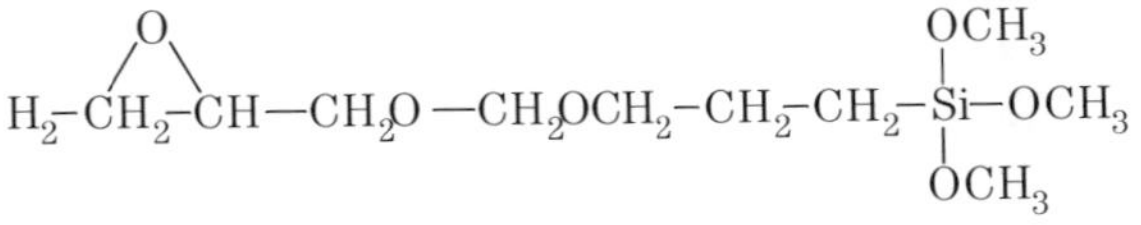

γ-glicidóxi-propil-trimetóxi-silano

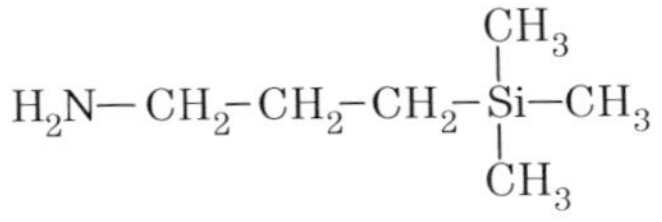

$$H_2N\text{—}CH_2\text{-}CH_2\text{-}CH_2\text{-}\underset{CH_3}{\overset{CH_3}{Si}}\text{—}CH_3$$

γ-amino-propil-trietóxi-silano

Figura 3.3 Organossilanos utilizados no tratamento superficial de fibras de vidro (WITCO, 1998).

3.3 FIBRAS DE CARBONO

As fibras de carbono são manufaturadas pela pirólise controlada de precursores orgânicos em forma de fibras. O primeiro documento que reportou a existência das fibras de carbono data de 1880, quando Thomas Edison obteve uma patente sobre a manufatura de filamentos de carbono para lâmpadas elétricas. Entretanto, somente no início da década de 1960 teve início a produção comercial de fibras de carbono, com requisitos para aplicação na indústria aeroespacial para estruturas de baixo peso e alta resistência. Atualmente, os Estados Unidos consomem 60% de toda a produção mundial, e o Japão detém 50% da produção mundial, e também detém a quase totalidade da produção de fibras de carbono obtidas de piche.

Uma grande variedade de fibras precursoras pode ser utilizada para produzir fibras de carbono, conferindo diferentes morfologias e diferentes características específicas. Os precursores mais comuns, entretanto, são a poliacrilonitrila (PAN), fibras de celulose (viscose *rayon*, algodão), e piches de petróleo e alcatrão de hulha. As fibras de carbono podem ser classificadas quanto ao tipo de precursor, ao módulo de elasticidade, à resistência e quanto à temperatura de tratamento térmico final.

Considerando o módulo de elasticidade, podemos agrupar as fibras de carbono em quatro tipos:

- *Ultra-alto módulo* (UHM): fibras com módulo de elasticidade maior que 500 GPa.
- *Alto módulo* (HM): fibras com módulo de elasticidade entre 300 – 500 GPa, tendo razão resistência/módulo de 5 – 7.10^{-3}.
- *Módulo intermediário* (IM): fibras com módulo de elasticidade de até 300 GPa, tendo razão resistência/módulo acima de 10^{-2}.
- *Baixo módulo* (LM): fibras com módulo de elasticidade menor que 100 GPa, tendo baixo valor de resistência à tração.

Considerando a resistência à tração, as fibras de carbono são classificadas em dois tipos:

- *Ultra-alta resistência* (UHS): fibras com resistência à tração maior que 5,0 GPa e razão resistência/rigidez entre 2 – 3.10^{-2}.
- *Alta resistência* (HS): fibras com resistência à tração maior que 2,5 GPa e razão resistência/rigidez entre 1,5 – 2.10^{-2}.

Considerando a temperatura de tratamento térmico final, as fibras de carbono podem ser classificadas em três tipos:

- *Tipo I*: temperatura de tratamento térmico final acima de 2.000 °C, sendo a associada com fibras de alto módulo de elasticidade.
- *Tipo II*: temperatura de tratamento térmico final ao redor de 1.500 °C, sendo associada com fibras de alta resistência.
- *Tipo III*: fibras com tratamento térmico final menor que 1.000 °C, sendo fibras de baixo módulo e baixa resistência.

O processo de pirólise consiste basicamente no tratamento térmico do precursor que remove oxigênio, nitrogênio e hidrogênio, dando origem às fibras de carbono. Todas as pesquisas direcionadas à obtenção de fibras de carbono estabelecem que as propriedades mecânicas são melhoradas pelo aumento da cristalinidade e orientação, e pela redução dos defeitos na fibra. O único meio de se alcançar esse objetivo é partir de um precursor altamente orientado e manter essa alta orientação inicial durante o processo de estabilização e carbonização sob estiramento. Como em qualquer outro processo de obtenção de fibras, as propriedades finais serão influenciadas pelas matérias-primas, pelo processo de produção e pelas condições utilizadas para formação da fibra precursora.

3.3.1 Fibras de carbono obtidas a partir de precursor poliacrilonitrila (PAN)

As fibras de poliacrilonitrila (PAN) são o tipo de precursor mais utilizado para obtenção de fibras de carbono. A poliacrilonitrila é um polímero atático, linear que contém grupos nitrila altamente polares atrelados à estrutura principal de carbonos, conforme mostra a Figura 3.4.

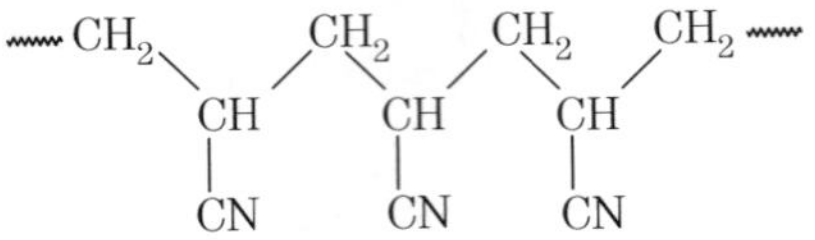

Figura 3.4 Representação da estrutura molecular do polímero de poliacrilonitrila.

A Figura 3.5 mostra dois processos básicos para a obtenção da fibra de poliacrilonitrila. No processo a seco, o precursor é fundido e extrudado através de uma fieira que contém um determinado número de pequenos capilares. Ao sair da fieira, o polímero resfria e solidifica na forma de fibras. Na fiação a úmido, uma solução concentrada do polímero é dissolvida em um solvente apropriado, que forma uma solução com viscosidade adequada ao processo de fiação, e é extrudada através de uma fieira em um banho de coagulação. O solvente é mais solúvel na solução de coagulação do que no precursor e, dessa forma, a solução do polímero que emerge dos capilares coagula na forma de fibras. Cada um desses processos irá gerar uma fibra de poliacrilonitrila com morfologias diferentes. O processo de fiação a úmido dá origem geralmente a fibras com seção transversal circular ou com formato bilobial. Já o processo de fiação a seco dá origem a fibras com seção transversal, com formato de feijão. O número de furos na fieira define o tex do cabo a ser obtido. As fibras de PAN, destinadas à fabricação de fibras de carbono, têm um custo aproximado de US$ 5.00/kg.

A Figura 3.6 mostra um modelo da estrutura morfológica da fibra de poliacrilonitrila. Nesse modelo a fibra é composta de sub-unidades fibrilares que contêm regiões distintas de material amorfo e parcialmente ordenado. A fase com ordenação tem uma textura lamelar orientada perpendicularmente ao eixo da fibra com interação lateral (MASSON, 1995). A orientação da PAN é melhorada com estiramento, atingindo grau de cristalinidade de, no máximo, 50% (EDIE, 1998).

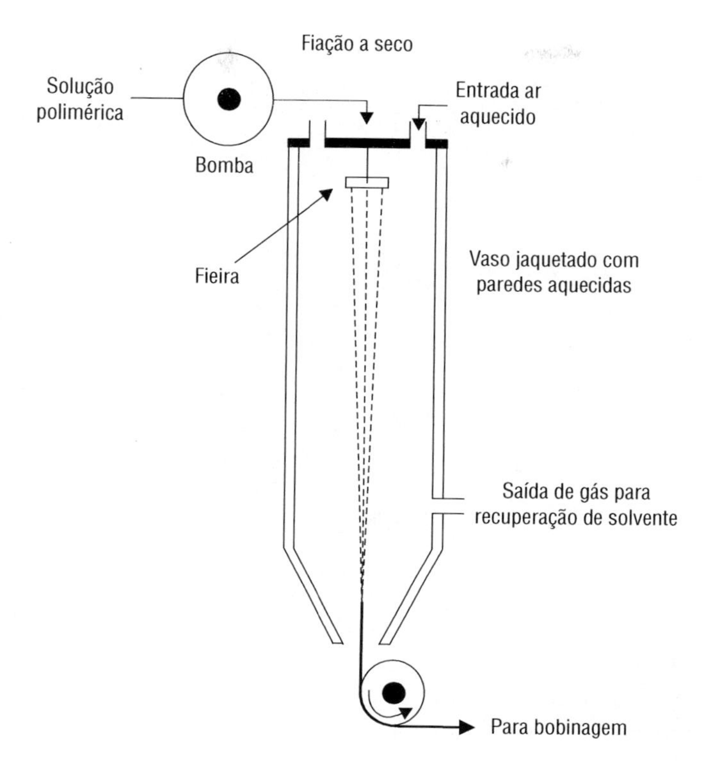

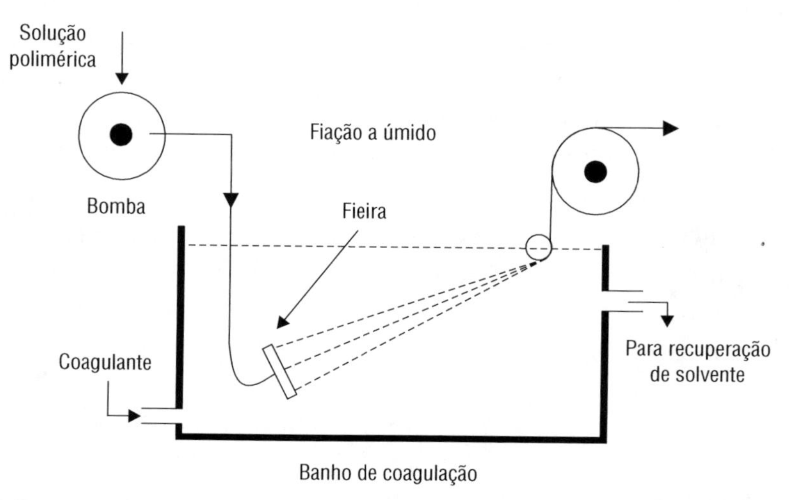

Figura 3.5 Processos de produção de fibras de poliacrilonitrila (MOCHIDA; YOON; QIAO, 2006).

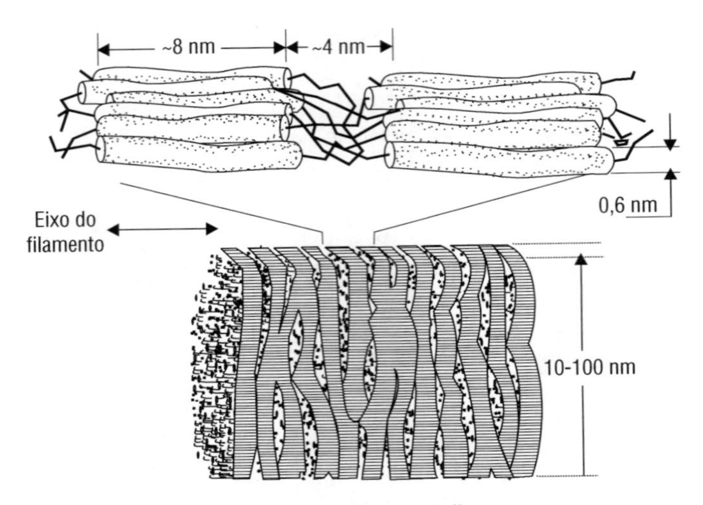

Figura 3.6 Estrutura morfológica das fibras de poliacrilonitrila.

As fibras PAN têm estabilidade térmica até 115 °C. Há três estágios sucessivos básicos que ocorrem na conversão do precursor PAN em fibras de carbono, conforme mostra o diagrama da Figura 3.7. O processo tem início com a *estabilização oxidativa* do precursor de poliacrilonitrila, que é estirado e simultaneamente oxidado na faixa de temperaturas entre 200 – 300 °C. Esse tratamento converte a fibra PAN termoplástica em uma cadeia termorrígida cíclica com incorporação de oxigênio a sua estrutura. Esse tipo de fibra é conhecido como PANox. O material está, então, preparado para resistir a tratamentos térmicos em temperaturas na faixa de 1.000 °C – 1.500 °C, sob atmosfera inerte (normalmente nitrogênio). Esse processo, já definido anteriormente para matrizes carbonosas (Capítulo 2), é denominado *carbonização*.

Nessa etapa elementos outros que não carbono, como, por exemplo, ácido cianídrico, metano, monóxido de carbono etc., são removidos como voláteis, resultando em um rendimento de ~50% da massa original do polímero PAN. A Tabela 3.4 mostra a composição das fibras obtidas em cada etapa de processamento, e mostra que ocorre incorporação de oxigênio no processo de estabilização/oxidação (~8%) e conversão em uma estrutura na qual a presença de carbono é praticamente total acima de 1.000 °C. A conversão da fibra de poliacrilonitrila em fibras de carbono apresenta um crescimento monotônico da massa específica a partir de 1,19 g/cm^3 (PAN) até 1,78 g/cm^3 (fibra de carbono) a 1.000 °C. Nesse intervalo de temperatura, a fibra apresenta um encolhimento linear final de aproximadamente 10% (ZHAO; JANG, 1995).

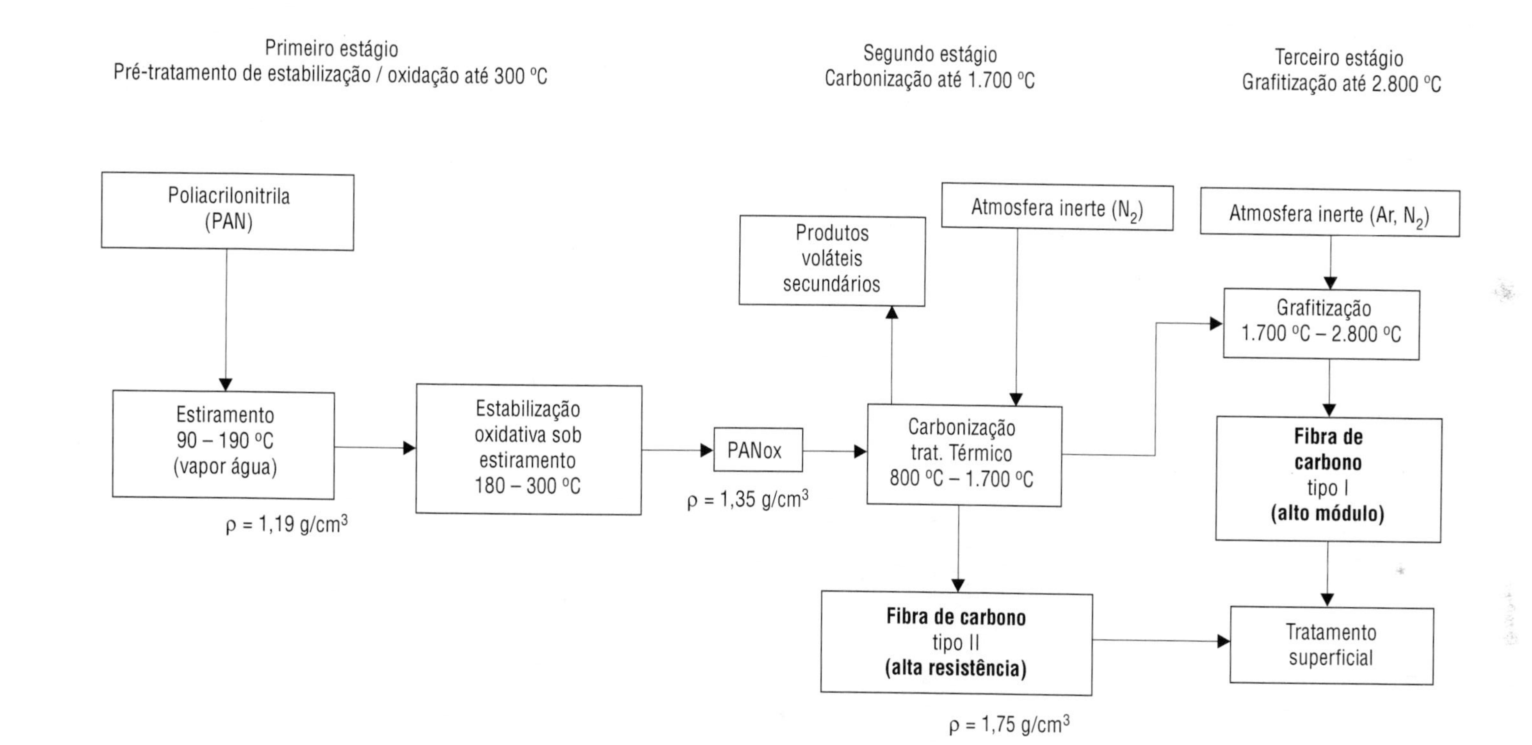

Figura 3.7 Representação esquemática da obtenção de fibras de carbono a partir de poliacrilonitrila (PAN) (DONNET, 1998).

Tabela 3.4 Composição em função do tratamento térmico para fibras de carbono.

	C (%)	N (%)	H (%)	O (%)
Poliacrilonitrila	68	26	6	–
PANox	65	22	5	8
Fibra de carbono				
TTT 1.000 – 1.500 °C	> 92	< 7	< 0,3	< 1
Fibra de carbono				
TTT 1.700 – 2.500 °C	100	–	–	–

A Figura 3.8 mostra um gráfico de resistência à tração de fibras de carbono, obtidas de PAN, em função da temperatura de tratamento térmico dessas fibras. Observa-se que a resistência à tração das fibras de carbono aumenta até o limite de tratamento térmico próximo a ~1.500 °C. Esse aumento é devido à crescente formação das lamelas de hexágonos de carbono que vão se alinhando na direção longitudinal da fibra. As fibras de carbono obtidas a 1.500 °C são denominadas fibras de carbono de alta resistência. Após essa temperatura ocorre uma redução na resistência mecânica, normalmente associada à liberação de nitrogênio (EDIE, 1999). Em contrapartida, o módulo de elasticidade tem um aumento monotônico até 2.500 °C, devido ao aumento do alinhamento das cadeias grafíticas. Dessa forma, uma variedade significativa de fibras de carbono pode ser obtida como resultado apenas de mudanças na temperatura de tratamento térmico. É consenso, na indústria, que tratamentos térmicos acima de 1.500 °C, embora resultam em aumento no módulo elástico, representam um gasto de energia que não justifica o ganho apresentado.

Quando ocorre ruptura de um material frágil, duas novas superfícies são criadas no ponto de fratura, que não estavam presentes antes desta ocorrer. Ocorreu a Griffith (1920) a ideia de relacionar a energia de superfícies fraturadas à energia de deformação no material, antes da ruptura. Supondo que, no cálculo da resistência teórica, o total da energia de deformação entre duas camadas de átomos é potencialmente conversível em energia superficial, obtem-se a equação (3.2):

$$\frac{\sigma a}{2E} = 2\gamma \rightarrow \sigma = \sqrt[2]{\frac{\gamma \cdot E}{a}} \tag{3.2}$$

onde σ = resistência à tração, E = módulo elástico, γ = energia superficial, a = distância interatômica.

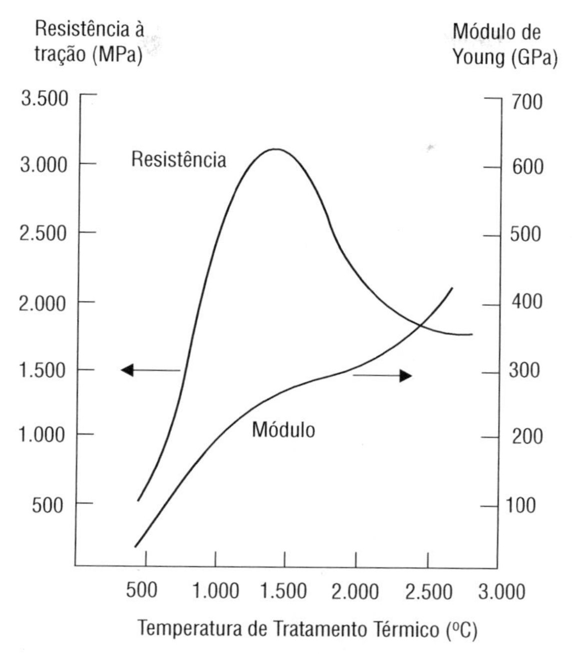

Figura 3.8 Resistência à tração e módulo de Young de fibras de carbono obtidas de precursor PAN em função da temperatura de tratamento térmico (DONNET, 1998).

Esta equação é muito otimista, visto que é suposto que o material obedeça à Lei de Hooke (ver Capítulo 7) até a ruptura. A Lei de Hooke, entretanto, só é válida para pequenas deformações. Sob deformações além da região elástica, a curva de força interatômica exibe uma curvatura, de forma que a energia de deformação é menor que a calculada, ou mais, precisamente a metade. Pode-se considerar esse efeito, dividindo-se a equação da resistência por 2. Uma estimativa razoável para a resistência de um material poderia ser obtida pela equação (3.3):

$$\sigma = \sqrt{\frac{\gamma \cdot E}{\chi}} \tag{3.3}$$

Considerando que as fibras de carbono têm uma energia superficial de = ~0,045 J/m^2, um módulo elástico de E = 280 GPa, e uma distância interatômica de 1,42.10^{-10} m, obtemos uma resistência de ~19 GPa. A Tabela 3.5 mostra propriedades mecânicas de fibras de carbono derivadas de PAN. Observa-se que, para fibras comerciais, a resistência à tração é de 2,5 – 3,00 GPa. Fibras de carbono de alta resistência atingem valores de ~7 GPa. A resistência final da fibra de carbono é função da qualidade e composição do precursor, das condições do processo de estabilização oxidativa e das condições utilizadas no processo de tratamento térmico.

Considerando que o valor teórico para a resistência à tração de uma fibra de carbono equivale a 19 GPa, é de se esperar que ainda haja muito a ser realizado para que esse valor seja alcançado industrialmente. As fibras de carbono são materiais transversalmente isotrópicos e o valor do módulo de cisalhamento é de 15 GPa (VILLENEUVE; NASLAIN, 1993).

Tabela 3.5 Propriedades de fibras de carbono comerciais derivadas de PAN.

	Resistência à tração (GPa)	Módulo em tração (GPa)
T300 (Toray)	2,80	230
AS-4 (Hercules)	3,70	250
T800 (Toray)	4,90	290
T-1000 (Toray)	7,05	290
Celion G 40-700 (Basf)	5,00	300
M-40 (Toray)	2,74	390
M-50 (Toray)	2,45	490
Celion G 50-300 (Basf)	2,50	360
Celion GY-80 (Basf)	1,86	570

3.3.2 Fibras de carbono obtidas a partir de precursor de *rayon*

A produção comercial de fibras de *rayon* utiliza o processo viscose, que data do começo do século XX. Primeiramente, essa fibra foi utilizada como filamento têxtil, mas foi somente no final da década de 1940 que fibras de *rayon* com boa resistência mecânica foram obtidas. Atualmente, estas fibras são obtidas por meio de um processo semicontínuo que tem como ponto de partida polpa de celulose, caracterizada por um alto conteúdo de α-celulose, isto é, moléculas de longa cadeia, relativamente isentas de lignina e hemiceluloses ou outras moléculas de carboidrato de pequeno tamanho. A Figura 3.9 apresenta um diagrama esquemático de obtenção de fibras de *rayon*.

O processo se inicia pela saturação da celulose por NaOH por um período determinado de tempo, fazendo com que o material seja convertido em soda-celulose. O material é exposto ao ar para que ocorra uma oxidação controlada das cadeias de celulose, conhecida como envelhecimento, convertendo-o em cadeias com pesos moleculares menores. Elas permitem, desta forma, atingir viscosidades adequadas na solução de fiação, o bastante para permitir boas propriedades físicas à fibra obtida.

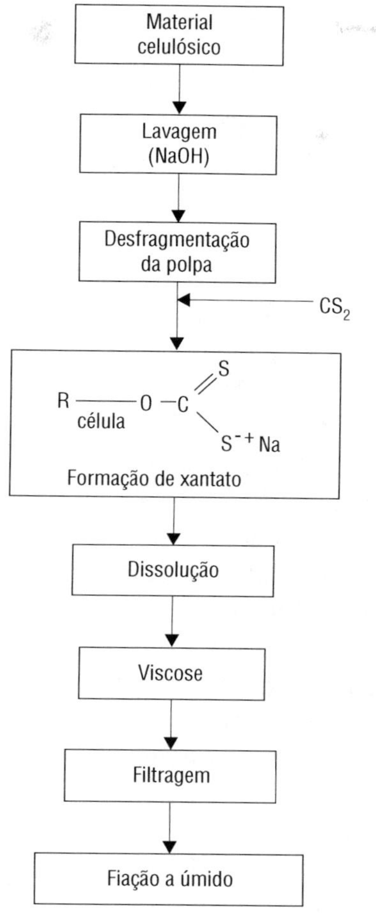

Figura 3.9 Diagrama do processo de conversão da celulose em fibras *rayon* pelo processo viscose.

O produto obtido é, então, colocado em um vaso e tratado com CS_2, formando grupos de éster-xantato. Essa reação é reversível. O acesso de CS_2 é bastante restrito nas regiões cristalinas da soda-celulose, de forma que o material formado é um copolímero em bloco de celulose e xantato de celulose. Esse material é novamente dissolvido em uma solução de NaOH, na qual os substituintes correspondentes ao xantato na celulose forçam a separação de moléculas, reduzindo as ligações de hidrogênio, permitindo que as cadeias moleculares sejam separadas e resultando em uma solução de celulose insolúvel. Essa solução ou suspensão apresenta alta viscosidade, sendo denominada de viscose.

A viscose passa então por um processo de *amadurecimento*, no qual ocorre uma redistribuição e perda de grupos xantato. Como a reação de formação de xantato é reversível, formam-se novamente hidróxidos de celulose e CS_2 livre, que pode se liberar ou reagir com outros grupos hidróxidos. Dessa forma, as regiões cristalinas gradualmente se quebram, obtendo-se, assim, uma solução mais homogênea. A perda de CS_2 reduz a solubilidade da celulose e facilita a regeneração. A viscose é então filtrada para remover insolúveis que possam causar defeitos nos filamentos de *rayon*. Essa etapa de perda de CS_2 pode causar agressão ao ambiente.

Uma vantagem inerente das fibras de *rayon* é que podem ser tecidas antes de se efetuar o processo de tratamento térmico para convertê-las em fibras de carbono. O material obtido dessa forma tem baixas propriedades mecânicas, mas atende a requisitos para aplicações em materiais ablativos ou que atendam requisitos térmicos.

As etapas de tratamento térmico para conversão dos filamentos de *rayon*/viscose em fibras de carbono são similares ao utilizado para conversão da PAN em fibras de carbono. Durante o tratamento térmico, ocorrem basicamente duas etapas distintas básicas:

Estabilização: ocorre primeiramente entre 25 – 150 °C, em que há desorção física de água. A etapa seguinte corresponde à desidratação da unidade de celulose entre 150 – 240 °C. Finalmente, ocorre cisão térmica de ligações ciclosídicas e quebra de ligações éter e algumas ligações C-C via reações de radical livre (240 – 400 °C), ocorrendo aromatização da estrutura.

Tratamento térmico: ocorre entre 400 e 700 °C, corresponde à etapa de carbonização, na qual o material é convertido em uma estrutura ainda amorfa de carbono, e entre 1.000 – 2.700 °C, correspondente à grafitização, em que, sob estiramento, o material é convertido em fibras de alto módulo pela orientação longitudinal de planos.

As fibras de carbono derivadas de *rayon*, embora apresentem propriedades mecânicas inferiores às obtidas com fibras de carbono derivadas de PAN e piche, têm uso continuado, devido principamente ao baixo custo.

3.3.3 Fibras de carbono a partir de precursor piche

O piche é um subproduto do refino de petróleo e da destilação de alcatrão de hulha. As fibras de carbono obtidas a partir de precursor piche são oriundas de estruturas aromáticas altamente condensadas e cuja característica é a alta estabilidade térmica. Foi somente em 1965 que Brooks & Taylor anunciaram o fato de que os piches são materiais grafitizáveis quando submetidos a tratamento térmico em atmosfera inerte, atravessando uma fase intermediária (mesofase) a temperaturas entre 350 – 500 °C, antes de desenvolverem uma estrutura grafítica. A obtenção de fibras de carbono a partir de mesofase de piche tem, desde então, dominado a atenção da comunidade na área de carbono, atraindo a atenção da comunidade industrial, em virtude do baixo custo do precursor (US$ 0.25/kg). A mesofase é anisotrópica e tem característica de um cristal líquido nemático termoplástico e, em razão da alta estabilidade térmica, pode ser submetida a processos de fiação sob fusão. A estrutura química das moléculas de piche é altamente complexa, consistindo de oligômeros com distribuição aleatória de pesos moleculares. Os piches de alcatrão de hulha produzem uma mesofase com alta aromaticidade, enquanto o piche de petróleo produz uma mesofase com uma estrutura mais aberta, com alta quantidade de cadeias alifáticas laterais.

As fibras de carbono podem ser obtidas tanto a partir de precursor piche isotrópico quanto do precursor anisotrópico (*mesofase*). Para a produção de fibras de carbono anisotrópicas, o piche deve ser devidamente preparado, de forma a atender requisitos para se adequar ao processo de fiação. O diagrama da Figura 3.10 mostra, de forma resumida, os processos a que os diversos tipos de piche devem ser submetidos anteriormente ao processo de fiação. A Figura 3.11 mostra uma representação do processo de fiação para produção de fibras de carbono a partir de mesofase. O equipamento básico é uma extrusora, na qual os filamentos são formados e rapidamente resfriados por ar.

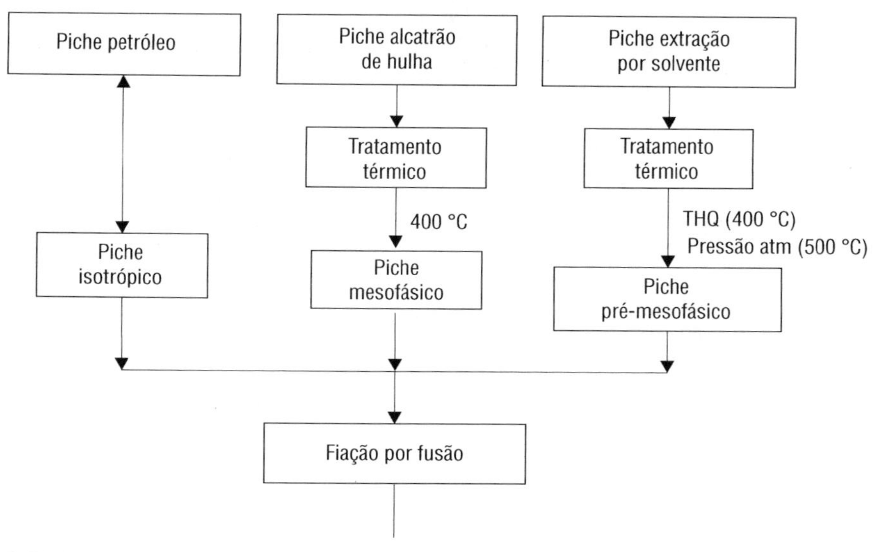

Figura 3.10 Representação esquemática da obtenção de fibras de carbono a partir de piches. THQ – tetrahidroquinona (DONNET, 1998).

Os requisitos principais são os seguintes (PEEBLES, 1994): (a) o piche não deve conter insolúveis que possam interferir no processo de fiação ou reduzam as propriedades mecânicas do filamento; (b) durante o processo de fiação, o material não pode polimerizar-se ou gerar voláteis, o que comprometeria a viscosidade; (c) a mesofase deve desenvolver alinhamento preferencial durante a fiação; (d) o ponto de amolecimento e a temperatura de transição vítrea da fibra devem ser elevados o suficiente para permitir rápida estabilização; (e) a fibra obtida no processo de fiação deve reter reatividade suficiente para ser submetida ao processo de estabilização.

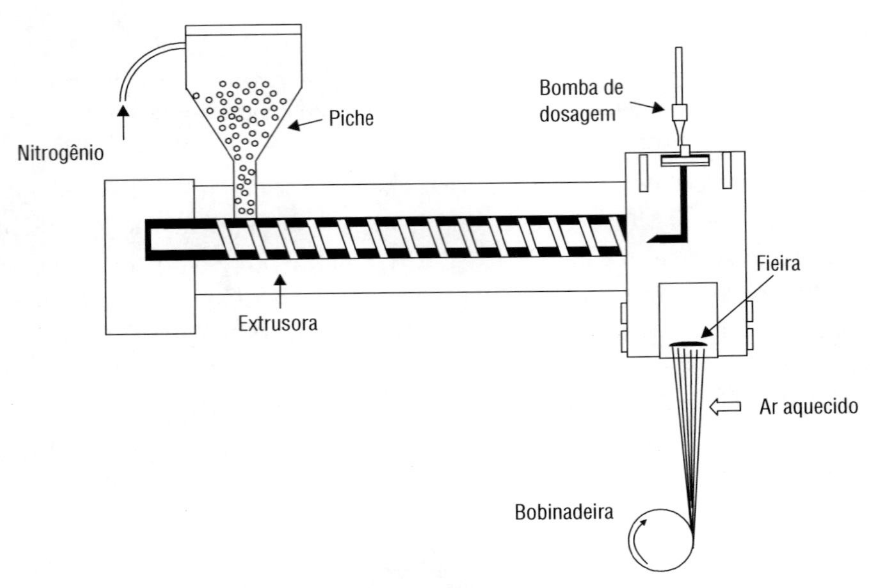

Figura 3.11 Esquemático do processo de fiação por fusão para produção de fibras de piche de mesofase (ZIMMER; WRITE, 1977).

O processo de estabilização é realizado em presença de ar, e períodos de tempo entre duas e três horas, em temperaturas ao redor de 250 °C. O controle da textura e morfologia, tanto da superfície quanto da parte interna da fibra, durante o processo de estabilização, aliado ao processo de estiramento, durante a carbonização, permite a obtenção de diferentes estruturas ao longo da seção transversal do filamento. Outro fator de importância na manufatura de fibras de piche é a possibilidade de modificar o formato da seção transversal da fibra, simplesmente modificando o formato do capilar de extrusão.

O processo de carbonização é realizado a temperaturas ao redor de 1.000 °C para remoção de voláteis, e, posteriormente, a temperaturas entre 1.200 e 3.000 °C, dependendo da resistência à tração e módulo desejados. Contrariamente às fibras de carbono derivadas de precursor PAN ou *rayon*, as fibras de carbono derivadas de mesofase de piche exibem um contínuo aumento, tanto na resistência à tração quanto no módulo de elasticidade, em razão da temperatura de tratamento térmico, como observa-se na Figura 3.12. Embora as fibras de piche inicialmente desenvolvidas apresentassem baixa resistência à tração, observa-se, pela Tabela 3.6, que essas fibras têm continuamente alcançado novos patamares de resistência, atingindo valores próximos a fibras de carbono produzidas de precursor PAN.

Em virtude de sua baixa resistividade elétrica ($<5 m\Omega/m$) e alta condutividade térmica (>100 W/m.K), as fibras de carbono obtidas a partir de precursor piche têm encontrado uso cada vez mais intenso em estruturas e aplicações que envolvam gerenciamento termoestrutural (EDIE, 1998).

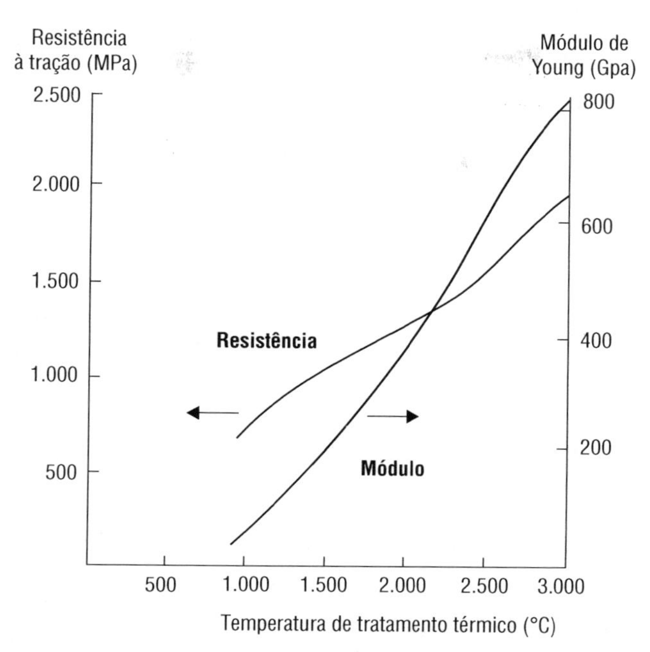

Figura 3.12 Curvas típicas de resistência à tração e módulo de Young, em função da temperatura de tratamento térmico para fibras de carbono derivadas de precursor piche (DONNET, 1998).

Tabela 3.6 Propriedades de fibras de carbono derivadas de piche.

	Resistência à tração (MPa)	Módulo em tração (GPa)	Deformação (%) Amoco
Thornel P-25	1,40	160	0,90
Thornel P-55	1,90	380	0,60
Thornel P-75	2,10	520	0,40
Thornel P-100	2,20	724	0,30
Thornel P-120	2,40	830	0,30
Carbonic			
HM 50	2,80	490	0,70
HM 60	3,00	590	0,50
HN 80	3,50	790	0,4

3.3.4 Fibras de carbono a partir de precursor lignina

Industrialmente, a lignina é um subproduto da fabricação da celulose. Sua extração é realizada a partir do licor preto oriundo da digestão da madeira (VELOSO et al., 1993; SALIBA et al., 2001). A lignina é o polímero aromático mais abundante no planeta e constitui cerca de 20-30% da composição de plantas. Por ser uma matéria-prima renovável de alto teor de carbono após pirólise (~60%) e processamento relativamente econômico, seu uso como precursor de fibras de carbono é favorável (GOSSELINK, 2011; ROSAS et al., 2014). O advento das fibras de carbono comerciais, no final da década de 1960, foi também o início de esforços científicos para uso da lignina como precursor de fibras de carbono (JOHNSON et al., 1975; FRANK et al., 2012).

A composição química da lignina depende da origem da planta e do processo de extração. Geralmente, há dois tipos básicos de ligninas: as obtidas de plantas coníferas (*softwood*) e as obtidas de eucalipto (*hardwood*). Atualmente, os processos de extração de lignina da polpa de madeira podem ser divididos em processos com presença de enxofre e processos livres de enxofre. Os processos com presença de enxofre dão origem às ligninas do tipo *lignosulfonato,* obtidas por reação em meio ácido, HSO_3^-, a 140 °C e pH entre 1 e 2; e as ligninas tipo *kraft,* obtidas por NaOH + Na_2S, a 170 °C e pH 14. Os processos livres de enxofre, dão origem às ligninas do tipo *organosolv*, obtidas por reação com solventes, ácido acético/ácido fórmico/água ou etanol, a 150-200 °C; ou às do tipo soda, obtidas por reação com NaOH com pH na faixa de 11 a 13e, em temperaturas entre 150-170 °C (LAURICHESSE; AVERUS, 2014). Estruturas químicas típicas de ligninas *hardwood* e *softwood* são mostradas na Figura 3.13.

A exemplo dos precursores das fibras de carbono oriundas de piches, as ligninas destinadas a serem utilizadas como precursor de fibras de carbono necessitam de processos de purificação para remoção de quaisquer impurezas, como resíduos metálicos, por exemplo, que possam influenciar as características de processamento e propriedades do filamento obtido (ÖHMAN, 2006; ZABALETA, 2012). Além disso, deve-se compatibilizar e adaptar sua massa molar para adequá-la aos processos de fiação (GARCIA, 2010).

As etapas de obtenção de fibras de carbono a partir de lignina, via de regra, utilizam processos de extrusão que empregam diversas estratégias e rotas. Blendas de lignina e polímeros, como poliacrilonitrila (PAN), polietilenotereftalato (PET), polietileno (PE), ácido polilático (PLA) e polietileno glicol (PEG), dentre outros, podem ser preparadas com composições diversas e, dessa forma, processadas por extrusão e transformação em filamentos. As ligninas podem também ser modificadas quimicamente, por processos de esterificação ou por reação com monômetros, como acrilonitrila, e submetidas aprocesso de fiação por extrusão ou fiação a úmido (THIELEMANS; WOOL, 2005; GIFFORD et al., 2010; LUONG et al., 2011; RAMASUBRAMANIAN, 2013).

(a)

(b)

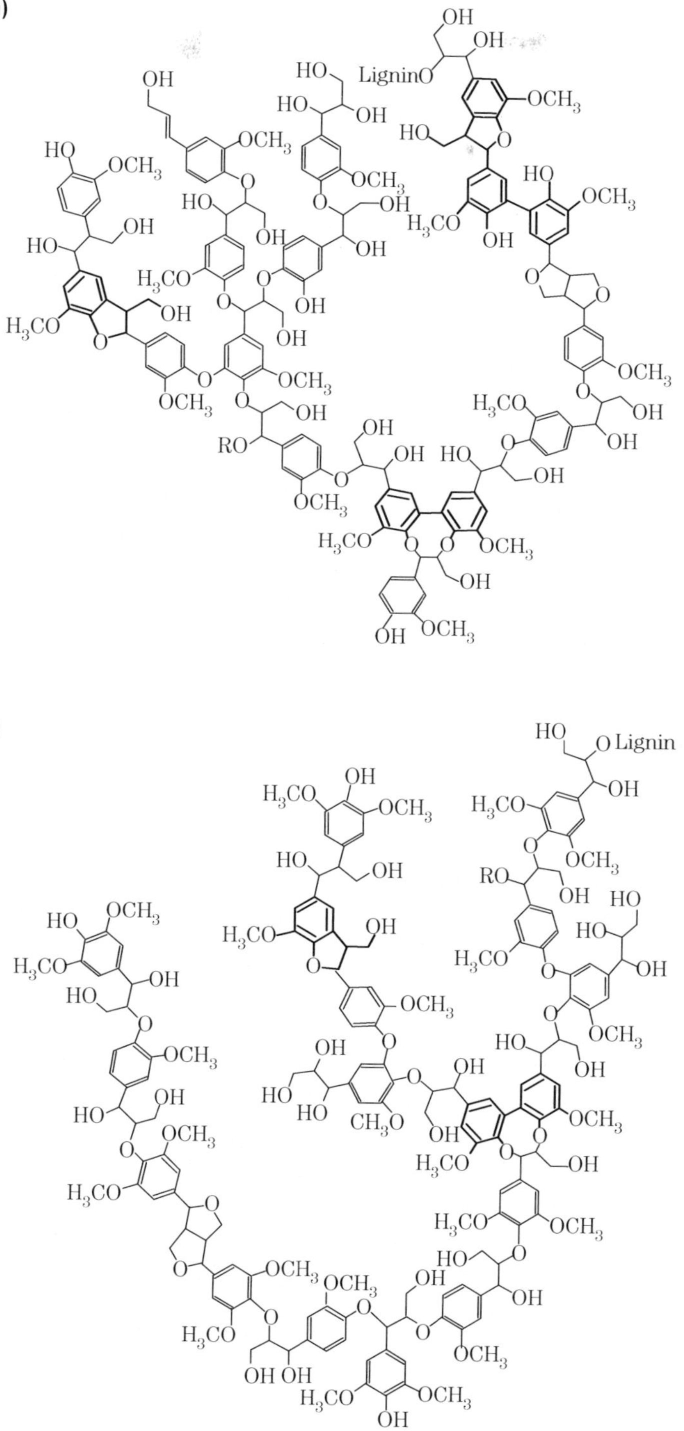

Figura 3.13 Estruturas químicas típicas de lignina *softwood* (a) e *hardwood* (b). Grupos alquila , hidrogênio e arilasubstituintes são representados pela letra R.

O processo de produção de fibras de carbono envolve o uso de uma fibra precursora, processo de estabilização, processo de cabonização, grafitização e tratamento superficial, qualquer que seja o precursor. Fibras de carbono derivadas de poliacrilonitrila (PAN) têm custo distribuído correspondente a cerca de 50% para o precursor (PAN), 16% para o processo de estabilização, 23% para o processo de carbonização, 4% para o tratamento superficial, e 6% para o pós-processamento (bobinamento de filamentos e cabos) (NORBERG, 2012). Se forem considerados custos relativos por unidade de massa, a lignina tem custo dez vezes menor que a PAN, e as demais etapas de processo individualmente correspondem a, no mínimo, metade do custo equivalente ao processamento realizado com o precursor PAN (NORBERG, 2012). Essa atratividade é considerada a mola propulsora dos investimentos em pesquisa para uso de fibras precursoras de lignina para manufatura de fibras de carbono. Além disso, o fato de a lignina ser matéria-prima renovável torna o suprimento de fibras de carbono, em cenário, independente de materiais fósseis.

Tanto a literatura acadêmica quanto a literatura comercial mencionam que as fibras de carbono obtidas a partir de lignina podem atingir resistência à tração de até 1 GPa e módulo elástico de até 100 GPa (KADLA et al., 2002; Kubo; KADLA, 2004; KUBO; KADLA, 2005, ATTWENGER, 2014).

3.3.5 Tratamento superficial em fibras de carbono

O tratamento superficial de fibras de carbono tem como objetivo principal melhorar a adesão fibra/matriz, sendo, portanto, uma das etapas mais importantes do processo de fabricação das fibras. Esse processo é utilizado indistintamente para quaisquer tipos de fibras de carbono, embora o desenvolvimento da metodologia de tratamento superficial seja conduzido basicamente para fibras de carbono de alta resistência, derivadas de precursor poliacrilonitrila.

Os métodos de tratamento superficial são processos proprietários, sempre submetidos a patentes e, embora documentados, envolvem segredo industrial não revelado. O escopo dos tratamentos superficiais para fibras de carbono pode ser esquematicamente representado pela Figura 3.14, e podem ser divididos em tratamentos oxidativos e não oxidativos. Os tratamentos oxidativos, por sua vez, podem ser agrupados em oxidação em fase gasosa e oxidação em fase líquida. Em ambos os casos, ocorre incorporação de grupos funcionais, como, por exemplo, os mostrados na Figura 3.15, à estrutura da superfície da fibra de carbono e alteração da morfologia da fibra, em virtude da criação de microposidade (PITTMAN JUNIOR et al., 1999). Entre esses tratamentos, os executados via fase líquida possibilitam que o processo seja contínuo e, portanto, são utilizados industrialmente. Os processos não oxidativos se caracterizam pela incorporação física de um recobrimento à superfície da fibra, tanto para aumentar a rugosidade superficial, como no caso da *whiskerização*, como para adicionar um recobrimento superficial para reduzir tensões na interface fibra/matriz. Esse último caso é particularmente importante em compósitos com matriz cerâmica.

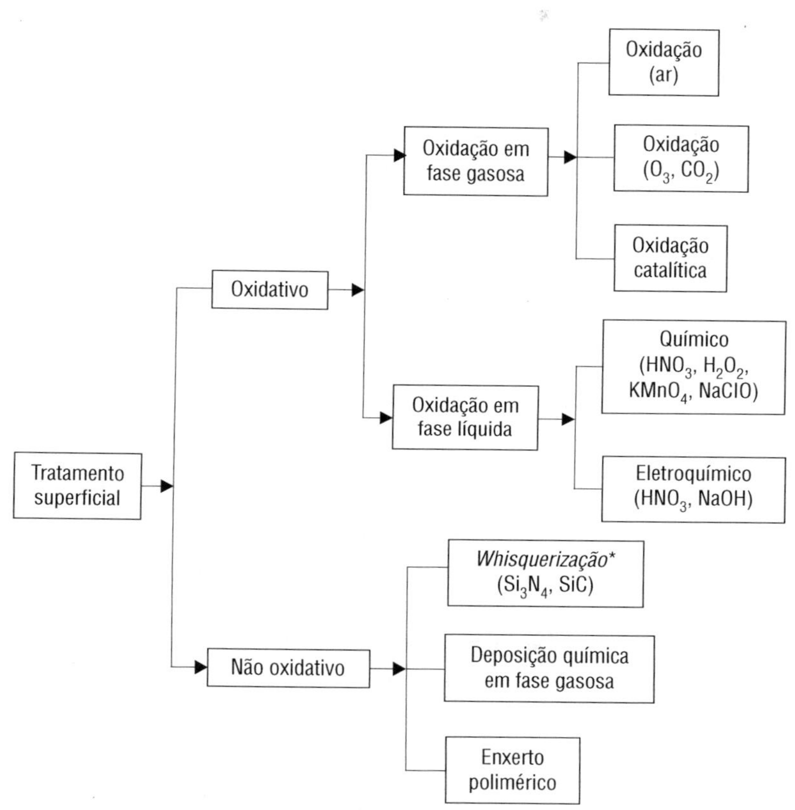

Figura 3.14 Hierarquia de tratamentos superficiais para fibras de carbono (DONNET, 1998). (*) formação de monocristais.

O tratamento superficial de fibras de carbono pode melhorar a resistência ao cisalhamento interlaminar de compósitos no mínimo de 10 – 15%, quando o tratamento envolver oxidação gasosa, ou no máximo de 200 – 300%, quando o tratamento envolver monocristalização (DONNET, 1998). Estes são, portanto, os limites que o tratamento superficial de fibras de carbono, seja ele de qualquer natureza, podem alcançar. Para efeito de comparação, a resistência interlaminar de compósitos unidirecionais reforçados com fibras de carbono têm valores entre 60 e 70 MPa (MADER et al., 1997), e também valores próximos a 100 MPa são também reportados pela literatura (WISNOM et al., 1996).

A superfície das fibras de carbono e de outras formas de carbono em geral é crucial no que concerne às suas propriedades interfaciais. As principais técnicas que permitem uma análise de grupos superficiais presentes na superfície de fibras de carbono, como os mostrados na Figura 3.15, em alguns casos, qualitativamente, são a dessorção térmica, espectroscopia fotoeletrônica, medidas eletrocinéticas, e a espectroscopia no infravermelho com reflectância difusa (BOEHM, 2001).

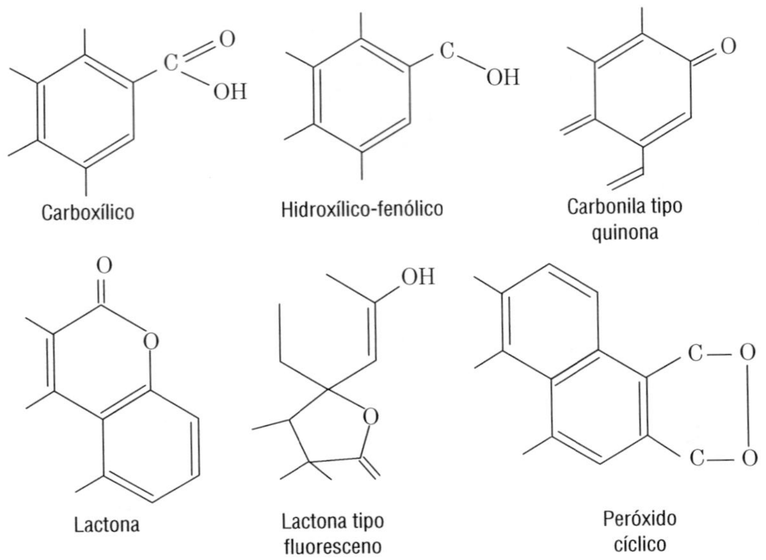

Figura 3.15 Grupos funcionais possivelmente presentes na superfície de fibras de carbono (JANG, 1994).

Um sistema típico de tratamento superficial eletrolítico contínuo é mostrado esquematicamente na Figura 3.16. O tratamento tem início com bobinas de fibras de carbono oriundas do tratamento térmico. O sistema é alimentado por um número de cabos de fibras de carbono proveniente de bobinas que adentram a cuba eletrolítica. Os cabos de fibras, que atuam como anodos, são imersos na cuba contendo um determinado eletrólito. Um grande número de ácidos, bases e sais ácidos pode ser utilizado como eletrólito e, portanto, diferentes níveis de tratamento superficial podem ser obtidos pela simples variação do eletrólito. A cuba eletrolítica é o principal elemento de todo o sistema e deve ser cuidadosamente projetada. Esse projeto deve seguir a sequência de etapas mostrada na Figura 3.17.

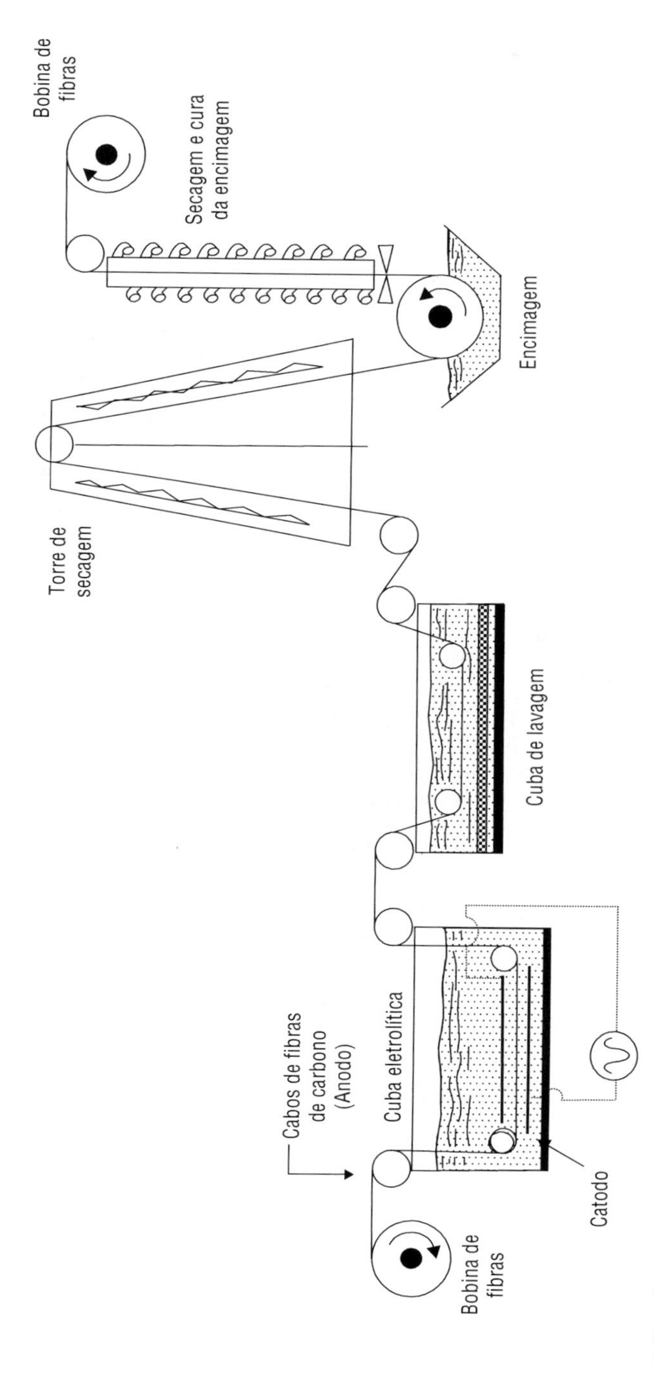

Figura 3.16 Representação esquemática do tratamento superficial de fibras de carbono pelo processo eletrolítico.

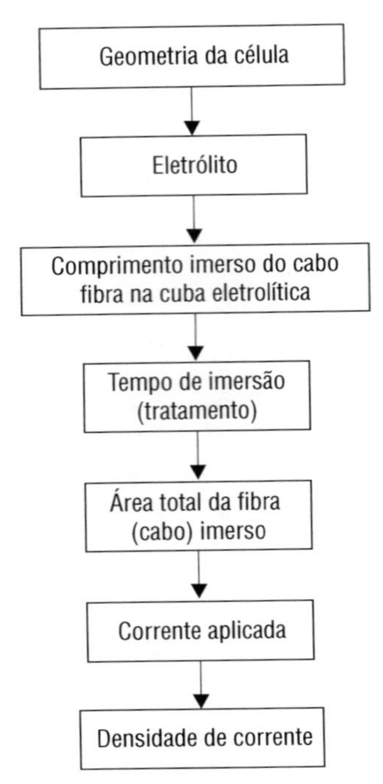

Figura 3.17 Diagrama de projeto de uma cuba eletrolítica para tratamento superficial de fibras de carbono.

As etapas subsequentes destinam-se à lavagem de resíduos na superfície da fibra provenientes da cuba eletrolítica, secagem e recobrimento com uma fina camada polimérica, conhecida como encimagem. A encimagem tem por finalidade tanto proteger as fibras para processos subsequentes, como, por exemplo, tecelagem, quanto proporcionar uma camada superficial compatível com a matriz polimérica a ser utilizada na manufatura do compósito. Essa encimagem pode ser preparada pela utilização de filmes polímeros termoplásticos e termorrígidos (DILSIZ; WIGHTMAN, 1999). Para compósitos com matriz termorrígida existem dois processos básicos. O primeiro envolve a dissolução de uma resina na forma de pó (3 – 5%/peso), ou mesmo na forma líquida, em um solvente apropriado, como, por exemplo, acetona ou metil etil cetona. O segundo envolve a preparação de uma emulsão aquosa de uma determinada formulação de resina termorrígida, por meio de agentes surfactantes, formando-se assim uma solução que, após diluição, pode ser aplicada à superfície da fibra. A encimagem passa posteriormente por um processo de cura ou volatilização do solvente, dependendo do tipo utilizado e, dessa forma, a fibra está pronta para nova bobinagem e embalagem. Para compósitos com matriz termoplástica a encimagem sobre a superfície das fibras de carbono é obtida tanto por fusão do polímero, e posterior resfriamento quanto por sua dissolução em solvente apropriado e posterior secagem.

No caso de compósitos convencionais matriz polimérica/fibra de carbono, é necessário estabelecer um tratamento superficial que resulte em uma boa adesão à matriz polimérica, ou seja, no caso de fratura do componente é desejável que não ocorra descolamento das fibras na interface. Contrariamente, a adesão entre a fibra de carbono e a matriz carbonosa deve ser otimizada de tal forma que seja estabelecido um estágio intermediário de adesão, ou seja, em caso de fratura do componente, ocorrerão dois fenômenos simultâneos, ruptura de filamentos e sua extração da matriz, o que resultará, por sua vez, em maior deformação na tensão de ruptura, conferindo assim maior tenacidade à fratura ao compósito.

3.4 FIBRAS POLIMÉRICAS

As fibras poliméricas têm ganhado uma significativa importância como reforço de compósitos. Entre estas, as fibras de aramida e de polietileno de ultra-alto peso molecular têm se mostrado de grande utilidade para reforço. As fibras poliméricas sintéticas diferem da produção de fibras inorgânicas, em razão da natureza unidimensional das cadeias poliméricas. Dessa forma, para produzir fibras resistentes e rígidas, as cadeias do polímero devem ser estiradas e orientadas ao longo do eixo da fibra, de forma que, após esses processos, existam fortes ligações covalentes interatômicas ao longo da cadeia polimérica.

Os processos comerciais para produção dessas fibras se assemelham aos utilizados para obtenção de fibras precursoras de fibras de carbono, ou seja:

1) fusão ou fiação a seco de uma fase líquida cristalina,
2) fusão ou fiação por gel e estiramento de polímeros com configuração helicoidal aleatória.

Polímeros que exibem uma fase líquida cristalina podem ser submetidos à fiação de tal forma que as moléculas em forma de fibrilas sejam orientadas uniaxialmente após a saída da fieira. Para polímeros nos quais as cadeias são enoveladas e têm orientação aleatória, as cadeias são submetidas a estiramentos após a fiação.

As fibras de aramida (poli-para-fenileno tereftalamida), Figura 3.18, são constituídas de um grupo de polímeros aromáticos de cadeia longa, no qual 85% dos grupos amida (-CO-NH-) ligam dois anéis aromáticos, e foram primeiramente desenvolvidas pela DuPont Co., em 1968. Essas fibras são manufaturadas por processos de extrusão. Uma solução do polímero base e um solvente é mantida à temperaturas entre 50 – 80 °C antes de serem extrudadas em um cilindro mantido a temperatura de 200 °C. O solvente, então, evapora e as fibras são bobinadas em um mandril. Nesse estágio, as fibras têm baixa resistência e rigidez, e são submetidas a um processo de estiramento a quente para alinhamento das cadeias poliméricas ao longo do eixo da fibra, fazendo com que a resistência e o módulo sejam significativamente aumentados. São caracterizadas por uma excepcional resistência mecânica e estabilidade térmica. Os usos principais dessa fibra, além de reforço para compósitos, são para agasalhos resistentes a fogo, filtros de ar quente, pneumáticos e cabos.

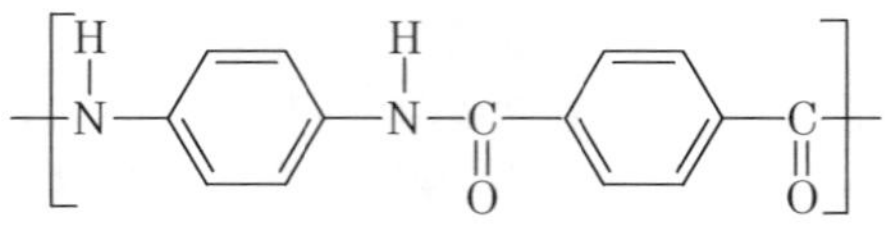

Figura 3.18 Estrutura molecular das fibras de aramida.

Fibras de polietileno de ultra-alto peso molecular foram inicialmente desenvolvidas pela AlliedSignal, e são comercializadas sob o nome de Spectra (CHODÁK, 1998). Essas fibras são fiadas em solução ou gel seguido de estiramento (20 – 100%) para orientação das cadeias poliméricas. Apresentam baixa massa específica ($<$1,00 g/cm^3) e boa resistência química, mas têm limitações de uso a temperaturas superiores a 100 °C.

Outros polímeros podem ser obtidos na forma de fibras para reforço, como, por exemplo, copoliésteres aromáticos, poli(N,N'alquil (ou aril) bis-(4,4'ftalimido)-1,3,4-oxidiazole-2,5-diil) (PBO), cuja estrutura química é mostrada na Figura 3.18 (STEPHENS, 1984; TASHIRO, 1998). As fibras de PBO são sintetizadas mediante reação de bis-imida com sulfato de hidrazina, entre 25 °C e 250 °C, em ácido sulfúrico ou ácido polifosfórico. Essas fibras são caracterizadas por apresentarem propriedades de polímeros de cristal líquido isotrópicos rígidos, e são comercializadas pela empresa japonesa Toyobo Co. Ltd, sob a marca Zylon. As fibras de PBO são consideradas o estado da arte na tecnologia de fibras de reforço polimérico, apresentando alta resistência (>5 GPa) e a alto módulo (~200 GPa), e elongação de 3,5% na ruptura. Outra característica marcante dessas fibras é a alta estabilidade térmica e resistência à chama, podendo atingir a temperatura máxima de uso surpreendente de 650 °C em ar. Embora apresentem excelentes propriedades mecânicas, as fibras de PBO apresentam a flexibilidade natural de fibras têxteis orgânicas, sendo fornecidas na forma de filamento contínuo, fibras picadas, tecidos planos e tricotados, bem como na forma de polpa.

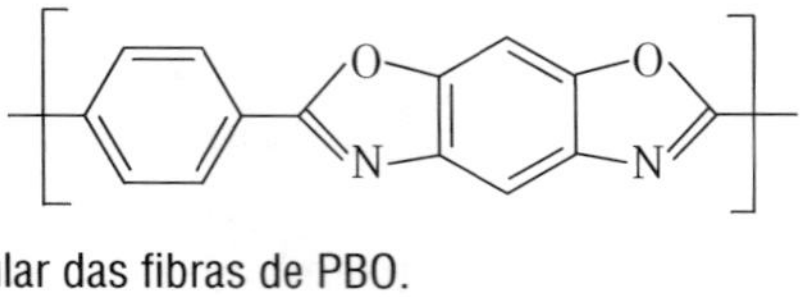

Figura 3.19 Estrutura molecular das fibras de PBO.

Fibras de poliimida (Avimid, DuPont) também são disponíveis para uso em compósitos, nos quais podem encontrar aplicações em temperatura de uso que superam 300 °C. A Tabela 3.7 mostra propriedades típicas de fibras poliméricas utilizadas como reforço para compósitos.

Tabela 3.7 Propriedades de fibras poliméricas utilizadas como reforço de compósitos.

Tipo de fibras poliméricas	Módulo de elasticidade (GPa)	Resistência à tração (GPa)	Massa específica (g/cm³)	Módulo específico (Mm)
Kevlar 49	131	3,45	1,47	89
Twaron HM	121	3,15	1,45	83
Kevlar 29	58	3,62	1,44	40
Spectra 1.000 (PE)	172	3,09	0,97	177
P-84 (PI)	3	0,55	1,15	2,6
PBI	5,5	0,38	1,43	3,8
PBO	180	5,80	1,55	225

3.5 FIBRAS CERÂMICAS

As fibras cerâmicas são utilizadas para aplicações a altas temperaturas (T ≅ 1.000 °C). Essas fibras podem ser obtidas basicamente por dois processos: (a) deposição química em fase gasosa, ou (b) fiação polimérica. No processo de deposição química em fase gasosa, um substrato, na forma de fibra, é continuamente alimentado em um forno, como mostrado na Figura 3.20, onde permanece por um determinado tempo em contato com gases reagentes, de modo que seja formado um revestimento superficial no substrato. As fibras obtidas por esse método apresentam um diâmetro considerável ($\phi > 20\ \mu m$).

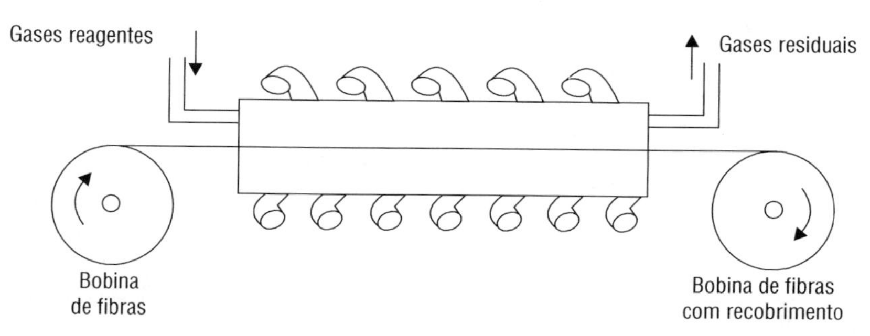

Figura 3.20 Esquema do equipamento para manufatura de fibras por deposição química em fase gasosa.

As fibras cerâmicas obtidas a partir de polímeros organometálicos têm processamento similar ao método utilizado para obtenção de fibras de carbono. A primeira etapa é a obtenção de um polímero susceptível de ser transformado em um filamento. A fiação do polímero também tem similaridades com o processo de obtenção de fibras precursoras de fibras de carbono, e filamentos de pequeno diâmetro podem ser obtidos. Após o processo de fiação, o filamento ou mecha de filamentos são submetidos a processo de cura e tratamento térmico para conversão em material cerâmico. A Figura 3.21 mostra, esquematicamente, a sequência de obtenção de fibras cerâmicas mais comuns, utilizando-se a rota polimérica.

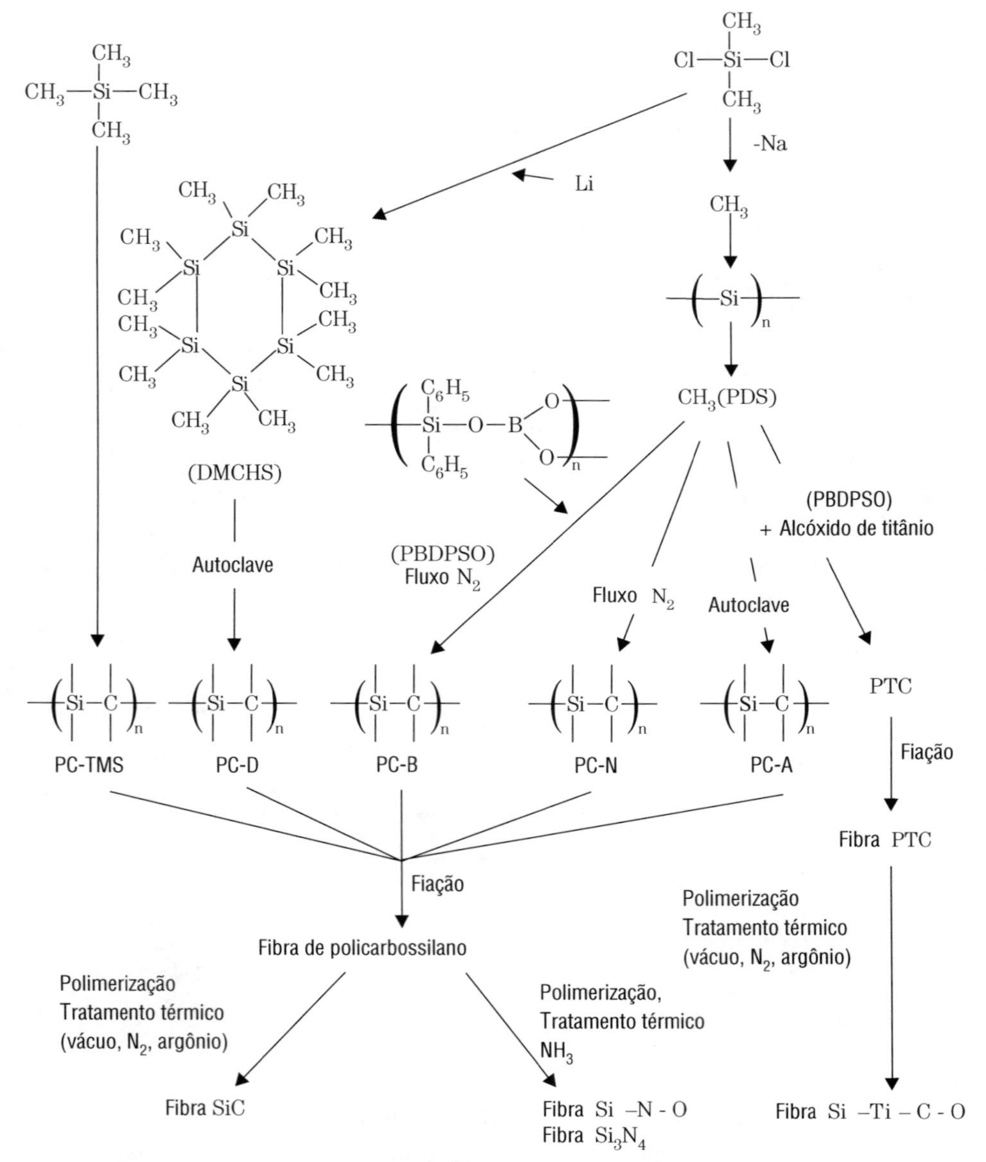

Figura 3.21 Sequência de processamento para obtenção de fibras cerâmicas a partir de precursores poliméricos, DMCHS (dodeca[metil-ciclo-hexa(silano)]), PDS (poli[dimetil-silano]), PBDPSO (poli[boro-difenil-siloxano]), PC (poli[carbo-silano], PTC (Poli[titano-carbo-silano]) (OKAMURA, 1987).

3.5.1 Fibras de carbeto de silício (SiC)

O carbeto de silício (SiC) é um material de alta resistência, alto módulo, e boa estabilidade termomecânica, baixa massa específica e baixo coeficiente de expansão térmica. As fibras de carbeto de silício são produzidas tanto pelo processo de deposição química em fase gasosa quanto utilizando precursores poliméricos. Os primeiros filamentos com núcleo de tungstênio e recobertos por SiC, via CVD, foram obtidos em meados de 1960, pela General Technologies Co. Em 1972, a AVCO Co começou a produção comercial de fibras de SiC-CVD com resistência superior a 3 GPa. O núcleo de tungstênio tinha ~12,5 μm de diâmetro. O material obtido tinha como limitante fases intermetálicas de W_2C e W_5Si_3 que se formavam na interface, limitando assim a resistência da fibra a temperaturas maiores que 1.000 °C. Uma solução alternativa implementada foi a substituição do filamento de tungstênio por carbono, este com diâmetro de ~35 μm, o que resultou em melhor estabilidade térmica e menor massa específica (~19 g/cm^3 para o tungstênio e ~1,8 g/cm^3 para o carbono). A deposição de SiC é efetuada por meio de uma mistura de organossilanos, como, por exempo, CH_3SiCl_3 ou Cl_2CH_3SiH, e hidrogênio. O processo é realizado pelo aquecimento resistivo do substrato filamentar a 1.200 °C, que atravessa a câmara cilíndrica de reação a uma determinada velocidade, e, simultaneamente, é injetado à mistura de gases, permitindo assim a deposição de SiC sobre a superfície do substrato. Os parâmetros principais do controle do processo são a composição dos gases de mistura, a pressão, a taxa de vazão dos gases precursores e a temperatura de deposição. Altas taxas de deposição produzem uma estrutura cristalina rugosa e fraca. Baixas taxas de deposição resultam em uma estrutura amorfa, com alta resistência inicial, mas que perde resistência a altas temperaturas, em virtude da ocorrência de cristalização. Fibras obtidas a partir de precursores poliméricos são potencialmente de menor custo que as fibras obtidas a partir de CVD.

Para aliviar tensões de processamento, um recobrimento de carbono pirolítico é aplicado antes e após a deposição de SiC, em razão de diferenças no coeficiente de expansão entre o substrato de carbono e o recobrimento de SiC. Uma superfície de carbono externa à fibra de SiC é utilizada para selagem de falhas superficiais e propiciar uma interface adequada para adesão fibra/matriz.

3.5.2 Fibras de SiC obtidas via polimérica

As fibras de carbeto de silício foram inicialmente introduzidas por Yajima e colaboradores, em 1975. A empresa Nippon Carbon Co., do Japão, iniciou produção comercial (500 filamentos/cabo), em 1981, sob o nome comercial de Nicalon. Os estágios de produção dessa fibra são mostrados esquematicamente na Figura 3.22. O polidimetilssilano é produzido pela reação de diclorodimetilssilano com sódio dissolvido em xileno. Após remoção do xileno, por filtração, do sódio, por reação com metanol, e adição de água, o dimetilssilano é obtido na forma de pó.

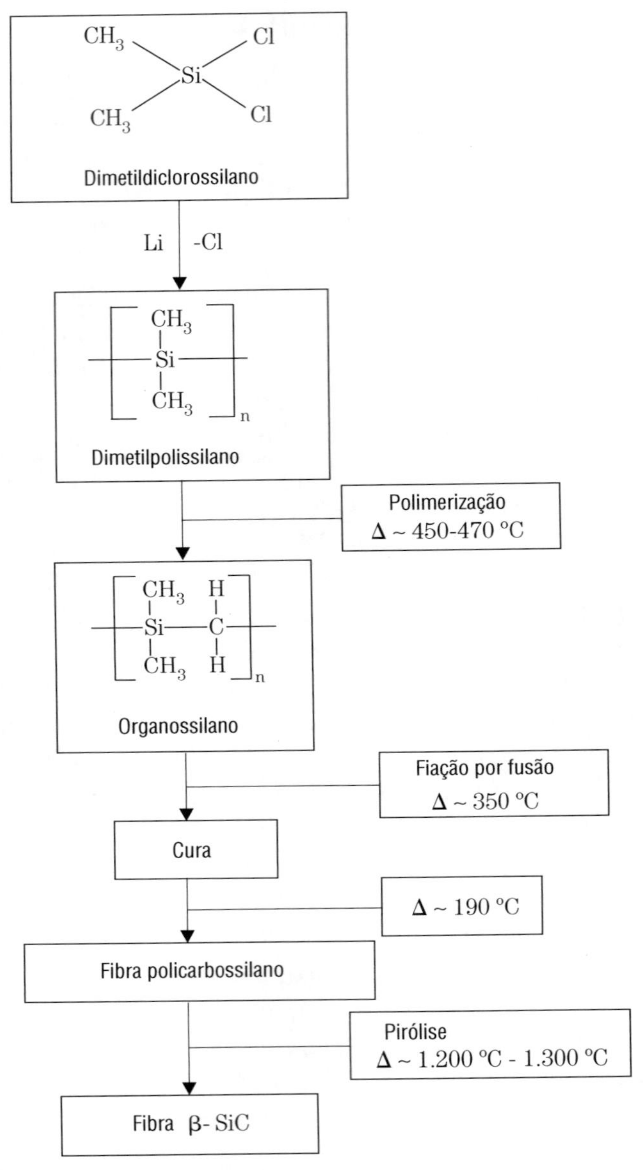

Figura 3.22 Diagrama de processamento de fibras de SiC (Nicalon).

O dimetilssilano é polimerizado em atmosfera inerte (argônio), à temperatura na faixa de 450-470 °C, em autoclave. O produto obtido é submetido à lavagem com n-hexano, obtendo-se um polímero vítreo de policarbossilano. A qualidade da fibra a ser obtida irá depender das características físico-químicas do polímero obtido. O processo de fiação do polímero é realizado sob fusão a 350 °C. A fibra polimérica é, então, convertida em material termorrígido à temperatura de 190 °C. Essa transformação é análoga à conversão da poliacrilonitrila em fibras de carbono. Tratamentos térmicos acima de 800 °C e até 1.300 °C convertem o material em SiC. A fase contínua amorfa é formada por oxicarbeto de silício Si-C_xO_y (x + y = 4) e controla o módulo de elasticidade e a resistência mecânica da fibra, sendo que fibras com boas propriedades são obtidas tendo na composição até 10%/peso de oxigênio. As fibras Nicalon são obtidas com diâmetro na faixa de 10 a 20 μm, e possibilitam, em razão desse pequeno diâmetro, a manufatura de tecidos de reforço para compósitos.

A Tabela 3.8 mostra propriedades de fibras de SiC comerciais à temperatura ambiente. Os processos de obtenção dessas fibras têm sido objeto de contínuo aprimoramento e propriedades melhores que as listadas têm sido obtidas. A estabilidade térmica dessas fibras a temperaturas elevadas é fator crucial no desempenho do compósito, tendo em vista seu uso a altas temperaturas.

Tabela 3.8 Propriedades de fibras comerciais à base de silício (HASEGAWA, 2000).

Tipo de fibra	Fabricante	Composição	Diâmetro (μm)	σ (GPa)	E (GPa)	ε (%)	CET (·10⁻⁶/°C)
SCS-6 (CVD)	Textron	β-SiC	143	3,00	400		4,2
SCS-9 (CVD)	Textron	β-SiC	78	2,80	330		–
Nicalon N1-200	Nippon Carbon	$SiC_{1,34}O_{0,36}$	12 – 15	3,00	220	1,5	3,2 (25-500 °C)
Hi Nicalon	Nippon Carbon	$SiC_{1,39}O_{0,01}$	12 – 15	2,80	270	1,0	3,5 (20-1.320 °C)
Nicalon S	Nippon Carbon	SiC1,05	12	2,60	420	0,6	–
Carborundum SiC	Carborundum	Si-C-O	30 – 50	3,10	415		–
Dow Corning SiC	Dow Corning	α-SiC	8 – 10	2,90	393		3,5
X9-6371 HPZ	Dow Corning	β-SiC	11	2,40	206		3,0
Lox – M	UBE Ind	57% Si – 28% N 10% C – 4% O	8 – 10	2,35	193		3,1
Tyranno	UBE Ind	38% Si – 2% Ti 50% C – 10% O	8 – 10	2,50			–

Em altas concentrações de oxigênio e temperaturas inferiores a 1.200 °C, o SiC é sujeito à oxidação passiva, com formação de uma camada estável de SiO_2, conforme reação química mostrada pela equação (3.4):

$$2SiC + 3O_2 \rightarrow 2SiO_2 + 2CO(g) \tag{3.4}$$

O dióxido de silício (SiO_2) forma, então, uma eficiente barreira de difusão ao oxigênio. Entretanto, a baixas concentrações de oxigênio ou a altas temperaturas, o SiC exibe oxidação ativa, conforme mostra a reação química pela equação (3.5):

$$SiC + O_2 \rightarrow SiC(g) + CO(g) \quad (3.5)$$

As fibras de SiC podem ser modificadas superficialmente com recobrimento de carbono. Esse recobrimento é obtido via deposição química em fase gasosa (CVD), e provocando uma redução na concentração de tensões na superfície da fibra e, consequentemente, melhor adesão a matrizes. O processo CVD permite obter diversas espessuras para os recobrimentos. A definição da espessura do recobrimento de carbono adequado vai depender do tipo de matriz utilizada. Outros recobrimentos, como, por exemplo, de TiB_2, são utilizados para atuar como barreira de difusão com matrizes à base de ligas de Ti e intermetálicos Ti-Al. Outros recobrimentos, como, por exemplo, WC, TiN, B_4C, Al-Ni e Fe, têm sido utilizados em menor extensão.

3.5.3 Fibras de Si-Ti-C-O (Tyranno)

O processo de produção das fibras Tyranno é similar ao utilizado para as fibras de SiC, e foram obtidas pela Ube Industries, Ltd. O polímero precursor (polititanocarbossilano) é obtido por meio de uma mistura de polidimetilssilano e poliborodifenilssiloxano, em reação com um tetra-isopropóxido de titânio a 340 °C, em nitrogênio (BELITSKUS, 1993). O polímero é submetido à fiação sob fusão e subsequente processo de cura a 180 °C. A fibra termorrígida é então submetida à pirólise a temperaturas de até 1.300 °C, obtendo-se fibras com diâmetros de 8-12 μm. A adição de 1,5 a 4,0% Ti tem a finalidade de estabilizar termicamente a fibra, mas não há registro de que essas fibras tenham melhor estabilidade térmica que as fibras de SiC-Nicalon. A fibra Tyranno tem estrutura predominantemente amorfa até 1.300 °C, apresentando deformação de 1,4 a 1,7%. Fibras Tyranno apresentam módulo em cisalhamento de ~68 GPa (VILLENEUVE; NASLAIN, 1993).

Rotas poliméricas similares às utilizadas para fibras de SiC têm sido empregadas para obtenção de fibras de nitreto de silício, oxinitreto de silício e carbonitreto de silício. Não há, entretanto, nenhuma fibra comercial que apresente essas composições. Fibras de carbonitreto de silício têm sido obtidas pela Dow Corning Co., a partir de hidrido-polissilazano (HPZ), tendo uma composição típica 60% Si, 32,6% N, 2,3% C, e 2,2% O. Diâmetros de ~10 μm são típicos, apresentando resistência à tração de 2,8 GPa, e módulo elástico de 180 GPa. O comportamento termomecânico dessas fibras é similar ao das fibras de SiC e Tyranno.

3.5.4 Fibras de alumina

As fibras de alumina foram inicialmente desenvolvidas no início dos anos 1970, com o intuito de substituir as fibras de asbestos e para reforço como filamento contínuo (TAYLOR, 1999; DELÉGLISE, 2001). Essas fibras têm como características a boa estabilidade térmica até 1.000 °C, alto módulo de elasticidade, e também apresentam boa capacidade de isolamento elétrico.

O processamento de fibras de alumina vai depender basicamente da composição e da microestrutura desejada para o filamento. As fibras de alumina monocristalinas (safira), por exemplo, são obtidas por fusão, enquanto as fibras policristalinas são obtidas por fiação em solução (a úmido).

O processo de fiação em solução, empregado na obtenção de fibras de alumina policristalinas, é mostrado esquematicamente na Figura 3.23. O processo tem início pela preparação de uma solução aquosa de um sal, como, por exemplo, oxicloreto de alumínio, $Al_2(OH)_5Cl$. São adicionados à solução estabilizantes de fase e controladores de crescimento de grãos, bem como precursores poliméricos orgânicos para controle da reologia no processo de fiação. O processo de pirólise é conduzido em duas etapas: (a) 400 – 500 °C, para secagem, (b) 1.000 °C, para remover porosidade e induzir cristalização.

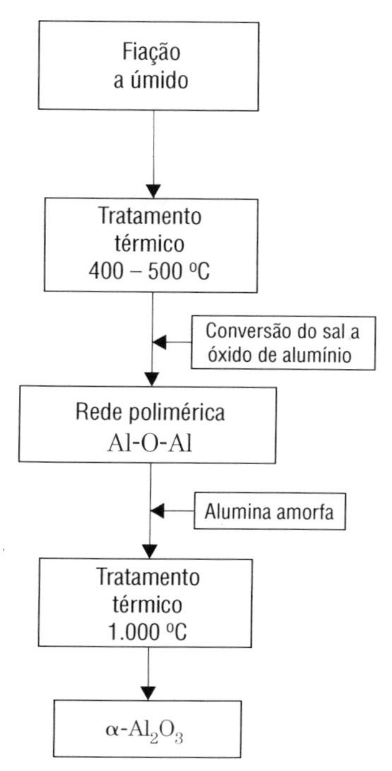

Figura 3.23 Diagrama da obtenção de fibras de alumina.

Assim como outras fibras cerâmicas, a resistência das fibras de alumina diminui a temperaturas acima de 1.000 °C em razão do crescimento de grão, transformação de fase, ou redução da rigidez da fase amorfa (presente em todas as fibras de alumina).

As fibras de alumina têm nomes comerciais oriundos das empresas que as fabricam. Fibras FP foram produzidas comercialmente em 1974 pela DuPont Co., sendo constituídas de 99% de α-alumina com tamanho de grão inicial de 0,5 μm e diâmetro de 20 μm. O precursor é obtido pela extrusão de uma solução (oxicloreto de alumínio) com partículas de α-alumina, adicionadas para facilitar a nucleação da cristalização durante o tratamento térmico. Em virtude da rugosidade superficial, são fornecidas com recobrimento de SiO_2, para facilitar o manuseio e melhorar propriedades mecânicas ($\sigma \cong 1{,}9$ GPa), bem como a molhabilidade a matrizes metálicas. A temperatura máxima de utilização dessas fibras se restringe a 1.000 °C. As fibras FP são sensíveis à presença de falhas, apresentando módulo de Weibull equivalente a 6,5. Fibras de alumina PFD-166, também de propriedade da DuPont Co., são formadas tendo na composição de 15 a 20% de grãos de ítrio parcialmente estabilizado com zircônia em matriz de alumina de tamanho de grão de 0,5 μm. Essas fibras apresentam um diâmetro de ~20 μm, mas com deformação à ruptura superior em 100%, e 50% superior em resistência em relação à fibra FP, em razão da presença de ítrio parcialmente estabilizado por zircônia.

As fibras Almax foram introduzidas pela Mitsui Mining Company. Essas fibras são compostas de 99,5% de α-alumina na forma policristalina, tendo diâmetro de ~10 μm, o que as torna adequadas para produção de tecidos. A temperatura máxima de utilização dessas fibras é de 1.400 °C.

As fibras de alumina Sumika, da Sumitomo, são disponíveis comercialmente contendo 85% Al_2O_3 e 15% SiO_2. Estas são produzidas comercialmente de uma solução aquosa de um precursor organo-alumínio, conforme mostra a Figura 3.24. A presença de 15% de SiO_2 estabiliza completamente a estrutura na forma γ-Al_2O_3 até 1.127 °C, em que se inicia a transformação em mulita ($3\ Al_2O_3.2\ SiO_2$).

Fibras Nextel são produzidas pela empresa 3M Company, tendo como composição-base uma mistura de Al_2O_3, SiO_2, e B_2O_3. Essas fibras apresentam diâmetro de ~11 μm, e são preparadas utilizando o método sol-gel. Exemplos dessas fibras são: Nextel 312 (62% Al_2O_3, 24% SiO_2, 14% B_2O_3), e Nextel 440 e 480, que apresentam composição tendo aumento na concentração de Al_2O_3 e redução na concentração de B_2O_3. A fibra Nextel 480 é virtualmente mulita. As fibras de alumina não apresentam boa molhabilidade a matrizes metálicas, em virtude de sua baixa energia superficial. A molhabilidade é melhorada por recobrimentos metálicos, como, por exemplo, níquel e titânio-níquel, obtidos de deposição química em fase gasosa.

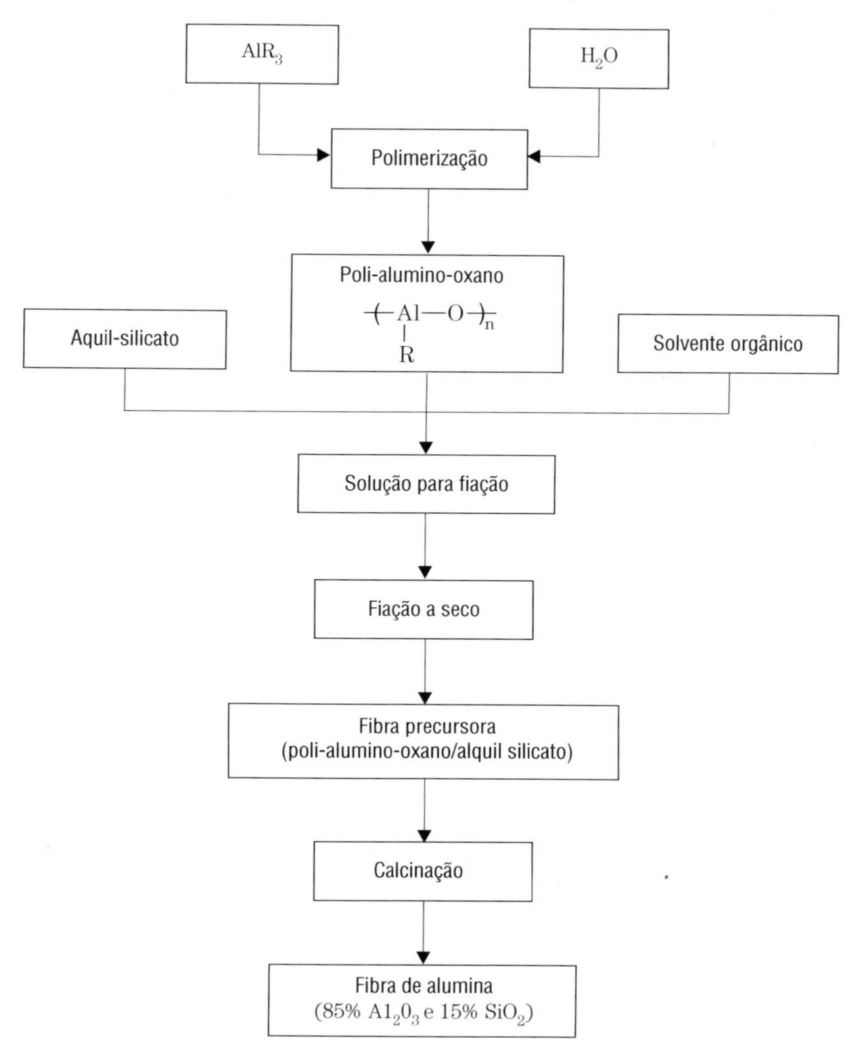

Figura 3.24 Diagrama de obtenção de fibras de mulita.

Algumas das propriedades de fibras de alumina são mostradas na Tabela 3.9.

Tabela 3.9 Fibras comerciais de alumina (DELÉGLISE, 2001).

Tipo de fibra	Fabricante	Composição (μm)	Diâmetro	σ (GPa)	E (GPa)	ε (%)	Fibras / cabo	CET ($\cdot 10^{-6}$/°C)
Sumitomo	Textron/Sumitomo	85% αAl_2O_3 20% ZrO_2	17	3,25	200		500, 1.000	4,0
Almax	Mitsui Mining	99,5 αAl_2O_3 62% Al_2O_3	10	3,60	280		1.000	7,0
Nextel 312	3M	14% B_2O_3 24% SiO_2 70% Al_2O_3	11	2,70	152	1,2	130, 400, 780	3,0
Nextel 440	3M	2% B_2O_3 28% SiO_2 70% Al_2O_3	11	3,10	190-240	1,2	130, 400, 780	4,5
Nextel 480	3M	2% B_2O_3 28% SiO_2	11	3,05	220		130, 400, 780	4,5
Saphikon	Saphikon	α Al_2O_3 (safira)	150	3,96	480			
Saffil (fibras curtas)	ICI	95% Al_2O_3 5% SiO_2	3	2,80	100			

3.5.5 Fibras de boro

A obtenção de fibras de boro foi inicialmente realizada, utilizando-se o método de deposição química em fase gasosa, cujo equipamento é representado esquematicamente na Figura 3.20. O processo usual envolve a deposição de boro em um substrato aquecido, usualmente filamentos de tungstênio com 10 μm de diâmetro ou fibras de carbono, e o processo utiliza tricloreto de boro e hidrogênio, conforme a equação:

$$2\,BCl_3(g) + H_2(g) \rightarrow 2B(s) + 6\,HCl(g)$$

O processo é conduzido de modo a formar uma camada de, aproximadamente, 50 μm sobre o substrato, e geralmente produz grãos com 2-3 μm de tamanho (MATTHEWS; RAWLINGS, 1994). Em virtude das dificuldades de processamento, o que acarreta alto custo do produto final, e da alta massa específica do tungstênio (~19 g/cm^3), as fibras de boro têm sido relegadas para utilização em compósitos, e, em muitos casos, nem são mencionadas em compêndios relacionados ao assunto. Entretanto, a substituição do substrato de tungstênio pelas fibras de carbono pode tanto reduzir o custo quanto a massa específica do material final com maior espessura da camada depositada. Propriedades de fibras de boro são mostradas na Tabela 3.10. Os compósitos obtidos com fibras de boro e matrizes metálicas e cerâmicas podem ser utilizados a temperaturas de até 800 °C.

Tabela 3.10 Propriedades de fibras de boro em relação ao tipo de substrato depositado.

Tipo de substrato	Tungstênio	Carbono
Massa específica (g/cm^3)	2,65	2,3
Resistência à tração (GPa)	3,5	5
Módulo de elasticidade (GPa)	420	400
Diâmetro médio (μm)	100 – 200	

3.6 REFORÇOS PARTICULADOS E NA FORMA DE *WHISKER*

A disponibilidade de materiais para reforço na forma de partículas é significativamente maior que na forma de fibras, em decorrência do fato de que a produção de materiais na forma de partículas é mais simples. De certa forma, todos os materiais podem ser convertidos em pó por processos, como, por exemplo, de moagem. Entretanto, materiais particulados podem também ser obtidos por processos de precipitação em solução, atomização e sol-gel. As propriedades mecânicas e térmicas dos compósitos particulados são diretamente influenciadas pelo tamanho e pela distribuição de tamanho das partículas e da fração volumétrica dessas partículas no compósito. Um exemplo clássico de compósito particulado é o grafite, em que uma matriz carbonosa, oriunda de piche pirolisado, agrega partículas de coque agulha (BLACKMAN, 1970). Nesse caso, as partículas de coque formam domínios que podem apresentar dimensões que variam de 0,4 mm até 1,0 mm.

Whiskers são reforços na forma de fibras monocristalinas, que apresentam seção transversal de ~10 μm e comprimento ~10.000 vezes maior que o diâmetro, apresentando, portanto, alta razão de aspecto. Os monocristais apresentam poucos defeitos e têm resistência e módulo próximos a valores teóricos para o material. A resistência de um *whisker* de carbeto de silício, por exemplo, é cerca de dez vezes o valor da resistência de um monolito do mesmo material (PARUIZI; MAJIDI, 1993)

Os reforços de *whisker* são obtidos basicamente por dois processos de fabricação:

1) VS – vapor/sólido, em que os átomos da fase vapor são incorporados no *whisker*;
2) VLS – vapor/líquido/sólido, em que os átomos da fase vapor são incorporados em gota líquida, sendo, então, depositados no *whisker* do líquido.

Para ilustração, serão descritos os processos VS e VLS para produção de *whiskers* de SiC.

3.6.1 Processo VS

No processo VS, utiliza-se como matéria-prima a palha de arroz, que tem alto conteúdo de sílica. A Figura 3.25 ilustra esquematicamente o processo. O material é submetido à moagem, sendo, posteriormente, agregado a coque. A mistura é, então, submetida a tratamento térmico em forno mantido a temperaturas superiores a 1.600 °C. Os *whiskers* de SiC obtidos por esse processo tendem a apresentar diâmetros, da ordem de 0,2 a 5 μm, e comprimentos, da ordem de 50 μm.

3.6.2 Processo VLS

Os *whiskers* obtidos pelo processo VLS são formados por meio de nucleação, conforme mostra esquematicamente a Figura 3.26. O catalisador é distribuído de uma forma homogênea na superfície de um substrato adequado para nucleação (geralmente, grafite), sendo então aquecido a altas temperaturas para fusão do catalisador. O catalisador reage com o substrato para formar gotas de catalisador e poros no substrato. Gases são, então, admitidos no sistema, e o material de catálise é enriquecido com átomos de silício e carbono (BELITSKUS, 1993).

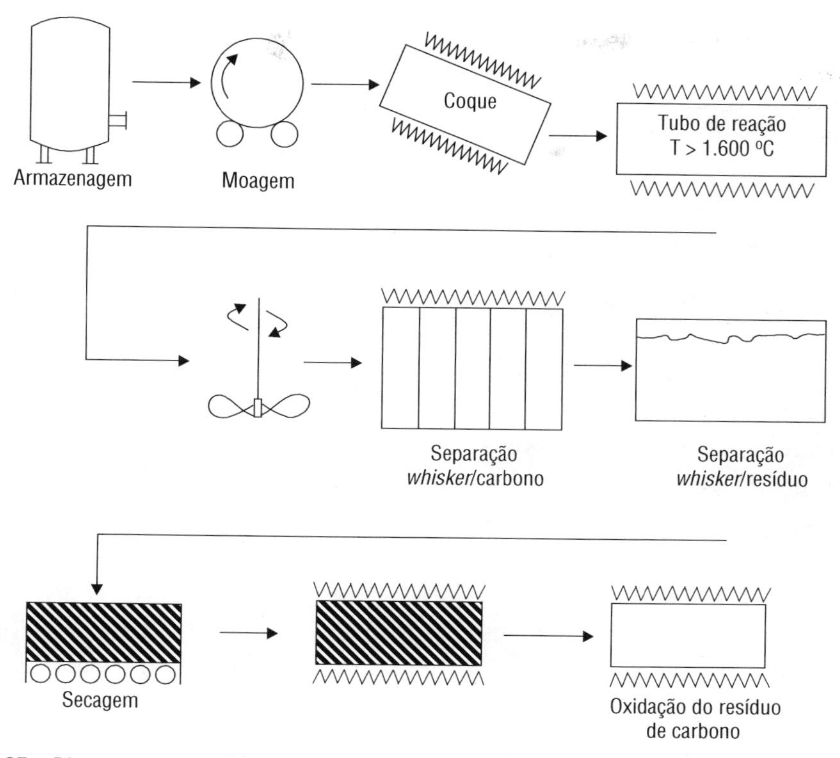

Figura 3.25 Diagrama esquemático da produção de *whisker* de SiC em processo vapor/sólido.

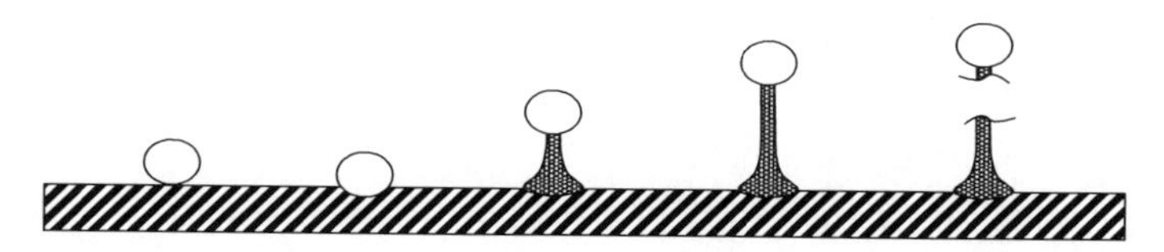

Figura 3.26 Representação esquemática do processo VLS (vapor/líquido/sólido) para produção de *whiskers* de SiC.

Finalmente, as gotas de catalisador tornam-se supersaturadas, e o *whisker* é nucleado. O catalisador é elevado da superfície do substrato pelo crescimento do *whisker*. Os catalisadores mais comumente utilizados são o manganês, o cobalto e níquel, sendo utilizados na forma de pó atomizado. A dispersão na superfície do substrato é realizada por pintura, utilizando uma suspensão orgânica de um dos pós. O carbono é obtido inicialmente do substrato e continuamente pelo fluxo de metano no reator. O silício é incorporado na gota do catalisador proveniente de vapores de monóxido de silício, que é produzido *in situ* pela reação de dióxido de silício e carbono a temperaturas elevadas (BELITSKUS, 1993). Os *whiskers* de SiC tendem a apresentar diâmetros da ordem de 0,25 a 5 μm e comprimentos maiores que 100 μm. As propriedades mecânicas de *whiskers* são de difícil determinação em razão de seu tamanho. *Whiskers* de SiC apresentam valores de resistência próximos a 8,5 GPa e módulo de 580 GPa.

3.7 FIBRAS NATURAIS

3.7.1 Considerações preliminares

Na tecnologia dos compósitos, uma vez definido o tipo de matriz a ser utilizado, podem ocorrer duas possibilidades distintas quanto à definição da macrofase para consolidação do produto final. Pode-se incorporar à matriz: (i) uma ou mais fases que efetivamente tenham finalidade reforçante, provocando aumento na rigidez e resistência mecânica (tração, compressão, etc.); ou (ii) o material incorporado tenha atuação mais acentuada como carga. Na situação (i), a incorporação do reforço resulta em um compósito com propriedades estruturais significativamente superiores às apresentadas pela matriz propriamente dita. Na situação (ii), entretanto, a adição à matriz de um material, normalmente de baixa massa específica e de custo reduzido, atua como uma carga, aumentando o volume do compósito, ocorrendo consequentemente reduções de peso e do custo do componente.

A utilização de fibras naturais (via de regra de origem vegetal ou animal) em um compósito, tem como propósito principal, salvo algumas exceções, fazer com que o mesmo atue como uma carga de material reciclável e de baixo custo à matriz, do que realmente reforçá-la mecanicamente de forma significativa. Isto se deve ao fato de as propriedades mecânicas das fibras naturais serem normalmente modestas, em relação às propriedades das fibras sintéticas (vidro, carbono e aramida, etc.). Entre as fibras naturais o amianto se destaca por apresentar valores elevados de resistência e rigidez. Porém, seu uso uso vem sendo restringido progressivamente devido ao fato de que seu uso está associado ao desenvolvimento de doenças profissionais em trabalhadores, notadamente câncer, e não será abordado na presente obra. As demais fibras naturais empregadas em compósitos têm origem vegetal e animal, e o enfoque será centralizado, no presente texto, sobre as primeiras.

3.7.2 O uso de fibras naturais em compósitos

O uso de fibras naturais de origem vegetal em compósitos envolve atualmente aspectos ambientais, sociais e econômicos que necessitam ser salientados. Entre 1830 e 1930, a população mundial elevou-se de cerca de um bilhão para dois bilhões de habitantes (ROWELL, 1997). Por outro lado, atualmente, o crescimento demográfico mundial médio é tal que, a cada 11 anos, há um crescimento populacional superior a um bilhão de pessoas. Aliado a esses fatos, caminhamos para uma escassez progressiva de recursos energéticos e minerais em geral, além do êxodo rural e de outros fatores que fogem ao escopo deste livro considerar. Neste cenário, a busca por matérias-primas renováveis e de baixo custo tem sido um fator de significativa importância no direcionamento das pesquisas que envolvem o uso de fibras vegetais em compósitos (KURUVILLA; MATTOSO, 2000; OKSMAN et al., 2000; KESSLER et al., 2000; BLEDZKI; REIHMANE; GASSAN, 1996; SAVASTANO JÚNIOR; DANTAS; AGOPYAN, 1994).

De forma sucinta, podemos enumerar as principais vantagens das fibras vegetais, que são as seguintes:

- baixa massa específica;
- maciez e abrasividade reduzida;
- recicláveis, não tóxicas e biodegradáveis;
- baixo custo;
- estimulam empregos na zona rural; e
- baixo consumo de energia na produção.

Já, entre as desvantagens e limitações, podemos citar:

- baixas temperaturas de processamento, isto é, não toleram mais que 200 °C durante a consolidação no interior da matriz de um compósito;
- acentuada variabilidade nas propriedades mecânicas e baixa estabilidade dimensional;
- alta sensibilidade a efeitos ambientais, tais como variações de temperatura de umidade;
- as de origem vegetal sofrem significativas influências referentes ao solo, à época da colheita, ao processamento após a colheira e à localização relativa no corpo da planta;
- apresentam seções transversais de geometria complexa e não uniforme; e
- propriedades mecânicas modestas em relação aos materiais estruturais tradicionais.

Até recentemente, a extração, o processamento após a colheita e o uso em geral das fibras naturais estiveram pautadas tendo por base mais as tradições e estudos empíricos sobre o assunto do que o uso de critérios científicos e técnicos (KURUVILLA; CARVALHO, 2000). Provavelmente, em decorrência desse fato, bem como de algumas das desvantagens e limitações listadas anteriormente, a consulta à literatura técnico-científica sobre as propriedades físicas e mecânicas das diferentes fibras naturais mostra que há variações significativas nas fibras de uma mesma designação. Na realidade, em alguns trabalhos publicados, não há uma indicação que precise se os resultados obtidos referem-se aos ensaios de uma fibra individual (ou monofilamento) ou de um feixe de fibras contendo dezenas ou milhares destas, contribuindo assim para aumentar a incerteza sobre a variação nas propriedades de fibras de designação idêntica. No caso particular dos trabalhos referentes ao ensaio específico de fibras individuais, de acordo com a norma da ASTM D-3379M82, os desvios padrão obtidos experimentalmente para fibras vegetais são superiores aos apresentados por fibras sintéticas em geral. Os trabalhos científicos na área também mostram variações nas propriedades para fibras de mesma especificação. Na Tabela 3.11 são apresentadas faixas de valores, bem como valores únicos (casos nos quais as variações foram desprezíveis), da resistência à tração (σ_T), do módulo de elasticidade (E), da deformação na ruptura (ε_T) e da massa específica (ρ) de alguns tipos de fibras vegetais encontrados na literatura (CHAWLA, 1978; SAVASTANO JÚNIOR; DANTAS; AGOPYAN, 1994; PADILHA, 1994; MARTIN, 1998; OKSMAN, 2000).

Tabela 3.11 Propriedades físicas e mecânicas de fibras naturais.

Tipo de fibra	σ_T (MPa)	E (GPa)	ε_T (%)	ρ (g/cm^3)
Sisal	126 – 800	3,80 – 62,0	2,8 – 10	1,27 – 1,50
Coco	95 – 149	2,80 – 13,7	3,3 – 5.1	1,18 – 1,45
Juta	320 – 500	12,0 – 100	1,3 – 2,8	1,50
Malva	160	17,4	5,2	1,41
Rami	393 – 900	7,30 – 25,0	1.8 – 5,3	1,51
Piaçava	143	5,60	5,9	1,05

Os valores da Tabela 3.11 revelam que a resistência à tração e de módulo de elasticidade das fibras vegetais são superiores às propriedades de uma matriz de resina epóxi (Capítulo 2), mas essa superioridade não é tão acentuada quando se compara essa matriz com as propriedades de fibras comerciais de vidro, aramida ou carbono (Capítulo 3). No que concerne à massa específica, há certo equilíbrio quando comparadas à matriz epóxi, e, no caso das deformações à ruptura, as fibras vegetais apresentam uma relativa superioridade em alguns casos. Em virtude de as fibras vegetais serem higroscópicas e sensíveis à umidade, apresentando degradação e inchamento quando absorvem água, é recomendado que a sua utilização em compósitos envolva, preferencialmente, seu emprego em matrizes termoplásticas (ROWELL, 1997).

Entre as fibras vegetais empregadas como reforço em compósitos formados de uma matriz polimérica, uma das mais citadas na literatura nas últimas décadas é o sisal (nome científico *Agave sisalana*) (CHAWLA, 1978; SAVASTANO JÚNIOR; DANTAS; AGOPYAN, 1994; MATTHEWS, 1994; MARTIN, 1998; AGOPYAM, 1988; KURUVILLA; MATOSO, 2000). Para essa fibra vegetal em particular, à guisa de ilustração, serão apresentadas algumas de suas características básicas sobre detalhes referentes à colheita, ao processamento e ao comportamento mecânico. A extração de fibras a partir das folhas de sisal envolve seu corte e descorticação, seguidos da lavagem, secagem e da limpeza das fibras. Todas essas etapas, as quais envolvem, muitas vezes, processamento artesanal, influenciam as propriedades finais das fibras, sendo que a descorticação pode causar o surgimento de microtrincas nas paredes das células das fibras. As folhas de sisal são estruturas tipo sanduíche, e, a partir de cada uma delas, pode-se extrair de 700 a 1.400 fibras, que variam de 0,5 a 1 metro em comprimento (OKSMAN, 2000). Essas fibras possuem seção transversal arredondada, porém irregular e variável, com diâmetros médios na faixa de 10 a 30 μm, sendo constituídas de fibrilas ou microfibras individuais, com comprimentos que variam de 1 a 8 mm, e valores médios de ~3 mm. As seções transversais das fibras, via de regra, decrescem em direção às extremidades livres das folhas. Além disso, a resistência à tração das fibras de sisal não é uniforme ao longo de sua extensão. As regiões mais próximas às raízes e nas partes mais baixas das plantas se apresentam com menor rigidez e resistência, relativamente às regiões superiores da planta (MARTIN, 1998). Diante de tantos fatores que exercem influência, não é de se admirar a razão pela qual as propriedades mecânicas das fibras vegetais são tão variáveis.

Na avaliação de propriedades de compósitos obtidos com fibras vegetais, é desejável e recomendado que se procure identificar o nome científico da planta; as normas utilizadas nos ensaios realizados e as condições em que foram realizados; os tratamentos a que a matéria-prima vegetal foi submetida após a colheita; os parâmetros referentes à manufatura dos corpos de prova, se for o caso; e os detalhes sobre o processamento a que foram submetidas. Um lote de no mínimo 10 corpos de prova é desejável.

Outro tipo de fibra de reforço que se encaixa na classe de fibras naturais são as fibras de basalto (PRESLEY; MILLER, 2003). O basalto é o nome genérico para rochas ígneas, formadas durante as modificações a que a crosta terrestre foi submetida durante sua formação. Embora a tecnologia para obtenção de fibras de basalto exista há 30 anos, na Rússia, só recentemente sua aplicação comercial tem sido implementada. As fibras de basalto podem ser fornecidas em diâmetros de 9 mm, 13 mm, 17 mm e 22 mm, e em cabos de 68 tex e *rovings* de 320 a 4.800 tex. As fibras de basalto têm ponto de fusão de 1.450 °C e são predominantemente amorfas. Propriedades típicas de fibras de basalto são mostradas na Tabela 3.12.

Tabela 3.12 Propriedades típicas de fibras de basalto, comparadas às das fibras de vidro.

	Basalto	Vidro	Asbestos
Massa específica (g/cm³)	2,75	2,60	2,50
Resistência à tração (MPa)	4.840	3.450	600 – 1.000
Resistência à compressão (MPa)	3.792	3.033	–
Módulo elástico (GPa)	89	77	30 – 90
Elongação na ruptura (%)	3,15	4,70	1 – 2
Temperatura de vitrificação (°C)	1.050	600	450-700
Condutividade térmica (W/m.K)	1,67	0,85 – 1,30	–

3.8 CONCLUSÕES FINAIS

Na fabricação de compósitos, a escolha da fibra é principalmente baseada nos requisitos de projeto do produto final. As propriedades mecânicas finais dos compósitos são influenciadas não só pelo tipo de fibra, mas também por sua atividade química superficial, isto é, os grupos químicos superficiais presentes, ou mesmo por sua topografia superficial.

As fibras de reforço são comercializadas na forma *rovings* (filamento contínuo), tecidos, mantas ou estruturas multidirecionais. A Tabela 3.13 fornece valores aproximados do custo das fibras de reforço mais comumente utilizadas em compósitos.

Tabela 3.13 Custo de fibras de reforço utilizadas em compósitos.

Tipo de fibra	Preço/kg (US$)	Preço/kg (US$) tecido
Vidro		
Vidro A	1,40 – 2,00	
Vidro C	1,65 – 2,20	10 – 80
Vidro E	1,65 – 2,20	
Vidro S-2	13,0 – 17,5	**100 – 200**
Carbono		
Alto tex	20,0 – 26,5	
Médio tex	33,0 – 44,0	150 – 300
Baixo tex	88,0 – 154,00	

(*continua*)

Tabela 3.13 Custo de fibras de reforço utilizadas em compósitos. (*continuação*)

Tipo de fibra	Preço/kg (US$)	Preço/kg (US$) tecido
Aramida		
Aramida (Kevlar 29)	26,5 – 31,0	
Aramida (Kev1ar 49)	55,0 – 66,0	100 – 200

A comparação que põe em evidência as propriedades de fibras de reforço para compósitos com outros materiais é realizada considerando-se a resistência e o módulo de elasticidade divididos pela massa específica. A Figura 3.27 mostra estes resultados. Pode-se observar que as fibras de carbono se destacam, tanto em relação ao módulo específico quanto à resistência específica, em relação aos metais e outros materiais. Novos tipos de fibras têm sido continuamente acrescidos à lista dos existentes, e, em uma boa parte das aplicações estruturais de compósitos, mais de um tipo de fibra é utilizado na manufatura de componentes de uso industrial.

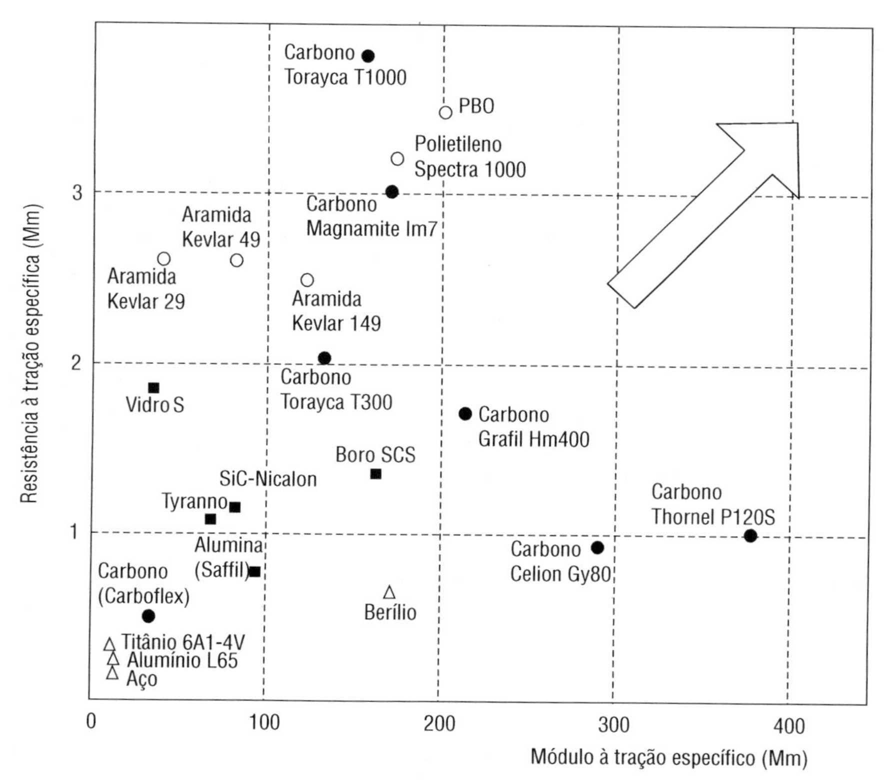

Figura 3.27 Resistência à tração específica em função do módulo de elasticidade à tração específico para fibras de reforço.

3.9 REFERÊNCIAS

AGOPYAN, V. Vegetable fibre reinforced building materials – developments in Brazil and other Latin American countries. In: SWAMY, R. N. (Ed.). *Natural fibre reinforced cement and concrete*. London: Blackie Academic & Professional, 1988.

ATTWENGER, A. *Value-added lignin based carbon fiber from organosolv fractionation of poplar and switchgrass*. 2014. 97f. Thesis (Master) – Universityof Tennessee, 2014.

BELITSKUS, D. *Fiber and whisker reinforced ceramics for structural applications*. New York: Marcel Dekker, 1993. 349p.

BLACKMAN, L. C. F. *Modern aspects of graphite technology*. Academic Press, 1970. 320p.

BLEDZKI, A. K.; REIHMANE, S.; GASSAN, J. Properties and modification methods for vegetable fibers for natural fiber composites. *Journal of Applied Polymer Science*, v. 59, n. 8, p. 1329-1336, Feb. 1996.

BOEHM, H. P. Carbon surface chemistry. In: DELHAÈS, P. (Ed.). *Graphite and precursors*. Gordon and Breach, 2001. Chap. 7.

BROOKS, J. D., TAYLOR, G. H. *The formation of some graphitizing carbons*, Chemistry and Physics of Carbon. v. 4. In: THROWER, P. (Ed.). p. 185, 1965.

CHAWLA, K. K. et al. Comportamento mecânico dos conjugados de resina poliéster e fibras de carbono, Kevlar 29, sisal e vidro. *Revista Brasileira de Tecnologia*, v. 8, p. 79-99, 1978.

CHODÁK, L. High modulus polyethylene fibres: preparation, properties and modification by crosslinking. *Progress in Polymer Science*, v. 23, p. 1409-1442, 1998.

DELÉGLISE, F. et al. Microstructural stability and room temperature mechanical properties of the Nextel 720 fibre. *Journal of European Ceramic Society*, v. 21, p. 569-580, 2001.

DILSIZ, N.; WIGHTMAN, J. P. Surface analysis of unsized and sized carbon fibers. *Carbon*, v. 37, p. 1105-1114, 1999.

DONNET, J. B. *Carbon fibers*. 3. ed. Marcell-Dekker, Inc, 1998.

EDIE, D. D. The effect of processing on the structure and properties of carbon fibers. *Carbon*, v. 36, n. 4, p. 345-362, 1999.

FRANK, E. et al. Carbon Fibers: Precursor Systems, Processing, Structure, and Properties. *Angew. Chem. Int.*, v. 2014, n. 53, p. 5262-5298, 2012.

GIBSON, R. F. *Principles of composite materials mechanics*. New York: McGraw Hill, 1994.

GIFFORD, A. P. et al. Low Tg lignin mixed esthers. US Patent 2010/0152428 A1.

GORDON, J. E. *The new science of strong materials*. 2. ed. England, UK: Penguim, 1991.

GOSSELINK, R. J. A. *Lignin as a renewable aromatic resource for the chemical industry*. 2011. 196f. Thesis (PhD) – Wageningen University, 2011.

GRIFFITH, A. A. The phenomena of rupture and flow of solids. *Phil. Trans. Roy. Soc.* London, A, v. 221, p. 163-198, 1920.

HASEGAWA, A. et al. Study of helium efects in SiC/SiC composites under fusion reactor environment. *Journal of Nuclear Materials*, v. 283-287, p. 811-815, 2000.

JOHNSON, D. J.; TOMIZUKA, I.; WATANABE, O. The fine structure of lignin-based carbon fiber. *Carbon*, v. 13, p. 321-325, 1975.

KADLA, J. F. et al. Lignin-based carbon fibers for composite fiber applications. *Carbon* 40, p. 2913-2920, 2002.

KESSLER, R. W., et al. Factors influencing the extended use of bast fibres in Germany. In: SYMPOSIUM OF NATURAL POLYMERS AND COMPOSITES – ISNaPol, 3., 2000, São Pedro. *Proceedings* ... São Pedro: [s.n.]. 606p. p. 573-581, 2000.

KUBO, S.; KADLA, J. F. Poly(ethylene oxide)/organosolv lignin blends: relationship between thermal properties, chemical structure, and blend behavior. *Macromolecules*, v. 37, p. 6904-6911, 2004.

KUBO, S.; KADLA, J. F. Kraft lignin/poly(ethylene oxide) blends: Effect of lignin structure on miscibility and hydrogen bonding. *J. Appl. Polym. Sci.* v. 98, p. 1437-1444, 2005.

KURUVILLA, J.; CARVALHO, L. H. Woven fabric reinforced polyester composites, effects of hybridisations. In: SYMPOSIUM OF NATURAL POLYMERS AND COMPOSITES – ISNaPol, 3., 2000, São Pedro. *Proceedings* ... São Pedro: [s.n.], 606p. p. 454-459, 2000.

KURUVILLA, J.; MATTOSO, L. H. C. Sisal fibre reinforced polymers composites, status and future. In: SYMPOSIUM OF POLYMERS AND COMPOSITES – ISNaPol, 3., 2000, São Pedro. *Proceedings* ... São Pedro: [s.n.], 606p. p. 333-343, 2000.

LAURICHESSE, S.; AVERUS, L. Chemical modification of lignins: Towards biobased polymers. *Progress in Polymer Science*, v. 39, n. 7, p. 1266-1290, 2014.

LEE, S. M. *International encyclopedia of composites*. New York: VCH Publichers, 1991.

LUONG, N. D. et al. An eco-friendly and efficient route of lignin extraction from black liquor and a lignin-based copolyester synthesis. *PolymerBulletin*, v. 68, n. 3, 2011.

MADER, E. Study of fibre surface treatments for control of interphase properties in composites. *Composites Science and Technology*, v. 57, p. 1077-1088, 1997.

MANOCHA, L. M. Development of Carbon-Carbon Composites by Co-Carbonization of Phenolic Resin and Oxidized PAN Fibers. *Carbon*, 1996, v. 34, p. 841-849.

MASSON, J. C. *Acrylic fiber technology and applications*. Marcel Dekker, 1995, 388p.

MARTIN, A. R. *Avaliação das propriedades de fibras de sisal de diferentes variedades visando aplicação em compósitos poliméricos*. 1998. 145f. Dissertação (Mestrado em Engenharia de Materiais) – Universidade Federal de São Carlos, São Carlos, 1998.

MATTEWS, F. L.; RAWLINGS, R. D. *Composite materials*: engineering and science. London: Chapman & Hall, 1994. 457p.

NORBERG, I. *Carbon Fibers from Kraft lignin*. 2012. 69f. Thesis (PhD) – Royal Institute of Technology, Stockholm, 2012.

OKSMAN, K. D. et al. Mechanical properties and morphology of sisal fibre-epoxy composites. In: SYMPOSIUM OF NATURAL POLYMERS AND COMPOSITES – ISNaPol, 3., 2000, São Pedro. *Proceedings* ... São Pedro, 2000. p. 343-355.

OKAMURA. K. Ceramic fibres from polymer precursors. *Composites*, v. 18, n. 2, p. 107-120, Apr. 1987.

ÖHMAN, F. *Precipitation and Separation of Lignin from Kraft Black Liquor*. 2006. Thesis (PhD) – Chalmers University of Technology: Gothenburg, Sweden, 2006.

PARVIZI-MAJIDI, A. Fibers and Whiskers. In: CHOW, T. W. (Ed.). *Structure and properties of composites*. Weinheim: VCH, 1993. (Materials Science and Technolgy: a comprehensive treatment, v. 13).

PADILHA, R. Q. Caracterização de propriedades mecânicas de fibras naturais de curauá e rami. Relatório n. 11/AMR-L. Centro Técnico Aeroespacial, São José dos Campos-SP, 1994.

PEEBLES, Leighton H. *Carbon Fibers*: Formation, structure and properties. CRC Press, 1995, 203p.

PITTMAN JÚNIOR, C. U. et al. Surface properties of electrochemically oxidized carbon fibers. *Carbon*, v. 37, n. 11, p. 1797-1807, 1999.

PRESLEY, M.; MILLER, C. Continuous filament basalt fibre reinforcements. *JEC Composites*, n. 4, p. 78, 2003.

RAMASUBRAMANIAN, G. *Influence of Lignin modification on PAN-Lignin copolymers as potential carbon fiber precursor*. 2013. Thesis (MSc) – Iowa State University, 2013.

ROSAS, J. M. et al. Preparation of different carbon materials by thermochemical conversion of lignin. *Frontier in Materials*, v. 1, article 29, 2014.

ROWELL, R. M. et al. Utilization of natural fibers in plastic composites: problems and opportunities. In: LEÃO, A. L.; FROLLINI, E. (Ed.). *Lignocellulosic-plastics composites*. São Paulo: USP-UNESP, 1997. p. 23-51.

SALIBA, E. O. S. et al. Ligninas – Métodos de obtenção e caracterização química. *Ciência Rural*, Santa Maria, v. 31, n. 5, p. 917-928, 2001.

SAVASTANO JÚNIOR, H.; DANTAS, F. A. S.; AGOPYAN, V. *Materiais reforçados com fibras* – correlação entre a zona de transição fibra-matriz e as propriedades mecânicas. Boletim 67, IPT-SP, 1994.

STEPHENS, J. R. Poli (N,N' alquil (ou aril) bis-(4,4'ftalimido)-1,3,4-oxidiazole-2,5--diil). U.S. Patent 4,429,108, 1984.

TASHIRO, K. et al. Crystal structure and packing disorder of poly(p-phenylenebenzo-bisoxazole): structural analysis by and organized combination of X-ray imaging plate system and computer simulation technique. *Macromolecules*, v. 31, n. 16, p. 5430-5440, Aug. 1998.

THIELEMANS, W.; WOOL, R. Lignin esters for used in insaturated thermosets: Lignin modification and solubility modeling. *Biomacromolecules*, v. 6, p. 1895-1905, 2005.

TAYLOR, M. D. Chemistry and manufacture of alumina and aluminosilicate fibers. In: BUNSELL, A. R.; BERGER, M. H. (Ed.). *Fine ceramic fibers*. New York: Marcell Deckker, 1999, p. 63-109.

TRESSLER, R. E. Recent developments in fibers and interphases for high temperature ceramic matrix composites. *Composites*. Part A – Applied science and manufacturing, v. 30, n. 4, p. 429-437, 1999.

VELOSO, D. P.; NASCIMENTO, E. A.; MORAIS, S. A. L. Isolamento e análise estrutural de ligninas. *Quimica Nova*, v. 16, n. 5, p. 435-448, 1993.

VILLENEUVE, J. F.; NASLAIN, R. Shear moduli of carbon, Si-C-O, Si-C-Ti-O and alumina single ceramic fibers as assessed by torsion pendulum tests. Composites Science and Technology, v. 49, n. 2, p. 191-203, 1993.

WISNOM, M. R.; REYNOLDS, T.; GWILLIAM, N. Reduction in interlaminar shear Strength by Discrete and Distributed Voids. *Composite Science and Technology*, v. 56, n. 1, p. 93-101, 1996.

WITCO CORPORATION. *Silquest organofuncional silanes, adhesives and selants*. USA, 1998.

ZABALETA, A. T. *Lignin extration, purification and depolimerization study*. 2012. 280f. Thesis (PhD) – Universidaddel País Vasco, 2012.

ZIMMER, J. E.; WHITE, J. L. Molecular crystals. *Liquid Crystals*, v. 38, p. 177, 1977.

ZHAO, L. R.; JANG, B. Z. Fabrication, structure and properties of quasi-carbon fibres. *Journal of Materials Science*, v. 30, n. 18, p. 4535-4540, Sept. 1995.

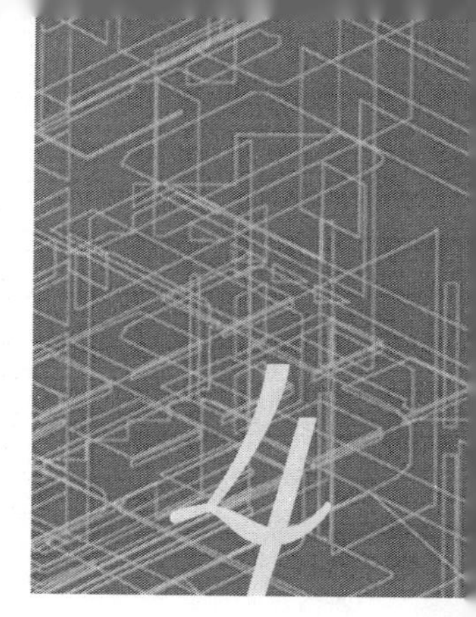

Tecidos e preformas

4.1 TECIDOS E PROCESSO DE TECELAGEM

O processo de tecelagem é uma das artes mais tradicionais. Embora pouco conhecimento se tenha de equipamentos para tecelagem de civilizações antigas, tecidos de fina qualidade foram encontrados em tumbas do Egito antigo, e desenhos de antigos vasos fornecem uma evidência de uma habilidade sem igual em tecelagem daquela civilização (BROUDY, 1979). Os processos antigos de tecelagem foram realizados, provavelmente, pelo entrelaçamento de juncos e bambu. Estes materiais eram relativamente rígidos, e, à medida que filamentos flexíveis foram sendo desenvolvidos, foi necessário desenvolver um método para evitar que estes fossem torcidos e emaranhados. O equipamento obtido foi então chamado tear.

Até o começo do século IX, o processo de tecelagem era manual. Após 1800, Joseph Marie Jacquard e Edmund Cartwright desenvolveram teares que eram parcialmente automatizados (ALBERS, 1965). O princípio básico dos primeiros teares se mantém em uso até hoje, e as versões contemporâneas são chamadas de máquinas de tecelagem. Gradualmente, teares com maior grau de automatização foram substituindo teares manuais para a manufatura comercial, embora os teares manuais nunca tenham tido sua produção descontinuada, principalmente para trabalhos artesanais. Há um sistema para segurar os fios do urdume (ou urdidura) sob tensão (alças), um método para inserção da trama (lançadeira), e há um mecanismo para compactar os fios perpendicularmente (pente) ao urdume. As partes básicas de um tear são mostradas no diagrama da Figura 4.1, cada uma tendo uma função específica.

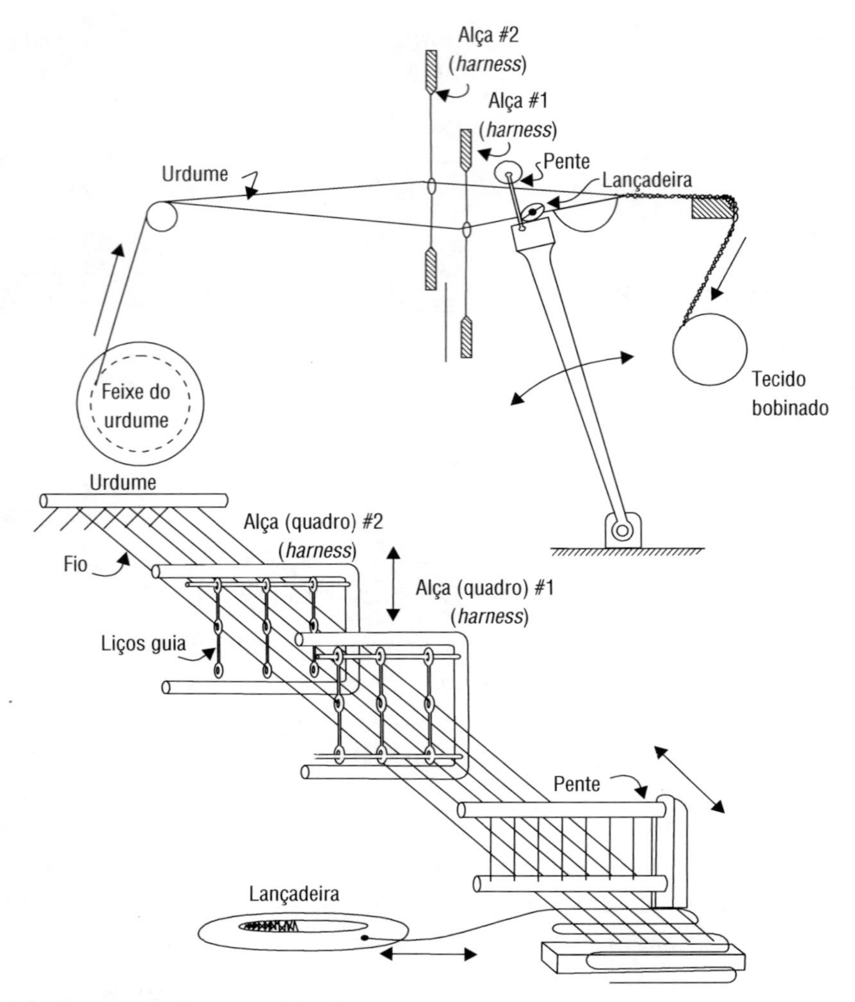

Figura 4.1 Representação esquemática de um tear.

A Figura 4.2 ilustra o movimento de duas malhas para formar uma fileira. O suporte do urdume, que sustenta os cabos na direção do comprimento, localiza-se na parte posterior da máquina e é controlado de tal forma que libera cabos para a área de tecelagem, quando necessário.

As malhas são formadas por liços, fios ou mesmo fitas metálicas e permitem o controle dos cabos individuais, cada cabo é puxado através de um olhal, localizado no centro de liço. Cada liço individual é montado na malha de tal forma que permite que os cabos do urdume sejam controlados em grupos. Um tear tem, pelos menos, duas malhas, e o número de malhas em um tear determina a complexidade do padrão do tecido a ser produzido.

Em um tear de duas malhas, cabos do urdume alternados, ao longo da largura do tecido, estão em uma malha. Quando essa malha é levantada, metade dos cabos do urdume acompanha o movimento para produzir uma abertura entre duas camadas de cabos. Essa abertura, conhecida como cala, produz um caminho, através do qual o cabo da trama é inserido. O movimento do tear é chamado *raport*, e a ordem na qual a malha é suspensa ou abaixada produz o padrão do tecido. Em teares contendo mais de duas malhas, a sequência de disposição dos cabos é mais intricada. Em muitos casos, grupos de malhas são suspensos ou abaixados conjuntamente. A experiência de um operador de tear é necessária para planejar a sequência de cabos do urdume e o movimento da malha quando o tear possuir várias malhas.

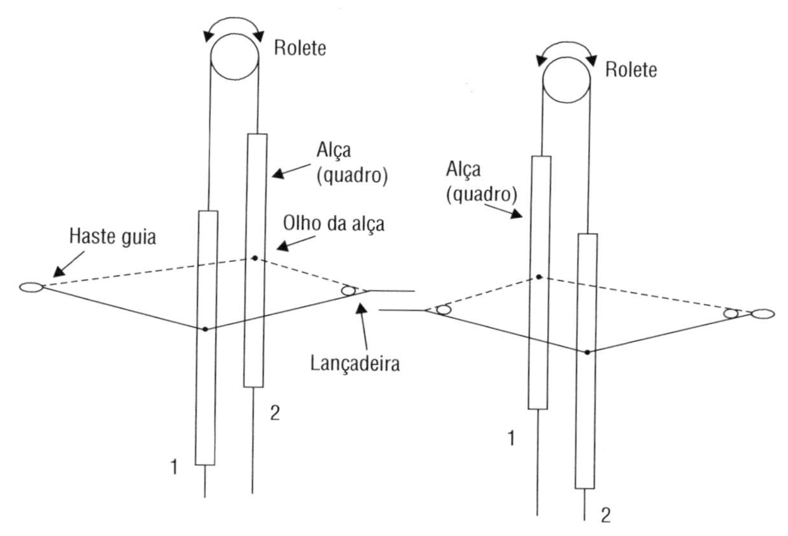

Figura 4.2 Diagrama do movimento dos quadros (*harness*) e dos cabos formadores do urdume para formação de uma fileira correspondente à trama (BROUDY, 1979).

O terceiro movimento básico de um tear é a remetição ou inserção da trama. Por muitos anos, os cabos da trama foram inseridos através da cala com uma lançadeira. O cabo é fixado a uma pequena haste, ou tubete, na fenda da lançadeira. A lançadeira entra na cala, correspondente à abertura dos cabos do urdume do tecido, e move-se ao longo de sua largura até o lado oposto, sendo ajustada na posição pelo batimento, e retorna, repetindo o mesmo movimento, deixando o outro cabo de mecha da trama. Quando da repetição desta, a trama é alternativamente disposta acima e abaixo dos fios do urdume, nos lados do tecido para formar o padrão, ou padronagem. Em meados do século XX, os teares tiveram uma evolução significativa, permitindo alta produtividade, pelo aumento da velocidade de inserção dos cabos da trama e reduzido número de falhas. Em máquinas modernas, são utilizados tanto jato de ar como água, uma agulha, ou um pequeno projétil para projetar o cabo da trama. Cada cabo da trama deve ser empacotado justaposto ao cabo da fileira anterior. Essa operação é realizada utilizando-se um pente, paralelo à malha, e que pressiona o cabo da fileira correspondente na posição. Este batimento é o quarto movimento e movimento final primário do tear (BUHLER, 1948).

A viga ou rolo do tecido localizado à frente do tear suporta todo o tecido, assim que cada fileira é posicionada, sendo então bobinado. Esse é o movimento final do tear, porque a alimentação de fios e a bobinagem do tecido ocorrem simultaneamente.

Muitos tecidos são produzidos em teares com até oito malhas. Entretanto, tecidos mais elaborados necessitam de muitas malhas e fixações especiais para controlar os grupos de malhas. Estes têm mecanismos de comando numérico que movem cada cabo individual do urdume para produzir padrões complexos.

Os tecidos são especificados de acordo com o esquema mostrado na Figura 4.3. Os tecidos têm, portanto, duas direções principais: urdume e trama. O urdume refere-se à direção do comprimento do tecido, e a trama, por sua vez, tem direção transversal ao urdume. Com exceção dos essencialmente triaxiais, os tecidos consistem de um conjunto de cabos interlaçados a ângulos retos em uma determinada sequência, padrão ou tela. Fibra ou filamento é a unidade formadora do cabo ou mecha, sendo, portanto, formado pelo conjunto de filamentos. O número de filamentos em um cabo pode variar de 200 a 12.000. Os cabos são designados pelo tex, ou seja, o peso em gramas em 1.000 metros, pela torção e acabamento superficial. Também são parâmetros de importância na especificação de tecidos a contagem linear de fios por centímetro e peso por metro quadrado. A largura de tecidos situa-se normalmente entre 60 cm e 150 cm. Fitas são fornecidas em larguras de 2 a 40 cm. O estilo ou tela do tecido define o padrão de como as fibras são dispostas ou agrupadas para formá-lo.

A largura do tecido é controlada pelo número e espaçamento dos cabos do urdume. O comprimento do cabo colocado no tubete da lançadeira é relativamente pequeno, sendo suficiente para formar alguns centímetros do comprimento do tecido. Equipamentos modernos têm dispositivos que automática e continuamente repõem o tubete. O comprimento do tecido produzido por um tear é determinado pelo comprimento dos cabos do urdume. A quantidade de tecido produzido por determinado período de tempo é governada pela velocidade, na qual os cabos da trama são inseridos. A velocidade de tecelagem é tradicionalmente expressa em batimentos por minuto.

Os equipamentos de tecelagem tiveram incorporação de diversos melhoramentos a partir de meados do último século. A melhora mais evidente foi a introdução de teares sem lançadeiras, que, hoje, têm a predominância de utilização. Os tipos mais comuns de teares sem lançadeira são equipamentos a projétil, *rapier*, e máquinas do tipo jato, que utilizam ar ou água para inserir o cabo ou fio da trama. Os teares sem lançadeira produzem 20% a mais de tecidos que os teares convencionais à lançadeira (HARI; BEHERA, 1994).

Se um tecido for construído com uma quantidade de cabos significativamente maior na direção do urdume, o tecido é face-urdume. Se, entretanto, o tecido possui poucos cabos na direção do urdume e muitos na direção da trama, esses cabos da trama podem obscurecer os cabos do urdume e produzir um tecido denominado face-trama. Embora a produção de tecidos com face-urdume e face-trama seja possível em qualquer tipo de tela básica, esse efeito é mais comum quando os tecidos são do tipo diagonal (*twill*) ou cetim.

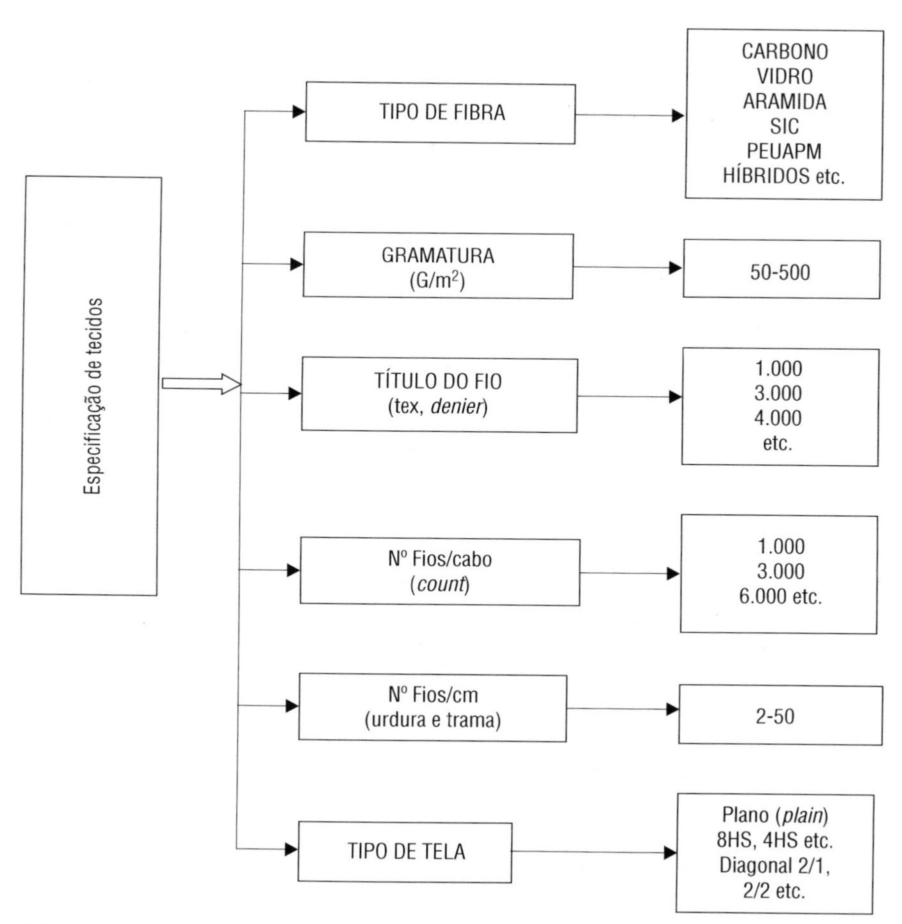

Figura 4.3 Diagrama de especificação de tecidos para reforço de compósitos.

O projeto de uma malha, ou tela, de tecido se inicia pela definição de sua configuração para o equipamento de tecelagem. Os outros parâmetros são ajustados de acordo com o tipo de tela a ser utilizado.

4.2 TIPOS DE TECIDOS DE REFORÇO

Há basicamente três tipos de padrões de tela que dão origem a tecidos mais complexos: tecido tipo plano, tipo cetim e tipo diagonal. Esses tecidos e suas variações serão descritos nas seções a seguir.

4.2.1 Tecido plano (*plain*)

O tipo de tela de tecido denominada *plain* e suas variações, como o *basket*, são a forma mais simples de todos os tecidos de reforço estrutural. A tela consiste de cabos interlaçados do urdume e da trama que se dispõem em um padrão, onde cabos da trama se entrelaçam acima e abaixo dos cabos do urdume, conforme mostra a Figura 4.4. O primeiro cabo, correspondente à primeira coluna da trama, passa acima do primeiro cabo do urdume, abaixo do segundo, acima do terceiro, e assim sucessivamente. Na coluna seguinte, os cabos da trama passam abaixo do primeiro cabo do urdume, acima do segundo, abaixo do terceiro, e assim sucessivamente. Na terceira fileira repete-se o movimento da primeira coluna, e assim sucessivamente. Esses tecidos têm um maior número de entrelaçamentos por unidade de área, e isto pode reduzir a resistência e rigidez do compósito. A possibilidade de construção desse tipo de tecido é muito variada, permitindo utilização de fibras e cabos com as mais diversas características. Além disso, podem ser balanceados ou não, com tela aberta ou fechada, dependendo da contagem de cabos. Quanto maior o tex do cabo utilizado na manufatura do tecido, menor a contagem (JUNKER, 1988).

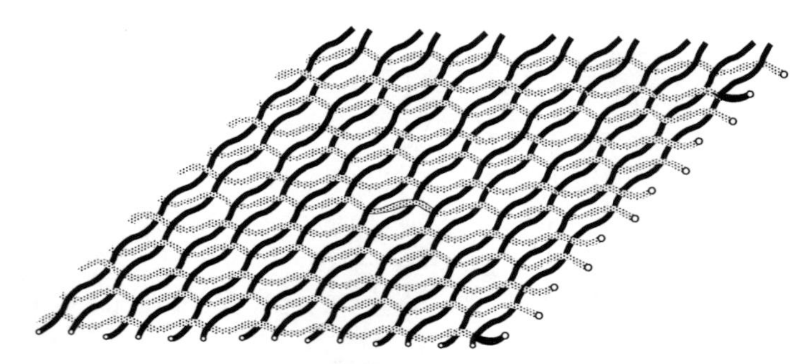

Figura 4.4 Desenho esquemático da tela do tecido tipo plano (*plain*).

A preparação de tecidos é normalmente realizada visualmente em um papel de gráfico. Cada quadrado do papel representa um cabo que aparece no lado superior da superfície do tecido. Quadrados escuros representam os cabos do urdume que cruzam os cabos da trama.

4.2.2 Variações do tecido plano

Os tecidos *basket* utilizam o padrão de tela plano, formado por dois ou mais cabos do urdume por fileira e/ou dois ou mais cabos na trama por fileira, como mostra a Figura 4.5. As variações do tecido basket têm designações específicas. Por exemplo, tecidos basket com quatro ou mais cabos nas fileiras são designados *monk*, tecidos *hopsak* têm dois ou três cabos nas fileiras, conforme mostra a Figura 4.5a. Construções que tenham o tipo de tela plano (*plain*), mas que utilizem duplo cabo em uma fileira e um simples cabo na fileira perpendicular são designados *oxford*, como mostra a Figura 4.5b (BROUDY, 1979).

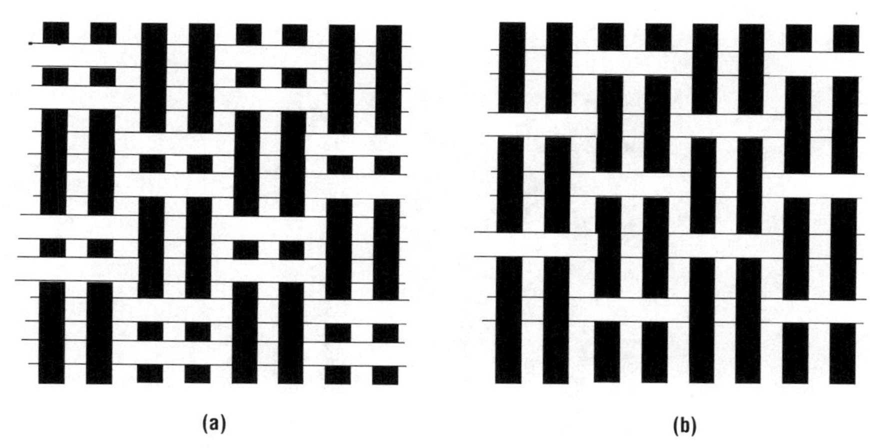

Figura 4.5 Diagrama do tecido do tipo *basket* 2 x 2 (a), e *basket* do tipo *oxford* (b).

Os tecidos *leno* e *mock leno* são outra variação do tecido plano. O tecido *leno*, Figura 4.6, melhora a estabilidade de tecidos que apresentam o urdume aberto e, portanto, o número de cabos nessa direção é reduzido. Como pode-se observar pela Figura 4.6, cabos adjacentes do urdume são interlaçados por cabos da trama torcidos formando um par espiral, fazendo com que urdume e trama fiquem efetivamente bloqueados a qualquer movimento. Tecidos *leno* são normalmente utilizados em conjunto com outros tipos de tecidos, em virtude da grande abertura da malha.

Os tecidos *mock leno*, Figura 4.7, são uma versão modificada do tecido plano, na qual cabos do urdume, em intervalos regulares, mas usualmente vários cabos distanciados, são desviados do interlaçamento superior e inferior convencional e, em vez disso, formam um interlaçamento a cada dois ou mais cabos. Essa sequência se repete de maneira similar na direção da trama, e o efeito obtido é um tecido com uma espessura maior, uma porosidade maior e uma superfície mais rugosa.

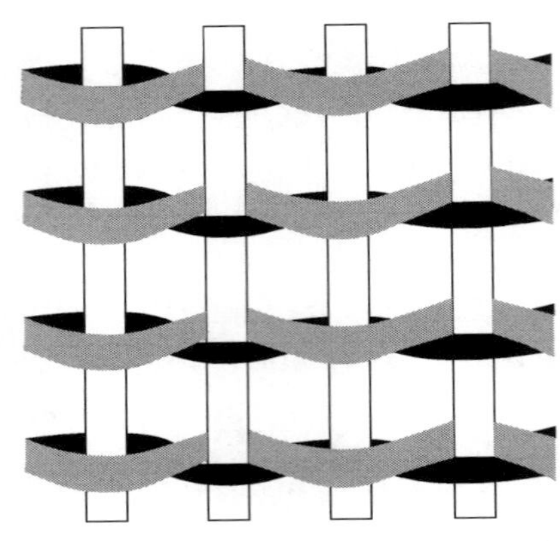

Figura 4.6 Tecido plano do tipo *leno*.

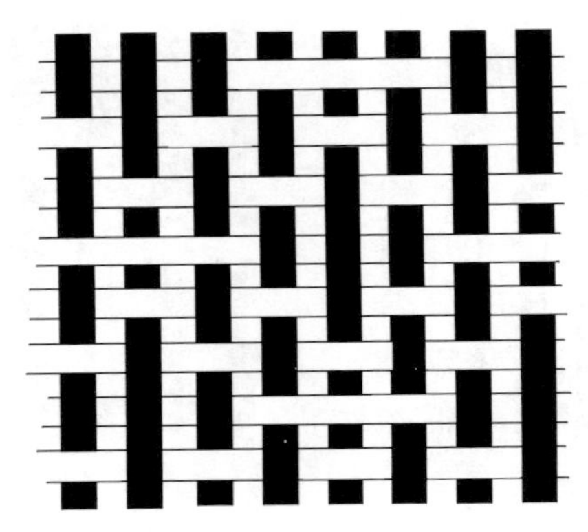

Figura 4.7 Tecido plano do tipo *mock leno*.

4.2.3 Tecidos cetim (*harness satin* – HS)

Os tecidos do tipo HS ajustam-se mais às superfícies de contorno complexas, mas foram criados inicialmente pela indústria têxtil para fins decorativos, porque conferiam um efeito brilhante ao produto. Camadas individuais desses tecidos são assimétricas. Eles são formados de tal forma que os cabos apresentem um comprimento maior entre as sobrepassagens, conforme mostra a Figura 4.8. Os entrelaçamentos são realizados a intervalos de três cabos acima, no mínimo, e um cabo abaixo (4 *harnesses* – HS), até o máximo de onze cabos acima e um cabo abaixo (12 *harnesses*). Um lado do tecido tem predominantemente cabos do urdume, e o outro lado, cabos da trama. A troca de posições do tecido quebra a simetria do laminado porque causa flexão (curvatura) nos cabos de modo assimétrico. A flexão e o tensionamento em uma camada de tecido HS são, consequentemente, acoplados. Há também acoplamento entre tensão e cisalhamento no plano, porque a troca de posições não é simétrica em cada eixo do plano de simetria. O acoplamento entre flexão e tensão tende a causar distorção durante a cura do compósito, por causa de tensões térmicas. A distorção pode ser minimizada em um laminado multicamada, considerando-se qual lado de cada camada deverá facear a superfície do molde.

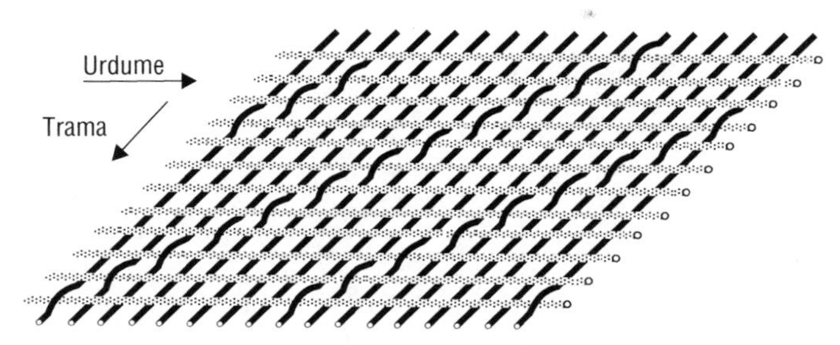

Figura 4.8 Desenho esquemático de um tecido cetim 8HS (*harness satin*).

Nenhuma diagonal é formada pronunciadamente porque os pontos de interseção são espaçados de tal forma que nenhuma progressão regular é formada. Os compósitos se aproveitam desse comprimento relativamente longo dos fios para utilizar um comprimento efetivo maior. Há tipos de tela HS em que os cabos do urdume estão predominantemente na superfície do tecido, ou, contrariamente, os cabos da trama é que flutuam. A quase totalidade dos tecidos do tipo HS utilizados em compósitos pertence ao primeiro grupo. As posições dos cabos da trama podem também variar em um tecido HS, e diversas configurações podem ser obtidas. A Figura 4.9 mostra um exemplo de dois tipos de configurações para o tecido 8 HS. A variação na posição dos cabos da trama muda o ângulo da diagonal formada pelas sobrepassagens. Ângulos maiores da diagonal permitem um maior ajuste do tecido a superfícies de moldagem com curvaturas mais complexas.

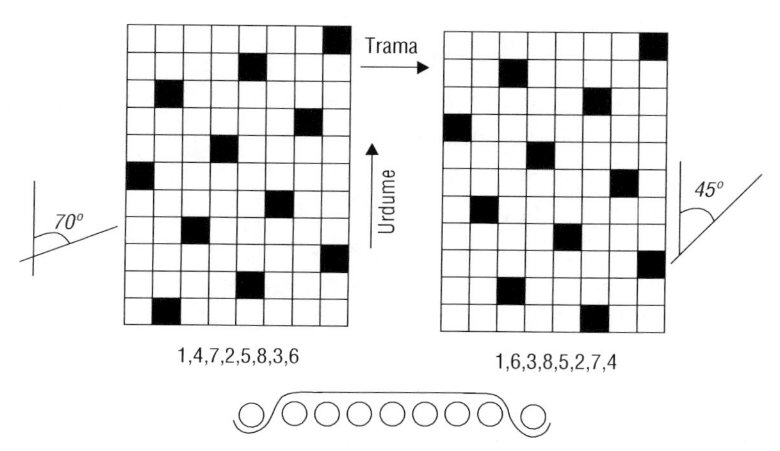

Figura 4.9 Padrões de tecido 8 HS regulares possíveis de serem obtidos pela variação da sobrepassagem do cabo da trama.

4.2.4 Tecido laço diagonal (*twill*)

Os tecidos laço diagonal são facilmente identificáveis, como o próprio nome o define, pelas linhas diagonais que a tela forma na superfície do tecido. Os cabos nesse tipo de tecido são usualmente bem empacotados e espaçados em sua largura exata e, dessa forma, se mantêm firmes na posição. Portanto, os tecidos diagonais são usualmente resistentes e duráveis, enquanto são também flexíveis e, portanto, têm boa conformação a superfícies. Os tecidos diagonais têm a estrutura compacta e, dependendo do tipo de construção da tela, apresentam boa resistência à abrasão e ao desgaste (BUHLER, 1948).

A tela mais simples de um tecido laço diagonal é criada pela sobrepassagem de dois cabos da trama sobre o urdume, um abaixo, dois acima novamente, e assim sucessivamente. Na próxima fileira, a sequência começa um cabo adiante, conforme mostra a Figura 4.10. Ocorre uma área na qual o cabo fica flutuante e um cabo cruza vários cabos na direção oposta.

Figura 4.10 Tecido do tipo diagonal mão direita.

As linhas criadas por esse padrão são denominadas ondulações. Quando o tecido se mantém na posição em que foi submetida a tecelagem, essas ondulações ou linhas diagonais parecem se estender, tanto da extremidade inferior esquerda até à extremidade superior direita, quanto da extremidade inferior direita até à extremidade superior esquerda. Se a diagonal corre da extremidade inferior esquerda até à superior direita, a tela é chamada de diagonal mão direita. Cerca de 85% de todos os tecidos diagonais são desse tipo. Quando, entretanto, a diagonal do tecido corre da extremidade direita inferior até à extremidade superior esquerda, a tela é denominada diagonal mão esquerda, ver Figura 4.11.

Todos os tecidos laço diagonal utilizam o mesmo princípio de cruzar mais de um cabo em uma progressão regular balanceada. As descrições desses tecidos podem ser feitas em termos do tipo de tela formada pelo número de cabos do urdume que atravessam os cabos da trama. A descrição desses tecidos ganha, então, a notação de 2/1, 2/2, 3/2, e assim por diante. O primeiro dígito refere-se ao número de cabos da trama que são atravessados superiormente pelo urdume, e o segundo dígito ao número de cabos da trama que o urdume passa inferiormente antes de retornar a cruzar o cabo da trama novamente. Quando o cruzamento é acima e abaixo do mesmo número de cabos, o tecido é chamado diagonal balanceado. Quando cabos do urdume passam acima do cabo da trama, e em número maior ou menor em relação a passar abaixo dela, a tela é denominada de tecido diagonal não balanceado.

Figura 4.11 Diagrama do tecido diagonal mão esquerda.

Outro tipo de tecido diagonal é denominado de tecido diagonal de mesma face. Esse tipo de tela tem o mesmo número de cabos na direção do urdume e da trama, como mostra a Figura 4.12 com a tela 2/2, que também pode ser manufaturado com tela 3/3. Esse tipo de tela inclui a sarja, um tipo de tecido bem popular para vestimenta.

Figura 4.12 Diagrama do tecido diagonal 2 x 2 mesma face mão direita.

Os tecidos diagonal face urdume têm predominância de cabos do urdume na superfície do tecido com telas de 2/1, 3/1, 3/2 e assim por diante, conforme exemplifica a Figura 4.13. Esse tipo de tecido dá origem aos conhecidos jeans e ao gabardine. Contrariamente ao tecido com face urdume, têm predominância de cabos da trama na superfície do tecido. São também fabricados em menor número, porque os cabos da trama têm menor resistência que os do urdume. Há tecidos diagonais em que a direção da diagonal é revertida para formar uma diagonal oposta, formando um série de V's. Esse tipo de tecido é conhecido como *Twill Herringbone*.

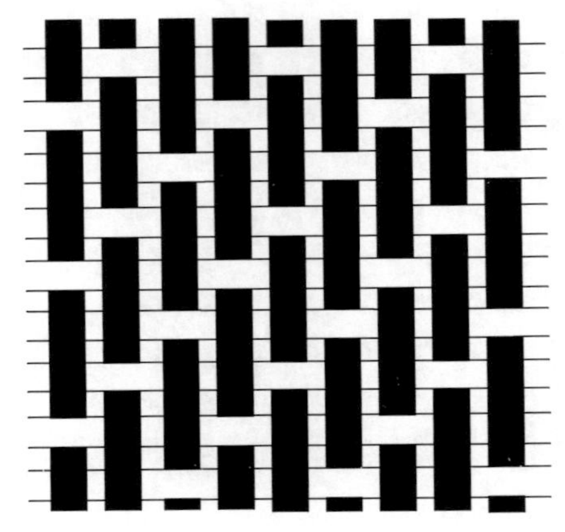

Figura 4.13 Diagrama do tecido diagonal face urdume mão direita.

A angulação que as diagonais do tecido laço diagonal fazem é importante na construção da malha do tecido. Quando a face desse tecido é examinada, as linhas diagonais das sobrepassagens poderão mover-se em um ângulo com maior ou menor inclinação. A inclinação desse ângulo vai depender de dois fatores na construção da tela: número de cabos no urdume por centímetro de tecido e do número de etapas entre movimentos de cabos quando se interlaçam, como mostra a Figura 4.14.

Quanto mais cabos do urdume na tela, maior a inclinação do ângulo, mantendo a mesma contagem na trama. Isto é devido ao fato de que os pontos de interlaçamento de cabos estão o mais próximos possível, e, desta forma, fazendo uma inclinação forte na direção do comprimento do tecido. Maior a inclinação do ângulo maior o empacotamento dos cabos do urdume, indicando assim uma boa resistência.

Geralmente, o interlaçamento de cabos em uma tela *twill* muda a cada cabo da trama. Há, entretanto, tecidos nos quais o interlaçamento de cabos muda a cada dois ou a cada três cabos da trama. O diagrama da Figura 4.14 mostra que, quanto menor a frequência de mudanças, maior inclinação terá a tela do tecido.

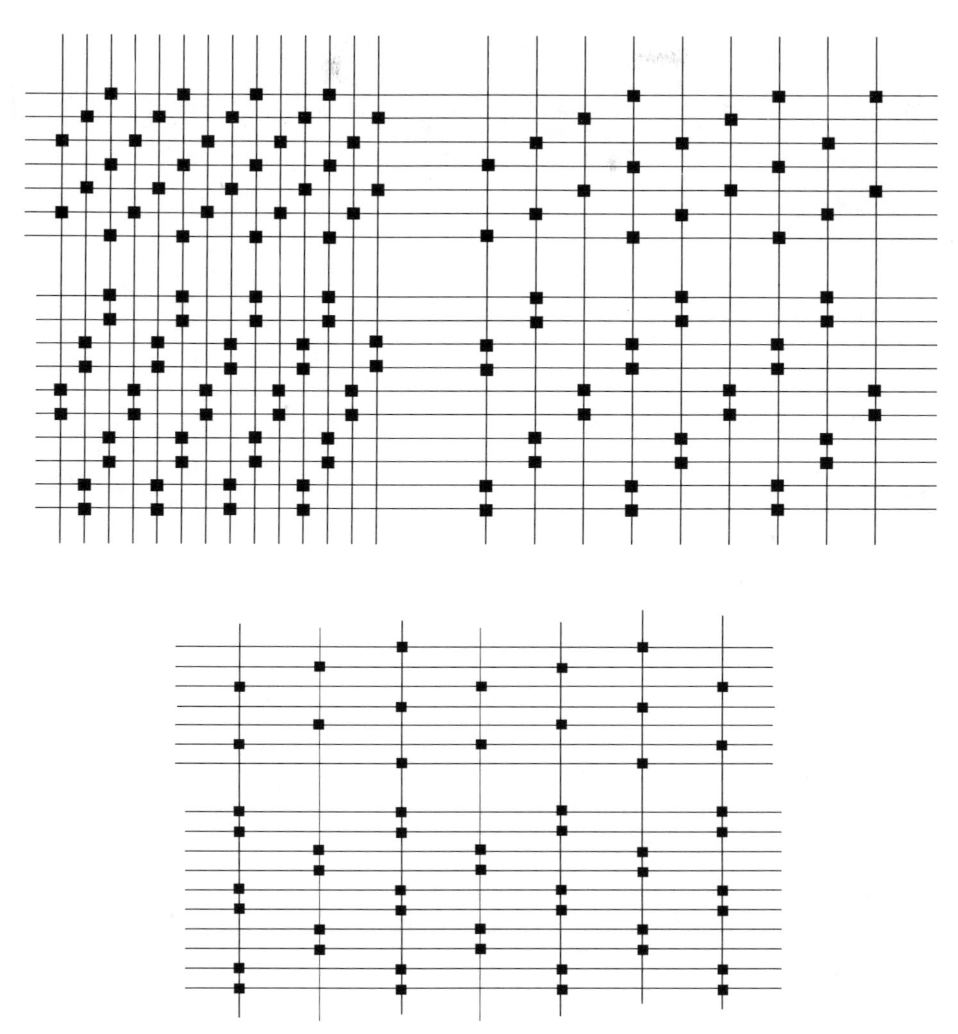

Figura 4.14 Diagrama da angulação do tecido laço diagonal (*twill*).

A Tabela 4.1 mostra um quadro comparativo da análise de valor das propriedades de tecidos planos para uso em compósitos estruturais. Os números correspondem a situações em que a propriedade é mais proeminente, nível 5, e menos proeminente, nível 1. Observa-se que os tecidos diagonais e cetim se destacam como telas mais adequadas para compósitos.

Tabela 4.1 Quadro comparativo de propriedades de tecidos para reforços de compósitos estruturais.

Propriedade	Plano	Diagonal	Cetim	*Basket*	*Leno*	*Mock leno*
Estabilidade	4	3	2	2	5	3
Conformação	2	4	5	3	1	2
Porosidade	3	4	5	2	1	3
Acabamento	2	3	5	2	1	2
Balanceamento	4	4	2	4	2	4
Simetria	5	3	1	3	1	4
Baixa ondulação	2	3	5	2	3	2
Total	22	25	25	18	14	20

4.2.5 Tecidos modificados e multidirecionais

Os compósitos manufaturados com tecidos bidirecionais, assim como compósitos manufaturados com camadas individuais de fibras unidirecionais, apresentam uma região interlaminar que não resiste a esforço de grande magnitude, tendo, portanto, baixa resistência ao cisalhamento interlaminar (<100 MPa).

Uma das formas encontradas para viabilizar um aumento de tenacidade à fratura interlaminar e a resistência ao cisalhamento interlaminar é fazer com que a superfície do tecido tenha uma *rugosidade* superficial inerente. Esse tipo de tela de tecido é obtido pela tecelagem de uma malha sanduíche tridirecional (3D), que após deixar o equipamento tem os cabos que entrelaçam das duas faces devidamente cortados, conforme mostra esquematicamente a Figura 4.15 (VERPOEST, 1993). O empilhamento das camadas individuais dá origem a uma preforma com as pontas de cabos em posição interlaminar, posicionadas na direção do urdume.

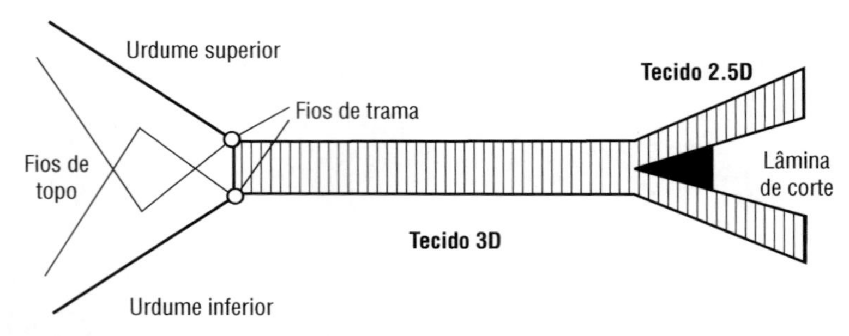

Figura 4.15 Diagrama esquemático do processo de manufatura de tecidos 2,5D (VERPOEST, 1993)

O objetivo do processo é, portanto, fazer com que as regiões entre as lâminas dos tecidos no compósito tenham pontas de cabos de fibras soltas. Essas pontas de cabos de fibras vão fazer com que o reforço tenha uma aparência similar a um veludo ou carpete, conforme mostra a Figura 4.16. Durante o processo de fratura, as pontas soltas dos cabos vão interligar duas camadas adjacentes fazendo com que uma energia adicional seja consumida para romper essas ligações. Esse tipo de reforço melhora a tenacidade à fratura interlaminar, mas não há aumento sensível nas propriedades perpendiculares ao plano da malha do tecido.

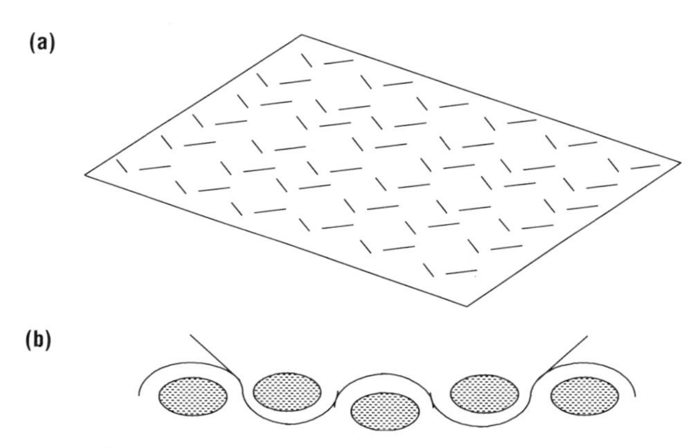

Figura 4.16 Vista axonométrica da superfície de um tecido 2,5D (a). Seção transversal do mesmo tecido na direção do urdume (b) (VERPOEST, 1993).

Os tecidos podem também apresentar cabos não ortogonais, como é o caso dos tecidos multiaxiais. Esses tecidos encontram aplicações em estruturas nas quais há necessidade de isotropia de propriedades no plano ou, mesmo, em que é necessária resistência em direções diagonais. Entre eles, os tecidos triaxiais, mostrados esquematicamente na Figura 4.17, são obtidos pela modificação do procedimento de tecelagem de duas maneiras: (a) um conjunto dos cabos do urdume pode ser interlaçado com dois conjuntos de cabos cruzados, ou (b) dois conjuntos de mechas do urdume interlaçam com um conjunto de cabos cruzados. O método (a), dois cabos no urdume com um cabo na trama, é de uso mais corriqueiro. Engrenagens especiais no tear manipulam os cabos de tal forma que um conjunto duplo de cabos (urdume ou trama) é disposto na direção diagonal, fazendo com que fiquem interlaçados. A maior vantagem dos tecidos triaxiais é a estabilidade quando sumetidos a esforço de tração, tanto na direção do urdume quanto da trama, ou nas diagonais. Esses tecidos foram inicialmente desenvolvidos para a indústria aeroespacial, em razão à sua estabilidade, mas encontram usos também em artigos esportivos, porque são resistentes ao rasgo, e em filtros industriais. São possíveis em uma tela a variação do tipo de fibra de reforço e o tex do cabo. Durante a manufatura, é também possível o controle do grau de empacotamento dos cabos.

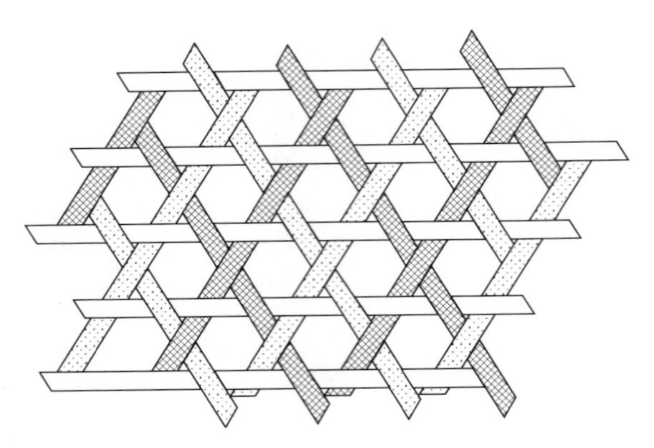

Figura 4.17 Diagrama de um tecidos triaxial.

Antigos processos de tecelagem, como, por exemplo, o *tricot*, são hoje objeto de intenso estudo visando a utilização desse tipo de tecnologia para obtenção de reforços para compósitos (VERPOEST et al., 1997). O processo de tricotagem pode ser realizado em teares similares aos utilizados na produção de meias, cortinas etc. Há diversos processos de tricotagem que podem ser utilizados na obtenção de reforços para compósitos. No método de *tricot*-trama, cujo desenho esquemático é mostrado na Figura 4.18a, um único filamento é inserido no equipamento. Esse filamento forma laços (*loops*) por movimentos consecutivos e separados de agulhas. Dessa forma, o tecido tricotado cria cada fileira na direção tranversal, e colunas na direção longitudinal. No processo de tricotagem que dá origem ao *tricot*-urdume, um maior número de fios é utilizado no equipamento, e todos os fios fazem o mesmo laço, conforme mostra a Figura 4.18b. A Figura 4.19 mostra uma micrografia de um tecido tricotado equivalente à Figura 4.18a. Os tecidos tricotados como os mostrados têm baixa deformação na direção do urdume (U) e são bastante flexíveis na direção da trama (T).

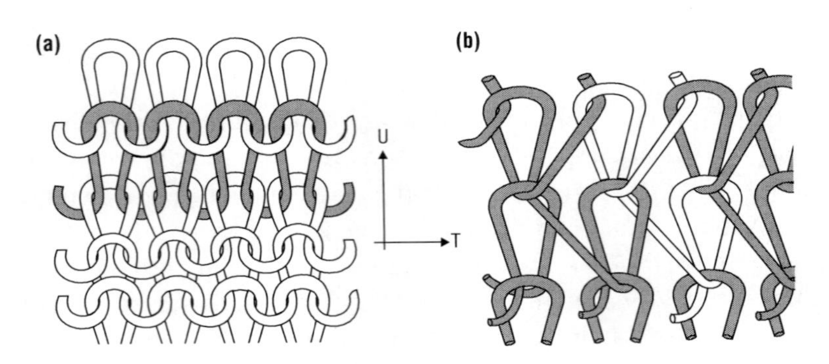

Figura 4.18 Tipos de tecidos tricotados: (a) *tricot* trama, (b) *tricot*-urdume.

Figura 4.19 Vista do plano de um tecido tricotado equivalente à Figura 4.18a.

Os projetistas da área de compósitos não acreditavam, a princípio, que estruturas tricotadas obtidas com fibras, que apresentavam instabilidade e permitiam alta capacidade de deformação fossem de utilidade como materiais de reforço para compósitos (VERPOEST et al., 1997). Esse era um argumento intuitivo que sempre se soprepunha quando resultados de propriedades mecânicas de compósitos obtidos com tecidos tricotados eram apresentados. Entretanto, se a matriz é suficientemente rígida para imobilizar as fibras, estas terão capacidade operacional como reforço.

A curvatura que os cabos, ou filamentos, fazem quando da manufatura de tecidos tricotados vai resultar em compósitos, cujas propriedades mecânicas nunca vão exceder àquelas de compósitos quasi-isotrópicos. Além disso, os laços podem provocar quebra de fibras durante a manufatura do tecido e, portanto, era esperado que as propriedades (rigidez e resistência) no plano fossem situadas entre as propriedades de tecidos convencionais e estruturas trançadas, por um lado, e entre as propriedades de mantas de fibras contínuas ou picadas, de outro lado. É importante avaliar o quanto um filamento, ou cabo de filamentos, pode ser submetido a dobramento sem fratura durante a manufatura do tecido. A curvatura ou raio de flexão de valor mínimo que um filamento suporta pode ser estimado pela equação:

$$r_b = \frac{d_f}{2\varepsilon_{max}}$$

onde d_f é o diâmetro e ε_{max} é a deformação máxima do filamento. Valores de ~1 mm para fibras de vidro e ~2,5 mm para as fibras de carbono são típicos.

A natureza altamente deformável dos tecidos tricotados superou as expectativas e possibilitou obter compósitos com contornos complexos e excelente tenacidade à fratura interlaminar e, por consequência, boa tolerância a danos.

4.3 ESTRUTURAS DE REFORÇO MULTIAXIAIS (PREFORMAS)

4.3.1 Introdução

Desde o surgimento dos compósitos na década de 1940 que a forma mais usual de manufaturados utilizada era o empilhamento de camadas individuais de tecidos bidirecionais ou camadas unidirecionais com orientação definida, e empilhamento de mantas de fibras picadas. Entretanto, o material sempre apresentou uma limitação que comprometia sua utilização em estruturas de maior responsabilidade estrutural, fazendo com que o modo de falha mais comum fosse sempre associado à fratura interlaminar, ou delaminação entre as camadas. Esse tipo de fratura ocorre mesmo a baixo carregamento mecânico, comprometendo assim a integridade estrutural do componente, e, portanto, restringindo as aplicações de compósitos.

A solução para suplantar essa deficiência foi obtida pela disposição de parte do reforço de fibras em direções fora do plano, obtendo-se dessa forma uma estrutura constituída de fibras em multidireções.

Os compósitos poliméricos possuem baixos valores de tenacidade à fratura interlaminar. Por exemplo, valores de G_{1C} próximos a 150 J/m^2 são típicos para compósitos unidirecionais com matriz epóxi, e ~300 J/m^2 para compósitos com matriz de resina bismaleimida (GRADY, 1993). Esse fato sempre fez com que os projetistas hesitassem na utilização desses materiais em estruturas que necessitassem ser submetidas a algum tipo de carregamento mecânico.

Os esforços empreendidos para promover um aumento no valor da tenacidade à fratura interlaminar sempre se concentraram em duas opções básicas:

- Incorporação de aditivos tenacificantes a matrizes de fratura frágil.
- Utilização de matrizes com maiores valores de tenacidade à fratura, ou seja, polímeros termoplásticos.

A incorporação de aditivos tenacificantes em matrizes epóxi, como, por exemplo, as borrachas líquidas de copolímeros de butadieno-acrilonitrila terminadas em carboxila (CTBN) ou terminadas em amina (ATBN), ou mesmo incorporação de diluentes reativos, como, por exemplo, o fenil-glicidil-éter (PGE), possibilitaram que os valores de G_{1C} de compósitos manufaturados com essas formulações pudessem atingir 200 – 250 J/m^2 (RIEW; GILLHAM, 1984). Entretanto, somente compósitos com matrizes termoplásticas atingiram valores de G_{1C} superiores a 1 kJ/m^2, embora estas apresentem problemas quanto ao processamento e custo relativamente superior às resinas termorrígidas. Estes valores são ainda de baixa magnitude quando se consideram as tensões de carregamento envolvidas em projetos estruturais.

No final da década de 1950, o advento dos compósitos de carbono reforçado com fibras de carbono (CRFC), formados a partir de uma matriz carbonosa e fibras de carbono, veio colaborar para que o problema da baixa tenacidade à fratura interlaminar, inerente aos compósitos, tivesse uma solução mais definitiva (McENANEY; MAYS, 1993). Os compósitos CRFC, com reforço bidirecional ou unidirecional, têm resistência ao cisalhamento da ordem de 10 MPa, e não há o que fazer no sentido de que a matriz de carbono possa ser modificada para possibilitar um aumento na tenacidade à fratura. Matrizes carbonosas têm G_{IC} na faixa de 50 – 100 J/m^2, valor este significativamente baixo para resistir tanto aos esforços termomecânicos a que o material é submetido durante o serviço, quanto às tensões térmicas geradas pelos ciclos de processamento (tratamento térmico). Nesse particular, estruturas como as gargantas de tubeiras de foguete, como mostra esquematicamente a Figura 4.20, são um exemplo clássico em que ocorrem, como mostrado na região de menor área, altos gradientes de tensões térmicas (McENANEY; MAYS, 1993; BROOKSTEIN, 1991). Se esses componentes forem manufaturados pelo empilhamento de camadas de tecidos de fibras de carbono, será inevitável que ocorra descolamento das camadas.

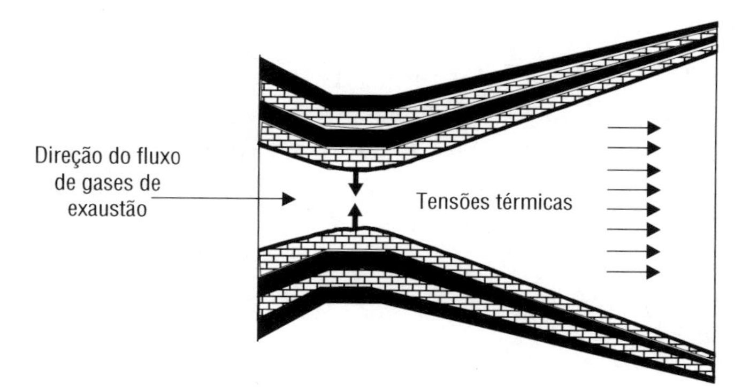

Figura 4.20 Representação esquemática da região de uma garganta de tubeira de foguete. Áreas escuras representam o tecido de fibras de carbono, e as áreas hachuradas representam a matriz carbonosa.

Esse fato fez com que todo o esforço de pesquisa fosse direcionado para uma solução tecnológica que fizesse com que as fibras de reforço fossem também dispostas em direções outras que não só o plano das camadas, sem, entretanto, penalizar as propriedades nesse plano. Essa nova arquitetura de fibras deu origem a estruturas com reforço multidirecional, as chamadas preformas (KLEIN, 1986; KO, 1989).

As preformas (do termo inglês *preform*) são definidas aqui genericamente como uma estrutura de fibras de reforço não impregnadas e prontas para moldagem, tendo uma orientação de fibras definida ou aleatória e com uma geometria predefinida e adequada ao processamento do compósito. Esse conceito de reforço abriu novas perspectivas aos compósitos, fazendo com que aplicações de maior responsabilidade estrutural fossem sendo testadas. O grande empenho empreendido na obtenção de preformas multidirecionais para compósitos CRFC foi a força motriz do desenvolvimento de estruturas multidirecionais, cujos benefícios se estenderam a todos os demais tipos de compósitos.

4.3.2 Generalidades

O arranjo multidirecional de fibras de reforço permite, por meio de um balanço adequado de orientação e interconexão de cabos de fibras de reforço, a manufatura de compósitos com propriedades praticamente isotrópicas. O posicionamento de fibras em direções múltiplas permite aumento na tenacidade à fratura, em virtude do mecanismo de fratura que permite bloqueio de propagação e arrasto de trincas, e também em virtude de outros processos que consomem energia durante a fratura. Como resultado, o compósito manufaturado com preformas multidirecionais exibe maior tenacidade à fratura em relação a compósitos manufaturados pelo simples empilhamento de camadas de reforço (KO, 1989; COX; FLANAGAN, 1997). As preformas, de uma maneira geral, são obtidas em dimensões próximas à do componente a ser manufaturado, evitando assim custos adicionais de usinagem.

As preformas podem ser descritas pelo tipo de fibra utilizada em sua manufatura, pelo número de filamentos em um determinado cabo, pelo tex (g/1.000 m) do cabo de fibras, pelo espaçamento entre cabos de fibras, pela fração volumétrica de fibras em cada direção, pelo formato e geometria de tecelagem e pela massa específica aparente. Exemplos clássicos de arquiteturas de preformas são mostrados na Figura 4.21.

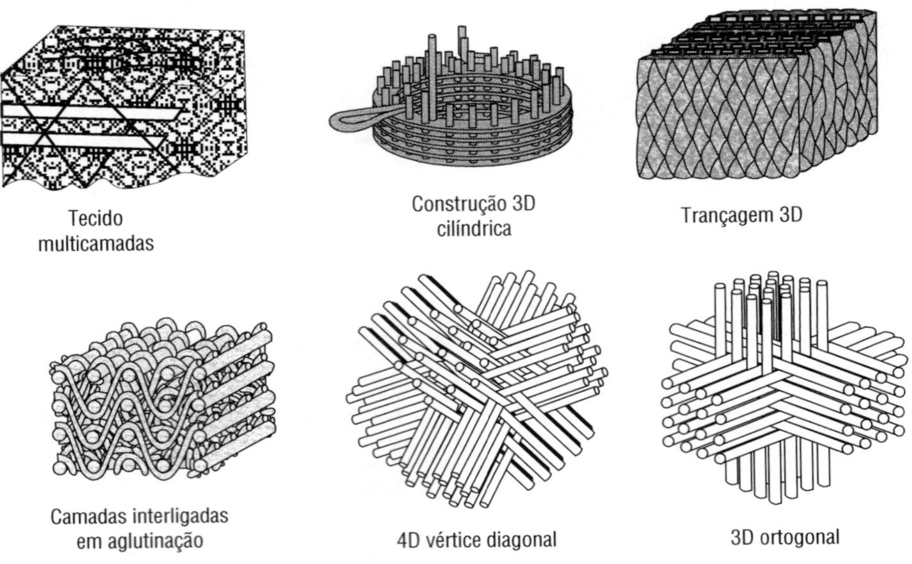

Figura 4.21 Exemplos típicos de preformas utilizadas na manufatura de compósitos estruturais.

Embora a questão principal que sempre dominou o desenvolvimento da tecnologia de preformas para compósitos fosse a necessidade de aumentar a resistência interlaminar, outra vertente de pesquisa teve origem no sentido de avaliar o quanto um aumento na resistência ao cisalhamento iria significar na alteração de propriedades mecânicas em outras direções do compósito.

Os critérios mais importantes para a seleção de uma determinada arquitetura de fibras para compósitos são os seguintes (KO, 1989):

a) Reforço multiaxial em relação ao plano.
b) Reforço através da espessura do componente.
c) Condição de tomar forma e/ou manufatura próxima à geometria final.

Numerosas modificações podem ser obtidas pelo interlaçamento/entrelaçamento de fibras, que vão originar uma multiplicidade de formas e resultar compósitos (KO, 1989; McALLISTER; LACHMAN, 1983, MOHAMED, 1990). A tenacidade à fratura de compósitos obtidos com preformas multidirecionais vai depender basicamente da direção das fibras em um plano particular de crescimento de trinca. O processo de bloqueio de propagação de trincas em compósitos, como, por exemplo, a delaminação, o descolamento de fibras e outros processos que consomem energia durante a fratura, confere ao produto tolerância a danos e um modo de falha denominado de pseudoplástico, exibindo assim maior tenacidade à fratura em relação aos compósitos manufaturados com reforços uni e bidirecionais (McALLISTER, 1987).

4.3.3 Preformas costuradas

As primeiras soluções utilizadas se concentraram em costurar as camadas individuais com orientação predefinida, conforme mostra esquematicamente a Figura 4.22. Esse processo se baseia na inserção de filamentos de fibras individuais através da espessura das camadas de reforço distintas, criando um vínculo entre elas.

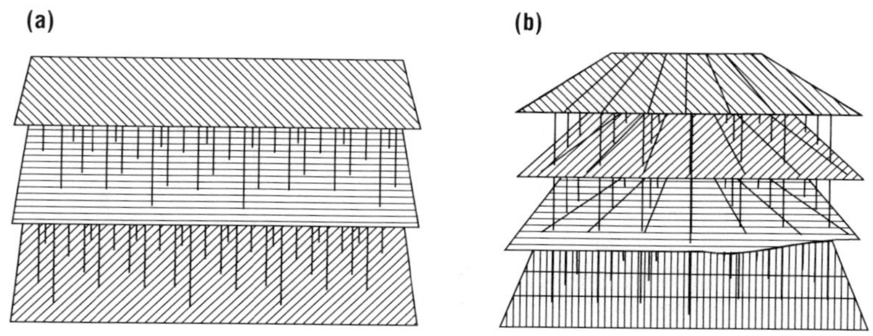

Figura 4.22 Preformas costuradas biaxial (a) e quadriaxial (b).

Uma variação de inserção de fibras através da espessura do reforço é obtida pela utilização de cabos de fibras. A Figura 4.23 mostra dois métodos convencionais, costura tipo trava (*lock*) modificada e costura do tipo corrente (*chain*) (COX; FLANAGAN, 1997). A costura tipo corrente utiliza somente um cabo, enquanto a costura do tipo trava necessita de bobinas e cabos separados. Os parâmetros de costura, que são passíveis de controle, incluem o passo entre as costuras, o espaçamento entre linhas paralelas, o material de costura e o tex do cabo de costura. Obviamente, os cabos vão proporcionar uma resistência interlaminar maior que os filamentos individuais, embora a inserção de filamentos individuais possa ser mais homogênea e a inserção de cabos possa apresentar maior dificuldade. A utilização de fibras individuais ou cabos destas permite também fazer com que a preforma tenha uma espessura próxima à da peça final, evitando assim que seja aplicada compressão mecânica durante a moldagem, que pode danificar o reforço.

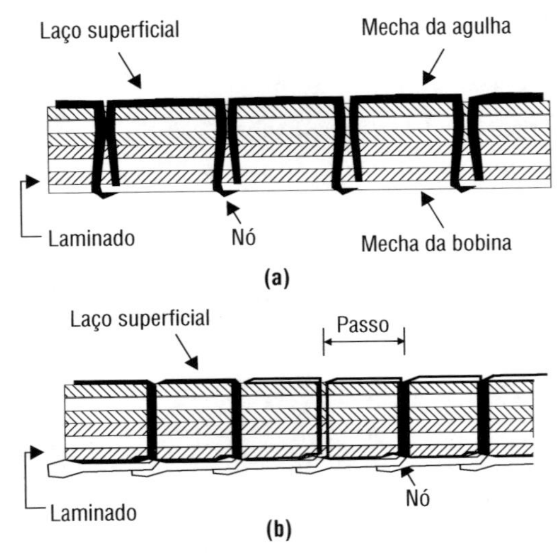

Figura 4.23 Tipos de costura utilizada para reforço em preformas: (a) costura tipo trava (*lock*) modificada; (b) costura tipo corrente (*chain*) (COX; FLANAGAN, 1997).

A orientação e posição das camadas podem variar e, dessa forma, as propriedades no plano para os materiais fabricados com essas preformas são similares às dos compósitos unidirecionais. Além disso, em virtude do fato de que as camadas individuais no plano são unidirecionais, as propriedades no plano podem ser ~30% superiores às propriedades de tecidos equivalentes, porque os cabos de fibras não apresentam a ondulação inerente. Em grande parte das aplicações, os requisitos de resistência interlaminar e tolerância a danos serão satisfeitos com menos de

~2%/volume de fibras na forma de costura perpendicular ao plano. Além disso, são consideráveis as variações no número de pontos de costura por área que podem ser obtidas, e a tecnologia existente muitas vezes excede os requisitos necessários, não sacrificando assim as propriedades no plano (FANTINO, 1997; DU; KO, 1996).

A costura é normalmente realizada em equipamentos especialmente projetados para essa finalidade. Um exemplo desse tipo de equipamento é denominado camada multiaxial tricotada no urdume (WIMAG), cujo desenho esquemático é mostrado na Figura 4.24 (DEXTER; HASKO, 1996; EFSTRATIOU, 1994). Equipamentos desse tipo são fornecidos pelas empresas alemãs Liba, Malimo e Mayer. A orientação de fibras nesses equipamentos pode ser livremente ajustada. Além disso, camadas de fibras com orientação aleatória podem ser adicionadas para formação da preforma (Du; KO, 1996).

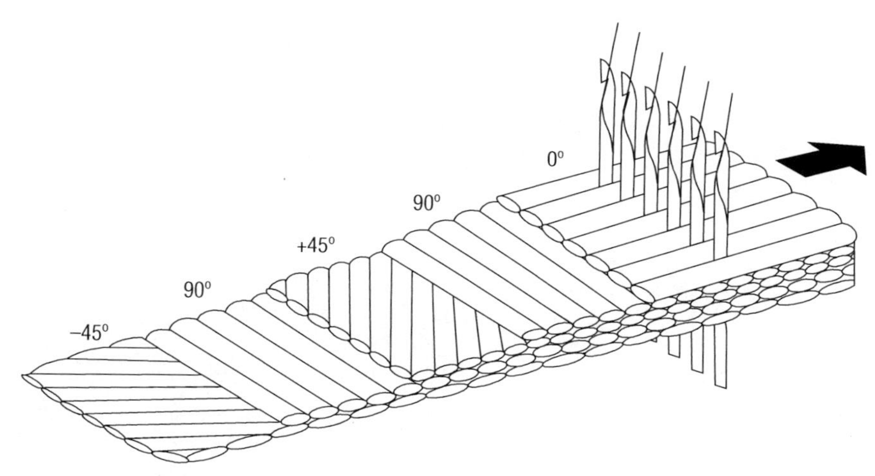

Figura 4.24 Construção de uma preforma multiaxial costurada na direção do urdume (WIMAG) (DU; KO, 1996).

A técnica de manufatura de tecidos tricotados planos também permite a obtenção de preformas pela adição de cabos no urdume, na trama e em direções diagonais. Preformas desse tipo são mostradas na Figura 4.25 (WU; KO, 1996). Em teoria, essas preformas podem ser obtidas na quantidade de camadas desejadas. Entretanto, para assegurar integridade estrutural a elas é necessário que os cabos na posição 0° estejam em suas posições internas. As preformas multiaxiais tricotadas diferem dos tecidos triaxiais pelo fato de os cabos de fibras não se entrecruzarem. Os cabos nas direções principais têm obviamente um tex maior que os utilizados para a operação de tricotagem.

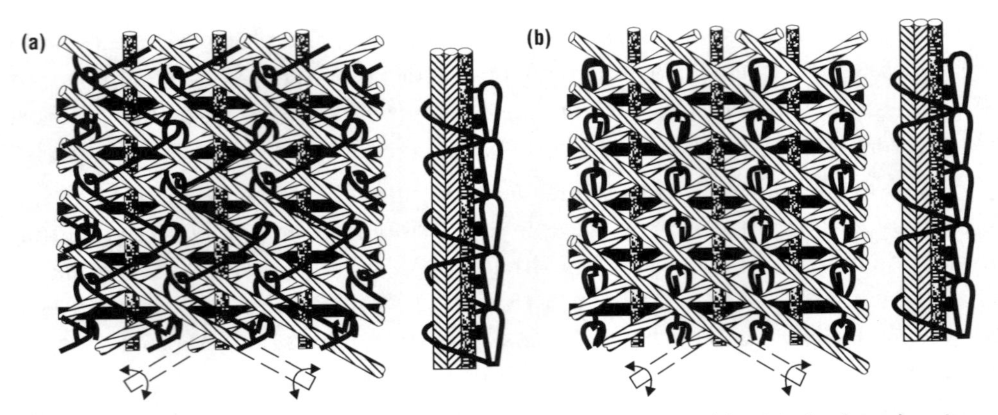

Figura 4.25 Preformas multiaxiais do tipo *tricot*-urdume inserto-trama (a) e *tricot*-urdume inserto-urdume (b) (WU; KO, 1996).

A Figura 4.26 mostra esquematicamente o equipamento utilizado para a obtenção de preformas multiaxiais, como a mostrada na Figura 4.24. Um dos fabricantes desse tipo de equipamento é a empresa alemã Liba Maschinenfabrik GmbH.

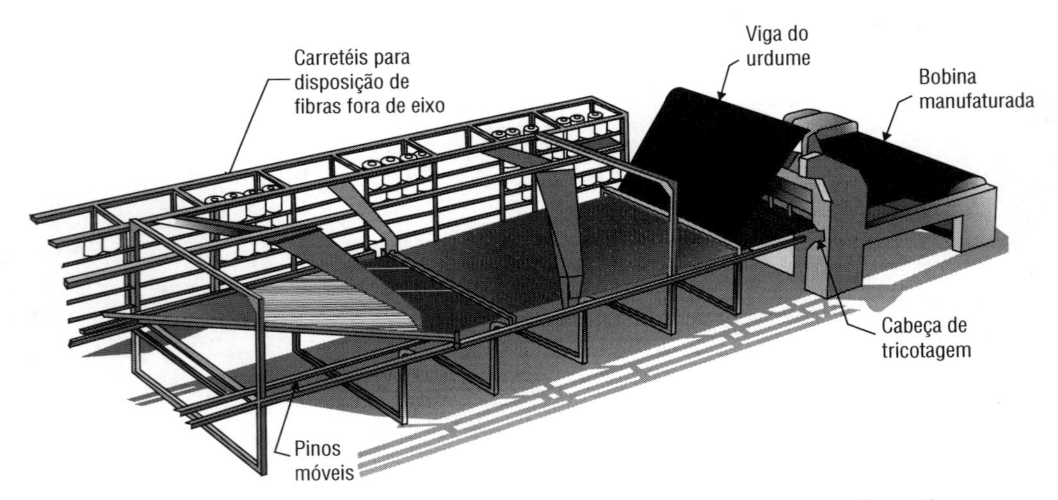

Figura 4.26 Desenho esquemático do equipamento Liba de obtenção de preformas *tricot*-urdume.

4.3.4 Preformas trançadas

A trançagem é basicamente um processo de entrelaçamento de fibras múltiplas para criar uma peça única de produto. As estruturas trançadas podem ser espessas, ocas, sólidas ou com seção transversal irregular. Podem também ser obtidas em formato 3D. Portanto, apresentam uma variedade imensa de elementos que podem ser utilizados como reforço para compósitos.

Em sua forma mais comum de produção, o trançado circular é obtido em uma geometria de formato circular. Os cabos de fibras a serem trançados são bobinados em carretéis individuais. Essas fibras, por sua vez, são dispostas em um carrossel, que, fixado ao anel do equipamento, permite o controle de alimentação dos cabos de fibras por meio de mecanismos de tensionamento. O carrossel atravessa o anel de trançagem em uma trilha com formato de S, conforme mostra esquematicamente a Figura 4.27, sendo que metade dos carretéis move-se no sentido anti-horário e a outra metade no sentido horário. Dessa forma, as fibras alternam entre si posições acima e abaixo, de modo a obter um trançado circular biaxial, formando uma estrutura tubular ao longo de um mandril, conforme mostra esquematicamente a Figura 4.28. A velocidade na qual os carretéis atravessam o percurso do anel e a velocidade com que o mandril se move determinam o ângulo diagonal helicoidal formado pelos cabos em relação ao eixo principal longitudinal. Além disso, cabos de fibras axiais (paralelas ao eixo do mandril) podem ser inseridos de tal forma que possa ser formada uma trança triaxial. Esses cabos de fibras são alimentados por carretéis fixos montados na parte posterior ao anel da trançadeira, e são inseridos entre as trilhas. Dessa forma, os cabos de fibras diagonais atravessam e capturam as fibras axiais dispostas no mandril. Os trançados biaxiais são utilizados porque podem ser removidos do mandril e, subsequentemente, conformados em outro formato tubular mais complexo.

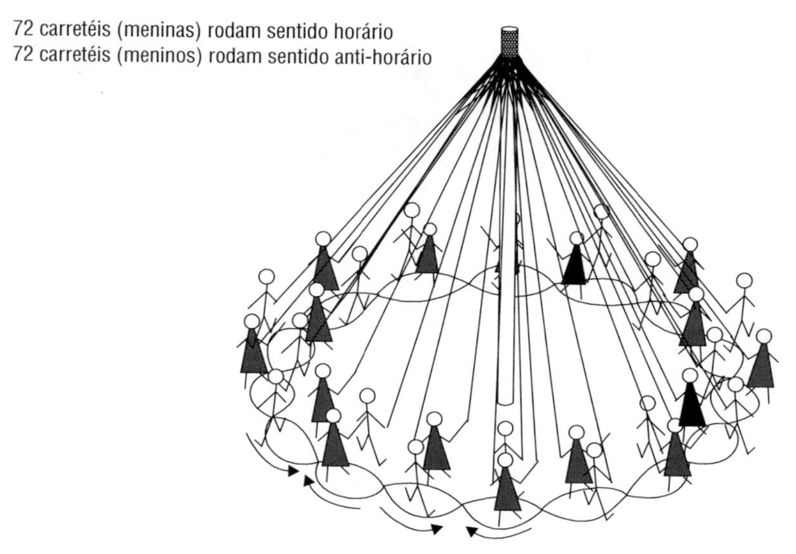

Figura 4.27 Representação do processo de trançagem circular.

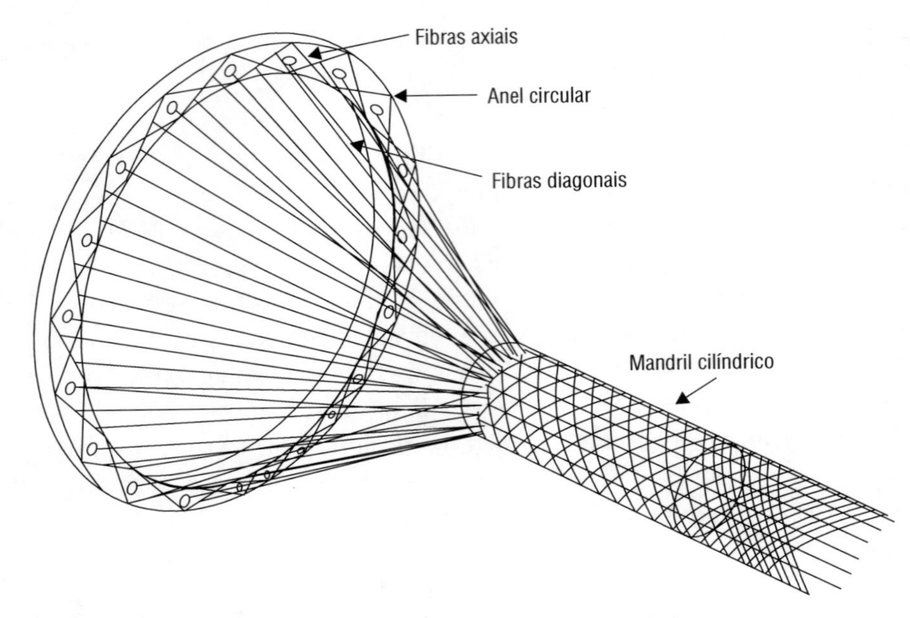

Figura 4.28 Representação esquemática de processo de trançagem tubular.

Trançados sólidos podem ser formados pelo entrelaçamento total de cabos de reforço, conforme mostra esquematicamente a Figura 4.29, obtendo-se, dessa forma, uma estrutura absolutamente estável, na qual cada cabo de fibras faz uma interseção com outro cabo de fibras, de maneira similar ao tecido plano.

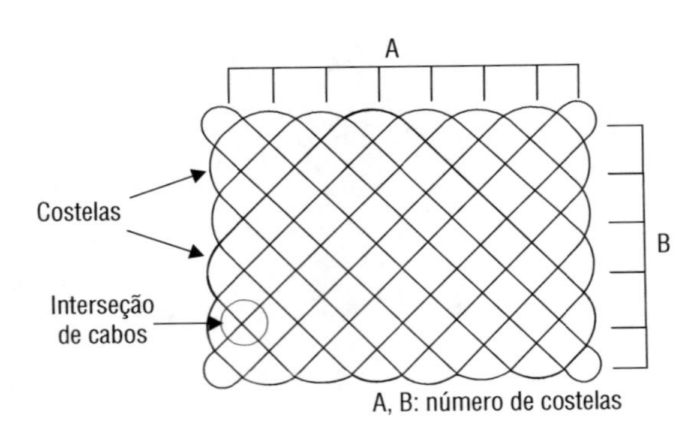

Figura 4.29 Diagrama esquemático de trançado total.

Os trançados também podem ser obtidos pela mistura de cabos de fibras de diferentes origens, como mostra esquematicamente a Figura 4.30, dando origem a trançados híbridos. As variações de reforço e a arquitetura em que são dispostos são imensas. A Figura 4.30 mostra ainda que se pode variar o número de cabos axiais e o tex do cabo, conferindo diferentes tipos de configurações ao trançado.

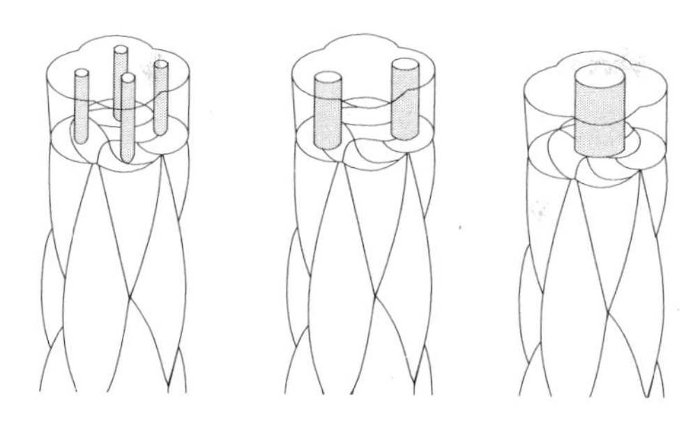

Figura 4.30 Diagrama esquemático de tranças circulares híbridas.

4.3.5 Preformas multidirecionais

As preformas multidirecionais são de grande utilidade quando as tensões térmicas estão presentes durante a operação em serviço ou durante o processamento de um determinado componente, como, por exemplo, durante o tratamento térmico de compósitos cerâmicos. As preformas multidirecionais diferem das preformas obtidas na forma de tecidos planos costurados pelo fato de poderem ser obtidas na forma de blocos maciços de dimensões geométricas consideráveis.

Tanto as estruturas com requisitos termoestruturais severos quanto as que necessitam de maior isotropia de propriedades podem ser manufaturadas com preformas multidirecionais. Nessa classe se agrupam as preformas tridirecionais (3D) ortogonais e circunferenciais, preformas tetradirecionais (4D), e preformas com até 11 direções distintas. Esse tipo de preforma é normalmente obtida por meio de cabos de fibras que são aglutinados pela utilização do processo de pultrusão, que será objeto de discussão no Capítulo 6, dando origem a varetas com orientação de fibras unidirecional e seção transversal definida. É necessário projetar uma preforma específica adequada a uma determinada geometria de um componente a ser moldado, considerando-se os requisitos de propriedades mecânicas finais desejadas (McALLISTER; LACHMAN, 1983).

A Figura 4.31 mostra exemplos típicos de preformas 3D ortogonais. Admitindo-se uma mesma fração volumétrica de fibras, quanto maior o número de cabos em uma determinada vareta maior seu diâmetro. Entretanto, a fração volumétrica de fibras pode ser controlada. Portanto, existe uma infinidade de possibilidades de manufatura de arquiteturas de preformas em suas mais diversas configurações. Para exemplificar, a Tabela 4.2 mostra as características para preformas 3D manufaturadas com dois tipos de fibras de carbono derivadas de mesofase de piche da empresa Cytec Inc., Thornel 50 e Thornel 75. As massas específicas aparentes das preformas estão na faixa de 0,65 a 0,70 g/cm^3, e as frações volumétricas de fibras na faixa de 0,09 até 0,14 (NGAI, 1991).

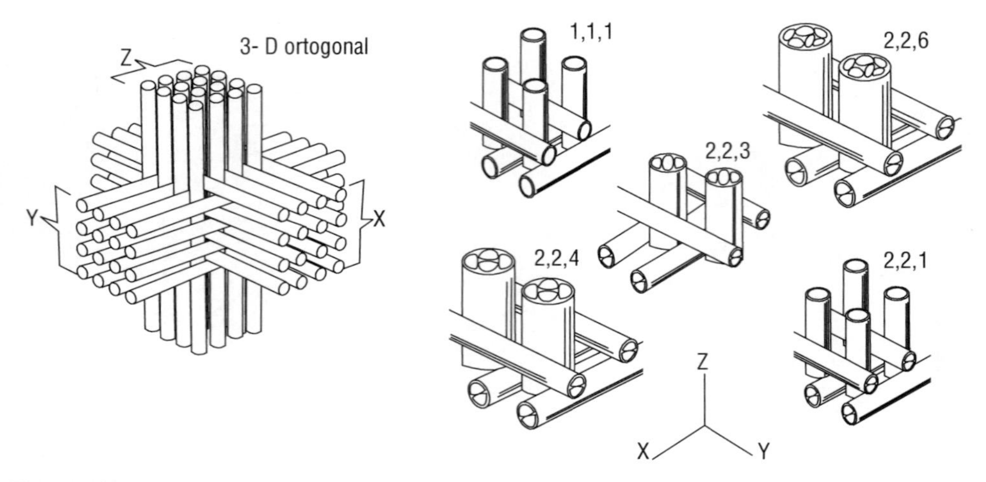

Figura 4.31 Exemplo de preformas 3D ortogonais manufaturadas com varetas tendo diferentes números de cabos de fibras (NGAI, 1991).

Tabela 4.2 Preformas 3D ortogonais manufaturadas com fibras de carbono (NGAI, 1991).

	Massa específica	**Número de cabos**			**Espaçamento entre cabos (mm)***		**Volume de fibras (%)****	
Material	**(g/cm³)**	**x**	**y**	**z**	**x, y**	**z**	**x**	**Y**
Thornel 50	0,64	1	1	1	0,56	0,58	0,14	0,14
	0,68	2	2	1	1,02	0,58	0,14	0,14
Thornel 75	0,65	2	2	1	0,84	0,58	0,12	0,12
	0,70	1	1	2	0,56	0,58	0,09	0,09

* centro a centro,

** fração volumétrica de fibras em cada direção ortogonal, Thornel 50 (σ = 1,90 GPa, E = 380 GPa), Thornel 75 (σ = 2,1 GPa, E = 520 GPa).

As preformas 3D podem apresentar isotropia de propriedades nos eixos x, y, z, como mostrado na Figura 4.31, somente se as frações volumétricas são idênticas nas três direções independentes. Preformas com propriedades mais isotrópicas em relação às preformas 3D são obtidas com reforço tetradirecional (4D). Há duas variantes em uso para esse tipo de preforma, a preforma do tipo 4D [Z, ± 60°, 0°], cujos ângulos são correspondentes às orientações das varetas, e as preformas 4D vértice-diagonais (também denominadas 4D piramidais), conforme mostra a Figura 4.32. As preformas 4D vértice-diagonais têm uma disposição de reforços mais equilibrada em relação às preformas 4D [Z, ±60°, 0°] e 3D ortogonais e circunferenciais, e, portanto, apresentam maior isotropia nas propriedades térmicas e mecânicas

(PARDINI, 1998). A preforma 4D vértice-diagonal é manufaturada com varetas dispostas nas diagonais de um cubo. O ângulo formado entre essas varetas é, portanto, de 70° 30'. A Figura 4.33 mostra o corte transversal no centro dessa preforma, em que se pode verificar que a célula unitária, constituída pelas quatro diagonais principais, se repete ao longo da geometria definida para o material (MAISTRE, 1976; PARDINI; VIEIRA, 1998). As seções transversais das varetas utilizadas nessas preformas podem ser tanto quadradas, circulares ou hexagonais, e os diâmetros normalmente utilizados são de 1 e 2 mm, embora outros diâmetros possam ser empregados. Essas preformas podem apresentar varetas com ou sem espaçamento, conforme exemplifica a Figura 4.34, e obviamente constituem também um método de controle de fração volumétrica de fibras.

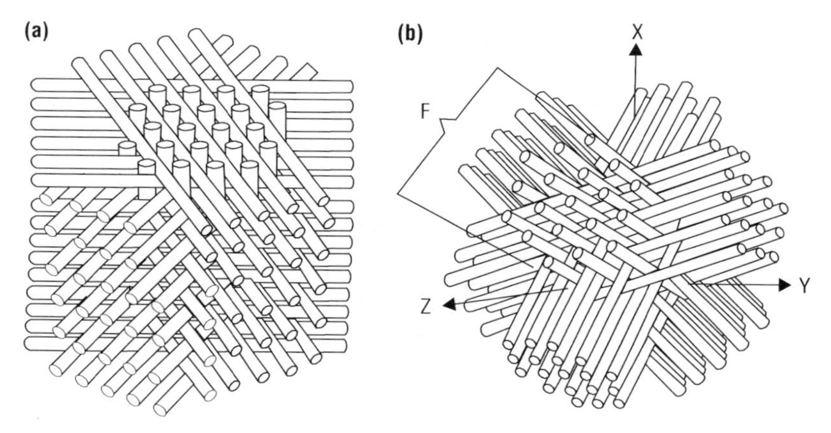

Figura 4.32 Preformas tetradirecionais (4D): (a) [4D [Z, ±60°, 0°], e (b) Vértice-diagonal (piramidal).

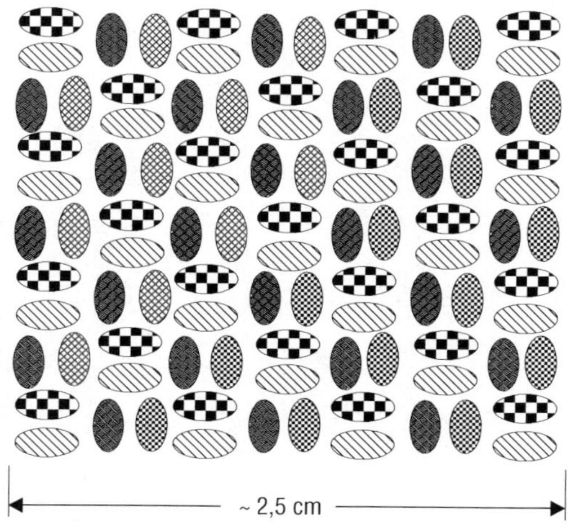

Figura 4.33 Desenho esquemático do corte transversal obtido no centro da preforma tetradirecional (4D) vértice-diagonal (Figura 4.32b), obtida com varetas circulares de 2 mm de diâmetro (MAISTRE, 1976).

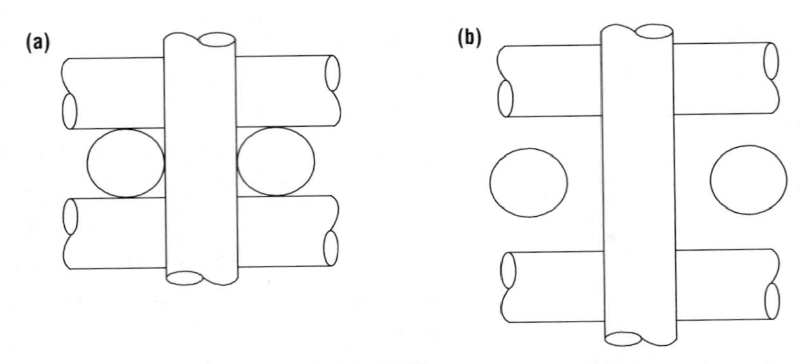

Figura 4.34 Geometria da célula unitária de uma preforma 3D ortogonal com e sem espaçamento entre varetas.

Durante o projeto de uma preforma, é necessário considerar alguns parâmetros fundamentais. Um metro de cabo, ou mecha, de fibras de carbono (ρ = 1,78 g/cm^3) com 3.000 filamentos pesa cerca de 0,195 g, e a massa específica aparente de uma vareta pultrudada unidirecional, com 60%/volume de fibras, e moldada com resina fenólica, por exemplo, é de ~1,55 g/cm^3.

Se considerarmos, por exemplo, as duas configurações de preformas mostradas na Figura 4.35, 3D ortogonal e 4D [Z, ±60°, 0°], ambas com varetas pultrudadas de 2 mm de diâmetro, e utilizarmos os parâmetros mencionados no parágrafo anterior, podemos calcular suas massas específicas aparentes e frações volumétricas de fibras, conforme mostram as Tabelas 4.3 e 4.4. O cálculo da fração volumétrica de varetas é efetuado segundo a equação (4.1):

$$\%\,\text{Volume}_{\text{varetas}} = \frac{\%\text{Massa}_{\text{fibras}} \cdot \rho_{\text{preforma}}}{\rho_{\text{varetas}}} \tag{4.1}$$

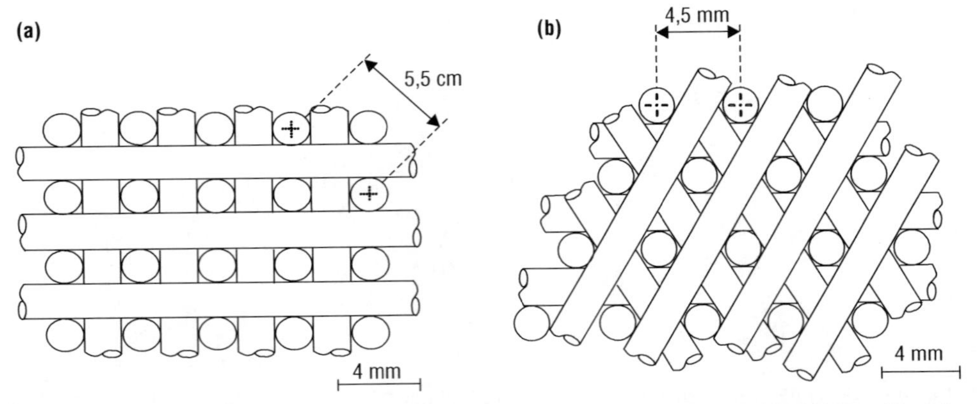

Figura 4.35 Preformas com configuração 2(Z): 2(Plano): (a) 3D ortogonal e (b) 4D [4D[Z, ± 60°, 0°].

Tabela 4.3 Porcentagens em peso, em volume e de vazios para as configurações de preforma 3D ortogonal.

Configuração	2 (Z): 2		2 (Z): 1		1 (Z): 2		1 (Z): 1	
Direção	Z	Plano	Z	Plano	Z	Plano	Z	Plano
Massa específica aparente (g/cm³)	0,76		1,13		0,96		1,51	
% Peso	36,0	64,0	42,5	57,5	31,0	69,0	36,0	64,0
% Volume	18	32	32	43	20	44	35	62
% Volume vazios	50		25		36		3	

Tabela 4.4 Porcentagens em peso, em volume e de vazios para as configurações de preforma 4D [Z, ±60°, 0°].

Configuração	2 (Z): 2		2 (Z): 1		1 (Z): 2		1 (Z): 1	
Direção	Z	Plano	Z	Plano	Z	Plano	Z	Plano
Massa específica aparente (g/cm³)	0,72		1,00		0,89		1,44	
% Peso	33	67	35	65	27	73	33	67
% Volume	16	32	23	43	16	43	32	64
% Volume vazios	52		34		41		4	

A utilização de varetas com o mesmo diâmetro dá origem a preformas 3D ortogonais e 4D [Z, ±60°, 0°] com a mesma porcentagem em volume de vazios, embora esta última apresente maior isotropia. A combinação de varetas com diferentes diâmetros produz preformas com porcentagem em volume de vazios dissimilares, prevalecendo uma maior porcentagem em volume de vazios para a preforma 4D [Z, ±60°, 0°].

Preformas com geometria complexa podem também ser obtidas conjugando dois processos distintos, conforme mostra a Figura 4.36. O processo consiste inicialmente em moldar um mandril no formato do componente que se deseja obter. O material do mandril é geralmente obtido em gesso ou material celular (espuma). No mandril, são inseridos pinos metálicos que vão conferir reforço radial à estrutura. A regularidade da disposição dos pinos altera a conformação da preforma. Esses pinos são substituídos posteriormente por varetas do mesmo reforço que compõe a estrutura da preforma. O processo de trançagem é posteriormente iniciado, formando uma estrutura entrelaçada com orientação próxima à 3D, com alta resistência ao cisalhamento interlaminar.

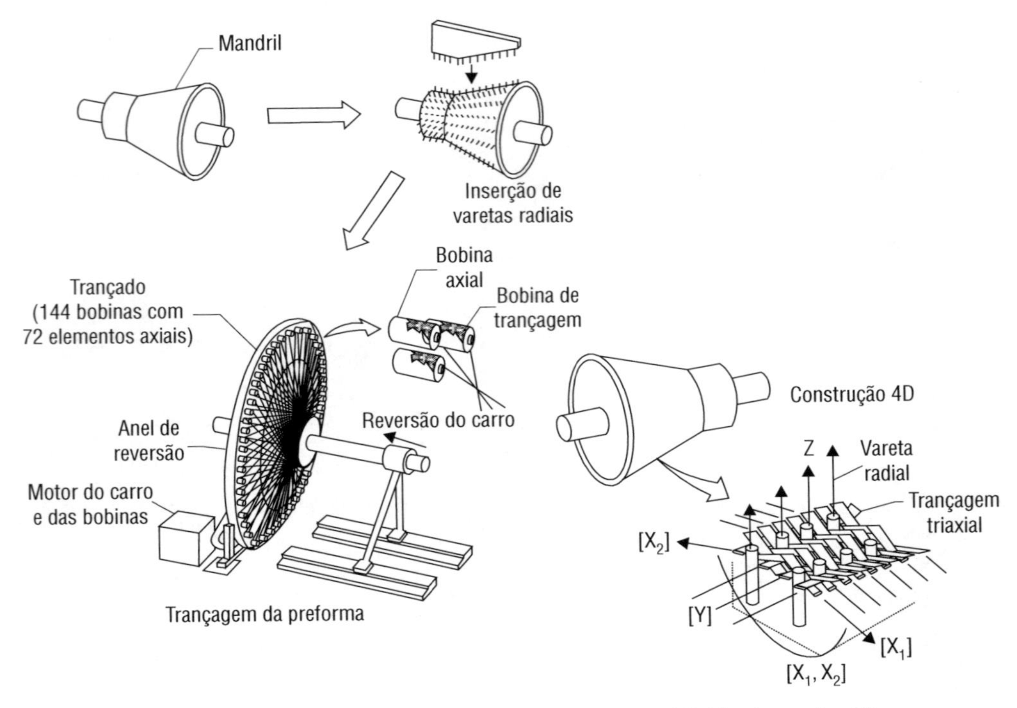

Figura 4.36 Processo de manufatura de preformas com estruturas híbridas trançadas 3D.

4.3.5 Preformas híbridas e agulhadas

As preformas híbridas são formadas pela utilização de reforços de natureza distinta, como, por exemplo, fibras de carbono e fibras de vidro, ou pela utilização de estruturas de fibras de diferentes configurações, como, por exemplo, tecidos e mantas. A utilização dessas combinações na manufatura de preformas visa tanto a otimização de propriedades quanto a redução de custo. A interligação entre as lâminas, ou camadas, de reforço pode tanto ser efetuada por costura, conforme descrito na seção 4.2.3, quanto por agulhamento. O agulhamento advém da tecnologia de obtenção de não tecidos, cujo exemplo clássico são os feltros. O agulhamento é realizado em um gabarito perfurado, no qual é disposto o reforço na forma de camadas empilhadas, conforme mostra esquematicamente a Figura 4.37. Uma base contendo as agulhas realiza o movimento de inserção destas nas camadas empilhadas por movimentos de batimento a uma determinada frequência. A intensidade da frequência com que esse movimento é repetido e o tipo de agulha utilizada vão determinar a massa específica aparente da preforma. Quanto maiores a frequência e o tempo de batimentos maior será a massa específica aparente obtida na preforma. Como o agulhamento permite interconectar camadas individuais da preforma, origina-se assim uma pseudo-orientação 3D, com melhoras significativas na resistência à delaminação e na tenacidade à fratura interlaminar.

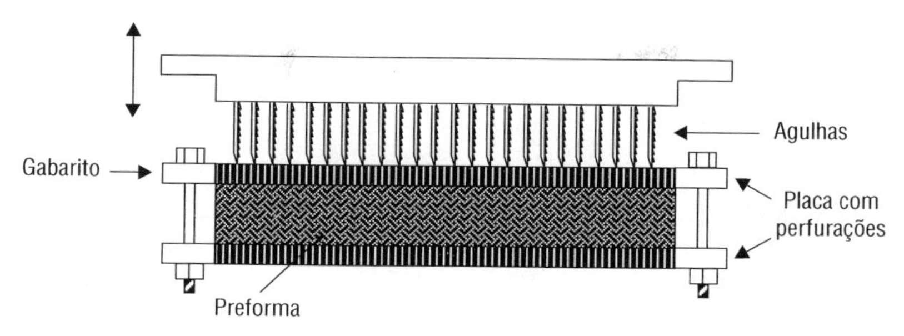

Figura 4.37 Vista esquemática do equipamento de agulhamento para obtenção de preformas.

Nem todas as fibras de reforço são susceptíveis de serem processadas por agulhamento, porque esse processo necessariamente implica na deformação das mesmas. Até o presente estágio de tecnologia na área, somente fibras de vidro e fibras de carbono apresentaram condições de serem processadas por agulhamento. Veidt (1997) mostrou que tecidos de fibras de vidro submetidos a agulhamento aumentam a tenacidade à fratura interlaminar (G_{IC}) de compósitos obtidos com resina epóxi, em relação a compósitos manufaturados com o mesmo tecido sem agulhamento, sem contudo alterar significativamente propriedades no plano.

As fibras de carbono, por sua vez, apresentam uma particularidade. Esses materiais são frágeis para resistir aos impactos e tensões do processo de agulhamento e, no presente estágio de desenvolvimento, o agulhamento obtido com fibras de carbono diretamente não é exequível. Entretanto, há possibilidade de obtenção de tecidos de fibras de carbono agulhados, tendo como ponto de partida tanto as fibras de poliacrilonitrila quanto as fibras de poliacrilonitrila oxidada, que apresentam deformação significativamente maior que as fibras de carbono em si. O diagrama da Figura 4.38 mostra esquematicamente as possibilidades existentes. Preformas agulhadas de fibras de poliacrilonitrila (PAN) podem ser obtidas, sendo posteriormente submetidas ao processo de oxidação para transformá-las em material infusível, e carbonizadas (>800 °C) para conversão em fibras de carbono.

As preformas agulhadas obtidas diretamente de fibras de poliacrilonitrila oxidada (PANox) apresentam a vantagem de exibir um maior grau de orientação, em relação às fibras de poliacrilonitrila, advindas do processo de estiramento a que são submetidas durante a oxidação, conforme descrito na Seção 3.3.1, de modo que as fibras de carbono de preformas agulhadas obtidas tendo como ponto de partida fibras de PANox tendem a apresentar melhores propriedades mecânicas. Resultados obtidos por Manocha (1996) reportam que preformas agulhadas obtidas a partir de fibras de PANox perdem cerca de ~47%/peso quando submetidas a tratamento térmico até 900 °C. O rendimento em peso da preforma, partindo da PANox até conversão em fibras de carbono é de ~45% e seu encolhimento linear é de ~15%.

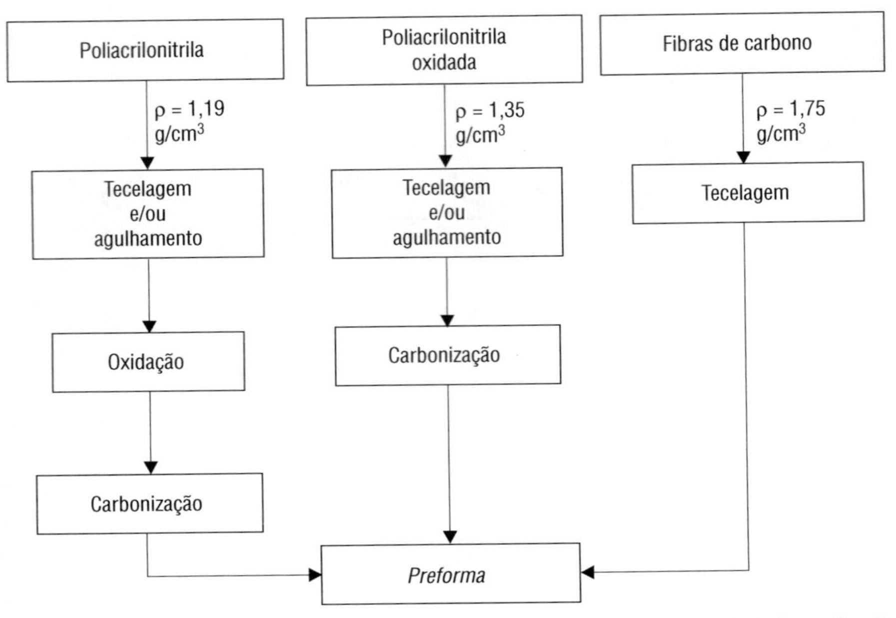

Figura 4.38 Diagrama para obtenção de preformas a partir de fibras de poliacrilonitrila, poliacrilonitrila oxidada e fibras de carbono.

Preformas híbridas podem também ser obtidas pela utilização de tecidos intercalados por mantas. As mantas podem tanto ser obtidas de fibras picadas ou de feltros, que são materiais essencialmente não tecidos. Os feltros por si apresentam alta porcentagem de vazios. Estes diferem das mantas por apresentarem orientação de fibras aleatória tridirecional e, portanto, possuem maior espessura, e, tendo maior espessura, podem eventualmente substituir camadas de tecidos, de maior custo, desde que não sejam comprometidos os requisitos mecânicos. A Figura 4.39 mostra um exemplo clássico de uma preforma híbrida formada por camadas de tecidos dispostas em orientações predefinidas e intercaladas por feltros. A combinação de diferentes tipos de fibras também deve ser considerada. Nesse particular, pode-se otimizar propriedades, como, por exemplo, condutividade térmica, resistência e módulo de elasticidade, simplesmente selecionando um tipo de fibra de reforço adequada para cada requisito específico. As fibras de reforço destinadas à manufatura de não-tecidos não apresentam finalidade estrutural significativa na manufatura do compósito, sendo, portanto, desejável utilizar materiais precursores de baixo custo. As fibras de carbono, em particular, apresentam mais opções nesse quesito pela maior variedade de precursores disponíveis. Ainda considerando o exemplo da Figura 4.39, podem-se utilizar fibras de carbono obtidas de piche, de baixo custo, para a manufatura do feltro, e fibras de carbono derivadas de PAN, na manufatura dos tecidos.

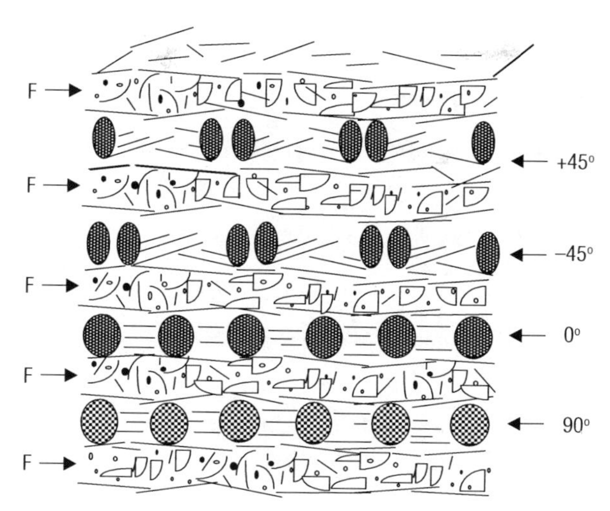

Figura 4.39 Diagrama esquemático do empilhamento de camadas de tecido e feltro (F) intercaladas (PARDINI, 1977).

4.4 CONCLUSÕES

Os tecidos são os elementos básicos de reforço formadores de compósitos estruturais, e são constituídos por duas direções principais: urdume (comprimento) e trama. Podem ser híbridos, constituídos de dois tipos de fibras ou por fibras com atividades superficiais diferentes, e balanceados, com o mesmo número de cabos similares e sobrepassagens. O tipo de tela obtido nos teares vai determinar as propriedades mecânicas e a facilidade com que o tecido se ajusta a superfícies complexas. Os compósitos obtidos com tecidos têm, entretanto, uma região entre lâminas (interlaminar) fazendo com que estes apresentem baixa resistência nessa região e, dessa forma, a aplicação desses compósitos em estruturas torna-se restrita.

A disposição de filamentos perpendiculares ao plano de reforço principal deu origem a compósitos com resistência interlaminar e tenacidade à fratura interlaminar superiores aos compósitos manufaturados com reforços laminares (unidirecionais e bidirecionais), sem, contudo, perder propriedades no plano. Essas estruturas multidirecionais deram origem às preformas multidirecionais, que podem ser obtidas tanto por costura, por agulhamento ou pela disposição espacial de varetas em uma determinada geometria. Com mais essa flexibilidade de orientação de fibras, as propriedades dos compósitos estruturais podem se ajustar a requisitos específicos de projeto. As preformas multidirecionais podem também ser manufaturadas com o intuito de conferir isotropia de propriedades, tenacidade à fratura e resistência mecânica em direções preferenciais e com tamanho próximo à geometria final do componente. O ganho em otimização de propriedades com a utilização de preformas, por vezes, esbarra no custo. Entretanto, os avanços na automatização de processos têxteis podem contribuir efetivamente para maior produtividade.

4.5 REFERÊNCIAS

ALBERS, A. *On weaving*. Middletown, CT: Wesleyan University Press, 1965.

BROOKSTEIN, D. J. Evolution of fabric preforms for fiber composites. *J. Appl. Polym. Sci.*, Applied Polymer Symposia. v. 47, p. 487-500, 1991.

BROUDY, E. *The book of looms*. New York: Van Nostrand Reinhold Company. 1979.

BUHLER, K. Basic textile technique. *CTBA Review*, n. 63, p. 2297-2301, Jan, 1948.

COX, B. N.; FLANAGAN, G. *Handbook of analytical methods for textile composites*. NASA Contractor Report 4750, 1997.

DEXTER, H. B.; HASKO, G. H. Mechanical properties and damage tolerance of multiaxial warp-knit composites. *Composites Science and Technology*, v. 56, n. 3, p. 367-380, 1996.

DU, G. W.; KO, F. Analysis of multiaxial warp-knit preforms for composite reinforcement. *Composites Science and Technology*, v. 56, n. 3, p. 253-260, 1996.

EFSTRATIOU, V. A. *Investigation of the effect of the 2.5D carbon fabric construction on fabric reinforced/polymer matrix composite toughness*. 1994. 125f. Tese (Doutorado em Engenharia de Materiais) – Katholieke Universiteit Leuven, Bélgica, 1994.

GRADY, J. K. Fracture toughness testing of polymer matrix composites. In: CHEREMISINOFF, N. P. (Ed.). *Handbook of Ceramics and Composites*. v. 2. Mechanical Properties and Specialty Applications, 1993. p. 1-50.

FANTINO, L. *Complex & architectural textile preforms – AEROTISS*: potential applications in composite industries. Paris: Proc. SAMPE Europe, 1997, p. 185.

HARI, P. K.; BEHERA B. K. Developments in weaving machines. *Indian Journal of Fibre & Textile Research*, v. 19, set/1994, p. 172-176.

JUNKER, P. *Manual para padronagem de tecidos planos*. vs. 1 e 2. São Paulo: Brasiliense, 1988.

KLEIN, A. J. Which weave to weave. *Advance Materials and Processes*, v. 3. 1986.

KO, F. K. Preform fiber architecture for ceramic-matrix composites. *Ceramic Bulletin*, v. 68, n. 2, p. 401-414, 1989.

MAISTRE, M. *A development of a 4D reinforced carbon/carbon composite*. AIAA Paper 76-607, 1976.

MANOCHA, L. M. Development of Carbon-Carbon Composites by Co-Carbonization of Phenolic Resin and Oxidized PAN Fibers. *Carbon*, v. 34, 1996, p. 841-849.

McALLISTER, L. E.; LACHMAN, W. L. Multidirectional Carbon-carbon composites. In: KELLY, A.; MILEIKO, S. T. (Eds.). *Fabrication of composites*. North-Holland: Elsevier, 1983. p. 109-175. (*Handbook of composites*, v. 4).

McALLISTER, L. E. Multidirectionally reinforced carbon/graphite matrix composites. In: ASM. *Engineered materials handbook*: composites. v. 1. Metals Park, OH: ASM International, 1987. p. 915-919.

McENANEY, B.; MAYS, T. Relationships between microstructure and mechanical properties in carbon-carbon composites. In: THOMAS, C. R. (Ed.). *Essentials of carbon--carbon composites*. Royal Society of Chemistry, 1993.

MOHAMED, M. H. Three-dimensional textiles. *American Scientist*, v. 78, p. 530, 1990.

NGAI, T. Carbon-carbon composites. In: LEE, S. M. (Ed.). *International encyclopedia of composites*. VCH Publishers, 1991.

PARDINI, L. C. *Preformas tri-direcionais (3D) e tetra-direcionais (4D) para compósitos termo-estruturais*, NT-05/AMR/98. 37p. Divisão de Materiais/IAE/CTA. jul. 1998.

PARDINI, L. C.; VIEIRA, S. D. *Preforma tetra-direcional (4D) vértice-diagonal para compósitos termo-estruturais*. NT-03/AMR/98, 21p. Divisão de Materiais/IAE/AMR, maio 1998.

RIEW, C. K.; GILLHAM, J. K. *Rubber-modified thermoset resin*. ACS 208, American Chemical Society, 1984.

VEIDT, M. Stiffness Properties of three dimensionally (3D) reinforced glass fabrics produced by needle-felting. INTERNATIONAL CONFERENCE ON COMPOSITE MATERIALS, 11., ICCM-11. v. 5. *Textile composites and characterization*, p. 742. Gold Coast, Australia, 1997.

VERPOEST, I. *Textile material for composite construction*. US Patent 5,271,982. 1993.

VERPOEST, I. et al. The potential of knitted fabrics as a reinforcement for composites. INTERNATIONAL CONFERENCE ON COMPOSITE MATERIALS, 11., ICCM-11. *Proceedings*... v. 1, p. 108-133, 1997.

WU, G.; KO, F. Analysis of multiaxial warp-knit preforms for composite reinforcement. *Composites Science and Technology*, v. 56, p. 253-260, 1996.

Adesão e interface reforço/matriz

5.1 INTRODUÇÃO

O termo adesão é geralmente utilizado para se referir à atração entre substâncias, sendo, portanto, uma manifestação de forças atrativas entre os átomos e/ou superfícies. A natureza da adesão, no contexto dos compósitos estruturais, é dependente dos seguintes fatores:

- Presença de grupos funcionais superficiais da fibra, produzidos por algum tipo de tratamento superficial.
- Orientação, arranjo atômico, cristalinidade e propriedades químicas (morfologia) do reforço.
- Conformação molecular e constituição química da matriz.
- Difusividade dos elementos de cada constituinte.
- Arranjo geométrico das fibras.

As moléculas na superfície de um líquido ou de um sólido são influenciadas por forças moleculares desbalanceadas, e, portanto, possuem energia adicional em contraste com as moléculas no interior do líquido ou do sólido. Essa energia livre adicional localizada na superfície, ou na interface entre duas fases condensadas, é conhecida como energia interfacial. Importantes aplicações tecnológicas dos materiais requerem que estes sejam aderentes a outras substâncias e tal fato tem influência preponderante em muitas aplicações práticas, como, por exemplo, fiação de polímeros, adesão, estabilidade de dispersões e molhamento de sólidos por líquidos. Em compósitos, cada sistema reforço/matriz vai possuir uma característica interfacial específica, e essa energia interfacial é a manifestação direta de forças intermoleculares.

Para medir a modificação superficial ocorrida em materiais, alguns parâmetros são utilizados na caracterização, como, por exemplo, o ângulo de contato, a força de adesão e estimativas de energia livre de superfície. Particularmente, o estudo de interfaces/interfases em compósitos é essencial para o conhecimento apropriado do comportamento mecânico de compósitos e é de fundamental importância para o desenvolvimento da ciência e tecnologia associadas a essa área. Há duas abordagens para o estudo: um do ponto de vista estrutural e morfológico e o outro do ponto de vista essencialmente mecânico.

5.2 TEORIAS DE ADESÃO

Existem modelos que tentam descrever o mecanismo de adesão considerando-se a microestrutura dos materiais envolvidos nesse processo, e serão suscintamente descritos na presente seção para informação do leitor. Neste contexto, a seguir, são apresentados detalhes sobre: interdifusão, atração eletrostática, ligação química, sinterização reativa e adesão mecânica

5.2.1 Interdifusão

A ligação entre duas superfícies pode ser formada por interdifusão de átomos ou moléculas que ocorre na interface. A adesão em compósitos, nesse caso, dependerá do entrelaçamento molecular, do número de moléculas envolvidas e da resistência da ligação molecular. A interdifusão pode ser promovida pela presença de solventes e a quantidade de difusão dependerá da conformação molecular, dos constituintes envolvidos e da facilidade de movimento molecular. Por exemplo, a adesão entre fibras de vidro e resinas, por meio de agentes de ligação à base de silano ou por outro meio químico, é explicada por interdifusão e por formação de ligações interpenetrantes (IPN) na região de interface. A região de interface formada tem, então, uma espessura substancial, e suas propriedades químicas, físicas e mecânicas são diferentes, tanto do reforço quanto da matriz em si.

Em compósitos matriz metálica, a interdifusão é também necessária para que ocorra uma reação apropriada entre elementos de cada constituinte. Entretanto, a interdifusão pode não ser sempre benéfica porque compostos não desejáveis podem ser formados, particularmente quando filmes de óxidos, presentes na superfície do reforço, se degradam em situações em que o compósito é submetido à alta temperatura ou pressão, que ocorrem em processos no estado sólido. Para evitar ou reduzir essa interação, é necessária a utilização de uma barreira efetiva de difusão, que pode ser obtida mediante formação de um recobrimento sobre o reforço. A seleção de barreiras apropriadas de difusão fundamenta-se no conhecimento detalhado da natureza da interação reforço/matriz, que, por sua vez, é específica de cada sistema.

5.2.2 Atração eletrostática

A diferença de carga eletrostática entre constituintes na interface pode contribuir para a adesão, em virtude da força de atração entre essas cargas. A resistência da interface dependerá da densidade de carga. Embora essa atração possa não representar uma contribuição significativa à resistência da interface, pode ser importante quando a superfície da fibra é tratada com agentes de ligação. Esse tipo de adesão explica por que acabamentos silanos são especialmente efetivos para certos reforços que têm natureza neutra, ou mesmo ácida, como, por exemplo, vidro, sílica e alumina, mas são menos efetivos para superfícies alcalinas, como magnésio, asbestos e carbonato de cálcio.

5.2.3 Ligação química

A teoria de ligação química é a mais antiga e a mais conhecida de todas as teorias de adesão. A reação química na interface é de particular interesse em compósitos com matriz polimérica, porque oferece uma explicação razoável para a utilização de agentes de ligação em fibras de vidro, e os tratamentos superficiais oxidativos em fibras de carbono, para utilização com matrizes termoplásticas e termorrígidas. Uma ligação é formada entre um grupamento químico na superfície da fibra e um grupo químico compatível na matriz. A resistência adesiva dependerá do número e do tipo de ligações, cuja formação ocorre por meio de reações químicas termicamente ativadas. Em geral, a presença de oxigênio é comum em todas as superfícies de fibras.

5.2.4 Sinterização reativa

A adesão devida à sinterização reativa ocorre em matrizes diferentes das que ocorrem em compósitos com matriz polimérica. Esse tipo de adesão é devida à reação que resulta na formação de novos compostos em regiões de interface, em compósitos formados a partir de matriz metálica, particularmente os manufaturados em processos que utilizam técnicas de infiltração por metal fundido. A reação envolve transferência de átomos de um ou ambos os constituintes para a região próxima à interface, cujos processos de transferência são controlados por difusão. Casos especiais de sinterização reativa incluem troca de ligações e ligações efetuadas pela presença de óxidos. As ligações por troca de reação ocorrem quando um segundo elemento presente nos constituintes começa a trocar posições de rede com os elementos no produto de reação ou composto, enquanto a ligação pela presença de óxidos ocorre entre filmes de óxidos presentes nas superfícies em contato do reforço e da matriz.

A sinterização reativa é responsável por uma significativa contribuição à resistência adesiva final da interface para alguns compósitos manufaturados com matriz metálica. A magnitude da resistência adesiva vai depender, entretanto, da combinação fibra/matriz, que determina a difusividade de elementos de um constituinte em outro, e das condições de processamento, particularmente temperatura e tempo.

As interfaces em compósitos com matriz metálica podem ser classificadas segundo o seguinte esquema:

I. fibra e matriz são mutuamente não reativas e insolúveis entre si.

II. fibra e matriz são mutuamente não reativas e solúveis entre si.

III. fibra e matriz reagem para formar compostos intermetálicos na interface.

Para compósitos com matriz metálica de alumínio, por exemplo, B-Al, aço inox-Al e SiC-Al, a reação ocorre quando a matriz de alumínio está fundida para infiltração em fase líquida, mas a interação dificilmente ocorre em razão da ligação por difusão no estado sólido. Sendo assim, esses compósitos podem ser classificados como classe (I).

Em geral, para muitos compósitos cerâmicos, a reação química dificilmente ocorre entre fibra (ou monocristais na forma de *whiskers*) e matriz. Entretanto, um filme amorfo pode ser formado de um óxido presente na superfície ou devido à limitação da reação entre fibra-matriz, por exemplo, entre *whisker* de alumina e matriz de zircônia.

5.2.5 Adesão mecânica

A ligação mecânica envolve ancoramento mecânico na interface. A resistência desse tipo de interface normalmente não é de grande magnitude quando submetida a esforços de tensão transversal, a menos que haja grande número de reentrâncias, na forma de microporosidade, na superfície do reforço, como exemplificado na Figura 5.1.

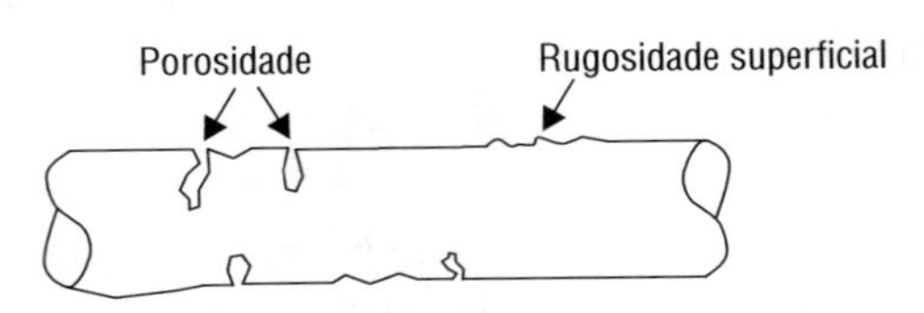

Figura 5.1 Representação esquemática da superfície de uma fibra de reforço.

Portanto, a resistência ao cisalhamento dependerá, de maneira significante, do grau de rugosidade do reforço. Além dos aspectos simplesmente geométricos da ligação mecânica, ocorrem tensões internas ou residuais em compósitos, originadas durante o processo de fabricação, em razão tanto do encolhimento da matriz quanto das diferenças de expansão térmica entre fibra e matriz. Entre essas tensões, as tensões de acoplamento na fibra proporcionam importante meio de adesão na interface de muitos compósitos com matriz cerâmica, que tem uma significância decisiva no controle da resistência à fratura nesses materiais. Outras forças de baixa energia, como, por exemplo, as pontes de hidrogênio e ligações de Van der Waals, podem também estar envolvidas na adesão.

Em todas as teorias e fenômenos relacionados à adesão entre duas superfícies, a energia superficial livre (γ) tem papel preponderante. Essa energia superficial pode ser definida por outras funções termodinâmicas em termos de energia propriamente dita (U), entalpia (H) ou da energia livre de Gibbs (G), dependendo das condições de contorno para as quais é definida. A equação (5.1) define que a energia superficial livre é representada pelas derivadas parciais dessas grandezas em relação à área envolvida, ou seja:

$$\gamma = \left(\frac{\partial U}{\partial A}\right)_{S,V} = \left(\frac{\partial H}{\partial A}\right)_{S,P} = \left(\frac{\partial G}{\partial A}\right)_{T,P} \tag{5.1}$$

No presente texto, consideramos, para efeito de análise, a energia livre de Gibbs, e utilizando os conceitos da 1ª e 2ª leis da Termodinâmica, a energia superficial (γ) em termos da energia livre de Gibbs é obtida pela equação (5.2).

$$dG = -SdT + VdP + \gamma dA \tag{5.2}$$

Podemos definir então dois conceitos fundamentais. A adesão envolve interações de curta distância de elétrons em escala atômica, e a molhabilidade, expressa em termos do trabalho de adesão termodinâmico (W_{AD}), representa a adesão física resultante de forças de dispersão intermoleculares, altamente localizadas entre as diferentes fases.

5.3 ÂNGULO DE CONTATO

Quando um líquido é sobreposto em uma superfície sólida, podem ocorrer dois fenômenos, o líquido se espalha na superfície ou tende a formar uma gota esférica. O ângulo formado entre o líquido e o sólido, considerando essas duas situações opostas, vai indicar o grau de interação entre os dois materiais, e a magnitude desse ângulo vai depender do tipo de líquido e do tipo de substrato sólido. Além disso, o líquido apresenta uma pressão de vapor, com a qual a superfície sólida estará em equilíbrio. O equilíbrio de forças na interface líquido/sólido é balanceado, conforme mostra a Figura 5.2.

Essas forças tendem a minimizar a área superficial do líquido, pela formação de uma gota, ou tendem a se espalhar na superfície sólida, aumentando assim a extensão do contato interfacial. Esse balanço de forças é caracterizado como sendo a molhabilidade de um sólido por um líquido, geralmente expressa pelo ângulo de contato que se forma entre o líquido e o sólido.

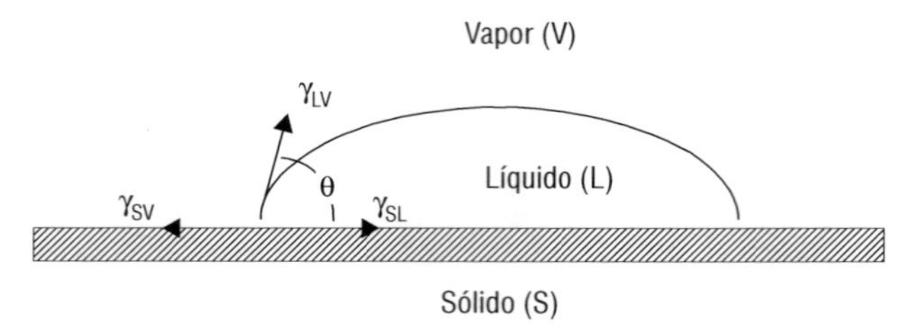

Figura 5.2 Diagrama de forças envolvidas na medida do ângulo de contato.

A energia superficial é uma manifestação direta das forças intermoleculares. As moléculas na superfície de um líquido ou de um sólido são influenciadas por forças moleculares não equilibradas e, portanto, possuem energia adicional, contrariamente às moléculas localizadas no interior do líquido ou do sólido. Em líquidos, a energia superficial se manifesta como uma força interna que tende a reduzir a área superficial a um mínimo. A superfície de um sólido, de maneira similar à superfície de um líquido, possui energia livre adicional. Entretanto, em virtude da ausência de mobilidade molecular na superfície de sólidos, essa energia livre não é diretamente observada, mas deve ser medida por métodos indiretos.

O critério para molhabilidade implica que o ângulo de contato (θ) seja menor que 90°. A tensão superficial de líquidos pode ser facilmente obtida, entretanto, a tensão superficial de sólidos é de difícil determinação. Sendo assim, as medidas de tensão superficial sólido/líquido (γ_{SL}) podem ser efetuadas com utilização de líquidos que tenham tensão superficial (γ_{LV}) conhecida. A tensão superficial (N/m) é associada a cada unidade de área superficial. A energia livre superficial (ΔG^S) é relacionada ao trabalho necessário para aumentar a área de uma superfície ($N.m/m^2 = J/m^2$), sendo normalmente utilizada em cálculos termodinâmicos. Termodinamicamente, a adesão é definida pela mudança de energia livre quando dois materiais entram em contato, ou seja, é a mudança na energia livre superficial ΔG^S, acompanhada de um pequeno deslocamento do líquido sobre o substrato. Portanto, se a superfície líquida for deformada ligeiramente, a área da interface sólido/líquido aumentará de ΔA_{SL}, conforme mostra a Figura 5.3.

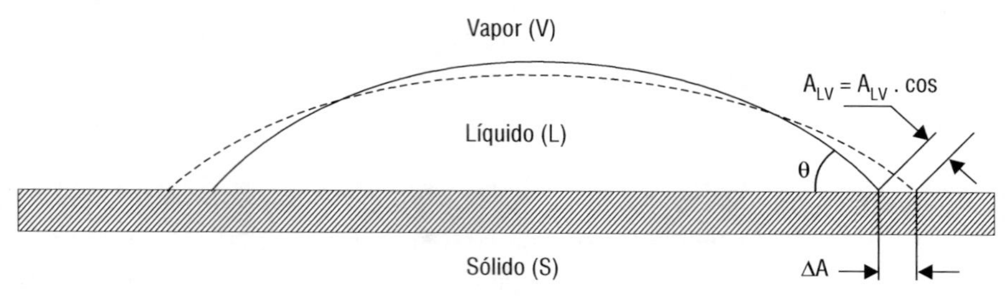

Figura 5.3 Representação esquemática do espalhamento de um líquido sobre um sólido.

A variação da energia livre superficial de Gibbs (ΔG^S), relacionada ao trabalho necessário para aumentar a área de uma superfície, é obtida pela equação (5.3).

$$\Delta G^S = \gamma_{SL} \cdot \Delta A_{SL} + \gamma_{SV} \cdot \Delta A_{SV} + \gamma_{LV} \cdot \Delta A_{LV} \quad (5.3)$$

A Figura 5.3 mostra que:

$$\Delta A_{SV} = -\Delta A_{SL} \text{ e } \Delta A_{LV} = \Delta A_{SL} \cdot \cos\theta \quad (5.4)$$

Pode-se obter assim a equação (5.5):

$$\Delta G^S = (\gamma_{SL} - \gamma_{SV})\Delta A_{SL} + \gamma_{LV}\cos(\theta - \Delta\theta)\Delta A_{SL} \quad (5.5)$$

Em equílibrio (configuração estável em relação à variação da área interface sólido/líquido), para uma mudança infinitesimal na área da gota, obtém-se a equação (5.6):

$$\mathrm{Lim}_{\Delta A \to 0} \frac{\Delta G^S}{\Delta A} \cong 0 \quad (5.6)$$

ou seja:

$$\mathrm{Lim}_{\Delta A \to 0}[(\gamma_{SL} - \gamma_{SV}) + \gamma_{LV}\cos(\theta - \Delta\theta)] \cong 0 \quad (5.7)$$

Desprezando os diferenciais de segunda ordem, de pequena magnitude, obtém-se a equação (5.8), que é conhecida como equação de Young (RAGONE, 1995).

$$\gamma_{SL} - \gamma_{SV} + \gamma_{LV} \cdot \cos\theta = 0 \quad (5.8)$$

onde γ_{SL} é a energia livre interfacial sólido/líquido, γ_{SV} é a energia livre interfacial sólido/vapor, γ_{LV} é a energia livre interfacial líquido/vapor, e θ é o ângulo formado entre o sólido e o líquido.

Em virtude da atração existente entre as moléculas de duas fases em contato entre si, no caso sólido–líquido, é necessário realizar um trabalho para separá-las. Esse trabalho, referente à área unitária, é denominado de trabalho de adesão. À temperatura e pressão constantes, o trabalho de adesão para separar as fases sólido–líquido é representada pela equação (5.9):

$$W_{AD} = \gamma_{SV} + \gamma_{LV} - \gamma_{SL} \quad (5.9)$$

onde "W_{AD}" é a quantidade de trabalho termodinâmico de adesão, e γ_{SV}, γ_{LV}, γ_{SL} são as energias superficiais das interfaces sólido–vapor, líquido–vapor e sólido–líquido, respectivamente.

A energia superficial livre do reforço (γ_{SV}) deve ser maior que a da matriz (γ_{LV}) para ocorrer molhabilidade apropriada. Portanto, as fibras de vidro e as fibras de carbono, que possuem energias livres superficiais de ~56 mJ/m^2 e ~45 mJ/m^2 respectivamente, exibem molhabilidade suficiente com matrizes poliméricas do tipo epóxi e poliéster, que possuem energias livres superficiais de ~43 mJ/m^2 e ~35 mJ/m^2, respectivamente, a menos que a viscosidade da resina seja muito alta. Por outro lado, as fibras de polietileno de ultra-alto peso molecular, que possuem energia livre superficial equivalente a ~30 mJ/m^2, não exibem molhabilidade adequada com as resinas mencionadas. Por outro lado, a adesão das fibras de carbono é improvável, em alumínio tendo em vista a alta energia superficial deste. Pela mesma razão fibras de carbono são recobertas com Ti-B, pelo método de CVD, para permitir uma boa molhabilidade com matriz de alumínio.

Considerando o conceito de W_{AD} para uma determinada condição de adesão, devem ser consideradas as hipóteses de separação ideal na interface e se o sistema está sob condição isotérmica. Combinando as equações (5.8) e (5.9), pode-se obter uma nova relação para definir o trabalho de adesão, representada pela equação (5.10):

$$W_{AD} = \gamma_{LV} (1 + \cos \theta) \quad (5.10)$$

Esta relação é de grande utilidade, pois relaciona duas grandezas mensuráveis (γ_{LV}, θ) com relativa facilidade e precisão. Dessa forma, pode-se obter W_{AD} entre o sólido e o líquido, se a tensão superficial do líquido e o ângulo de contato (θ) forem conhecidos.

A equação (5.10) mostra que, para $\theta = 0$, obtemos $\cos \theta = 1$ e o trabalho de adesão é $W_{AD} = 2\gamma_{LV}$, isto é, o ângulo de contato é igual a zero quando o trabalho de adesão sólido–líquido iguala ou supera o trabalho de coesão do líquido. Em outras palavras, o líquido se espalha na superfície sólida, quando as forças de atração sólido–líquido igualam ou superam as forças de atração líquido–líquido. Para $\theta = 180°$ temos que $\cos \theta = -1$ e $W_{AD} = 0$. Esse é o caso limite no qual não há adesão entre as duas fases. Portanto, quanto maior o valor de W_{AD} melhor a adesão. Os valores de W_{AD} para polímeros sólidos são menores que 0,1 N/m e muito menores que a energia coesiva de ruptura, 100 N/m a 1.000 N/m, medida mecanicamente.

O valor do ângulo de contato pode ser medido pelo espalhamento do líquido sobre uma superfície sólida seca, ou retrocedendo de uma superfície molhada. Observa-se, em geral, uma histerese nos valores do ângulo de contato, explicada por vários fatores, entre eles a contaminação do líquido ou da superfície sólida e a rugosidade apresentada por esta. Embora em uma situação real de adesão a avaliação de W_{AD} entre uma interface sólido/sólido, e o valor da energia livre superficial de um sólido sejam necessários, não há como medir diretamente essas quantidades, como no caso de um líquido. Portanto, um método de avaliação tendo como base o valor de W_{AD} do sistema sólido–líquido deve ser empregado. A Figura 5.4 mostra esquematicamente as condições de molhabilidade em função do ângulo de contato.

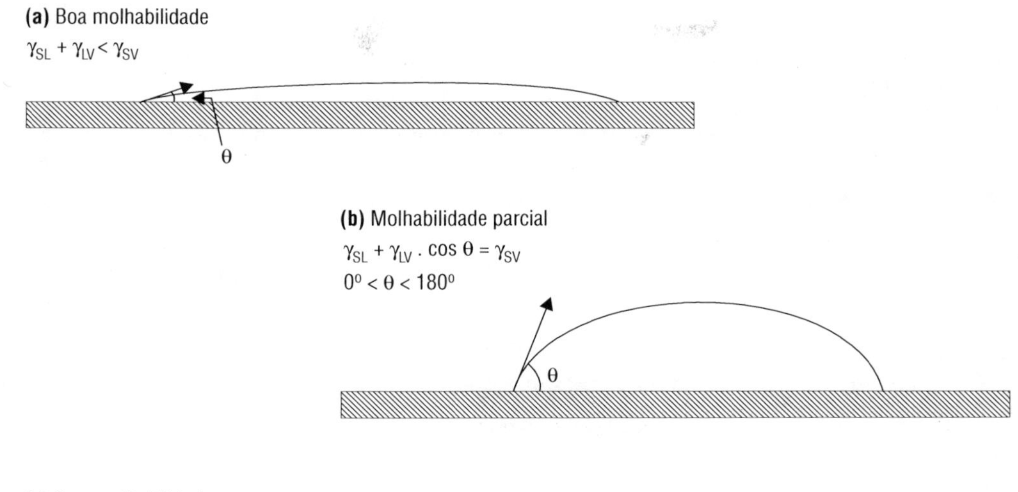

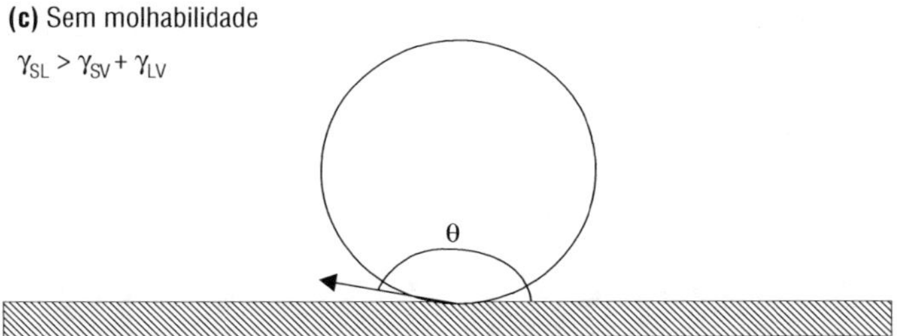

Figura 5.4 Medida das características de molhabilidade de uma superfície por um líquido, por meio do ângulo de contato.

As relações anteriores somente são válidas considerando-se uma superfície idealmente plana e lisa. A topografia de superfície, levando-se em conta a rugosidade, efetivamente determina a área de contato real na interface sólido–líquido. Essa rugosidade (r) de superfície pode ser definida pela equação (5.11):

$$r = \frac{\cos\theta_r}{\cos\theta} \tag{5.11}$$

sendo θ e θ_r os ângulos de contato para as superfícies lisa e rugosa, respectivamente. A rugosidade de uma superfície rugosa é a razão da área de superfície real pela área planar aparente. Substituindo a equação (5.11) nas equações de Young-Dupré, obtemos as seguintes relações:

$$(\gamma_{SL})r = r.\,(\gamma_{SL}) \qquad (\gamma_{SV})r = r.\,(\gamma_{SV})$$
$$(W_{AD})_r = W_{AD} + (r-1)(\gamma_{SV} - \gamma_{SL}) \tag{5.12}$$

Conforme mostra a equação (5.12), o trabalho de adesão pode apresentar um incremento se ocorrer um aumento da rugosidade da superfície e da energia superficial do sólido.

O ângulo de contato pode ser determinado em uma superfície pela utilização de um goniômetro ou pelo método gravimétrico. A utilização de um goniômetro para fibras de reforço apresenta dificuldades, decorrentes do pequeno diâmetro destas (~5-20 μm). Para essa finalidade o método mais utilizado é o método gravimétrico, mais conhecido por técnica de Wilhelmy, onde são utilizadas balanças que tenham sensibilidade de, no mínimo, 10^{-7} gramas. Nesse caso, o filamento é imerso em um líquido adequado, em que a microbalança mede a força exercida pelo líquido na fibra. Os eventos que ocorrem em nível molecular são idênticos aos que ocorrem quando uma gota é colocada sobre uma superfície plana.

Se considerarmos uma placa lisa e vertical em contato com um líquido, como indicado na Figura 5.5, este vai exercer uma força contrária ao movimento da placa, que é representada pela equação (5.13):

$$F = P.\ \gamma_{LV}.\ \cos\theta \qquad (5.13)$$

onde: P = perímetro da placa.

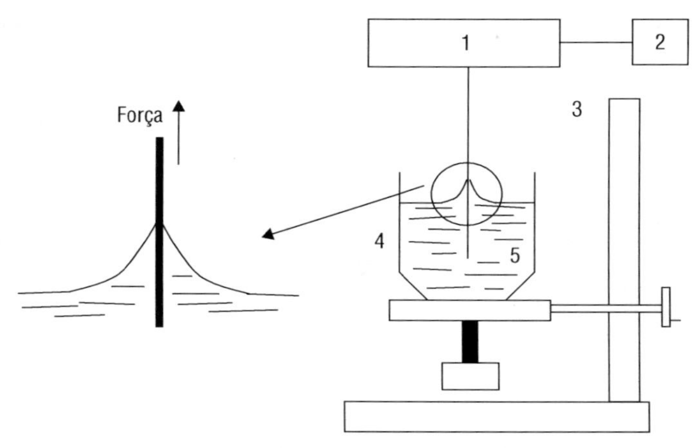

Figura 5.5 Eletrobalança para medição do ângulo de contato pela técnica gravimétrica (Wilhelmy). 1 – Eletrobalança, 2 – Registrador, 3 – Fibra, 4 – Vaso de medição, 5 – Líquido de tensão superficial conhecida.

Se a profundidade de imersão do filamento não for zero, o volume (V) do líquido deslocado será obtido pela equação (5.14):

$$F = P.\ \gamma_{LV}.\ \cos\theta - V.\ \Delta\rho.\ g. \qquad (5.14)$$

onde $\Delta\rho$ é a diferença de densidade entre os dois materiais (líquido e placa), e V o volume do líquido deslocado.

As eletrobalanças são calibradas pela leitura de massa, e portanto a força F nas equações pode ser representada pela equação (5.15):

$$F = \Delta m.\ g \tag{5.15}$$

As equações (5.13) e (5.14) são independentes do formato do sólido e, portanto, podem ser perfeitamente utilizadas para o caso de um filamento, ficando reduzidas à equação (5.16).

$$mg = P.\ \gamma_{LV}.\ \cos\theta,\ \text{portanto}\ \cos\theta = mg/P.\ \gamma_{LV} \tag{5.16}$$

Para a determinação da energia, ou tensão, superficial do líquido, é necessário um material para a placa de medição com alta energia superficial de forma que seja assegurado um ângulo de contato de 0° entre o líquido e o sólido. Como, no caso de um filamento, a razão entre o perímetro e a seção transversão é elevada, consequentemente não é necessário saber com exatidão o comprimento imerso.

O espalhamento de líquidos sobre superfícies pode ser exemplificado pela água. O politetrafluoroetileno (PTFE), material polimérico de baixa energia superficial, não permite que a água se espalhe sobre sua superfície, ocorrendo a formação de gotículas e, consequentemente, exibe um alto valor do ângulo de contato. Sobre ouro e vidro, materiais que apresentam alta energia superficial, a água se espalha. Já sobre a superfície do carbono, o ângulo de contato situa-se entre 72° e 86°.

Em polímeros, como, por exemplo, polietileno e polipropileno, o ângulo de contato com a água excede 90°. Portanto, o substrato tem influência no ângulo de contato com determinados líquidos. A Tabela 5.1 mostra resultados de ângulos de contato obtidos para diversos líquidos sobre a superfície do polímero politetrafluoretileno.

Tabela 5.1 Ângulo de contato de líquidos com politetrafluoretileno.

Líquido	Ângulo (θ°)
Mercúrio	150
Água	112
Iodeto de metileno	85
Benzeno	46
Propanol	43

5.4 ENERGIA SUPERFICIAL E ÂNGULO DE CONTATO DE FIBRAS

O Capítulo 4 abordou assunto referente aos tipos de reforço utilizados em compósitos, sem entretanto abordar os aspectos referentes às medidas de ângulo de contato. O surgimento de fibras de reforço destinadas a compósitos, na década de 1940, iniciou pesquisas sobre a molhabilidade desses materiais nas matrizes em que eram utilizados. Até finais da década de 1950, as condições estabelecidas para molhabilidade não consideravam interações que poderiam ocorrer entre os meios envolvidos, quando, então, Girifalco e Good (1957) consideraram que a interação entre líquido e sólido poderia ser quantificada por um parâmetro de interação (ϕ), ou função de trabalho de adesão, multiplicado pela média geométrica da energia livre superficial, ou tensão superficial, do sólido e do líquido, resultando na expressão da equação (5.17).

$$\gamma_{SL} = \gamma_{SV} + \gamma_{LV} - 2\phi(\gamma_{SV}\gamma_{LV})^{1/2} \tag{5.17}$$

Quando as expressões (5.10) e (5.15) são relacionadas, obtemos a equação (5.18):

$$W_{AD} = 2\phi(\gamma_{SV}\gamma_{LV})^{1/2} \tag{5.18}$$

Considerando os trabalhos iniciais de Girifalco e Good (1957), Fowkes (1964) consideraram que a energia de interação envolvida no molhamento de sólidos por líquidos era devida a forças de interação dispersivas, obtendo a equação (5.19):

$$\gamma_{SL} = \gamma_{SV} + \gamma_{LV} - 2(\gamma^{d}_{SV}\gamma^{d}_{LV})^{1/2} \tag{5.19}$$

onde:

γ^{d}_{SV} = energia superficial dispersiva do sólido

γ^{d}_{LV} = energia superficial dispersiva do líquido

As forças de atração entre interfaces podem então ser classificadas em duas categorias: dispersivas e polares. A componente polar resulta de dipolos elétricos associados com pares de átomos específicos ou grupos funcionais na superfície do material. A componente dispersiva resulta de elétrons fracamente ligados, similares aos elétrons fracamente ligados nas bandas de condução de metais.

Os trabalhos iniciados por Girifalco e Good (1957) e Fowkes (1964) culminaram no desenvolvimento de técnicas para determinação das componentes polares e dispersivas de energia superficial de fibras de reforço por Kaelbe, Dynes e Cirlin (1974), que até então eram restritas à determinação apenas da componente dispersiva. A técnica utilizada para medida destas duas componentes consiste em medir o ângulo de contato do filamento em vários líquidos com componentes polares e dispersivas conhecidas. O trabalho de adesão, W_{AD}, é considerado igual à soma da média geométrica das componentes polares das energias superficiais, adicionada à média geométrica para as componentes da energia dispersiva superficial das energias superficiais do líquido e do sólido, conforme mostra a expressão da equação (5.20):

$$W_{AD} = 2(\gamma_{SV}^{d}\gamma_{LV}^{d})^{1/2} + 2(\gamma_{SV}^{p}\gamma_{LV}^{p})^{1/2} = \gamma_{LV}[1+\cos(\theta)] \quad (5.20)$$

onde:

γ_{SV}^{p} = componente polar da energia superficial do sólido

γ_{LV}^{p} = componente polar da energia superficial do líquido

Rearranjando, obtemos:

$$W_{AD} = \gamma_{LV}(1+\cos\theta)^{1/2} = \frac{4\gamma_{SV}^{d}\gamma_{LV}^{d}}{\gamma_{SV}^{d}+\gamma_{LV}^{d}} + \frac{4\gamma_{SV}^{p}\gamma_{LV}^{p}}{\gamma_{SV}^{p}+\gamma_{LV}^{p}} \quad (5.21)$$

De outra forma, podemos obter a equação 5.20, igualando as equações (5.10) e (5.19):

Sendo assim, as componentes polares e dispersivas da energia superficial podem ser obtidas pela divisão de ambos os termos da equação (5.21) por $2(\gamma_{LV}^{p})^{1/2}$, obtendo-se a equação (5.22):

$$\underbrace{\frac{\gamma_{LV}[1+\cos\theta]}{2(\gamma_{LV}^{p})^{1/2}}}_{(1)} = \underbrace{(\gamma_{SV}^{d})^{1/2} + \left(\frac{\gamma_{LV}^{p}}{\gamma_{SV}^{d}}\right)^{1/2} .(\gamma_{LV}^{p})^{1/2}}_{(2)} \quad (5.22)$$

O ângulo de contato do filamento é medido em uma série de líquidos, ver Tabela 5.2, com componentes de energia superficial polar e dispersiva conhecidas. As componentes da energia superficial de fibras podem ser determinadas pelo gráfico da expressão (1) em função de $(\gamma_{LV}^{p}/\gamma_{LV}^{p})^{1/2}$ do líquido, que representa uma reta com inclinação $(\gamma_{SV}^{p})^{1/2}$ e intercepto $(\gamma_{SV}^{d})^{1/2}$, ambos correspondentes às propriedades do sólido.

A Figura 5.6 mostra o cálculo das componentes polar e dispersiva para a energia livre superficial de fibras de carbono derivadas de mesofase de piche, com seções transversais com diferentes formatos. Os resultados são mostrados na Tabela 5.3. A composição química e as características microestruturais determinam a magnitude do valor da energia livre superficial.

Tabela 5.2 Componentes da energia livre superficial de líquidos de referência utilizados para determinação da energia superficial de fibras. T = Total, P = Polar, D = Dispersiva.

Líquido	γ_L^T (mJ/m²)	γ_L^P (mJ/m²)	γ_L^D (mJ/m²)
Água	72,8	51,0	21,8
Glicerina	64,0	30,0	34,0
Etileno glicol	48,3	19,0	29,3
n-Hexano	17,9	0	17,9
n-Hexadecano	27,0	0	27,0
Iodeto de metileno	50,8	2,4	48,4

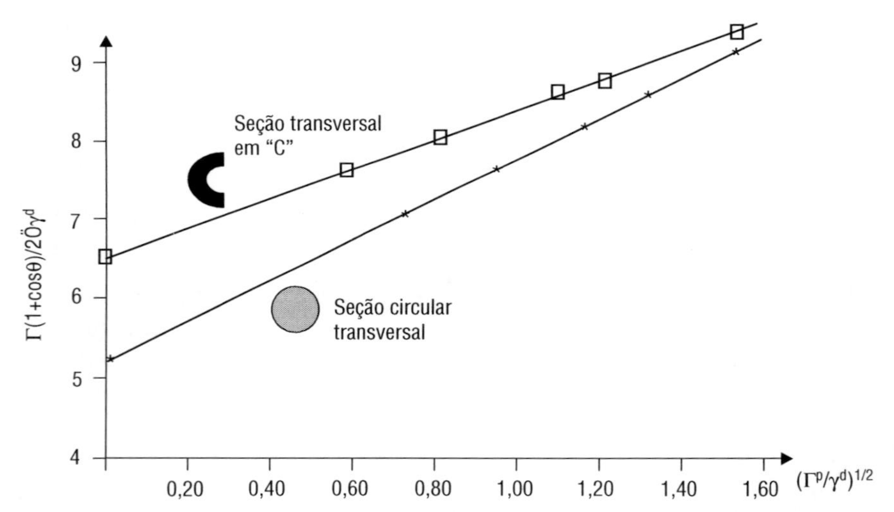

Figura 5.6 Determinação das componentes de energia superficial de fibras de carbono derivadas de mesofase de piche, com seções transversais com diferentes formatos (EMIG et al., 1995).

Termodinamicamente, uma superfície sólida de alta energia é mais susceptível à boa adesão, particularmente, se o material adesivo (polímero) contém grupos polares funcionais. A condição necessária para que o adesivo tenha aderência à superfície sólida é que a energia superficial deste seja maior que a energia superficial do adesivo. Como o valor da energia superficial da fibra de carbono situa-se entre 40 – 45 mJ/m², é de se esperar que ocorra molhamento adequado se a energia superficial do polímero a que a fibra seja aderida esteja situada entre 35 – 45 mJ/m². Entretanto, há outros fatores que devem ser considerados quando se considera a natureza da interface fibra/matriz, dos quais podem ser citados a morfologia da fibra, o tipo de tratamento superficial e o arranjo geométrico em que as fibras são dispostas.

Tabela 5.3 Energia livre superficial de fibras de carbono de mesofase de piche (EMIG et al., 1995).

Energia superficial	Formato	
	Circular	C
Dispersiva	29	42
Polar	5	2
Total (mJ/m²)	34	45

A Tabela 5.4 apresenta valores de energias livres superficiais de fibras de reforço utilizadas em compósitos, na qual podemos observar a faixa relativamente estreita de valores, 20 – 65 mJ/m², para essa propriedade independente da natureza da fibra. A Tabela 5.5 apresenta valores para energias livres superficiais para fibras de carbono comerciais com tratamento superficial (S) e sem tratamento superficial (U).

Tabela 5.4 Valores típicos de energias livres superficiais de fibras utilizadas como reforço em compósitos estruturais.

Tipos de fibras de reforço	Energia superficial (mJ/m²)
Carbono (módulo intermediário)	50 – 56
Carbono (alto módulo)	40 – 50
Fibra de vidro (sem recobrimento)	44 – 65
Fibra de vidro (com recobrimento)	30 – 46
Aramidas	~30
Polietileno ultra-alto peso molecular	~22

Tabela 5.5 Energias livres polar e dispersiva de fibras de carbono comerciais, em que γ_S^d é a componente dispersiva e (γ_S^p) é a componente polar da energia superficial livre total (γ_S^T).

Tipo de fibra		γ_S^p (mJ/m²)	γ_S^d (mJ/m²)	γ_S^T (mJ/m²)
Hércules	Alto módulo	8,1	33	41,1
	Alta resistência	20,7	28,2	48,9
	AS-4	22,0	29,4	51,4
	AU-4	18,2	28,1	46,3
Toray	T300U	9,5	32,9	42,4
	T300S	11,1	35,8	46,9

Os valores da componente dispersiva (γ_S^d) da energia livre superficial total de fibras de carbono se mantêm na faixa estreita de 28-35 mJ/m^2, sendo esses valores maiores que a componente polar (γ_S^p), cujos resultados exibem uma variação maior em função do tipo de fibra. As fibras de carbono de alta resistência apresentam maior energia livre superficial em relação a fibras de alto módulo, em virtude da redução do número de imperfeições nesta. Para uma boa molhabilidade é desejável que a componente polar (γ_S^p) tenha maior magnitude na energia livre superficial total (γ_S^T), e, portanto, o processo de tratamento superficial deve atuar nessa componente.

Um exemplo típico de compósito obtido com fibras de carbono com atividades superficiais diferentes é mostrado na Figura 5.7. Nessa figura, é mostrada a seção transversal típica de um compósito de carbono reforçado com fibras de carbono, manufaturado com lâminas intercaladas de fibras de carbono com e sem tratamento superficial e matriz fenólica pirolizada a 1.000 °C (PARDINI, 1994). Observa-se a lâmina que contém as fibras de carbono com tratamento superficial e com encimagem (TS) é compacta, e apresenta microporosidades (~10 – 30 μm), em decorrência da liberação de voláteis durante a pirólise, indicando boa adesão reforço/matriz. Por outro lado, a lâmina contendo fibras de carbono sem tratamento superficial (UU) mostra uma rede interconectada de microtrincas devidas ao descolamento na interface fibra/matriz provocada por adesão insuficiente. Ocorrem também poros com dimensão de até 150 μm, localizados na interface entre lâminas. A Figura 5.7 mostra ainda que o estado inicial de compatibilidade reforço/matriz sobrevive ao tratamento térmico a que o compósito é submetido (1.000 °C).

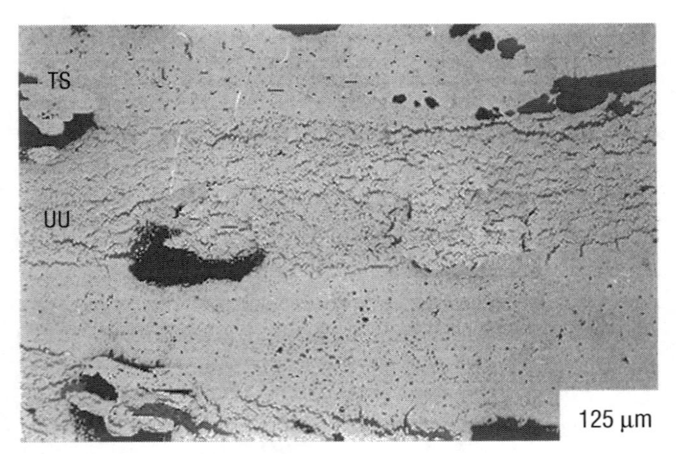

Figura 5.7 Micrografia de um compósito CRFC unidirecional híbrido, obtido por pirólise a 1.000 °C, moldado com lâminas distintas intercaladas de fibras de carbono sem tratamento superficial e sem encimagem (UU), e fibras de carbono com tratamento superficial e com encimagem (TS) (PARDINI, 1994).

5.5 RESISTÊNCIA À ADESÃO INTERFACIAL

Os modelos estruturais envolvidos na interpretação da morfologia da interface fibra de reforço/matriz, abordados até a Seção 5.4, caracterizam a natureza química e física relacionada a seu comportamento. Por outro lado, uma abordagem mecânica auxilia no desenvolvimento de modelos matemáticos que descrevem a distribuição de tensões na fibra, na matriz e na interface/interfase, objetivando a determinação de parâmetros interfaciais que também caracterizam o compósito (KELLY; TYSON, 1965).

Os principais fatores que influenciam as propriedades mecânicas e mecanismos de falha em compósitos com reforço de fibras são os seguintes:

- Propriedades do reforço e da matriz.
- Fração volumétrica de reforço (fibras).
- Orientação do reforço e seu comprimento.
- Propriedades da interface reforço/matriz.

As propriedades da interface reforço/matriz, por sua vez, são influenciadas por:

- Resistência ao cisalhamento interfacial (τ_i).
- Tenacidade à fratura interfacial (G_i).
- Encolhimento da matriz.
- Coeficiente interfacial de fricção.

É desejável que a interface reforço/matriz apresente um alto valor para τ_i para que se processe uma efetiva transferência de tensões da matriz para o reforço, quando o compósito é solicitado. A magnitude do valor de τ_i também vai afetar o valor de G_i. A determinação de τ_i é efetuada mediante testes mecânicos, conforme exemplifica esquematicamente a Figura 5.8. De forma geral, um filamento do reforço é posicionado no corpo de prova e envolto pela matriz com a qual se deseja medir a resistência interfacial.

Pode-se observar pela Figura 5.8 que é inerente à dificuldade na preparação de tais corpos de prova, devida ao reduzido diâmetro dos reforços utilizados na manufatura de compósitos, e, na grande maioria dos casos, os parâmetros interfaciais são obtidos com utilização de matriz polimérica, em razão de uma maior dificuldade na preparação de corpos de prova com materiais cerâmicos ou metálicos. Para os corpos de prova 5.8a e 5.8b é necessário que a matriz na qual o filamento é embebido seja transparente para observação dos eventos que ocorrem durante o ensaio.

No caso do corpo de prova mostrado na Figura 5.8a, o filamento é imerso no bloco de matriz polimérica e um esforço compressivo é aplicado na direção do eixo da fibra, que provoca tensões de cisalhamento na interface filamento/matriz. A resistência ao cisalhamento interfacial é medida pelo valor máximo da força de compressão, após o qual há um decréscimo, e a fibra se descola da matriz. Entre a tensão de compressão τ_c aplicada ao corpo de prova e a resistência ao cisalhamento interfacial (τ_i), obtemos a relação (5.23):

$$\tau \approx 2{,}5\sigma_c \tag{5.23}$$

O teste 5.8b é conhecido na literatura como teste de fragmentação de filamento (ANDERSONS et al., 2001; ZHOU; WAGNER; NUTT, 2001). Um único filamento é embebido na matriz e submetido a ensaio de tração. A aplicação progressiva de carregamento faz com que ocorra ruptura do filamento em pequenos fragmentos, e a contínua transferência de carregamento, que ocorre entre segmentos de filamentos quebrados e a matriz, se processa até que estes se tornem tão pequenos que não possam mais ser submetidos à ruptura. A Figura 5.9 ilustra a representação esquemática da fragmentação da fibra sob carregamento progressivo e o perfil correspondente de tensão axial no filamento.

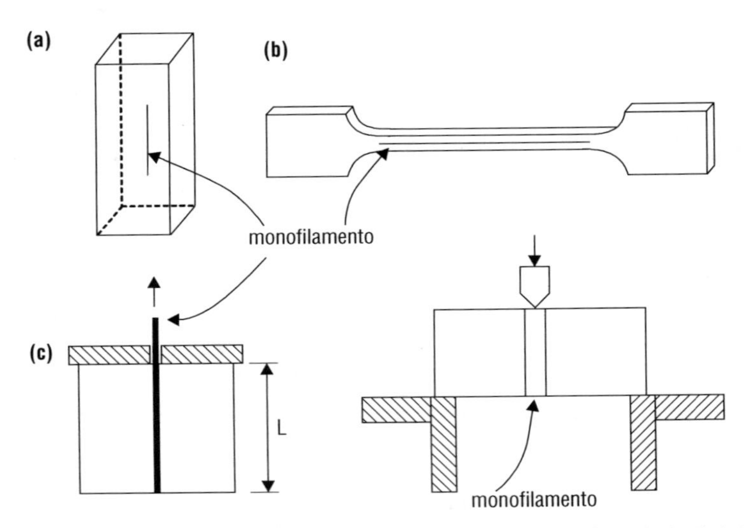

Figura 5.8 Tipos de corpos de prova destinados a ensaios para medidas de resistência interfacial.

A saturação na fragmentação do filamento, ou seja, o menor comprimento de filamento fragmentado, obtido por amostragem estatística, corresponde ao comprimento crítico de transferência (ℓ_c), que permite o cálculo da resistência ao cisalhamento interfacial (τ_i), conforme a equação (5.24):

$$l_c = \frac{d.\sigma_f^*}{2\tau_i} \tag{5.24}$$

onde: σ_f* é a tensão de falha do filamento no comprimento crítico, e d é o diâmetro do filamento.

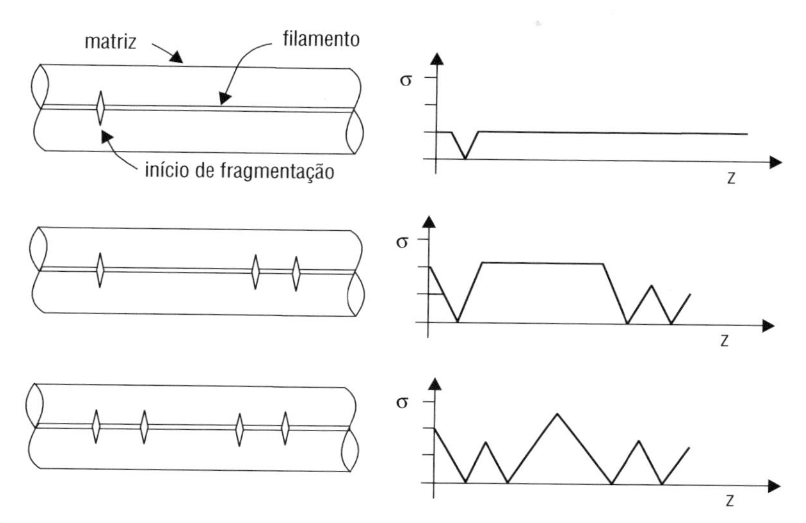

Figura 5.9 Representação esquemática da fragmentação do filamento submetido ao carregamento uniaxial, utilizando o corpo de prova da Figura 5.8b.

Como afirmado anteriormente, é necessária a utilização de uma matriz polimérica transparente e a fragmentação pode ser observada por meio de técnicas de microscopia ótica, fotoelásticas (com luz polarizada) ou monitoradas por emissão acústica. Essa técnica também simula eventos que ocorrem *in situ* no compósito quando submetido a carregamento. A matriz deve apresentar um limite de deformação pelo menos três vezes (preferivelmente de quatro a cinco) maior que o da fibra, e deve ser suficientemente tenaz para evitar a falha da fibra induzida.

O teste de extração de filamento, Figura 5.8c, utiliza um único filamento embebido em uma das extremidades por um bloco de matriz. Esse teste mede a força necessária, em relação ao comprimento de filamento (L) imerso na matriz, para a ruptura interfacial reforço/matriz, bem como a resistência à fricção reforço/matriz, pela extração do filamento após completar o descolamento. É desejável, nessa configuração de ensaio, que não ocorra formação de menisco nas adjacências da superfície da matriz em contato com o filamento.

A configuração de ensaio mostrada na Figura 5.8d, representa um filamento embebido em matriz, similar a um ensaio de microindentação. Trata-se de um ensaio no qual um único monofilamento é submetido a um esforço de deslocamento *in situ*, permitindo a medida da resistência interfacial diretamente. Nesse tipo de ensaio pode ocorrer esmagamento prematuro do filamento, limitando a variedade de fibras a serem testadas.

5.6 REFERÊNCIAS

ANDERSONS, J. et al. *Fibre fragmentation distribution in a single fibre composite tension test*. Composites. Part B, v. 32, p. 323-332, 2001.

EMIG, G. et al. Surface free-energy of carbon-fibers with circular and noncircular cross-sections coated with silicon carbide, carbon, v. 33, n. 6, p. 779-782, 1995.

FOWKES, W. *Adv. Chem*. Series 43. Am. Chem. Soc., p. 108, 1964.

GIRIFALCO, L. A.; GOOD, R. J. A theory for the estimation of surface and interfacial energies. I. Derivation and application to interfacial tension. *J. Physical Chemistry*, v. 61, p. 904-909, 1957.

KAELBLE, D. H.; DYNES, P. J.; CIRLIN, E. H. Interfacial bonding and enviromental stability of polymer matrix composites. *Journal of Adhesion*, v. 6, n. 1-2, p. 23-48, 1974.

KELLY, A.; TYSON, W. R. Tensile properties of fiber-reinforced metals: copper/tungsten and copper/molybdenum. *Journal of the Mechanics and Physics of Solids*, v. 13, p. 329-350, 1965.

RAGONE, D. V. *Thermodynamics of materials*. New York: John Wiley. v. II, 1995.

PARDINI, L. C. *Structure & properties of SiC-modified carbono reinforced carbon composites*. 1994. Tese (Doutoramento) – University of Bath, England-UK, 1994.

ZHOU, X. F.; WAGNER, H. D.; NUTT, S. R. *Interfacial properties of polymer composites measured by push-out and fragmentation tests*. Composites. Part A. v. 32, p. 1543-155, 2001.

Processos de fabricação

6.1 INTRODUÇÃO

A introdução de fibras de reforço de alto desempenho, no início da década de 1960, levou ao advento dos compósitos estruturais avançados e teve um impacto significativo na concepção e no projeto de estruturas aeronáuticas e espaciais, bem como de pás de geradores eólicos. A ideia básica do processamento de compósitos estruturais é impregnar o reforço com uma determinada matriz, de tal forma que, ao final do processo, o componente sólido, com geometria definida, esteja praticamente em condições de ser utilizado. Ou seja, na fabricação de compósitos, a necessidade de desbaste ou usinagem posterior é mínima. O processamento de compósitos é denominado moldagem. Durante o processamento de compósitos, diferentemente dos materiais metálicos e cerâmicos, a manufatura do material em si ocorre ao mesmo tempo em que o componente é submetido à moldagem. O estabelecimento do processo adequado para cada moldagem é determinado basicamente pelo tipo de matéria-prima, tipo de reforço e matriz, e pelo tipo e geometria do componente a ser obtido. Os métodos de processos podem ser manuais e automatizados e a moldagem pode ser efetuada em molde aberto ou molde fechado. Os moldes abertos podem ser do tipo macho (ou convexo) ou fêmea (ou côncavo) e os fechados incorporam, simultaneamente, as características dos moldes tipos macho e fêmea.

Um aspecto importante ao se projetar moldes macho, tendo em vista que as resinas termofixas (ou termorrígidas) sofrem contração durante a cura, é a necessidade de eles serem expulsivos (ou colapsáveis) para permitir a desmoldagem das peças ao final do processo de fabricação. Por exemplo, na fabricação de vasos de pressão compósitos pode-se usar moldes macho de gesso; os quais, após o endurecimento da matriz, são dissolvidos com vinagre.

Pode-se classificar o processamento de compósitos basicamente de duas maneiras: pelo tipo de matriz a ser utilizada (poliméricas, cerâmicas e metálicas) ou pelo tipo de processo utilizado para obtenção do compósito, ou seja, processamento via fase líquida, via fase gasosa ou via fase de partícula sólida. Por exemplo, nos processos de moldagem via fase líquida (moldagem por transferência de resina, injeção etc.), a matriz apresenta-se líquida durante a fase de moldagem, sendo posteriormente submetida ao processo de consolidação e cura, após o qual o material adquire a forma final do componente. Nos processos de moldagem via fase gasosa, o material formador da matriz, na forma gasosa, deposita-se continuamente no reforço. A seleção do processo de manufatura para produção de um componente em compósito deve considerar principalmente o tamanho e geometria da peça, a microestrutura desejada, incluindo o tipo de reforço e matriz, o desempenho e a avaliação mercadológica.

6.2 PROCESSAMENTO DE COMPÓSITOS COM MATRIZ POLIMÉRICA

6.2.1 Introdução

O Capítulo 2 abordou os vários tipos de matrizes poliméricas, termorrígidas e termoplásticas. Esses materiais poliméricos são os mais comumente utilizados na fabricação de compósitos, porque não envolvem necessariamente o emprego de altas pressões de moldagem, e as temperaturas de processo estão abaixo de 300 °C. Em virtude da facilidade dos processos de manufatura de compósitos poliméricos, o custo relativo destes é significativamente menor que o dos compósitos obtidos com matriz cerâmica ou metálica. A constituição molecular dos compósitos poliméricos faz com que estes exibam maior tenacidade à fratura que seus pares metálicos e cerâmicos.

Os processos de fabricação correspondem a 50 – 60% do custo total de um compósito, e, por esse motivo, é um assunto que demanda significativa atenção da comunidade industrial e científica, tendo em vista o interesse em reduzir a parcela de representação desse item no custo final do produto. A presente seção vai abordar os processos de moldagem de compósitos em função do tipo de matriz utilizada em sua manufatura.

As diferenças nos processos de fabricação de compósitos poliméricos se devem aos processos de transformação físico-química a que são sujeitas as matrizes durante a fase de moldagem. Por exemplo, as matrizes poliméricas termorrígidas são submetidas a um processo físico-químico de cura, enquanto as matrizes termoplásticas passam por estágios em que são submetidas ao amolecimento e fusão, iniciais, para conformação na cavidade do molde e posterior solidificação.

Os ciclos de processamento podem variar de minutos a horas, em função do tipo de matriz utilizada. As matrizes termoplásticas exibem, em geral, tempos de processamento menores que os empregados para matrizes termorrígidas. A redução no tempo de processamento está principalmente atrelada à automatização de processos.

6.2.2 Moldagem manual (*hand lay-up*)

O processo de moldagem manual, Figura 6.1.a, se caracteriza pela simplicidade de procedimentos para a manufatura de compósitos, não envolvendo nenhum investimento em equipamentos de processo para a manufatura. Esse processo é realizado pela disposição e empilhamento do reforço, na forma de mantas bidirecionais e/ou tecidos, em orientações predeterminadas, sobre o molde. O processo se inicia pelo tratamento da superfície do molde pela aplicação de um produto desmoldante, para remoção da peça após o processo de cura. A cada camada de reforço sobreposta é efetuada a impregnação com a resina pré-formulada com agente endurecedor adequado. A espessura do componente moldado é obtida pelo número de camadas sobrepostas. A cura se processa à temperatura ambiente ou em estufa, dependendo do tipo de resina utilizada ou da necessidade pós-cura. O processo de moldagem manual dá origem a compósitos sem compromisso estrutural e que apresentam uma fração volumétrica de reforço menor que 40%. Nesses compósitos, são observadas frações volumétricas de vazios (por exemplo, bolhas de ar) de cerca de 15%.

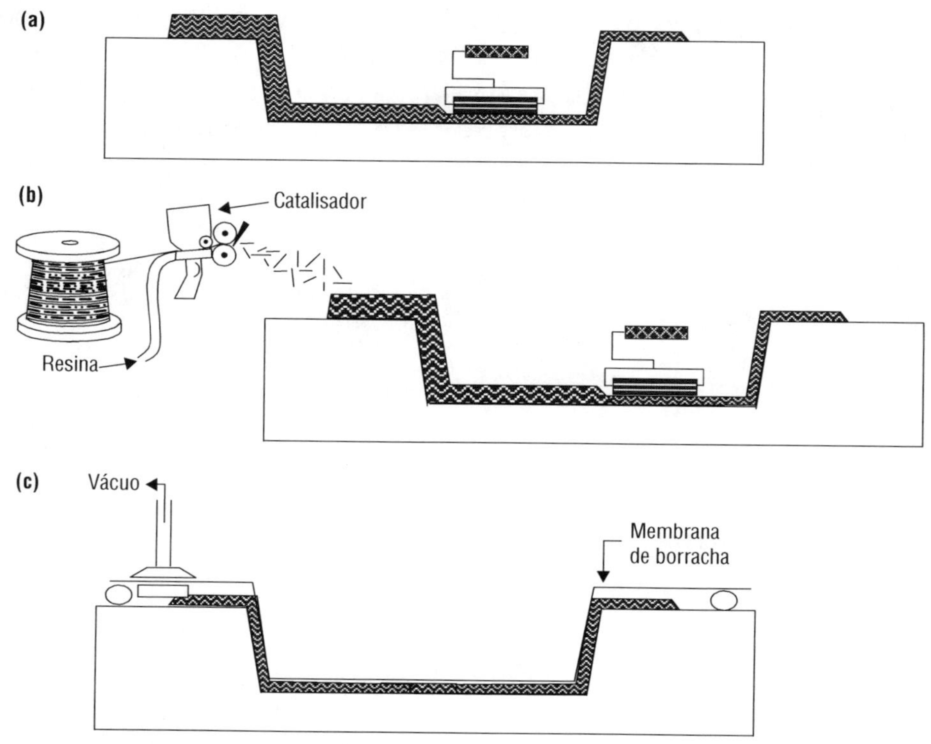

Figura 6.1 Técnicas de moldagem de compósitos em molde aberto tipo fêmea.

Nos processos de impregnação manual é recomendado que se pesem as fibras que serão utilizadas e, com o valor da sua densidade, calcule-se o seu volume.

E, para não desperdiçar resina, o volume de matriz (ou seja, resina mais catalizador) a ser preparado deve ser cerca de três vezes maior que o de fibras. Assim, com o valor da densidade da resina, calcula-se o peso da resina que deve ser preparado. O peso da peça pronta, menos o de fibras fornece o peso de resina que permanecem no compósito. Após o procedimento, pode-se estimar as frações volumétricas e de massa das fibras e da matriz.

6.2.3 Moldagem por aspersão (*spray-up*)

A moldagem por aspersão (também designada *spray-up*), Figura 6.1b, é um processo utilizado na manufatura de compósitos com fibras de vidro, e compreende a utilização de um dispositivo que realiza a aspersão de uma mistura de fibras curtas e resina, envolvendo toda a superfície do molde onde se deseja a manufatura do componente. No momento da aspersão sobre o molde, a resina pode estar previamente formulada, ou, então, o agente endurecedor (ou catalisador) pode ser adicionado durante a aspersão. A exemplo da moldagem manual, a quantidade de material (reforço/resina) aspergida sobre o molde fornece a espessura do componente, e a composição de reforço/matriz é submetida à compactação por meio de um rolete. Essa compactação tem por objetivo uniformizar a espessura do componente a ser obtido e remover possíveis bolhas de ar presentes após a cobertura do molde. A cura é realizada de maneira similar ao processo de moldagem manual.

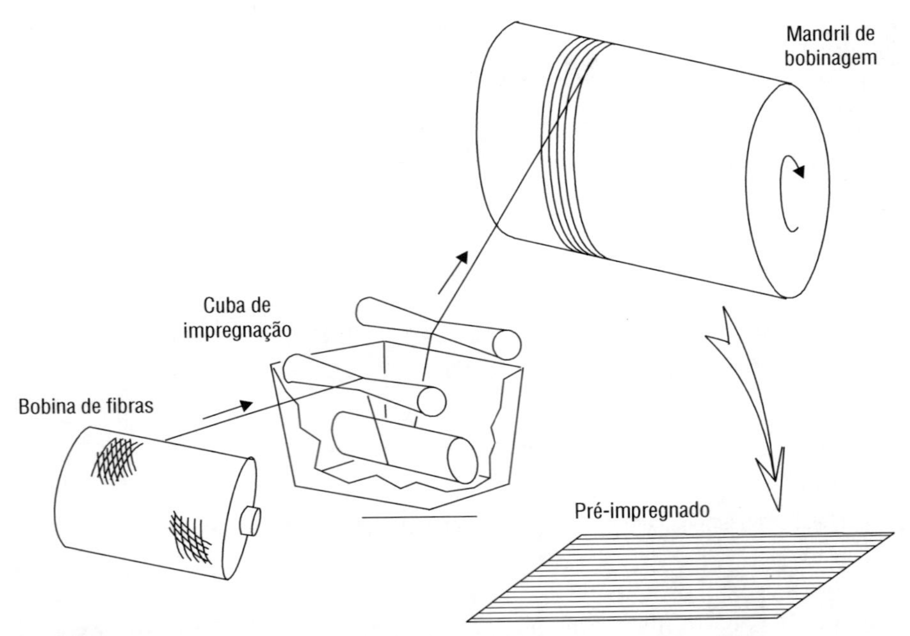

Figura 6.2 Diagrama da manufatura de pré-impregnados em escala de laboratório.

6.2.4 Moldagem a vácuo (*vacuum bag*)

O processo de moldagem de compósitos a vácuo, apresentado de forma simplificada na Figura 6.1c, é um melhoramento dos processos de moldagem manual e moldagem por aspersão. Nesse processo, a qualidade do componente melhora, em decorrência de uma maior eficiência na retirada do excesso de resina que porventura seja adicionada durante o processo de moldagem, e da retirada de voláteis e de bolhas de ar que porventura possam comprometer as propriedades mecânicas do componente. Tanto esse processo quanto os descritos nas Seções 6.2.1 e 6.2.2 são conduzidos em molde aberto, o qual pode ser do tipo macho ou fêmea. Com a moldagem a vácuo, pode-se obter compósitos com frações volumétricas de fibras até 50% e frações volumétricas de vazios inferiores a 5%. Nesse processo, tal como descrito na Seção 6.2.2, também é importante pesar-se as fibras que serão usadas e repetir o procedimento que permite estimar a quantidade de resina que será necessária, bem como as frações dos constituintes da peça.

6.2.5 Tecnologia de pré-impregnados

O uso de compósitos nas indústrias aeronáutica e aeroespacial fez com que requisitos de qualidade e desempenho, exigidos para os componentes obtidos com esses materiais, atingissem níveis mais rígidos. Os processos manuais de manufatura de compósitos sempre se apresentavam insatisfatórios com relação aos requisitos necessários para que a resistência mecânica exigida fosse obtida. Em compósitos, a resistência mecânica é basicamente função da orientação das fibras e da fração volumétrica de fibras. Portanto, foi necessário o desenvolvimento de novos processos de manufatura que atingissem os requisitos adequados para aplicações estruturais de maior exigência. A orientação das fibras não implicava alterações no processo, mas o controle da fração volumétrica de fibras era um quesito fundamental na otimização do processo, para que a transferência da resistência mecânica das fibras ao compósito fosse maximizada. Até então, nos processos de moldagem de compósitos, manual e por asperção, era bastante impreciso o controle da fração volumétrica de fibras, e a dispersão do polímero não era homogênea. Era necessário, então, desenvolver um processo para impregnar as fibras da forma precisa e homogênea, antes do processo de moldagem propriamente dito. Nos primórdios da indústria aeronáutica, as superfícies externas, como revestimentos de asas e fuselagem, de muitas das aeronaves, eram recobertas por meio de telas impregnadas com um polímero celulósico para impermeabilização. Dessa ideia original, surgiu um produto semimanufaturado, conhecido genericamente como pré-impregnado (*prepreg*, em inglês). O pré-impregnado é, portanto, um produto intermediário, pronto para moldagem de compósitos, sendo constituído de uma mistura (ou composição) de fibras de reforço impregnadas com um determinado polímero, termorrígido formulado ou termoplástico, em uma particular fração em massa.

As duas matérias-primas básicas para a produção de pré-impregnados são a matriz polimérica e a fibra de reforço, na forma de tecidos ou fitas unidirecionais que formam uma lâmina única. Há vários processos de fabricação de pré-impregnados e, em qualquer circunstância, é fundamental a uniformidade de distribuição do polímero, em uma particular fração em massa. Em laboratório, os pré-impregnados podem ser obtidos pela bobinagem de mechas contínuas em um mandril, usualmente de formato circular e apropriadamente protegido por uma película ou um filme desmoldante, conforme mostra esquematicamente a Figura 6.2. Após a bobinagem, fazendo-se um corte na direção perpendicular às fibras, obtém-se uma lâmina pré-impregnada plana.

O cabo de fibras passa através da cuba de impregnação, sendo posteriormente bobinado continuamente em posição justaposta à fileira anterior. Para ajuste da viscosidade adequada de impregnação, o polímero formulado pode ser dissolvido em solvente apropriado ou ser submetido ao aquecimento, com controle em temperatura abaixo do início de reação.

Os processos de manufaturas de pré-impregnados, em escala industrial, são mostrados esquematicamente na Figura 6.3, para manufatura de pré-impregnados com polímero termorrígido formulado, e na Figura 6.4, para manufatura de pré--impregnados com matriz termoplástica. Esses processos se caracterizam por serem contínuos, e diferem na forma como a matriz, termorrígida ou termoplástica, é incorporada ao reforço.

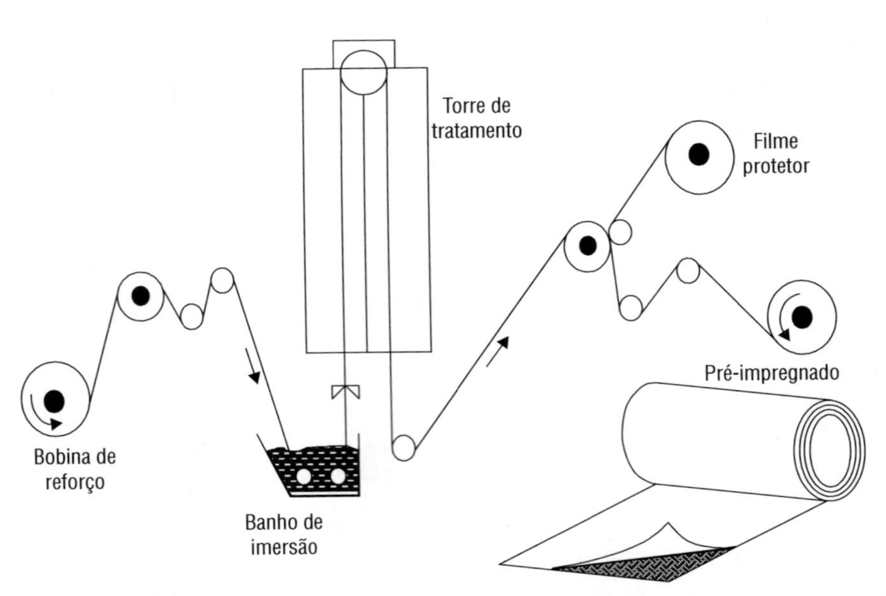

Figura 6.3 Diagrama de processo contínuo para manufatura de pré-impregnados com matriz termorrígida.

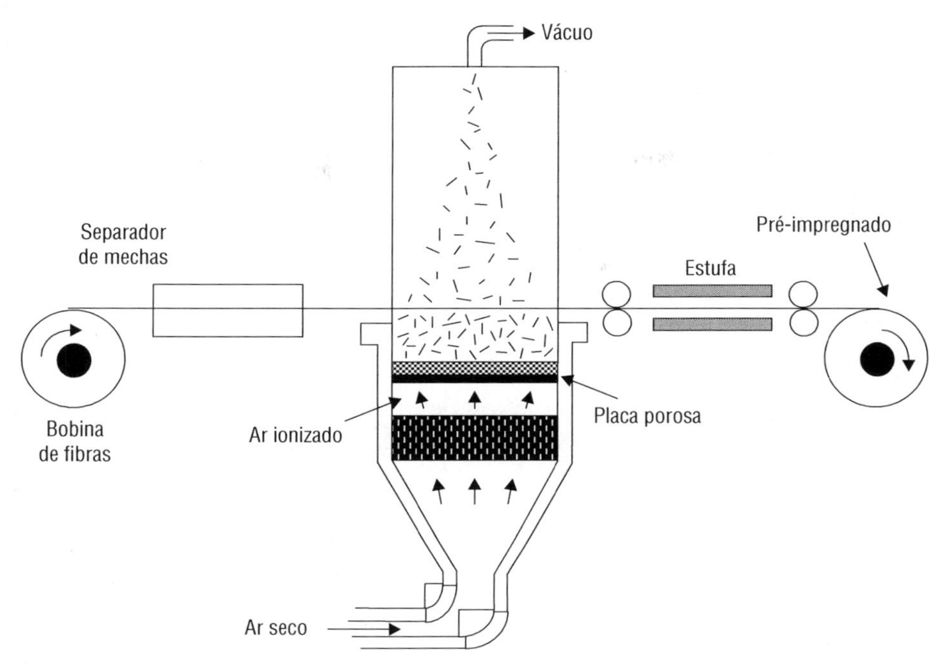

Figura 6.4 Processo de manufatura de pré-impregnados contínuos com matriz termoplástica.

O reforço, nesses casos, é utilizado tanto na forma de tecidos quanto na forma de mechas de fibras contínuas, estas formadas por cabos provenientes de várias bobinas, e que dão origem a um pré-impregnado com largura definida (WIEDEMANN; ROTHE, 1986). Conforme mostra a Figura 6.3, o reforço passa através de uma cuba de impregnação. O excesso de resina é retirado mediante utilização de lâminas logo após a saída da cuba de impregnação, auxiliando também no molhamento das fibras, para uma melhor uniformidade de impregnação.

Em alguns casos, a formulação do polímero termorrígido é diluída em um determinado solvente para reduzir a viscosidade e facilitar o molhamento. Entretanto, essa alternativa deve ser evitada para não ocasionar problemas relativos à eliminação do solvente após o processo de impregnação. O pré-impregnado é fornecido aos moldadores em um estágio em que uma determinada quantidade de ligações covalentes cruzadas foram efetuadas, denominado estágio B. Nesse estágio a resina ainda é moldável. Essa etapa é realizada na torre de tratamento, que nada mais é que uma estufa. Esse processo é conduzido para conferir integridade física ao conjunto reforço/matriz, para manuseio, sem, entretanto, alterar significativamente as condições reológicas da matriz para o processo de moldagem. Portanto, os parâmetros a serem controlados durante o processo de tratamento que leva ao estágio B são o tempo de residência e a temperatura na qual o mesmo é efetuado.

Embora cada formulação apresente um conjunto de condições adequadas para o estabelecimento do estágio B da formulação matriz termorrígida/endurecedor, de maneira geral, a temperatura é mantida à temperatura de gelificação por um determinado período de tempo. Após estabelecido o estágio B, o pré-impregnado é protegido por camadas de filmes separadores, para armazenagem e evitar eventuais contaminações. Uma vez que a matriz termorrígida e o endurecedor foram misturados, o processo de cura tem seu início. Para estancar ou reduzir o movimento molecular, é necessário que o pré-impregnado seja armazenado a baixas temperaturas (<-5 °C), fazendo com que o tempo de utilização do produto se prolongue por vários meses. O processo de manufatura do pré-impregnado altera as propriedades reológicas e a cinética de cura original do polímero, sendo, portanto, necessários ajustes no ciclo de cura a ser utilizado na moldagem do componente.

A manufatura de pré-impregnados com matriz termoplástica de alto desempenho, ilustrada na Figura 6.4, difere do processo utilizado para a manufatura de pré-impregnados com matriz termorrígida. De forma similar aos polímeros termorrígidos, a solubilização de polímeros termoplásticos não é uma alternativa adequada para a manufatura de pré-impregnados, porque há dificuldade para efetuar a eliminação do solvente após a impregnação, e há dificuldade na seleção de solventes apropriados para essa finalidade. Tendo em vista essas restrições, a opção que se mostrou mais favorável para manufatura de pré-impregnados termoplásticos implicava o uso de um método físico para agregar o polímero, na forma de partículas, por meio de carregamento eletrostático que permitia sua incorporação uniforme às fibras, mostrado na Figura 6.4.

Após a incorporação, o polímero é submetido à fusão em estufa, sendo posteriormente bobinado para armazenagem. A grande vantagem dos pré-impregnados termoplásticos, em relação a seus congêneres termorrígidos, é que os primeiros não apresentam limitações quanto ao tempo de armazenagem.

A manufatura de pré-impregnados se restringia a aplicações da indústria aeronáutica e espacial, em que são rígidos os requisitos de qualidade e desempenho do componente, e em que o custo é fator secundário. Esse fato restringia a aplicação de compósitos em outros segmentos da indústria, nos quais o custo é fator preponderante e é necessária alta cadência de produção, notadamente na indústria automobilística. Os processos de fabricação de compósitos para esse segmento industrial têm pouca liberdade de modificação e, portanto, o foco para redução de custo dos compósitos foi centrado na modificação da composição de matérias-primas utilizadas na manufatura, sem, entretanto, comprometer a resistência mecânica para aplicações a que foram destinados. Dessa forma, foi obtido um produto semimanufaturado denominado lâmina de moldagem composta-LMC (*sheet moulding compound*, em inglês SMC), que se caracteriza por ser um produto formulado (reforço, resina e aditivos) tendo uma alta porcentagem de carga mineral agregada de baixo custo. A exemplo do pré-impregnado de aplicação aeronáutica, a LMC pode ser moldada sem preparação adicional. A LMC pode ser obtida com mantas de fibras picadas, fibras contínuas ou com uma mistura dos dois tipos de reforço, e com qualquer tipo de fibra disponível, apresentando, dessa forma, uma gama de propriedades que pode ser adaptada para aplicações específicas. A Tabela 6.1 mostra um exemplo de uma formulação de LMC, em que também é especificada a função de cada componente. Pode-se observar a baixa porcentagem de reforço (fibras de vidro) e de matriz (resina poliéster), e a alta porcentagem de carbonato de cálcio utilizado como aditivo.

Tabela 6.1 Composição de uma formulação típica de uma placa de moldagem composta.

Componente	%/massa	Função
Estireno	13,4	Monômero reativo que permite pontes de ligações cruzadas.
Resina poliéster	10,5	Monômero reativo que dá rigidez ao polímero após cura.
Fibra de vidro	30,0	Reforço.
Carbonato de cálcio	40,0	Carga – aumenta o volume do material e reduz custo da peça.
Plastificante	3,40	Aditivo termoplástico – controla encolhimento.
Iniciador	1,00	Fornece radicais livres para iniciação do processo de cura.
Hidróxido de magnésio	0,70	Aumenta viscosidade e tixotropia.
Estearato de zinco	1,00	Lubrificante / agente de desmoldagem.

6.2.6 Moldagem em autoclave/hidroclave

O semimanufaturado pré-impregnado é transformado em compósitos laminados por meio de empilhamento e compactação das lâminas que o formam. Essa compactação pode ser realizada tanto em prensas quanto em autoclaves e hidroclaves, equipamentos estes que utilizam um meio gasoso e um meio líquido, respectivamente, como meio físico de compactação. A moldagem de compósitos em prensa apresenta limitações quanto ao tamanho do componente a ser produzido, sendo este limitado ao tamanho do molde que a prensa comporta.

Para aplicações estruturais de grande porte, principalmente na indústria aeronáutica, a moldagem em autoclave atende satisfatoriamente às necessidades, permitindo obter estruturas planas com dimensões de até 10 m x 5 m. A autoclave de moldagem é basicamente uma estufa pressurizada, na qual são realizadas as operações de cura do pré-impregnado. O processo de moldagem se inicia pelo empilhamento das camadas formadas pelas lâminas de pré-impregnados sobre o molde, previamente revestido com desmoldante. A orientação das fibras é definida previamente no projeto do componente. Sobre a disposição de camadas de pré-impregnados são colocados sucessivamente filmes canalizadores, mantas absorvedoras do excesso de resina, uma camada permeável, na qual a resina não adere (filme desmoldante, por exemplo, o tecido de *nylon* cru ou o *teflon* perfurado), e um filme polimérico, cuja função é isolar todo o conjunto do ambiente interno da autoclave, formando também uma bolsa que permite compactar o conjunto por meio de vácuo. A pressão de moldagem atua também sobre esse filme polimérico compactando as camadas. É necessário um ajuste adequado dos tempos em que iniciam a aplicação de vácuo e a pressurização adicional imposta pela autoclave ou hidroclave, para evitar excesso ou falta de resina após a cura do compósito. Esses tempos são importantes em decorrência da existência de uma faixa de valores da viscosidade da resina, na qual os instantes das aplicações do vácuo e da pressurização são mais favoráveis, em termos de se minimizar a porcentagem de vazios e otimizar-se a fração volumétrica de fibras do compósito. Para exemplificar, a Figura 6.5 mostra a representação esquemática de um equipamento laboratorial que simula condições de operação em uma autoclave. Nesse caso, a manta de borracha cumpre as funções do filme polimérico, ou seja, é sobre essa manta que a pressão para compactação das camadas de pré-impregnados, é aplicada.

Nos processos de moldagem manual e por aspersão normalmente se usa resinas de cera a frio. Por um lado, eles são relativamente simples e baratos, mas o tempo de cura, ao redor de 24 horas, é muito longo. Já nos casos em que se emprega moldagem a vácuo e principalmente autoclave, trabalha-se com resinas de cura a quente. A cura pode ser feita em poucas horas, e as propriedades mecânicas e de resistência ao calor da matriz melhoram.

Em autoclaves industriais a pressurização é realizada por meio de gás inerte (normalmente N_2) e a pressão pode atingir cerca de 0,7 MPa (cerca de 7 atm), operando a temperaturas de até 350 °C. O processo termina quando o ciclo de cura da resina é completado. O tempo e a temperatura de cura dependem do tipo de formulação de resina/endurecedor utilizado na manufatura do pré-impregnado. Após esse período, todo o sistema é despressurizado e a temperatura obedece a um ciclo predeterminado de resfriamento, quando então a peça é retirada do molde para acabamento. Com a cura em autoclave, pode-se obter compósitos com frações volumétricas de vazios (bolhas) inferiores a 1%.

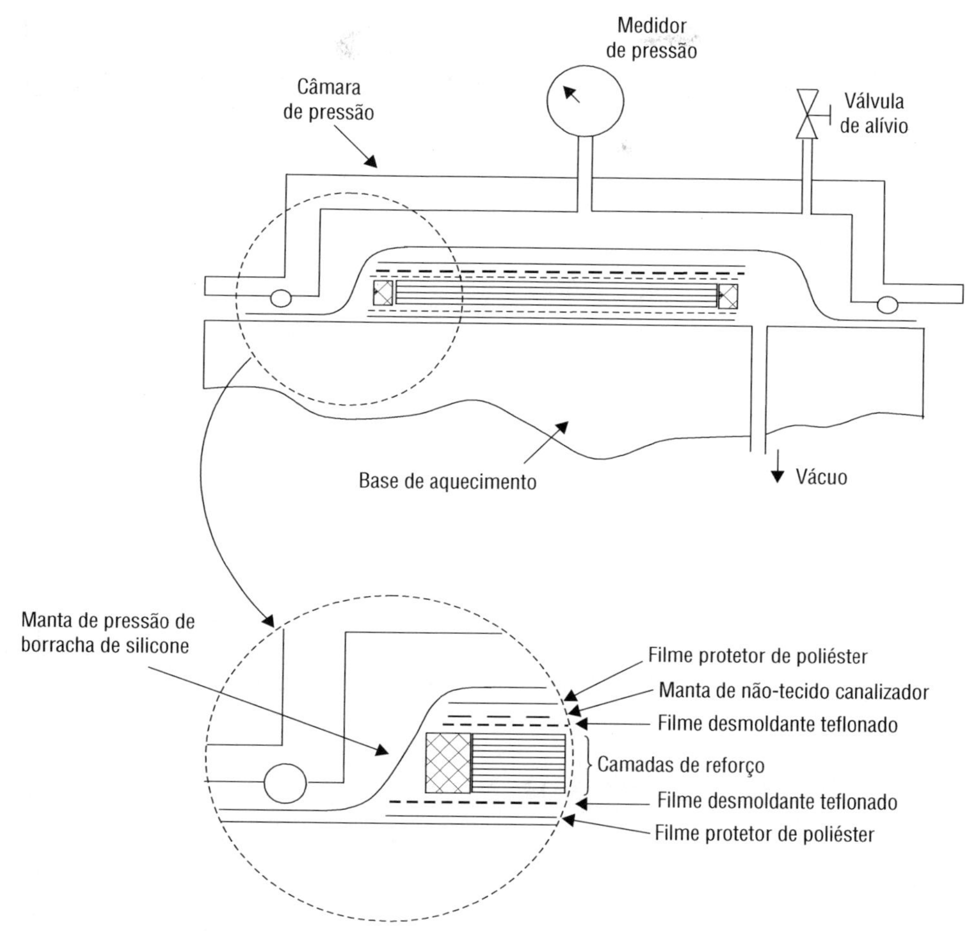

Figura 6.5 Diagrama esquemático de autoclave laboratorial de moldagem de compósitos.

A Figura 6.6 mostra uma representação esquemática de uma hidroclave para processamento de compósitos estruturais. Como mencionado anteriormente, esse equipamento utiliza um fluido (água) para compactação das camadas impregnadas do reforço. As pressões de compactação podem atingir até 7 MPa (~70 atm), fazendo com que a fração volumétrica de fibras atinja valores equivalentes a 75-80%, conferindo ao compósito uma resistência ao cisalhamento 25% maior que a obtida em relação aos processos de moldagem em autoclave. Na produção de compósitos estruturais com matriz de resina fenólica, que possuem boa resistência ao calor, mas emitem muitos voláteis durante a cura, é recomendado o uso de hidroclaves se for necessário reduzir a quantidade de bolhas.

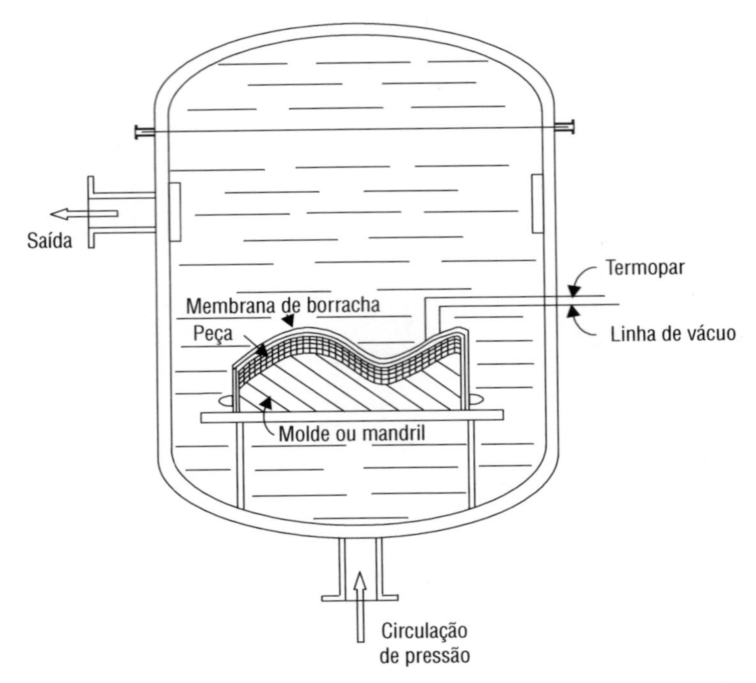

Figura 6.6 Representação esquemática de uma hidroclave para moldagem de compósitos.

6.2.7 Moldagem por compressão

A moldagem por compressão de compósitos é um processo que teve sua origem derivada do processo de estampagem de chapas metálicas. Esse processo pode ser utilizado tanto para processamento de compósitos formados com polímeros termoplásticos como com polímeros termorrígidos.

Os compósitos termoplásticos moldados por compressão a quente podem ser obtidos pelo empilhamento de camadas intercaladas de reforço e polímero na forma de filmes, ou pela utilização de híbridos reforço/polímero, conforme mostra esquematicamente a Figura 6.7. Por outro lado, os compósitos termorrígidos moldados por compressão podem ser obtidos pelo empilhamento de lâminas de pré-impregnados, ou pela moldagem de pré-misturas de reforço e matriz apropriadamente formuladas.

O processo tem início pela disposição do reforço com a orientação apropriada no molde, previamente tratado com produto desmoldante. O fechamento do molde se processa pelo abaixamento do punção superior, resultando na consolidação do material pela pressão aplicada. Para maior produtividade, o projeto do molde deve contemplar ângulos de saída para extração imediata do componente. A espessura do material resultante é previamente calculada pelo número de camadas empilhadas. O conjunto é, então, submetido a ciclos programados de aquecimento, sob pressão constante, para cura do compósito, caso a matriz utilizada seja termorrígida, ou amolecimento do polímero, caso a matriz utilizada seja termoplástica. Os ciclos de processamento por compressão de compósitos obtidos com matrizes termorrígidas são mais longos que os utilizados no processamento de compósitos obtidos com matriz termoplástica.

O processo de moldagem por compressão, envolvendo matrizes termoplásticas em particular, permite ciclos rápidos de processamento (1 a 5 min), e consequentemente leva a altos volumes de produção. A utilização de prensas para moldagem de compósitos tem um alto custo inicial, devido ao investimento imediato necessário em equipamentos de processo. Após a moldagem, algumas operações secundárias, como desbaste, por exemplo, devem ser efetuadas.

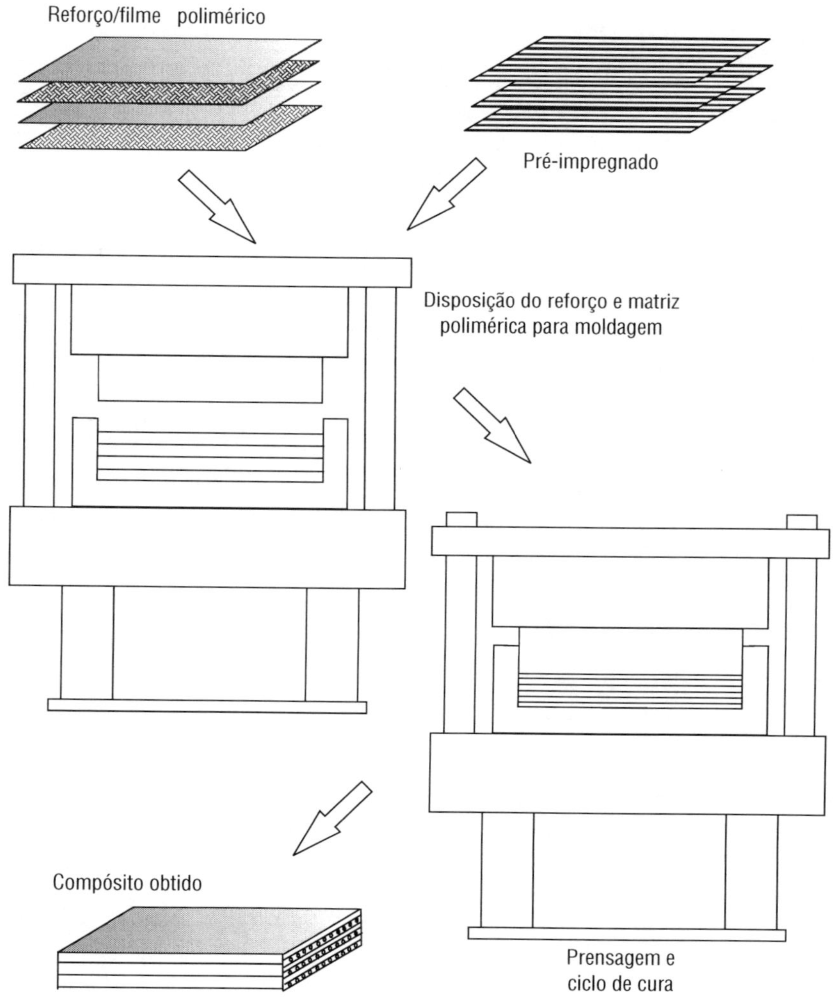

Figura 6.7 Diagrama das etapas envolvidas durante o processamento por compressão.

6.2.8 Bobinagem contínua (*filament winding*)

O processo de bobinagem contínua foi implementado nos primórdios da indústria de compósitos reforçados e, desde então, tem se mostrado o método ideal para manufatura de componentes de revolução ou axissimétricos, como, por exemplo, tubos e vasos cilíndricos, utilizando como matriz tanto resinas termorrígidas como polímeros termopláticos, e como reforço as fibras de carbono, vidro e aramida, ou híbridos destas. Nesse processo, os cabos de filamentos são apropriadamente impregnados pelo polímero e submetidos à bobinagem sobre um mandril rotatório. Quando são utilizados polímeros termorrígidos, as formulações devem apresentar alto tempo de gelificação para permitir que o trabalho seja completado em uma só etapa. A cura pode se processar à temperatura ambiente, mas, em muitos casos, um estágio de pós-cura a temperaturas elevadas, dependendo da formulação utilizada, é necessário. O componente é devidamente curado, ou solidificado no caso de termoplásticos, e o mandril removido. O processo de bobinagem exige investimento inicial alto em equipamento e ferramental, mas os materiais utilizados na manufatura e a mão de obra têm pouco impacto no custo final do componente a ser obtido. É importante que o projeto do ferramental seja bem concebido para evitar limitações quanto à sua remoção do mandril. Entretanto, em alguns casos excepcionais, por exemplo, na produção de vasos de pressão de parede híbrida, incluindo um selante metálico, o mandril pode ser permanente. O processo de bobinagem não é exequível em superfícies côncavas. A automatização do processo de bobinagem permite que a disposição do reforço sobre a superfície do mandril seja bastante precisa e reprodutível, resultando em redução de custo e alto volume de produção.

A Figura 6.8 mostra dois tipos básicos de bobinagem, helicoidal e polar, juntamente com uma representação dos graus de liberdade (translações e rotações) que podem ser necessários que o equipamento desenvolva durante o processo. O bobinamento geodésico resulta na mais eficiente forma de posicionamento do reforço, porque evita o deslisamento do cabo de filamentos da direção de bobinagem no mandril, sendo a disposição mais adequada para aplicações à alta pressão. O tipo mais simples de bobinagem, o qual necessita de máquinas com apenas dois graus de liberdade, é a bobinagem circunferencial (*hoop*). Neste caso, o ângulo de bobinagem é de 90°.

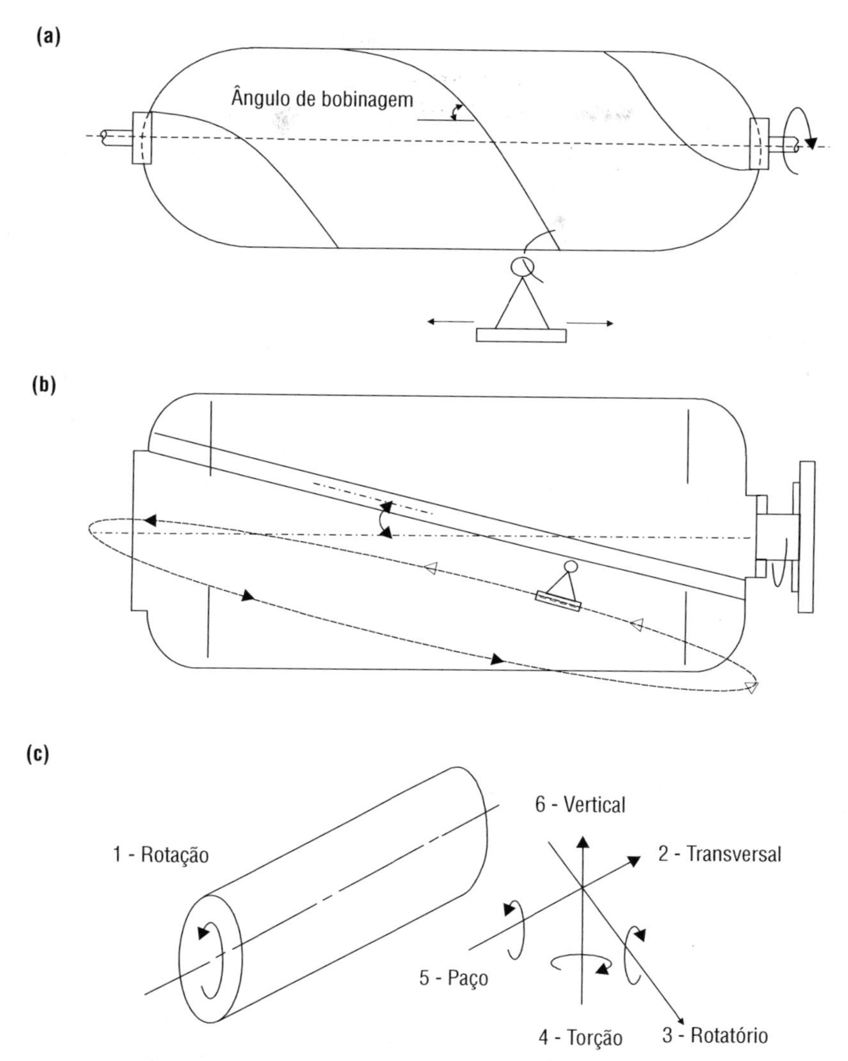

Figura 6.8 Diagrama do processo de bobinagem helicoidal (a) e bobinagem polar (b), (c) graus de liberdade.

6.2.9 Pultrusão (*pultrusion*)

O processo de pultrusão é uma técnica de processamento de compósitos introduzido no início da década de 1950, se caracterizando pela alta cadência de produção, por ser um processo contínuo e apresentando alto grau de automatização. Essa técnica de processamento é principalmente utilizada na fabricação de barras, tubos e perfis retos nas mais diversas geometrias e formas, embora o processo não permita a obtenção de componentes que possam apresentar variação na seção transversal, ao longo do comprimento, ou seja, o componente tem que ser prismático. A pultrusão pode utilizar reforços na forma de filamentos contínuos, fitas, mantas ou véus de baixa gramatura.

A Figura 6.9 mostra um diagrama esquemático, exemplificando o processo de pultrusão pela utilização de mechas de filamento contínuo. Inicialmente, o reforço, na forma de mechas de fibras contínuas (1), é impregnado em uma cuba (2), onde a resina está previamente formulada e com viscosidade adequada para impregnação. O parâmetro de processo mais importante é a adequação do tempo de gel da resina formulada impregnante, que deve ser rigidamente controlado para evitar a cura prematura do material ao adentrar o molde (3). Após a impregnação, o conjunto de fibra/matriz polimérica adentra o molde que vai conferir uma geometria ao componente que se deseja obter. Em particular, o molde define a seção transversal do componente. O molde nada mais é que um bocal com uma geometria definida. O molde é submetido ao aquecimento de fonte externa, sendo, portanto, de fundamental importância estabelecer um perfil térmico adequado à cura da resina formulada, ao longo do comprimento deste. Após a saída do molde, a peça está pronta.

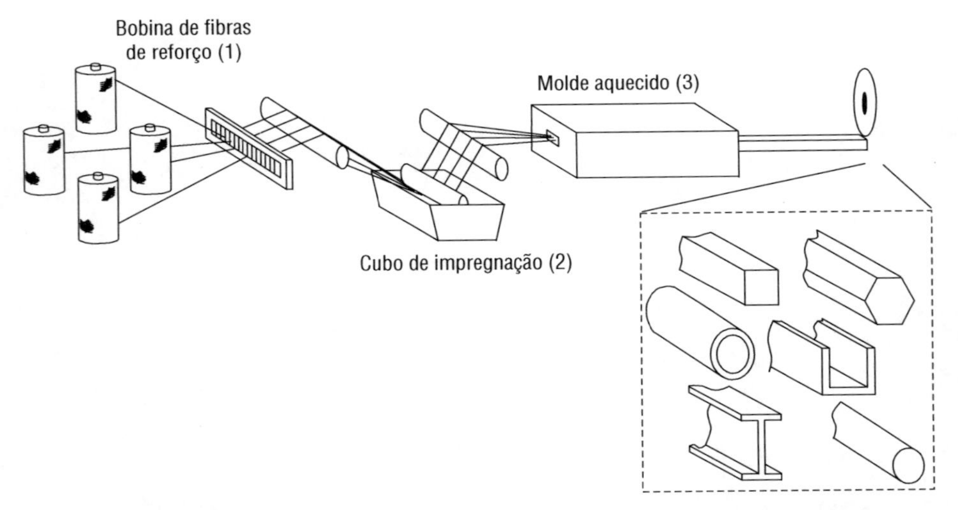

Figura 6.9 Exemplo esquemático do processo de pultrusão para obtenção de perfis e vigas em geometrias diversas com utilização de fibras unidirecionais de reforço.

A pesquisa dedicada ao processo de pultrusão tem concentrado esforços na otimização de perfis de aquecimento do molde, utilizando radiofrequência, por exemplo, na pultrusão de estruturas pré-formadas trançadas e na pultrusão circunferencial simultânea, onde mechas de reforço são bobinadas circunferencialmente a um reforço principal central (BANNISTER, 2001). O aquecimento, nos moldes convencionais, utiliza resistências elétricas.

6.2.10 Moldagem por transferência de resina (RTM)

O processo de moldagem por transferência de resina (também denominado *resin transfer moulding – RTM*), da mesma forma que o processo de bobinagem, foi introduzido como método de processamento nos primórdios da tecnologia de compósitos, mas só encontrou oportunidade comercial efetivamente no início da década de 1970. A designação desse processo se deve ao fato de ocorrer pela transferência da resina localizada no vaso de injeção adjacente à câmara do molde. Uma série de aplicações industriais de porte tem sido introduzida via esse processo desde então, notadamente na indústria automobilística.

A Figura 6.10 mostra esquematicamente as operações básicas envolvidas na moldagem por transferência de resina. O processo tem início pela disposição do reforço seco, ou preforma, com formato e orientação definidos dentro do molde, procedendo-se ao fechamento deste. A resina polimérica formulada de baixa viscosidade é então injetada, sob baixa pressão, para evitar a movimentação do reforço, por meio de uma ou mais válvulas dispostas na câmara do molde. Durante esse tempo, denominado tempo de infiltração, a resina flui através do reforço provocando seu molhamento uniforme. O ar é expelido por válvulas situadas em regiões opostas à injeção. O molde é, então, aquecido para que o processo de cura seja efetuado, após o qual a peça é removida. O tamanho da peça a ser produzida é restrito ao tamanho do molde. Resinas apropriadas aos processos de injeção por transferência apresentam viscosidade na faixa 100-300 mPa.s, incluindo as resinas de poliéster, vinil-éster, uretanos, epóxi, fenólicas, siliconas e bismaleimidas.

O processo de injeção por transferência é capaz de atingir tanto demandas da indústria automobilística, onde alto volume de produção deve ser aliado a baixo custo (500-50.000 partes/ano), quanto demandas da indústria aeroespacial, com alto desempenho aliado a baixo volume de produção (50-5.000 partes/ano). Além disso, variações no processo podem possibilitar a produção de peças complexas, de grande espessura e tamanho. Como nesse processo os moldes são fechados, portanto, simultaneamente macho e fêmea, ambas superfícies da peça, a interna e a externa, apresentam bom acabamento.

Uma vez que a resina líquida deve percorrer uma determinada distância para impregnar as fibras, a medida da resistência ao fluxo, ou escoamento, do fluido deve ser avaliada para que o projeto do molde seja adequado e otimizado. O reforço da preforma se comporta como um leito poroso, e a impregnação se efetua por pressão capilar. Portanto, as propriedades do reforço e as propriedades físico-químicas do fluido influenciam o escoamento deste por meio da pressão capilar, ou seja, o empacotamento do reforço determina a maior ou menor resistência ao escoamento do fluido para ocupar os espaços vazios da preforma, que correspondem ao conceito de permeabilidade. Por exemplo, quando a permeabilidade é pequena, a velocidade do fluxo de matriz para ocupar os espaços vazios da preforma é pequena.

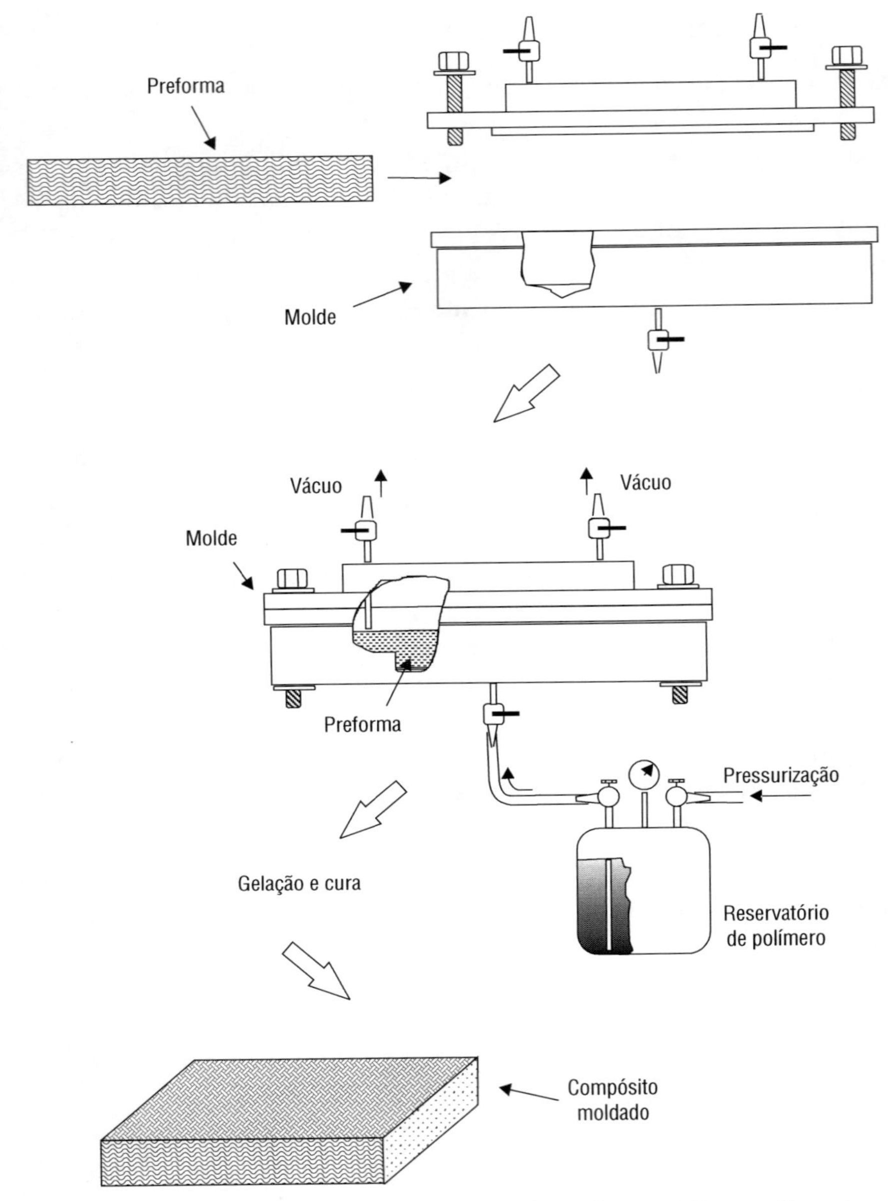

Figura 6.10 Diagrama esquemático do processo de manufatura de compósitos com fibras de poliacrilonitrila/polissiloxanos pelo método de injeção por transferência de polímero (RTM).

Um dos métodos mais utilizados para medidas de permeabilidade é por meio de fluxo radial em uma cavidade plana (LUO et al., 2001), resultando em medidas de permeabilidade tensorial, conforme exemplificado pela Figura 6.11. Quando nesse fluxo o avanço do fluido no molde apresenta o formato elíptico, a permeabilidade (ϕ) pode ser obtida pela seguinte equação (LUO et al., 2001):

$$\phi = \frac{4k \cdot \Delta P \cdot t}{\in \cdot \eta \cdot r_0^2} \tag{6.1}$$

onde, ϕ = formato da frente do fluxo elíptico, $K = \sqrt{K_1 . K_2}$ é a permeabilidade efetiva e K_1 e K_2 são os componentes principais da permeabilidade no plano, ΔP = diferença de pressão imposta, t = tempo de medida, $\in$ = porosidade, η = viscosidade, r_o = raio de injeção.

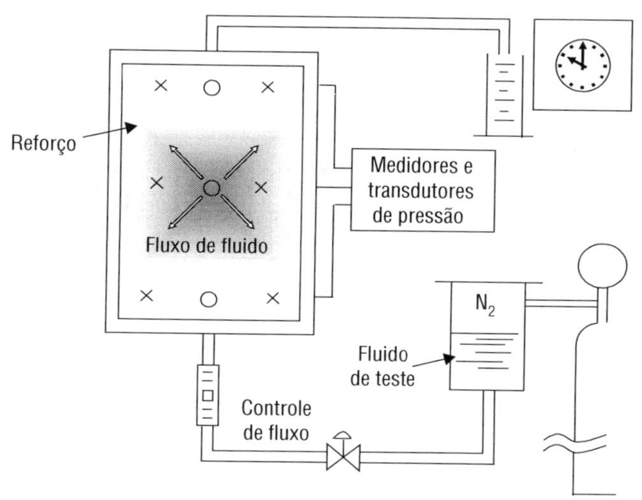

Figura 6.11 Diagrama esquemático de experimento de medida de permeabilidade para reforços de fibras para fluxo unidimensional.

No molde, são realizadas as medidas das diferenças de pressão, provocadas pelo fluxo de resina, por meio de transdutores em diferentes intervalos de tempo. Também é necessário medir a vazão. A permeabilidade pode apresentar valores de $0{,}7.10^{-10}$ m^2, para medidas efetuadas em preformas de um tecido plano (420 g/m^2), com 53,5%/volume de fibras, até $25{,}5.10^{-10}$ m^2 para medidas efetuadas em preforma de um tecido tricotado (700 g/m^2), com 19%/volume de fibras, quando óleo de silicone (340 mPa.s) é utilizado como fluido à temperatura de 25 °C (LUO et al., 2001). De forma geral, o valor da permeabilidade se reduz em função do aumento na fração volumétrica de fibras.

Uma das vantagens marcantes do processo de injeção por transferência, em relação a outros processos e técnicas de moldagem de compósitos, é a separação existente entre o processo de moldagem e o projeto da preforma que dá origem ao compósito. Isso permite criar materiais para demandas específicas. O processo de injeção por transferência possibilita ainda o controle da fração volumétrica de reforço, baixa emissão de solventes, investimento de capital médio, produz componentes com boa repetibilidade, com integração de partes, sendo ainda um método bastante competitivo, como mencionado anteriormente, quando se consideram altos volumes de produção, integração de componentes, flexibilidade no projeto de moldes e, dependendo da qualidade de usinagem do molde, possibilita excelente qualidade superficial, ao longo de toda a superfície da peça.

Por se tratar de um processo com molde fechado (macho e fêmea, simultaneamente), o bom acabamento superficial ocorre em toda a superfície da peça (isto é, interna e externa) a ser fabricada pelo processo de injeção por transferência. Na moldagem a vácuo por exemplo, em que o investimento com ferramental é bem inferior, em relação ao processo por transferência, um bom acabamento só é obtido na superfície em contato direto com o molde, pois na região superficial em contato com a bolsa de vácuo ele é de qualidade inferior. A moldagem a vácuo é uma alternativa bem econômica para a manufatura de protótipos. E, uma vez que a geometria do componente a ser desenvolvido foi definida, o processo de injeção por transferência é recomendado para sua fabricação seriada, principalmente se a produção desejada for superior a mil unidades do componente em pauta. Tal fato justifica-se em virtude de o ferramental requerido no processo de injeção por transferência, normalmente confeccionado em aço inoxidável, ser mais caro, e o retorno do capital investido só vir a ocorrer, via de regra, quando a produção envolver mais de um milhar de peças.

O projeto adequado de um sistema de injeção por transferência compreende o estudo dos seguintes parâmetros básicos:

- Preforma – tipo, arquitetura, orientação e permeabilidade;
- Ferramental – projeto, material, permeabilidade;
- Sistema de injeção – temperatura, viscosidade da resina, permeabilidade e cinética de cura; e
- Processo de cura – transferência de calor, temperatura e tempo.

Na moldagem de peças de grande tamanho pelo processo de injeção por transferência, é necessário assegurar o preenchimento de toda a cavidade do molde por múltiplos pontos de injeção. Entretanto, podem ocorrer vazios onde não há presença de matriz. Para suplantar essa limitação, foi desenvolvido um processo híbrido, derivado dos processos de moldagem por injeção e moldagem a vácuo, que ganhou a denominação de moldagem por infusão, conforme mostra esquematicamente a Figura 6.12. Nesse processo, a disposição do reforço na forma de camadas, sem impregnação, sobre a superfície do molde, é realizada de forma similar à moldagem em autoclave. Nesse caso, entretanto, as camadas de reforço são intercaladas com camadas de um filme semissólido de resina pré-catalisada, preparada de modo similar ao processo de pré-impregnados. Sobre o empilhamento, é sobreposto um filme de tal forma que forme um invólucro selado em suas bordas, de maneira similar ao processo de moldagem a vácuo, Figura 6.1c. Esse processo não exige necessariamente a utilização de autoclave para completar o ciclo de cura, mas é necessário submeter o conjunto ao aquecimento para provocar a redução da viscosidade, e, consequentemente, o fluxo da resina nos espaços vazios do reforço. Esse processo permite a obtenção de peças de grande tamanho em molde aberto, com requisitos adequados a aplicações estruturais, em que a fração volumétrica de fibras pode ser controlada com maior precisão e atingir níveis mais elevados (da ordem de 55%), resultando em baixo conteúdo de vazios.

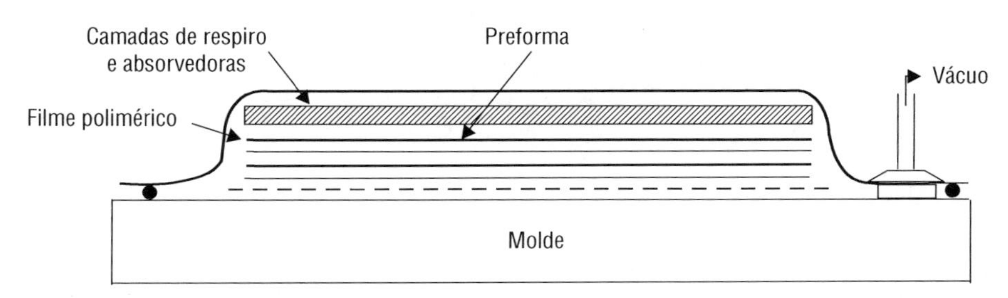

Figura 6.12 Representação esquemática do processo de manufatura de compósitos por infusão de resina.

Nesse processo, pode-se utilizar molde tipo macho ou fêmea. Ao se trabalhar com molde fêmea, obtém-se um melhor acabamento na superfície externa da peça. E, quando se emprega molde macho, o bom acabamento ocorre na superfície interna. Em síntese, o acabamento da superfície em contato direto com o molde é bem melhor do que o da superfície da peça em contato com o absorvedor.

6.2.11 Processo de injeção para manufatura de compósitos

A moldagem por injeção é um processo clássico de manufatura de componentes poliméricos que se caracteriza por etapas cíclicas. O polímero passa por uma etapa de transporte até o molde fechado onde, então, é injetado, e posteriormente solidificado, tomando a forma interna do molde. Esse processo pode ser tanto utilizado para polímeros termoplásticos quanto para termorrígidos. A incorporação de reforço ao polímero no processo de modagem por injeção pode ocorrer de duas maneiras: (a) o reforço na forma de fibras curtas adicionado ao polímero, antes do processo de injeção, ou (b) a preforma é previamente acondicionada no molde e o polímero é injetado posteriormente, após o fechamento do molde. Quando o processo é realizado com as fibras dispersas no polímero, é necessário ajustar os parâmetros de processamento de tal forma que não ocorra redução do comprimento da fibra, degradação do filamento, ou mesmo segregação durante a injeção.

O sistema clássico de injeção é mostrado na Figura 6.13. O corpo da injetora é constituído de um componente cilíndrico externo aquecido e de uma rosca interna que tem a função de transportar o material para preenchimento do molde, cuja cavidade interna tem a geometria do componente que se deseja obter. A taxa de fluxo e a temperatura são os parâmetros de controle.

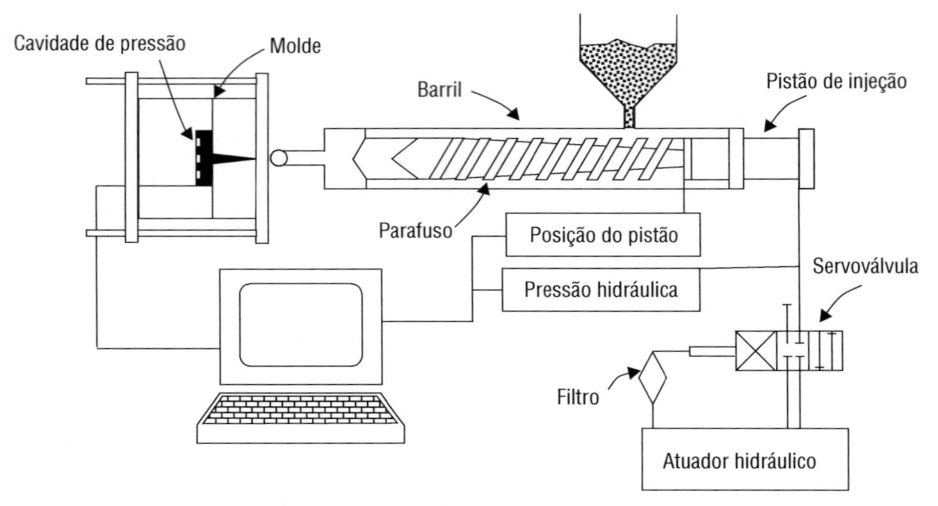

Figura 6.13 Diagrama esquemático de uma injetora para moldagem de termoplásticos reforçados.

6.3 PROCESSAMENTO DE COMPÓSITOS COM MATRIZES CERÂMICAS E CARBONOSAS

6.3.1 Introdução

As técnicas convencionais de fabricação de compósitos cerâmicos se baseiam na utilização de técnicas de prensagem a quente, injeção, extrusão etc., onde os monolitos cerâmicos são obtidos pela aglomeração/compactação de partículas, tanto da fase matriz como da fase reforçante e de um ligante apropriado. Durante o processamento, as fases são submetidas a altas temperaturas e pressão simultaneamente, para sinterização. Essa técnica não é conveniente para utilização, onde o reforço é constituído de fibras longas, em virtude do fato de provocarem limitações de tamanho do componente a ser moldado (tamanho dos equipamentos de prensagem a quente), e porque, durante o processo de consolidação, danos são causados às fibras, em decorrência dos esforços compressivos. Esse problema fez com que novos métodos de processo fossem desenvolvidos para obtenção de Compósitos com Matriz Cerâmica (CMC) (DICARLO; BANSAL, 1988). Os principais métodos para formação da matriz cerâmica são a impregnação por polímeros, seguida de pirólise, e a infiltração química em fase gasosa (NASLAIN, 1999).

6.3.2 Processamento via pirólise polimérica

A pirólise de polímeros orgânicos para dar origem a materiais cerâmicos e carbonosos não é assunto novo. Provavelmente, os carbonos foram os primeiros materiais a serem obtidos por pirólise controlada, utilizando precursores orgânicos. Atualmente, uma grande variedade de precursores orgânicos, inorgânicos e organometálicos tem sido utilizada para obtenção de materiais cerâmicos, tendo por finalidade a utilização desses materiais como formadores de sólidos monolíticos ou de matriz em compósitos (FITZER; MUELLER; SCHAEFER, 1971, WYNNE; RICE, 1984, RADOVANOVIC, 1999, SCHIAVON, 2002).

O carbono não se funde e não é sinterizável, exceto a pressões e temperaturas elevadíssimas, sendo impraticável a obtenção desse material por meios que utilizem processos de sinterização ou fusão. A alternativa viável para obtenção de carbono, via fase líquida, é pirolisar compostos de hidrocarbonetos, principalmente resinas termorrígidas e piches. A pirólise de compostos de hidrocarbonetos para formação de carbono tem sido uma das rotas mais utilizadas, tendo como finalidade principal a obtenção de compósitos de carbono reforçados com fibras de carbono (CRFC) (SHEEHAM et al., 1994). Os compósitos CRFC são uma classe de materiais de engenharia que aliam as vantagens da alta resistência e rigidez específicas das fibras de carbono com as propriedades refratárias da matriz de carbono, permitindo que o material apresente boa resistência à ablação e ao choque térmico, boa resistência mecânica, alta rigidez e inércia química, elevada condutividade térmica e elétrica e baixa massa específica. A utilização de um precursor líquido, que tanto pode ser uma resina termorrígida ou um piche, para formação do carbono, define o processamento por fase líquida. A escolha do precursor carbonoso vai determinar o tipo de processo a ser utilizado na manufatura do material. Em qualquer circunstância, o reforço ou preforma passa por um processo inicial de impregnação, que favorece a fixação da geometria da peça a ser manufaturada.

A Figura 6.14 mostra, esquematicamente, que na primeira etapa de processamento a preforma é montada e disposta com a orientação desejada e fixada por meio de um gabarito. Esse conjunto é colocado em um vaso de impregnação, onde, inicialmente, faz-se vácuo e, posteriormente, injeta-se o polímero, sob pressão, para permitir que os interstícios e espaços vazios entre as fibras sejam completamente preenchidos por ele. A gelificação do polímero permite consolidar o formato do componente a ser obtido. A peça é então submetida à pirólise para conversão do polímero em material cerâmico. O processo de pirólise acarreta a formação de porosidade, em virtude da formação de voláteis e microtrincas, e em decorrência das diferenças de coeficientes de expansão entre o reforço e a matriz.

A redução da porcentagem de vazios é efetuada em processos sucessivos de re-impregnação e pirólise, pelo número de ciclos necessários para atingir uma massa específica adequada. Cada processo deve se adaptar ao componente que se deseja manufaturar, podendo, em qualquer etapa de processamento, optar-se por metodologias diferentes para obter o compósito CRFC. Portanto, uma imensa variedade de materiais e componentes pode ser obtida. Por exemplo, freios de aeronaves podem ser inicialmente moldados com matriz resina fenólica e posteriormente ser submetidos a um processo de densificação pela utilização de infiltração química em fase gasosa. A densificação é assim denominada, porque reduz a porosidade remanescente após a pirólise inicial da preforma. Por outro lado, estruturas mais espessas, como gargantas de tubeiras de foguete ou proteções térmicas adjacentes a estas são obtidas por processamento em fase líquida, pela utilização, na maioria dos casos, de matrizes oriundas de piches e/ou matriz de resina fenólica. É importante que, durante o processamento de compósitos CRFC, seja obtido o máximo de rendimento em carbono, após o processo de pirólise, do material utilizado como precursor da matriz. Evita-se assim um número excessivo de ciclos de reimpregnação, possibilitando a redução do tempo de processo.

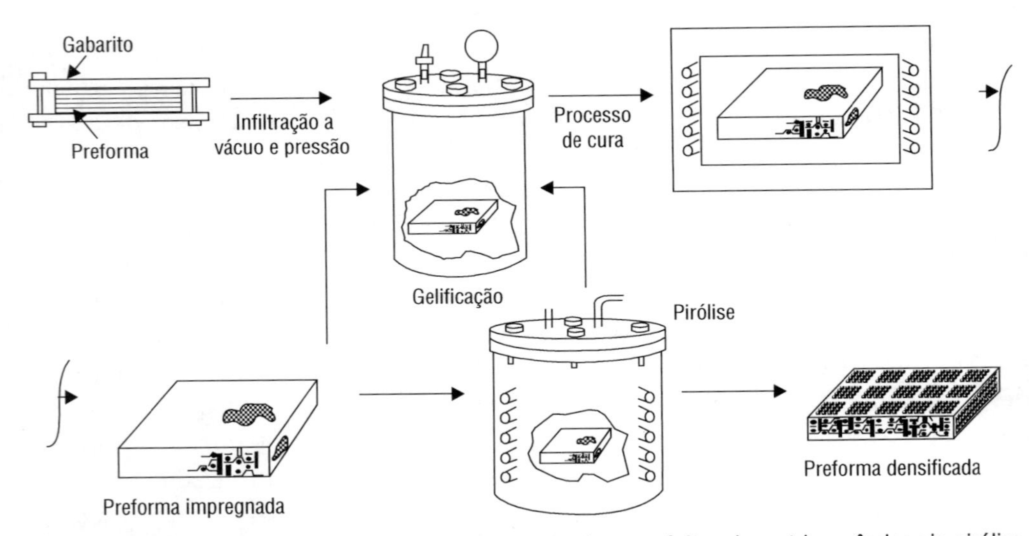

Figura 6.14 Diagrama esquemático do processamento de compósitos de matriz cerâmica via pirólise polimérica.

Pode-se efetuar cálculos visando obter o perfil de incremento de massa específica de preformas multidirecionais, considerando sua fração volumétrica de vazios e o rendimento em carbono da matriz impregnante. As Figuras 6.15 e 6.16 mostram exemplos calculados do incremento da massa específica, em função das etapas do processo de densificação, resultante da incorporação de matriz carbonosa derivada de matriz de piche para preformas 3D e 4D (Figura 4.19). Considera-se, nesse caso, que o processo de pirólise é realizado até 1.000 °C e a duas pressões distintas, para verificar o efeito do rendimento em carbono. Pressões de pirólise próximas a 0,1 MPa resultam em rendimento em carbono de 50% e pressões de pirólise próximas a 100 MPa resultam em rendimento em carbono de 85%. Considera-se também que os vazios remanescentes após o processos de pirólise sejam preenchidos totalmente na etapa posterior de impregnação. Observa-se, pelos gráficos das Figuras 6.15 e 6.16, que as taxas de incremento de massa específica são maiores quando o processamento é realizado a pressões de 100 MPa. A taxa de incremento de massa específica de uma preforma 4D (Figura 4.16) é maior que a de uma preforma 3D (Figura 4.15), em virtude da maior capilaridade e interconexão entre poros inerentes à preforma 4D.

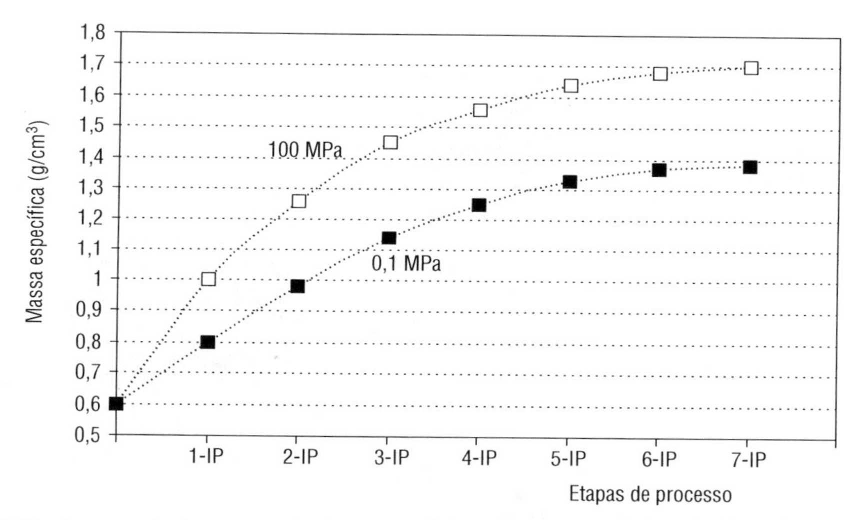

Figura 6.15 Incremento de massa específica em função das etapas de impregnação/pirólise (IP) de uma preforma 3D ortogonal 2:2; com matriz carbonosa derivada de piche.

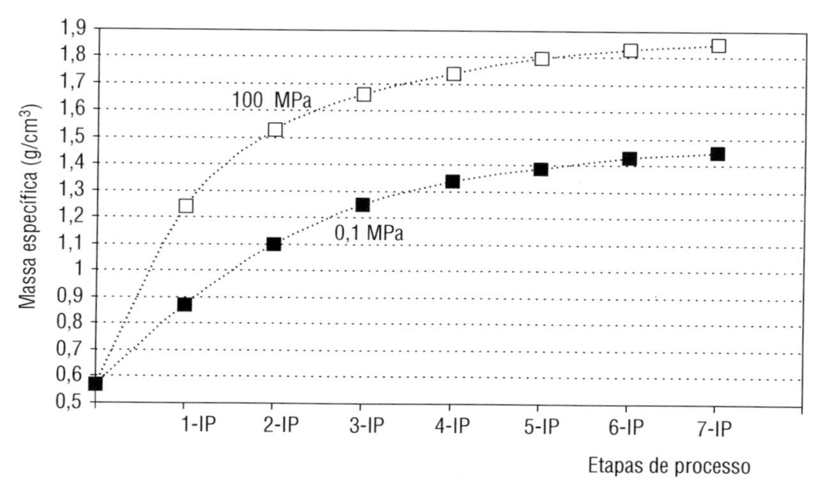

Figura 6.16 Incremento de massa específica em função das etapas de impregnação/pirólise (IP) de uma preforma 4D planar 2:2.

A Figura 6.17 mostra um exemplo típico de uma microestrutura de uma região de confluência de reforços (varetas), resultante do processo de densificação de preformas multidirecionais. Na região central, são observadas lamelas de cadeias resultantes do processo de empacotamento de planos basais alinhados (a), após o processo de pirólise. Os reforços (varetas unidirecionais) que compõem a preforma também podem ser identificados (b) e percebe-se que estão orientados em diferentes direções, e envolvidos pela matriz carbonosa.

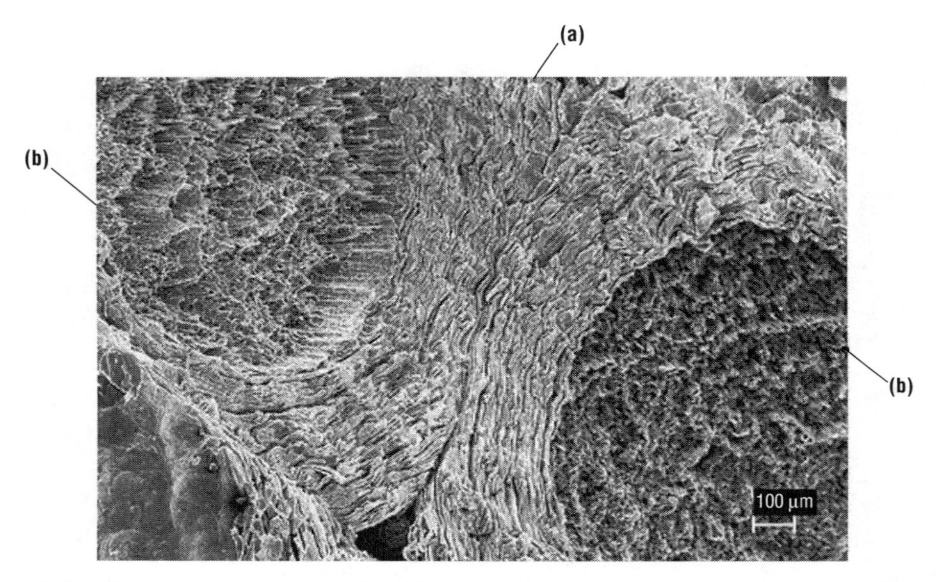

Figura 6.17 Micrografia de uma região de confluência entre reforços (varetas) posicionados em diferentes direções de uma preforma multidirecional.

As resinas termorrígidas, salvo casos especiais, não alteram seu rendimento em carbono quando submetidas a condições de pirólise sob pressão. O contrário ocorre com os piches, conforme descrito no Capítulo 2, e apresentado nas Figuras 6.15 e 6.16, ou seja, quanto maior a pressão de processo maior seu rendimento em carbono. Como a matriz polimérica possui uma massa específica menor que o produto pirolisado que irá gerar, faz-se necessária a realização de vários ciclos de impregnação/pirólise para reduzir a porosidade gerada.

A multiplicidade de ciclos de reimpregnação utilizados no processamento via líquida é resultado dos seguintes fatores: (1) baixo conteúdo de carbono dos materiais impregnantes; (2) escoamento prematuro (exudação) do material impregnante dos poros da peça durante o processo de pirólise do compósito; (3) baixa pressão durante o processo de impregnação/pirólise do compósito; e (4) taxas de aquecimento muito altas, que impedem o aquecimento uniforme da peça e, assim, aumentam os efeitos de evolução de gás do material impregnante sob pirólise.

A pressão de processo adequada para pirólise do piche somente é atingida pelo uso de vasos de pressão operados à alta pressão (~100 MPa, aproximadamente 1.000 atm) e alta temperatura (800 °C), como mostra o diagrama esquemático da Figura 6.18, denominados de vasos para prensagem isostática a quente ou hiperclaves. A peça a ser densificada é encapsulada e selada previamente em invólucro de aço. A parte interna do vaso é constituída de um elemento resistivo isolado do vaso por uma barreira térmica, que o mantém a temperaturas próximas da ambiente. A pressão é transmitida à peça por intermédio de um meio gasoso inerte (hélio, argônio ou nitrogênio). A hiperclave é dotada de sistemas auxiliares de suprimento de gases, compressores e controladores de fluxo para o sistema de pressurização, e de controladores programáveis de temperatura para o ciclo térmico.

De forma equivalente aos precursores de hidrocarbonetos poliaromáticos, a pirólise de polímeros inorgânicos tem sido útil tanto na preparação de cerâmicas contendo oxigênio em sua estrutura, quanto para a preparação de cerâmicas não óxidas (DURÁN et al., 1997). Os polímeros contendo silício, carbono e nitrogênio podem ser pirolisados em atmosfera inerte (argônio por exemplo), dando origem a materiais cerâmicos, como, por exemplo, o carbeto de silício (SiC), o qual apresenta bom desempenho a altas temperaturas. Os trabalhos pioneiros de Yajima (1975) mostraram que o poli(dimetilsilano), polímero insolúvel que aquecido a temperaturas de 300 °C – 400 °C, em atmosfera inerte, se transforma em policarbossilano, solúvel, seguido de pirólise a temperaturas entre 1.000 °C e 1.200 °C, levando à obtenção do SiC. A partir deste estudo, teve início uma série de outros envolvendo polissilanos, policarbossilanos ou policarbossilazanos que reforçaram as vantagens da utilização dessa rota de processamento para a obtenção de materiais cerâmicos à base de Si-C, SiCxOy ou Si-C-N (RIEDEL; DRESSLER, 1996; SCHIAVON, 2002). O processo de manufatura de compósitos com matriz cerâmica é similar ao processamento de compósitos CRFC em fase líquida, conforme ilustrado na Figura 6.14, e pode-se utilizar dos mesmos equipamentos e procedimentos de processo.

Uma variante da rota polimérica para obtenção de CMC se utiliza da tecnologia de sol-gel. O processo sol-gel envolve basicamente uma reação de alcóxidos formulados com um solvente apropriado, dando origem a uma solução de um polímero organometálico. Essa solução (sol) é convertida em gel quando mantida a uma determinada temperatura e período de tempo (WHITE et al., 1987a; WHITE et al., 1987b). No processo sol-gel são utilizados materiais de alta pureza, de tal forma que os produtos formados possuem uma composição bastante controlada para atender às necessidades de aplicação. A impregnação da preforma e o tratamento térmico da peça também são efetuados de forma similar ao processo polimérico descrito anteriormente. Os processos que utilizam polímeros organometálicos (método polimérico e método sol-gel) são economicamente interessantes, porque não utilizam nenhum equipamento especial, de custo elevado, há pouca perda de material, e componentes com geometrias complexas podem ser obtidos.

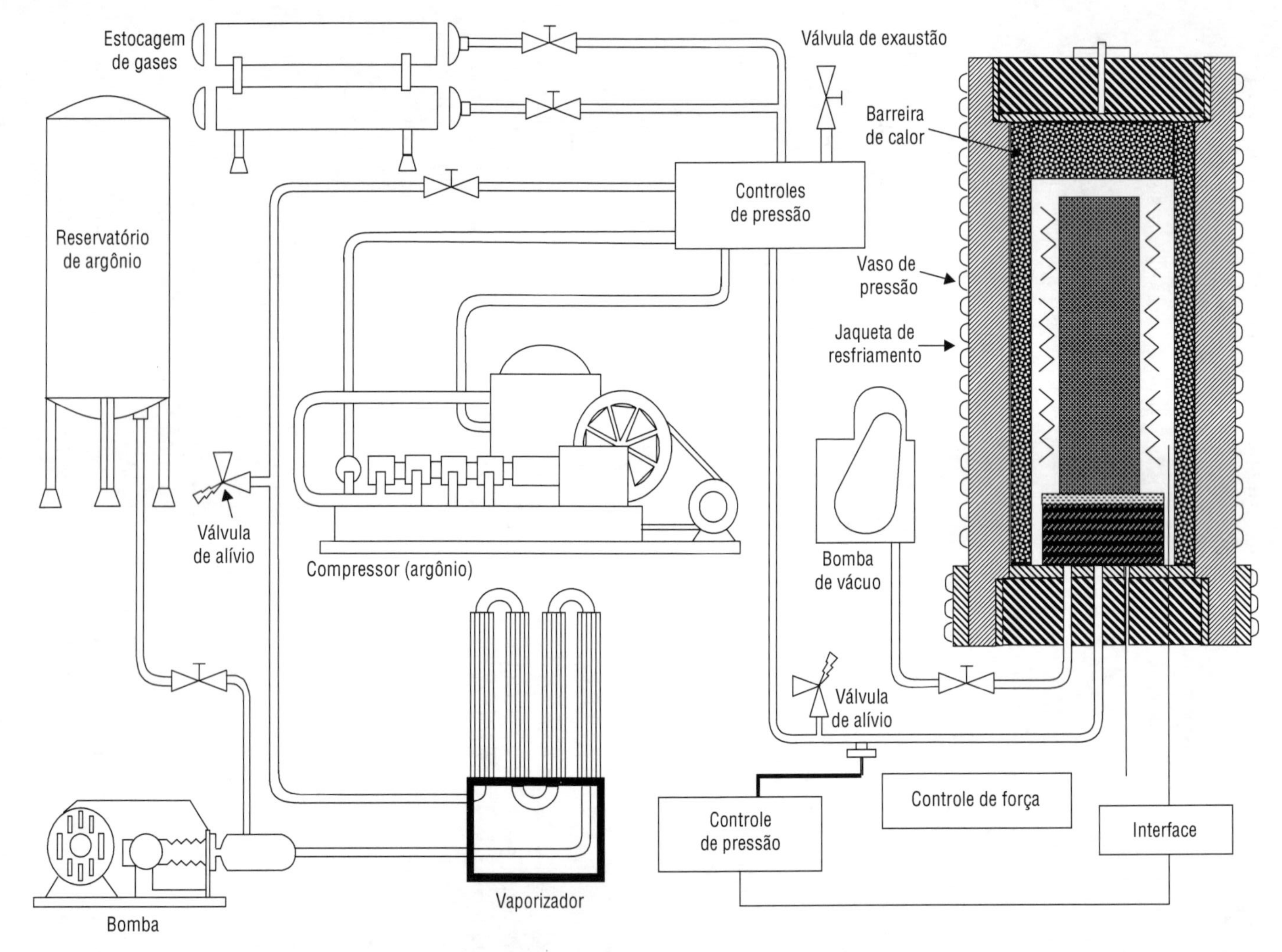

Figura 6.18 Diagrama esquemático de um sistema constituído de vaso de pressão e acessórios para prensagem isostática a quente (MADERAZZO, 1984).

A busca por processos que resultem em menor custo ou facilidade de processamento trouxe o advento de um outro processo de moldagem em gel, denominado *gelcasting*, que inicialmente foi destinado à moldagem de matrizes cerâmicas (GILISSEN et al., 2000). Nesse processo, o material de moldagem é constituído de uma massa, formulada com um pó-base disperso do material a ser obtido (> 50%/massa), água e monômeros orgânicos solúveis em água. O ajuste da viscosidade da solução é efetuado de forma que permita a impregnação do reforço. Após a moldagem, o monômero e a mistura são polimerizados para formação de material gelificado, de maneira similar ao processo convencional de sol-gel. O *gelcasting* é um processo químico que difere do processo sol-gel, em que o material de partida é um composto organometálico (alcóxidos) e a reação de gelificação ocorre por condensação, que apresenta alto encolhimento após gelificação. Após secagem do gel, o material é pirolisado, e o processo de sinterização se completa. Esse processo, portanto, pode ser utilizado por uma grande variedade de materiais particulados cerâmicos e metálicos, e permite a fabricação de componentes próximos à geometria final da peça, mesmo a baixos volumes de produção. A Figura 6.19 mostra um diagrama esquemático do processo *gelcasting*. O processo *gelcasting* tem por base os conceitos tradicionais de processo cerâmico e processamento polimérico (polimerização em cadeia).

O processo de *gelcasting* produz cerâmicas estruturais (Al_2O_3, ZrO_2, Si_3N_4, SiC, SiO_2, Al_2TiO_5, SnO_2, SiAlON, ferritas etc.), apresentando propriedades superiores às superligas metálicas, e também compósitos (Nicalon/RBSN, Al_2O_3-ZrO_2) apresentando ainda baixa massa específica, resistência à corrosão e ao desgaste. O desenvolvimento desse processo tem feito com que as propriedades dos componentes manufaturados sejam continuamente melhoradas. Componentes com geometrias complexas têm sido obtidos por usinagem tanto de componentes moldados (verdes) quanto de componentes submetidos à pirólise.

No processo *gelcasting* somente uma pequena porcentagem de componentes orgânicos estão presentes, fazendo com que a remoção de voláteis seja menos crítica em relação a outros métodos de fabricação. As vantagens do método *gelcasting* são as seguintes:

- permite a obtenção de peças com geometrias complexas;
- tem fácil implementação, em virtude da similaridade com outros processos já estabelecidos;
- baixo investimento de capital;
- materiais de moldagem de baixo custo;
- possibilidade de implementar produção em larga escala;
- o moldado "verde" apresenta resistência mecânica relativamente alta e, portanto, pode ser usinado para posterior tratamento térmico;
- possibilita obtenção de materiais com propriedades homogêneas;

- baixo conteúdo de materiais orgânicos, facilitando a remoção de ligantes; e
- susceptível de utilização tanto para materiais particulados metálicos, assim como para cerâmicos.

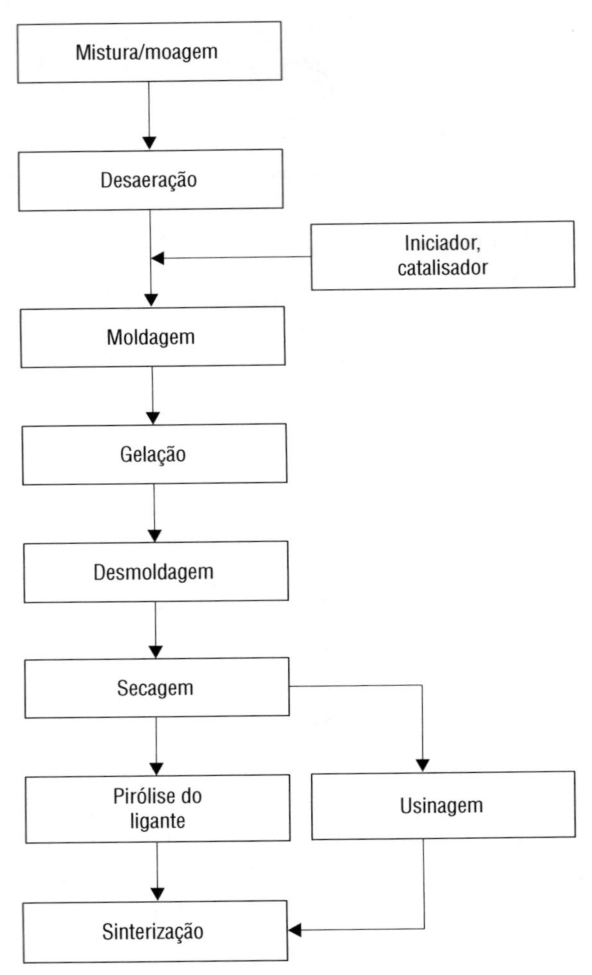

Figura 6.19 Diagrama esquemático do processo *gelcasting*.

Outra variante utilizada para processamento de materiais cerâmicos monolíticos que utiliza a tecnologia de gel é o processo de *slip casting*, que é conduzido mediante a utilização de um pó cerâmico base, um veículo (água, por exemplo), um dispersante e um ligante (PVA, por exemplo). O processo *slip casting* tem algumas limitações que o fazem menos atraente em relação ao processo *gelcasting*, a saber: depende da remoção de água para gelificação; baixa taxa de moldagem (horas);

pode apresentar variações na massa específica; espécies solúveis podem se concentrar; é necessária a utilização de moldes especiais e o processo não é automatizado; e as peças moldadas "verdes" não apresentam resistência mecânica adequada para o processamento.

6.3.3 Processamento via infiltração química em fase gasosa

A decomposição ou reação de reagentes gasosos oriundos de compostos orgânicos ou organometálicos, em substratos constituídos de preformas porosas, são uma alternativa de processamento para obtenção de compósitos com matriz cerâmica com fibras longas e curtas (BASHFORD, 1982). O processo assim efetuado é denominado de infiltração química em fase gasosa. Nesse processo as preformas são mantidas a altas temperaturas e, concomitantemente, o material da matriz é infiltrado e incorpora-se na estrutura do substrato por meio de reações de deposição química em fase gasosa. Os depósitos crescem continuamente para formar a matriz do compósito, processo este que é denominado densificação. O processo de infiltração química em fase gasosa é bastante atrativo porque impõe baixa tensão mecânica sobre a preforma, e possibilita a obtenção de uma combinação apropriada no sistema fibra–interface–matriz juntamente com modestas diferenças nos coeficientes de expansão térmica, produzindo um compósito com um mínimo de tensões residuais (CHOY, 2003).

As reações de infiltração gasosa, CVI ("Carbon Vapor Infiltration"), são atrativas, porque permitem obter-se uma grande variedade de materiais cerâmicos para a matriz, incluindo-se os carbonosos, os silicosos, os boretos, carbetos, nitretos e óxidos. Essa técnica permite a formação de materiais de alto ponto de fusão (T > 1.500 °C) a temperaturas relativamente baixas (1.000 – 1.500 °C), evitando-se a degradação das fibras que compõem a estrutura do material de reforço.

As técnicas de infiltração gasosa se dividem em cinco tipos, conforme mostrado esquematicamente na Figura 6.20. O processo comercialmente mais usado é a infiltração gasosa isotérmica, Tipo I, que depende somente da difusão dos reagentes para o transporte de material, e geralmente opera em pressão reduzida (1 a 10 kPa) para o controle da taxa de deposição. Embora esse processo seja lento, requerendo, por vezes, períodos de tempo contínuo de até vários dias para obter-se uma deposição satisfatória, ele é comercialmente atrativo porque um grande número de peças de várias dimensões é facilmente acomodado em um único reator. É necessária também a usinagem periódica das peças no decorrer do avanço da densificação, provocando intervalos nos ciclos de processamento, mas evitando a impermeabilização da superfície das peças e permitindo, assim, que os reagentes penetrem no interior das peças, resultando em um material de massa específica mais uniforme.

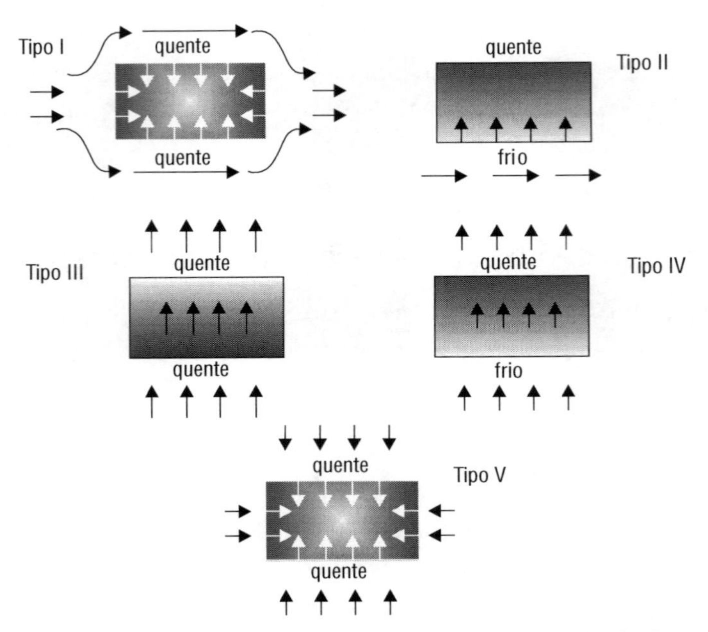

Figura 6.20 As cinco técnicas de CVI. I – Isotérmico, II – Gradiente térmico, III – Isotérmico com fluxo forçado, IV – Com gradiente térmico e fluxo forçado, e V – Pulsado (STINTON; BESMANN; LOWDEN, 1988, CHOY, 2003).

Os processos de infiltração gasosa por gradiente térmico, Tipo II e Tipo IV, também demandam longo tempo de processamento, porque também dependem da difusão das espécies gasosas no substrato fibroso, mas dão origem a materiais com massa específica mais homogênea. As faces da preforma são mantidas em temperaturas diferentes, e o fluxo de reagentes é feito da face mais fria para a face mais quente. O processo potencialmente mais rápido é a infiltração gasosa isotérmica, Tipo III, com fluxo forçado, no qual se usa convecção forçada, mas que também está sujeito a problemas de impermeabilização da superfície da peça, favorecendo a permanência de porosidade no interior do material. Um sistema completo de infiltração química em fase gasosa, operado em modo isotérmico, é mostrado esquematicamente na Figura 6.21. A técnica de infiltração gasosa com fluxo forçado e por gradiente térmico, Tipo IV, diminui os problemas de pouca difusão e impermeabilização da superfície durante o processo, mas permite a produção de peças mais espessas, de geometria simples em período de horas. Entretanto, os fornos que operam esse processo se limitam a processar apenas uma peça por vez.

Os processos de infiltração gasosa descritos podem se utilizar de fluxos pulsados, Tipo V, possibilitando a extensão do tempo de residência das espécies gasosas dentro do reator. O processo de infiltração também pode ser ativado por micro-ondas, no qual o corpo é envolvido por um envelope transparente a micro-ondas e permeável aos reagentes precursores da matriz. As espécies reagentes são aquecidas e escoadas para dentro do corpo poroso, ocasionando a deposição da matriz preferencialmente do interior para o exterior da peça.

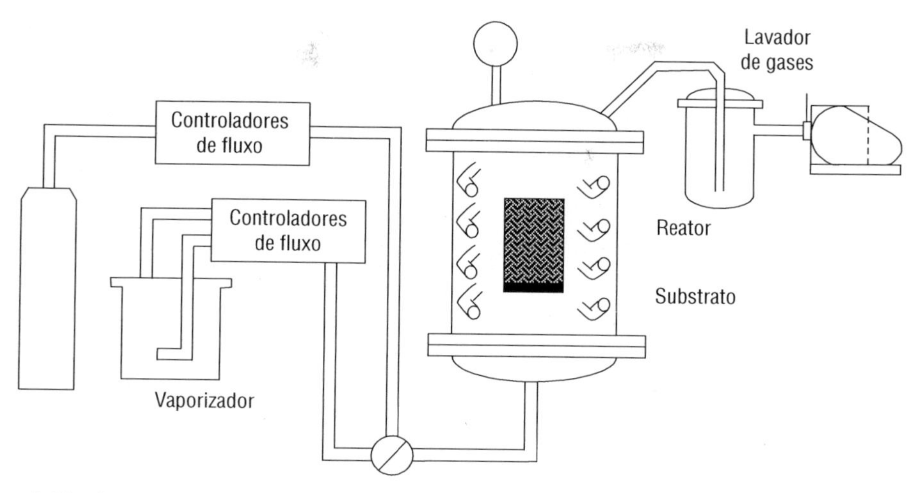

Figura 6.21 Diagrama esquemático de um sistema de infiltração química em fase gasosa.

Há diversas considerações a serem feitas no projeto de um forno para infiltração gasosa para obtenção de um determinado componente:

a) química e composição do precursor;
b) condições de processo (pressão, temperatura);
c) taxa de fluxo de gás;
d) propriedades e posição do substrato; e
e) ferramental (geometria e tipo de aquecimento).

Estas considerações fazem com que a tecnologia aplicada à produção de compósitos CMC, via infiltração gasosa, demande grande investimento em projeto e engenharia. Cuidados adicionais são também necessários com relação à toxicidade dos materiais de partida para o processo. No caso do CVD (Carbon Vapor Deposition) as espécies químicas a serem depositadas são supridas por meio de espécies moleculares combinadas. Esses precursores são selecionados de maneira geral em função de sua pressão de vapor, que, de preferência, deve ser alta para serem facilmente evaporados e transportados na fase vapor até o substrato aquecido, onde a molécula se decompõe, em geral por pirólise, depositando o elemento químico de interesse (PARDINI, 2000).

Uma grande variedade de materiais destinados à formação da matriz em compósitos pode ser produzida pelo processo de infiltração gasosa, tais como carbono, SiC, B_4C, TiC, HfC, Si_3N_4 (amorfo), AlN, TiB_2, Al_2O_3 e ZrO_2 (STINTON; BESMANN; LOWDEN, 1988). Esta lista pode ser facilmente estendida para qualquer outro material cerâmico que possa ser depositado por infiltração gasosa. Uma característica desses materiais é apresentar um alto ponto de fusão ou sublimação, aliado a uma temperatura de processo relativamente baixa ($T < 1.500$ °C).

Entre os materiais que podem ser obtidos pelo processo de infiltração gasosa, o carbono, Seção 2.2.1, e o carbeto de silício, Seção 2.2.2, são os que apresentam mais atratividade para formação de matrizes em compósitos para aplicações termomecânicas, em razão das características refratárias desses dois materiais. A pressão e a temperatura de processamento são parâmetros fundamentais na definição da morfologia e da microestrutura do filme depositado e, consequentemente, influenciam nas propriedades termomecânicas finais do compósito. Além disso, cada precursor tem uma sequência de reações que resulta na deposição do filme desejado.

A Figura 6.22 mostra depósitos de SiC obtidos pelo processo de infiltração química em fase gasosa sobre a superfície de um compósito CRFC, apresentando uma morfologia de grãos globulares. A incorporação de SiC pelo processo de infiltração gasosa pode resultar em compósitos do tipo SiC_{fibra}/SiC_{matriz} e em compósitos com matriz híbrida $C_{fibra}/CSiC_{matriz}$ (NASLAIN, 1999).

Figura 6.22 Depósitos de SiC com morfologia de grão globular em substrato de compósito CRFC.

Os processos clássicos de infiltração gasosa, ativados termicamente, são de alto custo, devido ao elevado investimento em equipamentos e ao período de processamento, que é longo, em razão dos vários ciclos de densificação que devem ser efetuados. A Comissão de Energia Atômica Francesa desenvolveu uma variante do processo convencional de infiltração gasosa, denominado processo de densificação rápida, que, segundo a entidade, permite obter compósitos à base de carbono e de outras matrizes cerâmicas (NARCY, 1994). O processo em questão consiste na indução de um susceptor de grafite envolto pela preforma porosa a ser densificada, conforme mostra esquematicamente a Figura 6.23.

O conjunto susceptor de grafite/preforma da Figura 6.23 é mantido à alta temperatura (T = 1.000 °C) sob imersão no precursor de hidrocarboneto que gera a matriz desejada. Portanto, o material que forma a matriz se decompõe na preforma levando à densificação com massa específica de até 1,8 g/cm³. O sistema de resfriamento, conforme mostra a Figura 6.23, condensa os vapores não reagidos e purga os gases de reação (H_2, CH_4, C_2H_4, C_2H_6 ou HCl). Na obtenção de compósitos CRFC, a densificação da preforma com carbono pirolítico utiliza ciclohexano como precursor (ROVILLAIN et al., 2001).

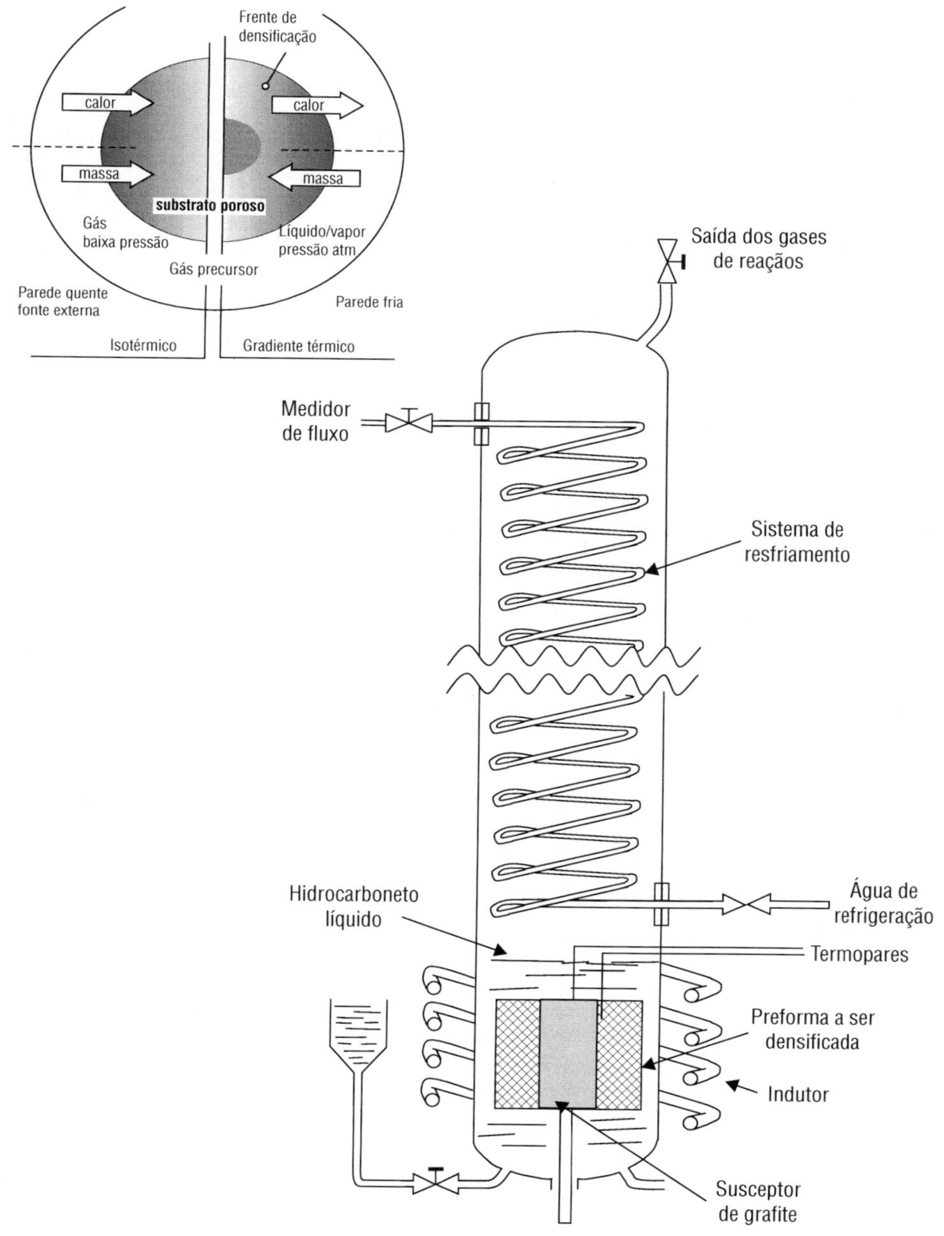

Figura 6.23 Diagrama esquemático do reator para infiltração química imersa (NARCY; DAVID; RAVEL, 1994; ROVILLAIN et al., 2001).

Em razão do alto gradiente térmico existente na preforma, onde a temperatura do susceptor (zona interna a 1.000 °C) e a zona externa na temperatura de ebulição do precursor (80 °C para ciclohexano) diferem em mais de 900 °C, a densificação se processa à alta velocidade (~1 cm/h) da parte interna da preforma, evoluindo para o seu exterior. A Figura 6.23 mostra também uma representação esquemática dos processos CVI isotérmico e CVI de gradiente térmico, este último sendo o conceito do processo de CVI por imersão.

6.4 PROCESSAMENTO DE COMPÓSITOS COM MATRIZ METÁLICA

Uma dificuldade em abordar os compósitos obtidos com matriz metálica (CMM) é decidir sobre a sua classificação. A definição de compósitos do ponto de vista microestrutural é bastante vasta e, em princípio, os aços e as ligas metálicas são constituídos de uma fase contínua reforçada com uma dispersão de óxidos, carbetos etc. Entretando, podemos limitar a discussão no presente texto somente aos materiais reforçados com fibras longas e curtas, e em alguns casos com reforços particulados. Embora no presente texto a abordagem enfoque principalmente propriedades mecânicas, os CMM são também obtidos para modificar propriedades térmicas e elétricas, a exemplo dos compósitos cerâmicos e poliméricos.

Em alguns casos, os métodos de produção de CMM dão origem a compósitos com baixa fração de fase reforçante, de tal forma que a melhora nas propriedades mecânicas é apenas modesta. Por outro lado, as fibras longas disponíveis para reforço de matrizes metálicas são de alto custo, limitando o emprego desses materiais, pelo menos até atingirem níveis mais elevados de produção estável e contínua (RALPH; YUEN; LEE, 1997). Em qualquer circunstância, o processo, no caso de CMM, tem um peso significativo no tipo de aplicação a que se destina. Podemos considerar dois casos particulares: 1) CMM obtidos na geometria próxima ao uso final, 2) CMM na forma de um elemento sólido para posterior usinagem.

Os processos de manufatura de CMM, Figura 6.24, podem ser divididos em processos predominantemente no estado sólido, em que as etapas desenvolvidas se assemelham às utilizadas em metalurgia do pó, ou predominantemente no estado líquido, no qual o processamento ocorre basicamente pela fusão da fase matriz. Esta subdivisão não é definitiva porque, em algum momento do processo, é necessário que ocorra a fusão da fase contínua.

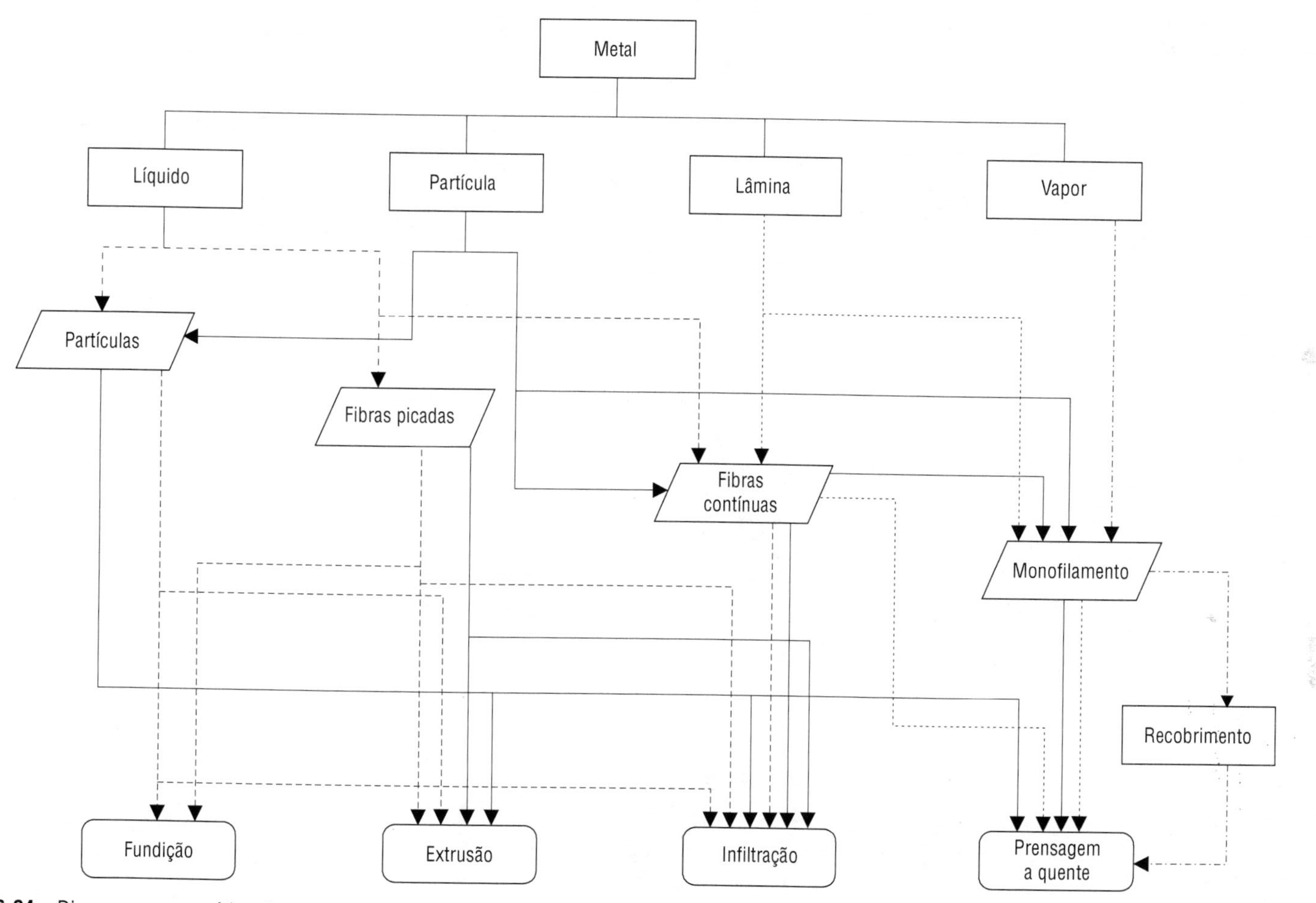

Figura 6.24 Diagrama esquemático dos processos de produção de compósitos matriz metálica.

Os processos de manufatura de CMM têm uma importância crucial no tipo de aplicação a que o componente é destinado. Em muitos casos, o material é pré-processado na forma de elemento com geometria não totalmente definida, para que posteriormente possa ser submetido às operações de metalurgia convencional (extrusão, forjamento ou laminação).

De forma geral, os processos predominantemente no estado sólido têm como objetivo a formação de fases no CMM. Como exemplo, podemos citar o processo de oxidação interna de ligas metálicas, onde ocorre a formação *in situ* de fases dispersas na matriz. Ligas metálicas tendo como material-base o Cu, ou a Ag, podem ser manufaturadas com soluções sólidas diluídas com um soluto, por exemplo o Al, o Si ou o Be, que possuem maior afinidade com o oxigênio. A mistura é submetida a tratamento térmico em pressão parcial de oxigênio abaixo do limite para oxidação superficial. O resultado é a ocorrência de difusão de oxigênio no interior do material e a formação de dispersões de Al_2O_3, SiO_2 ou BeO. Esses óxidos, em virtude de possuírem rigidez e resistência mecânica elevadas, relativamente ao metal-base, atuam como reforço do CMM.

Outro processo clássico, no qual predomina o processamento no estado sólido, é a compactação e sinterização de pós. Nesse processo, uma determinada fração em volume de partículas, ou fibras curtas e longas, é incorporada à matriz. Via de regra, utiliza-se de uma prensa isostática a quente, Figura 6.18, para a execução do processo. Exemplos típicos têm aplicação em componentes que operam a altas temperaturas, como $Al_{matriz}/Al_2O_{3partícula}$, Al_{matriz}/SiC_{fibra}, $WC_{partícula}/Co_{matriz}$.

O processamento de CMM via fase líquida pressupõe a incorporação de reforços, geralmente na forma particulada ou na forma de fibras curtas, que são adicionados a uma liga metálica fundida, permitindo obter-se componentes próximos à forma final de uso com reforços particulados e na forma de fibras curtas. Obviamente, a presença de partículas ou fibras picadas na massa fundida altera a viscosidade durante o processamento (fundição da liga). Esse processo também pode ser utilizado quando o reforço é na forma de fibras contínuas (tecidos ou preformas), em que o metal formador da matriz é fundido, fazendo com que ocorra sua infiltração entre os interstícios do reforço, acondicionado em um molde fechado. Portanto, o processamento nesse caso é similar ao processo moldagem por transferência de matrizes poliméricas.

Assim como em outros tipos de compósitos, é necessário compatibilizar a interface reforço/matriz. Em alguns casos, a instabilidade da fase reforçante, que pode ocorrer em determinados compósitos, pode provocar uma interação entre a fibra e a matriz, resultando em filamentos com recobrimentos protetivos, o que redunda, dessa forma, na compabilidade do coeficiente de expansão térmica. Por exemplo, a matriz de alumínio tem coeficiente de expansão térmica equivalente a 24.10-6/°C, enquanto uma fase reforçante de SiC apresenta coeficiente de expansão térmica equivalente a 4.10-6/°C.

Quando a solidificação se promove de forma direcional, ocorre formação de estrutura altamente orientada (grãos colunares). Componentes obtidos dessa forma são normalmente utilizados em componentes de turbinas (p. ex. palhetas). Componentes obtidos em CMM podem ser tanto obtidos próximos à forma final quanto na forma de um produto para pós-processamento, como, por exemplo, extrusão, forjamento etc.

Compósitos CMC podem também ser obtidos por deposição na forma de filmes sobre um reforço, formando um material similar a um pré-impregnado. O conjunto obtido (reforço impregnado) pode ser posteriormente submetido a pós-processamento por métodos convencionais (prensagem a quente, por exemplo).

6.5 REFERÊNCIAS

BANNISTER, M. Challenges for composites into the next millenium – A reinforcement perspective. *Composites*, Part A, v. 32, p. 901-910, 2001.

BASHFORD, D. P. CVD for high temperature applications. *Metals and Materials*, p. 79-84, 1992.

CHOY, K. L. Chemical vapour deposition of coatings. *Progress in Materials Science*, v. 48, p. 51-170, 2003.

DiCARLO, J. A.; BANSAL, N. P. *Fabrication routes for continuous fiber-reinforced ceramic matrix composites*. NASA/TM-1998-208819. Nov. 1988.

DURÁN, A. et al. *Reinfiltration processes for polymer derived fiber reinforced ceramics key engineering materials*, v. 127-131, p. 287-294, 1997.

GILISSEN, R. et al. Gelcasting, a near net shape technique, *Materials & Desing*, v. 1, p. 251-257, 2000.

FITZER, E.; MUELLER, K.; SCHAEFER, W. The Chemistry of the pyrolytic conversion of organic compounds to carbon. In: WALKER, P. L. (Ed.) *Chemistry and physics of carbon*, v. 7, ed. P. L. Walker Jr., p. 237-383, Marcel Dekker, Inc., 1971.

LUO, Y. et al. Permeability measurement of textile reinforcement with several fluids. *Composites*, Part A, v. 32, p. 1497-1504, 2001.

MADERAZZO, M. HIP Expands range of processing capabilities. *Ceramic industry*, p. 56-57, 1984.

NASLAIN, R. R. *Processing of ceramic matrix composites key engineering materials*, v. 164-165, p. 3-8, 1999.

NARCY, B.; DAVID, P.; RAVEL, F. Elaboration of C/C and C/BN composites by a rapid densification process, 3rd International Conference on Ceramic-Ceramic Composites, Belgium, Session 6: Processing, p. 6.11, 1994.

PARDINI, L. C. Preformas para compósitos estruturais. *Polímeros: ciência e tecnologia*, v. 10, n. 2, p. 100-109, 2000.

RADOVANOVIC, E.; GOZZI, M. F.; GONÇALVES, M. C.; YOSHIDA, I. V. P. Silicon oxycarbide glasses from silicone networks. *Journal of non-crystalline solids* 248 (1), 37-48, 1999.

RALPH, B.; YUEN, H. C., LEE, W. B. The processing of metal matrix composites – an overview, *Journal of Materials Processing Technology*, v. 63, p. 339-353, 1997.

RIEDEL, R.; DRESSLER, W. Chemical formation of ceramics. *Ceramics International*, v. 23, p. 233-239, 1996.

ROVILLAIN, D. et al. Film boiling chemical vapor infiltration: An experimental study on carbon/ carbon composite materials. *Carbon*, v. 39, p. 1355-1365, 2001.

SCHIAVON M. A.; REDONDO, S. U. A.; PINA, S. R. O.; YOSHIDA, I. V. P. Investigation on kinetics of thermal decomposition in polysiloxane networks used as precursors of silicon oxycarbide glasses. *Journal of Non-Crystalline Solids* 304 (1), 92-100, 2002.

SHEEHAM, J. E.; BUESKING, K. W.; SULLIVAN, B. J. Carbon-carbon composites. *Annual Rev. Materials Science*, v. 24, p. 19-44, 1994.

STINTON, D. P.; BESMANN, T. M.; LOWDEN, R. A. Advanced ceramics by chemical vapor deposition techniques. *American Ceramic Society Bulletin*, v. 67, n. 2, p. 350-355, 1988.

WIEDEMANN, G.; ROTHE, H. Review of Prepreg Technology, cap. 3. In: PRITCHARD, G. (Ed.) Developments in reinforced plastics, v. 5. *Pressing and fabrication*. London-UK: Elsevier Applied Sci, 1986. p. 83-119.

WYNNE, K. J.; RICE, R. W. Ceramics via polymer pyrolysis. *Annual Review Materials Science*, v. 14, p. 297-334. 1984.

WHITE, D. A. et al. Preparation of Silicon Carbide from organosilicon gels: I, synthesis and characterization of precursor gels. *Advanced Ceramic Materials*, v. 2, n. 1, 1987a.

WHITE, D. A. et al. Fox, Preparation of Silicon Carbide from organosilicon gels: II, Gel pyrolysis and SiC characterization, *Advanced Ceramic Materials*, v. 2, n. 1, 1987b.

Comportamento elástico dos materiais: definições e conceitos básicos

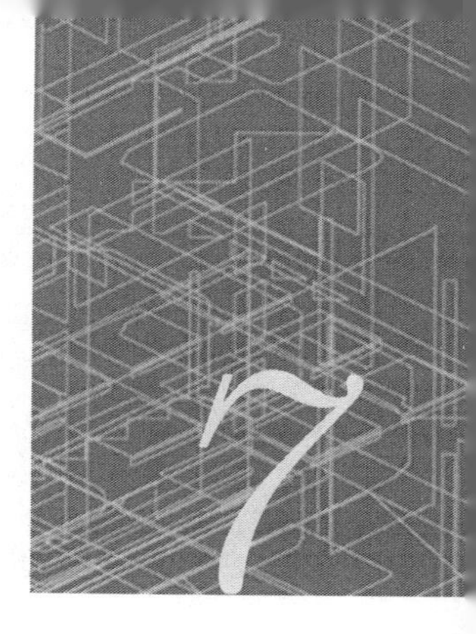

7.1 ALONGAMENTOS E DISTORÇÕES ANGULARES

Na maior parte das aplicações em engenharia previstas em projetos, os materiais utilizados para fins estruturais são solicitados apenas no regime elástico, no qual as deformações mecânicas são reversíveis. Entre as poucas situações práticas nas quais o comportamento não é elástico pode-se citar: (i) a conformação de metais (p. ex. laminação, forjamento, extrusão e estampagem); (ii) a moldagem de polímeros termoplásticos (extrusão e injeção), ambas obtidas por meio da aplicação intencional de esforços mecânicos; e (iii) as deformações permanentes, ou plásticas, causadas acidentalmente em choques, colisões ou sobrecargas mecânicas. Esses casos excepcionais não serão tratados no presente texto, que tem por objetivo principal estudar o comportamento elástico dos materiais. Neste caso, as deformações são sempre reversíveis, ou seja, todas as alterações geométricas que um dado componente venha a sofrer, em decorrência de carregamentos, deixam de existir quando estes são retirados. Neste contexto, para que os engenheiros ou cientistas possam compreender como os materiais se comportam no regime elástico, são muito importantes os conceitos de: (i) alongamento (δ) e distorção angular (γ); (ii) tensões (σ) e deformações normais (ε); (iii) tensões de cisalhamento (τ); (iv) módulos de elasticidade (E) e cisalhamento (G); e (v) coeficiente de Poisson (ν), entre outros que serão apresentados a seguir.

As fibras de carbono, Kevlar (aramida) e vidro são tipicamente frágeis e apresentam deformação de ruptura inferior a cerca de 4%. E, ao serem tracionadas, têm comportamento praticamente linear e elástico até a ruptura. Portanto, os conceitos referentes aos aspectos do regime elástico dos materiais, em geral, têm de ser bem compreendidos para poder-se dominar temas mais complexos, envolvendo os compósitos de matriz termorrígida. As deformações desses polímeros também são reduzidas (ou seja, inferiores a 6%).

Seja uma barra prismática circular de comprimento inicial L_0, e seção transversal circular de diâmetro inicial d_0, conforme representado na Figura 7.1. Se esta barra for tracionada mediante a aplicação de forças normais F, em equilíbrio, que não provoquem tensões que ultrapassem o regime elástico do material, ela sofrerá um estiramento longitudinal, $\delta = (L - L_0)$, e uma contração transversal, $\delta_t = (d - d_0)$, sendo L e d os novos comprimento e diâmetro após a aplicação de F. Caso a força deixe de atuar as dimensões L e d da barra retornam aos valores iniciais. O aumento de comprimento da barra, por definição $\delta = (L - L_0)$, é denominado **alongamento**, e é medido por uma unidade conveniente (p.ex. metro, m, centímetro, cm, ou milímetro, mm), de acordo com a sua magnitude. Já o alongamento dividido pelo comprimento inicial, L_0, portanto uma grandeza **adimensional**, é definido como deformação normal convencional, ε, conforme indicado pela equação (7.1):

$$\varepsilon = \frac{(L - L_0)}{L_0} = \frac{\delta}{L_0} \tag{7.1}$$

A solicitação mecânica aplicada na barra mostrada na Figura 7.1, ou seja, a força F, é normal à seção transversal da barra (ou corpo de prova, cdp), e é designada de esforço normal. E, quando os materiais são isotrópicos (apresentam as mesmas propriedades mecânicas, independentemente da direção do carregamento aplicado, como no caso das ligas metálicas de aço, alumínio e cobre), um esforço normal produz apenas deformações normais. Um outro tipo importante de solicitação mecânica são os chamados esforços cortantes ou de cisalhamento, os quais são aplicados paralelamente ou tangencialmente a uma superfície de referência. Seja um cubo de material isotrópico solicitado por forças T, em equilíbrio, tangenciais às suas faces, conforme ilustra-se na Figura 7.2a. Se esse cubo possuir aresta de comprimento "a", suas dimensões não serão alteradas, e o único efeito que as forças T provocarão no mesmo será a sua distorção, ou seja, os ângulos inicialmente retos de seus vértices, 2 a 2, serão modificados. Um par passará a ter mais de 90° (vértice A), e o outro menos de 90° (vértice B), conforme ilustrado na Figura 7.2b. Por definição, essas mudanças no valor dos ângulos dos vértices são chamadas de distorções angulares (γ), ou de deformações de cisalhamento.

As distorções angulares, γ, são normalmente medidas em radianos (rd), e fisicamente representam as variações angulares totais dos vértices, inicialmente formando ângulos retos. No vértice A, conforme mostra-se na Figura 7.2b, $\gamma < 0$, já que seu ângulo inicial equivalente a $\pi/2$ rd diminuiu, e, no B $\gamma > 0$, pois o ângulo aumentou. Os esforços de cisalhamento sempre ocorrem na forma de dois pares opostos de forças, formando dois binários. Um par tende a girar o cubo da Figura 7.2 no sentido horário, em relação ao eixo z, e o outro no sentido anti-horário. Para que o cubo permaneça em equilíbrio, a somatória dos momentos em torno do eixo z tem de ser nula. E, como consequência, os momentos dos binários têm de ser, obrigatoriamente, de mesma intensidade e sentidos contrários. As deformações angulares totais (γ) também são denominadas deformações angulares de engenharia. Há autores que preferem trabalhar com as deformações angulares puras ou tensoriais ($\gamma/2$, conforme detalhado na Seção 9.8), que correspondem à metade do valor da deformação total.

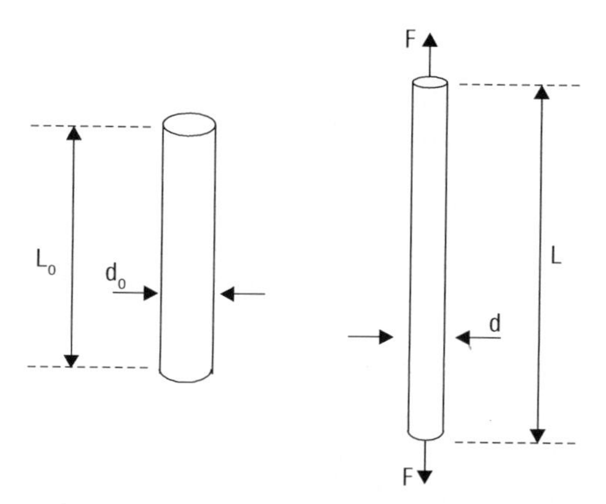

Figura 7.1 Alongamento de uma barra circular tracionada no regime elástico.

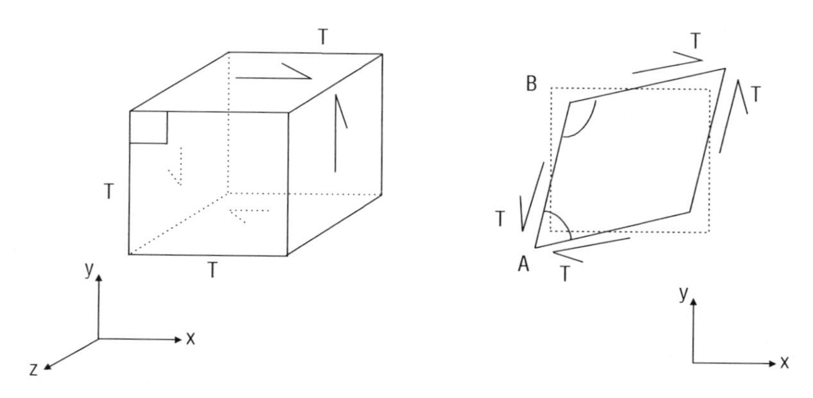

Figura 7.2 Cubo submetido a cisalhamento puro no plano (x,y).

7.2 TENSÕES E DEFORMAÇÕES NORMAIS CONVENCIONAIS

Inicialmente, a seção transversal da barra tracionada mostrada na Figura 7.1 tem uma área de seção transversal $A_0 = (\pi \cdot d_0^2) / 4$. Define-se σ como sendo a tensão normal convencional, a qual é obtida dividindo-se a força F pela área A_0, ou seja:

$$\sigma = \frac{F}{A_0} \tag{7.2}$$

A dimensão de σ é de força / área. Cabe esclarecer que, apesar de a seção transversal real $A = (\pi \cdot d^2) / 4$ ir diminuindo à medida que a barra é tracionada, conforme ilustrado na Figura 7.1, o valor de A_0 na Equação (7.1) é fixo, pois refere-se às dimensões iniciais da barra. Por esta razão é que é designada de tensão convencional, ou de engenharia. A tensão real, ou verdadeira, atuando na barra, σ_v, seria o quociente de F pela área instantânea A da barra. No regime elástico dos materiais, normalmente, $\sigma \approx \sigma_v$, pois a diferença entre A e A_0 pode ser desprezada. Neste texto, salvo indicação em contrário, σ será sempre uma tensão convencional. No regime elástico, as deformações, via de regra, são pequenas e é aceitável trabalhar-se com tensões convencionais.

Analogamente, a deformação expressa pela equação (7.1) é uma deformação convencional, pois L_0 é o comprimento inicial da barra, o qual permanece fixo. Para se calcular a deformação verdadeira, ε_v, deve-se dividir o alongamento pelo comprimento instantâneo da barra, ou seja, $\varepsilon_v = \delta / L$. No regime elástico dos materiais, os valores de ε são normalmente muito reduzidos em relação à unidade (isto é, $\varepsilon << 1$) e por esta razão são designados de deformações infinitesimais. Quando uma deformação é infinitesimal, as deformações convencional e verdadeira são praticamente iguais (isto é, $\varepsilon \approx \varepsilon_v$), pois $L_0 \approx L$. Neste texto, salvo indicação contrária, ε será sempre uma deformação convencional. Finalmente, em trabalhos práticos de engenharia, é bastante usual expressar-se as deformações convencionais em valores percentuais, assim:

$$\varepsilon\,\% = \left(\frac{100\,(L - L_0)}{L_0}\right) \qquad (7.3)$$

7.3 TENSÕES NORMAIS (σ) E DE CISALHAMENTO (τ)

A definição de uma tensão, devido a um esforço mecânico, depende da área, ou superfície, à qual este está aplicado. A tensão σ expressa pela equação (7.2) é designada de normal, em virtude de a força F que lhe dá origem, conforme mostra-se na Figura 7.1, ser perpendicular à seção transversal A da barra. O efeito principal da tensão normal, neste caso, foi o de alongar a barra (isto é, $L > L_0$), e a esse tipo de tensão de tração é associado o valor positivo (isto é, $\sigma > 0$). Um outro efeito secundário que ocorre simultaneamente é que a seção A da barra diminui (isto é, $d < d_0$). Alternativamente, se a barra fosse comprimida axialmente, à tensão de compressão, seria convencionado o sinal negativo (isto é, $\sigma < 0$), pois o comprimento da barra diminuiria. Mas, simultaneamente, a seção A aumentaria. Em ambos os casos, o comprimento e o diâmetro da barra são alterados, pois as tensões normais, sejam de tração ou compressão, sempre modificam as dimensões do corpo, ao qual são aplicadas (no caso da barra L e d).

O esforço das forças T na Figura 7.2, relativamente aos descritos no parágrafo anterior, é de natureza distinta, já que, nesse caso, as forças estão aplicadas paralelamente às superfícies do cubo, e o efeito principal é que o cubo sofre apenas uma distorção (os ângulos dos vértices são alterados). Nesse caso, suas dimensões (isto é, as arestas, de comprimento a) permanecem inalteradas. Os esforços de cisalhamento são análogos, por exemplo, às lâminas de uma tesoura cortando uma folha de papel, e as forças T (de sentidos opostos), atuando nas duas faces opostas do cubo mostrado na Figura 7.2, representam a ação das lâminas. Nas faces do cubo, dividindo-se as forças T pelas áreas sobre as quais elas estão aplicadas (A = a.a), obtêm-se as tensões de cisalhamento, τ, atuando nelas:

$$\tau = \frac{T}{A} \tag{7.4}$$

A diferença entre as equações (7.2) e (7.4) é que na (7.2) a força F é aplicada perpendicularmente à área Ao, ao passo que na (7.4) a força T atua paralelamente à área A. As situações mostradas nas Figuras 7.1 e 7.2 são bastante simples. Na prática, as tensões normais, σ, e de cisalhamento, τ, podem ocorrer em estados tridimensionais, e atuando simultaneamente em uma mesma área (isto é, tensões combinadas). Exemplos desses estados mais complexos de tensões serão apresentados e discutidos com mais detalhes posteriormente.

7.4 MÓDULOS DE ELASTICIDADE (E) E DE CISALHAMENTO (G)

Ao ensaiar-se uma barra circular de material específico em tração uniaxial (cdp A), conforme ilustrado na Figura 7.1, sem ultrapassar seu limite linear e elástico, desde a condição relaxada (F = δ = 0), plotando-se a força aplicada, F, e o alongamento, δ, decorrente desta, obtém-se a curva OA, indicada pela linha cheia na Figura 7.3.

Ao ensaiar-se um corpo de prova (cdp) B, do **mesmo material**, com o mesmo comprimento inicial Lo, mas com diâmetro inicial significativamente maior em relação ao cdp A, isto é, $D_0 > d_0$, conforme ilustrado na Figura 7.4, obter-se-ia a curva tracejada OB, mostrada na Figura 7.3. E, ao se plotar F, para um cdp C, de mesmos material e diâmetro que o cdp A, porém bem mais longo, isto é, de comprimento $L^* > L$, obter-se-ia a curva OC.

Uma análise da Figura 7.3 mostra que o diagrama F *versus* δ **não** é o mais adequado para caracterizar diretamente a rigidez dos materiais no regime elástico. Em particular, nota-se que a sua inclinação depende das características geométricas do cdp (ou seja, L e d). Relativamente ao cdp A (L_0, d_0), o cdp B, de **maior diâmetro** ($D_0 > d_0$) e mesmo comprimento (L_0), apresentou uma inclinação **maior**, e o cdp C, de mesmo diâmetro (d_0) e **maior comprimento** ($L^* > L_0$), apresentou uma inclinação **menor**.

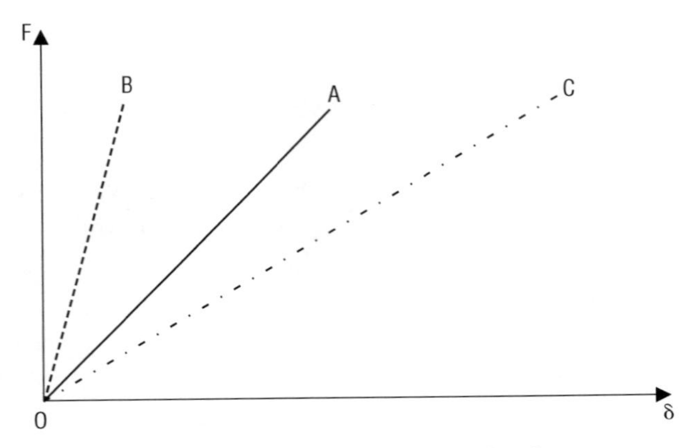

Figura 7.3 Diagrama força *versus* alongamento para os cdps A, B, e C.

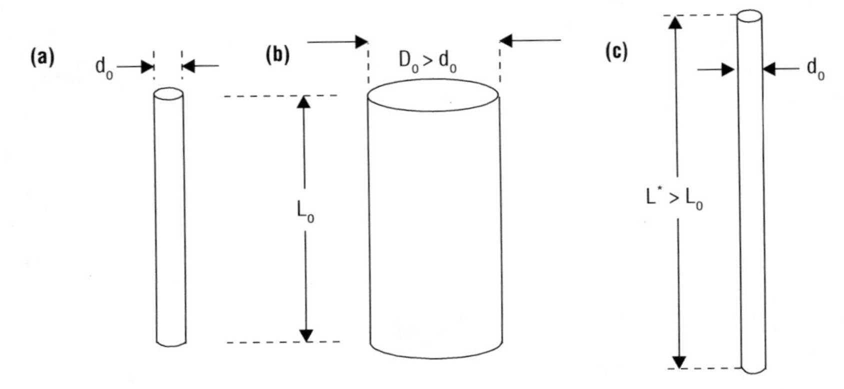

Figura 7.4 Perfis dos corpos de prova obtidos do mesmo material, antes de serem tracionados.

Os cdps A, B, e C, obtidos do mesmo material, comportam-se em tração como molas de comportamento linear, e a rigidez das mesmas (K, numericamente igual à inclinação do diagrama F x δ) é diretamente proporcional ao Módulo de Elasticidade (E) do material e à área da seção transversal da barra, e inversamente proporcional ao seu comprimento, ou seja:

$$K = \frac{\left(E.\, A_0\right)}{L_0} \tag{7.5}$$

Em uma mola linear, a relação entre a força de tração (F) e o alongamento (δ) é do tipo F = K. δ. Combinando-se esta expressão com a equação (7.5), obtém-se:

$$F = \frac{\left(E\, .\, A_0\, .\delta\right)}{L_0} \tag{7.6}$$

a qual pode ser colocada na forma:

$$\left(\frac{F}{A_0}\right) = E.\left(\frac{\delta}{L_0}\right) \tag{7.7}$$

Substituindo-se as equações (7.2) e (7.1), as quais definem a tensão (σ) e a deformação (ε), respectivamente, na equação (7.7), obtém-se:

$$\sigma = E.\,\varepsilon \tag{7.8}$$

Como ε é adimensional, a dimensão do Módulo de Elasticidade (E) será de força por unidade de área. Outro aspecto da equação (7.8), denominada Lei de Hooke, é o fato de que a inclinação do trecho linear de um diagrama tensão *versus* deformação normal de uma barra de um material, σ x ε, fornece diretamente o valor de E do mesmo, independentemente do comprimento e da área da seção transversal do cdp, pois, conforme evidencia a equação (7.7), essas grandezas geométricas já estão embutidas nas definições das tensões e deformações normais convencionais, e a constante de proporcionalidade (E), entre σ e ε, dependerá apenas do material. Assim, os diagramas σ x ε para as barras A, B, e C, mostradas na Figura 7.4, seriam **coincidentes**, conforme ilustrado na Figura 7.5.

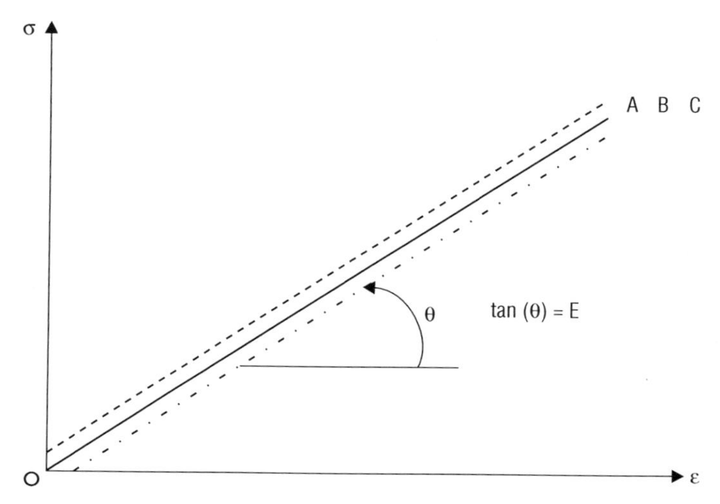

Figura 7.5 Diagramas σ x ε para as barras A, B e C submetidas à tração.

O diagrama σ x ε convencional é de grande importância para a engenharia. Além de muitas outras finalidades, a serem apresentadas oportunamente ao longo do texto, utiliza-se a inclinação do seu trecho linear para obter-se o Módulo de Elasticidade (E), de materiais estruturais empregados em construções mecânicas, civis, aeronáuticas e navais, entre outras. Em aplicações práticas nessas áreas, se não houver um acidente ou carregamento imprevisto que provoque fratura e/ou deformação permanente, os materiais sempre trabalham no regime elástico. O valor de E quantifica a rigidez de um material, e é um parâmetro imprescindível quando se necessita calcular as deformações e os modos de vibração de um componente estrutural. Quanto maior é o seu valor, maior é o esforço a ser feito para deformar um material. É intuitivo que seria necessário um esforço mecânico tremendo para provocar uma ínfima deformação no diamante (material natural de maior E), ao passo que as borrachas naturais podem ser deformadas com grande facilidade. Os filamentos de fibras de carbono e grafite, os quais possuem as ligações covalentes dispostas em orientações muito próximas de seus eixos axiais, são exemplos de materiais artificiais significativamente rígidos, e, ao mesmo tempo, leves, conforme mostra-se na Tabela 7.1, contendo os valores nominais de E, e das massas específicas, ρ, de alguns materiais, compilados de Hull e Clyne (1996) e de Mattews e Rawlings (1994).

Tabela 7.1 Módulo de elasticidade (E) e massa específica (ρ) de alguns materiais.

Material	E (GPa)*	ρ (g/cm^3)
Diamante	1.000	3,50
Fibra de carbono alta resistência	230	1,80
Fibra de grafite	400	2,00
Aço de baixa liga	200	7,80
Alumínio puro	70	2,70
Cobre puro	100	8,90
Fibra de vidro-E	70	2,50
Resina epóxi	3,0	1,20
Borracha natural	0,05	0,85

obs.: [GPa] = [10^9 N/m^2] = [10^9 Pa] ≈ 10^4 atm. ≈ 10^4 Kgf/cm^2

Da mesma forma que dos diagramas σ x ε, referentes aos ensaios de tração uniaxial (vide Figura 7.1), pode-se obter o módulo de elasticidade de um material, a partir de um ensaio de cisalhamento puro (vide Figuras 7.2 e 7.6) é possível obter-se o módulo de cisalhamento, G, deste. Neste caso, é necessário plotar-se o diagrama relacionando a tensão de cisalhamento aplicada, τ, e a deformação angular, γ, obtida.

Um modo prático para construir-se diagramas τ x γ é por meio da realização de ensaios de torção pura, por meio da aplicação de torques (T) em cilindros de parede fina. Os torques (T, representados por flexas duplas) estão em equilíbrio e geram as tensões de cisalhamento (τ = T . r/J). J é o momento polar de inércia da seção do cilindro e r seu raio (ARCHER et al., 1978). Colocando-se o polegar direito no sentido da flexa dupla, os dedos indicam a tendência de girar do torque (T). Analogamente, os diagramas τ x γ também apresentam um trecho linear, de cuja inclinação pode-se determinar o valor G, conforme ilustra-se na Figura 7.6.

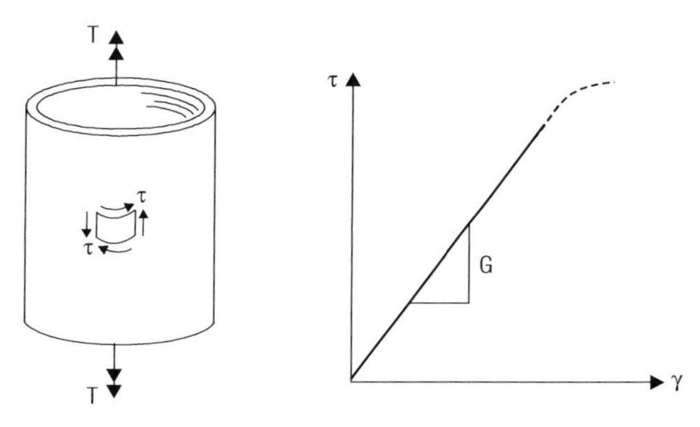

Figura 7.6 Ensaio de torção e diagrama τ x γ do material.

No ensaio de cisalhamento puro, se o limite elástico do material for ultrapassado, normalmente, o diagrama τ x γ torna-se não linear, conforme ilustrado na Figura 7.6. A constante de proporcionalidade no trecho linear (G), a qual relaciona τ e γ por meio da equação (7.9), da mesma forma que E, também é uma propriedade elástica intrínseca do material. Como γ é adimensional, G também tem a mesma dimensão que τ, ou seja, força dividida por área. As grandezas σ, E, τ e G têm todas a mesma dimensão, e as equações (7.8) e (7.9) são análogas e referem-se aos casos particulares da chamada Lei de Hooke, a qual relaciona tensões (σ e τ) com deformações (normais, ε, e de cisalhamento, γ) em corpos elásticos submetidos a estados multiaxiais de tensões. A primeira governa o comportamento elástico de um material submetido ao esforço normal uniaxial, e a segunda quando ocorre cisalhamento puro em um único plano (p.ex. plano (x,y) na Figura 7.2). Fisicamente, γ é uma variação angular provocada pela distorção, mas as suas designações mais comuns são: (i) deformação angular de engenharia, ou (ii) deformação de cisalhamento total.

$$\tau = G.\ \gamma \tag{7.9}$$

7.5 COEFICIENTE DE POISSON ν

Retornando-se ao ensaio de tração uniaxial da Figura 7.1, nota-se que um número significativo de materiais utilizados na engenharia, ao deformarem-se no regime elástico (isto é, processo reversível que ocorre no início de uma solicitação mecânica), tende a conservar **parcialmente** os seus volumes iniciais. Assim, ao alongar-se a barra mostrada na Figura 7.1 seu diâmetro é reduzido. Tal comportamento também ocorre com esforços de compressão, porém de forma inversa. Em termos práticos, ao deformar-se elasticamente uma barra mediante a aplicação de um tracionamento ocorrerá uma contração na sua seção transversal (isto é, diminuição no diâmetro) e, ao comprimi-la axialmente, evitando-se a ocorrência de flambagem (tendência ao colapso apresentada por barras esbeltas ao serem comprimidas longitudinalmente), haverá uma expansão da seção (aumento no diâmetro), conforme ilustrado na Figura 7.7 (de forma exagerada para fins didáticos). Esse tipo de comportamento, que se manifesta nos materiais sólidos durante o regime elástico, é conhecido como "Efeito Poisson".

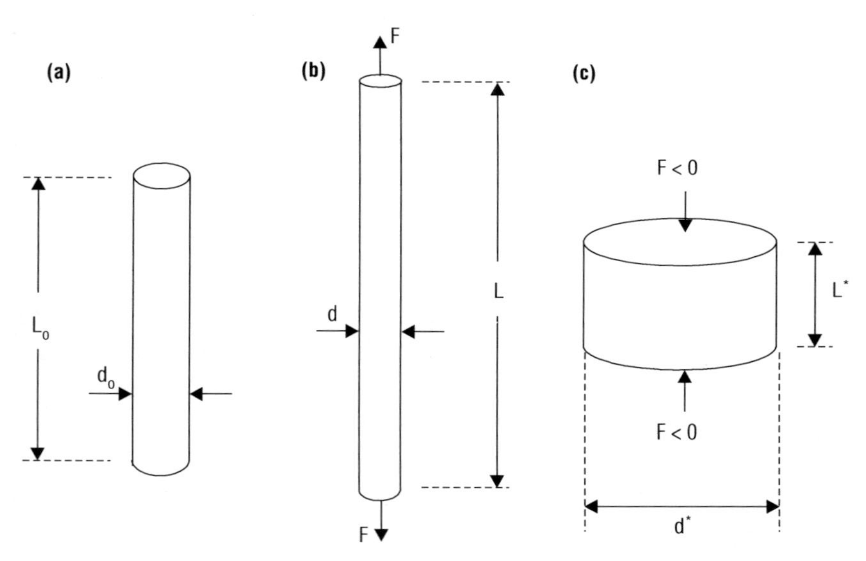

Figura 7.7 Barra na condição inicial (a), tracionada (b) e comprimida (c).

Nota-se na Figura 7.7 que, após o tracionamento, na situação (b), as dimensões finais da barra serão $L > L_0$ e $d < d_0$, ao passo que na compressão (Fig. 7.7c) ocorre o inverso, ou seja, $L^* < L_0$, e $d^* > d_0$. Em carregamentos uniaxiais (tração ou compressão simples), a deformação lateral associada à variação do diâmetro ($\delta_t = d - d_0$), ou seja, $\varepsilon_t = \delta_t / d_0$, é designada deformação transversal, e sempre possui sinal oposto à deformação normal. Assim, na tração $\varepsilon > 0$ e $\varepsilon_t < 0$, e na compressão $\varepsilon < 0$ e $\varepsilon_t > 0$. O negativo do quociente ($\varepsilon_t / \varepsilon$) é uma propriedade elástica adimensional, intrínseca dos materiais sólidos, chamada de coeficiente de Poisson, ν, ou seja:

$$\nu = -\frac{\varepsilon_t}{\varepsilon} \tag{7.10}$$

Para as ligas de aço, titânio e alumínio em geral, $\nu \approx 0{,}25\text{-}0{,}35$. Pode-se demonstrar que para os materiais existentes e comumente usados na engenharia, os valores dos coeficientes de Poisson ocorrem na faixa, $0 < \nu < 0{,}5$, sendo que no limite superior pode-se citar as borrachas nas quais $\nu \approx 0{,}5$ (ARCHER et al., 1978). Neste caso ($\nu \approx 0{,}5$), é possível demonstrar-se que o volume do material praticamente se conserva durante o regime elástico, tanto em tração como em compressão. As cortiças (rolhas), por exemplo, têm razão de Poisson próxima a zero, e por isso são utilizadas em garrafas (um esforço axial de compressão não faz com que a rolha apresente uma significativa expansão lateral, resistindo à inserção na garrafa). A existência do limitante inferior ($\nu = 0$) deve-se a uma outra restrição física, pois na hipótese do coeficiente de Poisson ser negativo, $\nu < 0$, o volume do material aumentaria continuamente no caso de tração e diminuiria durante a compressão, situações estas que são fisicamente inconsistentes.

7.6 CÍRCULO DE MOHR NO CASO DE TRAÇÃO UNIAXIAL

No ensaio de tração ilustrado na Figura (7.1) nota-se, ao analisar-se as tensões em uma dada seção transversal (T,T) de área A_0 da barra, conforme ilustrado na Figura 7.8, que estas são normais a A_0, de valor $\sigma = F/A_0$, e distribuem-se uniformemente, atuando sempre perpendicularmente à seção.

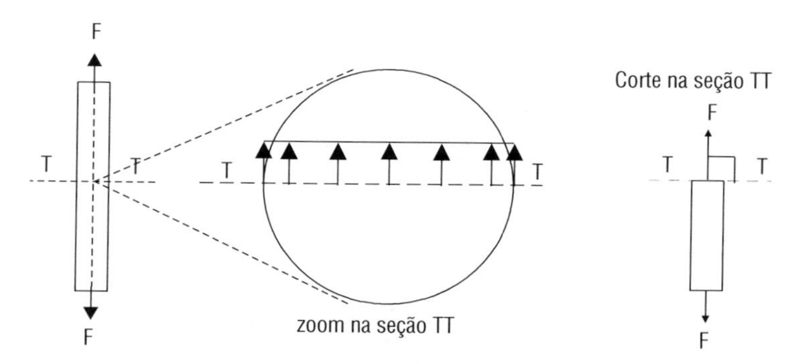

Figura 7.8 Distribuição uniforme de tensões normais na seção transversal da barra.

Se for imaginado que a barra mostrada na Figura 7.8 foi partida exatamente na seção transversal (T,T), e que, em seguida, as duas metades fossem coladas com um filme fino de adesivo que tornasse a unir as partes, ao se tracionar a barra, as moléculas do adesivo sofreriam um estiramento, devido à tensão $\sigma = F/A_0$, pois o esforço interno F é perpendicular à seção transversal, de acordo com a ilustração da Figura 7.9a.

Alternativamente, se a barra fosse secionada em um plano inclinado, (I,I), formando um ângulo θ com a seção transversal, conforme mostra-se na Figura 7.9b, haveria duas mudanças significativas:

i) o esforço interno F terá 2 componentes em relação ao plano de corte (I,I), uma normal ao mesmo, $F_n = F. \cos \theta$, e a outra tangencial, $F_t = F. \text{sen}\theta$, de acordo com o detalhado na vista lateral da Figura 7.10; e

ii) a área da seção inclinada modifica-se para $\theta \neq 0$. A área da seção inclinada A' será maior que A_0 para $0 < \theta < 90°$, pois quando $\theta = 0$ a seção transversal é circular, ao passo que para $\theta \neq 0$ obtém-se uma seção inclinada (vide Figuras 7.9 e 7.10), a qual é uma elipse de área $A' = A_0 / (\cos \theta)$.

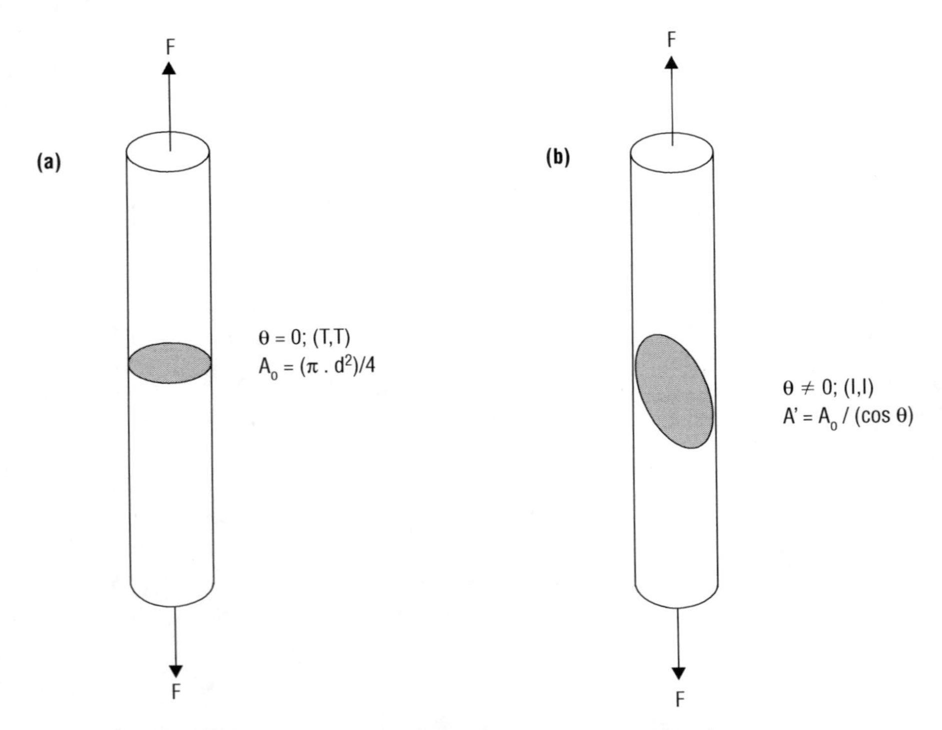

Figura 7.9 Seções transversal (T,T) e inclinada (I,I) em uma barra tracionada.

No caso da seção inclinada, $\theta \neq 0$, se for imaginado que há um adesivo colando as duas metades da barra no plano inclinado (I,I), devido às componentes do esforço interno F atuando perpendicularmente ao adesivo (F_n) e no seu próprio plano (F_t), suas moléculas serão submetidas, simultaneamente, a dois tipos de tensão **fundamentalmente distintos**: (i) uma tensão **normal** à seção (I,I), σ_n, a qual provoca um estiramento das moléculas (isto é, tracionamento); e (ii) outra **tangencial**, τ_t, a qual provoca um esforço cortante, ou de cisalhamento (vide Figuras. 7.9b e 7.10). Em situações práticas, as tensões normais (σ) e de cisalhamento (τ) podem ocorrer ao mesmo tempo, sendo, neste caso, denominadas de tensões combinadas. Adicionalmente, em estados complexos de tensões, os esforços normais podem existir, simultaneamente, em várias direções e os de cisalhamento em vários planos. No cubo da Figura 7.2, por exemplo, poderia haver esforços normais nas direções x, y e z, bem como de cisalhamento nos planos (x, y), (y, z) e (x, z).

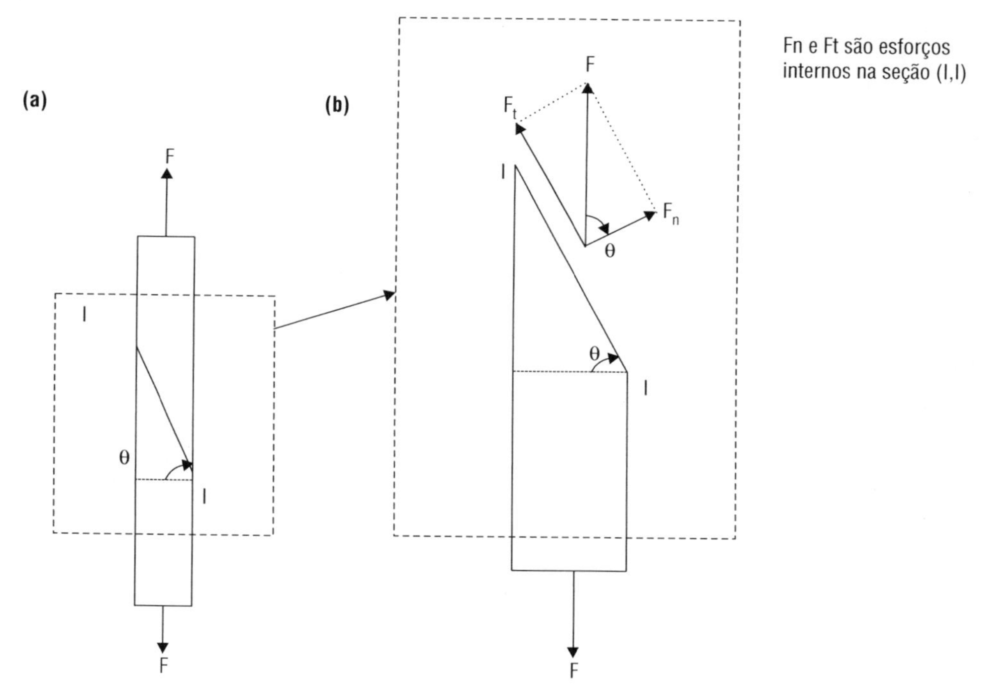

Figura 7.10 Vista lateral da barra e detalhe do corte na seção (I,I).

Fisicamente, enquanto a tensão normal σ_n estica o material, pois atua perpendicularmente ao plano (I,I), a tensão de cisalhamento τ_t é semelhante ao efeito de uma faca afiada cortando tangencialmente ao plano inclinado, já que ela pertence ao plano (I,I). As componentes de tensão normal, σ_n, de cisalhamento, τ_t, são calculadas dividindo-se os valores dos respectivos esforços internos, F_n e F_t, pela área da seção (I,I), A', ou seja:

$$\sigma_n = \frac{F.\cos\theta}{(A_o/\cos\theta)} = \sigma . \cos^2\theta \qquad (7.11)$$

$$\tau_t = \frac{F.\text{sen}\,\theta}{(A_0/\cos\theta)} = \sigma\,.\,\text{sen}\,\theta.\cos\theta \quad (7.12)$$

Normalmente, de uma forma genérica, utiliza-se (σ) para representar as tensões normais, e (τ) para as de cisalhamento. Os subíndices n e t, ou outros, são empregados quando necessários (p.ex. estados 2-D ou 3-D de tensões, ou para se enfatizar um aspecto importante). As tensões normais podem ser de tração, $\sigma > 0$, ou de compressão, $\sigma < 0$. Em situações práticas, as tensões normais ocorrem, por exemplo, em tirantes ou cabos de aço em uma ponte pênsil, em colunas, nos cabos em elevadores, e nas treliças, em cujas barras retas e articuladas nas extremidades há esforços tipicamente de tração (+) e compressão (–). Em todos estes casos, os esforços são designados de uniaxiais, ou unidimensionais (1-D). Há também estados mais complexos de tensões normais, devidos à ocorrência de esforços tanto bidimensionais ou planos (2-D), por exemplo nas paredes de um balão inflado, como triaxiais ou tridimensionais (3-D), como no caso de um corpo sólido submerso em um meio fluido, por causa da pressão hidrostática. Tais casos serão abordados na seção subsequente (7.7).

Como exemplos práticos que provocam tensões de cisalhamento, τ, pode-se citar a torção de tubos de parede fina (vide Figs. 7.6 e 7.12a), as juntas rebitadas que sofrem estiramento (neste caso, rebite tende a ser cortado transversalmente, vide Fig. 7.11), e o esforço cortante em vigas curtas submetidas à flexão em três pontos (Fig. 7.12b).

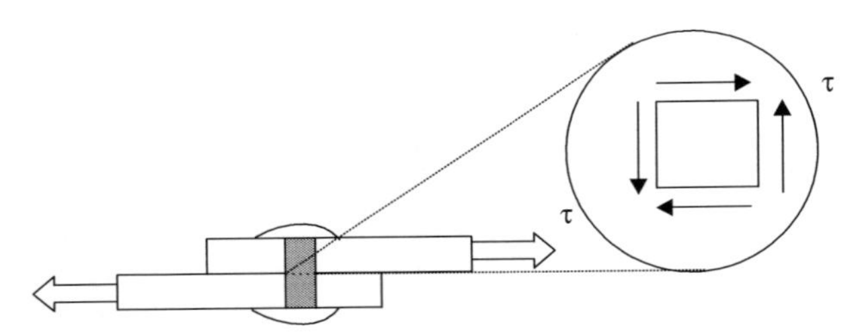

Figura 7.11 Junta rebitada em estiramento e detalhe das tensões cisalhantes.

No caso da torção, τ é chamada de tensão de cisalhamento no plano (Fig. 7.12a), pois ocorre na "casca" do tubo, e no caso da viga flexionada τ é designada de tensão cisalhamento transversal, conforme ilustra-se na Figura 7.12b e atua na seção transversal da viga.

Um aspecto importante relativo às tensões de cisalhamento é que elas sempre ocorrem em dois pares, quando atuam em um corpo elástico em equilíbrio, conforme mostrado nos estados de tensões das Figuras 7.2, 7.6, 7.11 e 7.12. A razão para este fato é que todo ponto pertencente a um corpo sólido em equilíbrio tem de satisfazer a todas as equações de equilíbrio. Assim, por exemplo, se o par de tensões de cisalhamento que atua verticalmente na viga mostrada na Figura 7.12b gera um momento no sentido anti-horário, para que a somatória de momentos na direção desse binário seja nula, tem de haver um outro par provocando um momento contrário, ou seja, no sentido horário, que, neste caso, é relativo às tensões de cisalhamento que atuam horizontalmente.

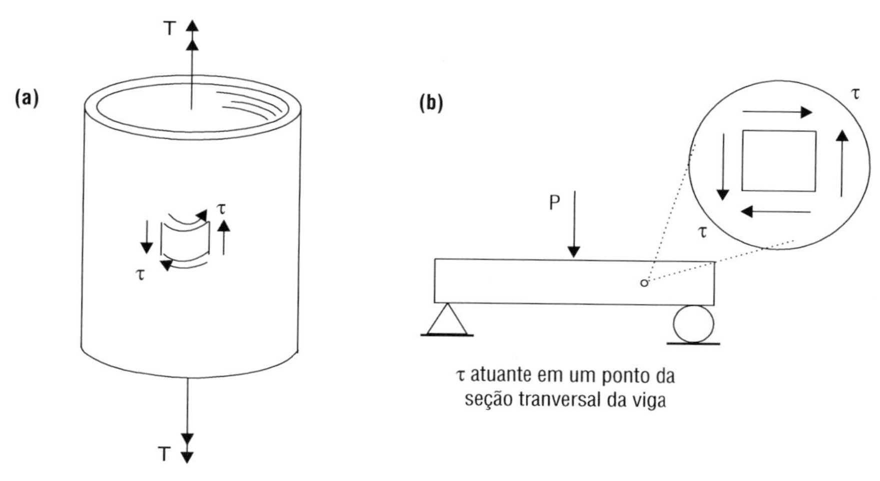

Figura 7.12 Tensões de cisalhamento na casca de um tubo torcido (a), e na seção transversal de uma viga em flexão tipo 3 pontos (b).

Agora, retornando à barra tracionada mostrada na Figura 7.10, as tensões normais, σ_n, e de cisalhamento, τ_t, atuando em uma seção inclinada ($II \equiv t$) formando um ângulo θ em relação à seção transversal (isto é, direção x, na Figura 7.13), de acordo com as equações (7.11) e (7.12) são:

$$\sigma_n = \sigma.\cos^2\theta \quad (7.13)$$

$$\tau_t = \sigma.\text{sen}\theta.\cos\theta \quad (7.14)$$

onde $\sigma = \sigma_y = F/A_0$, é a tensão normal aplicada na direção y, e θ é o ângulo formado entre as seções transversal (direção x) e inclinada (direção t), conforme ilustra-se na Figura 7.13, sendo A_0 a área da seção transversal da barra.

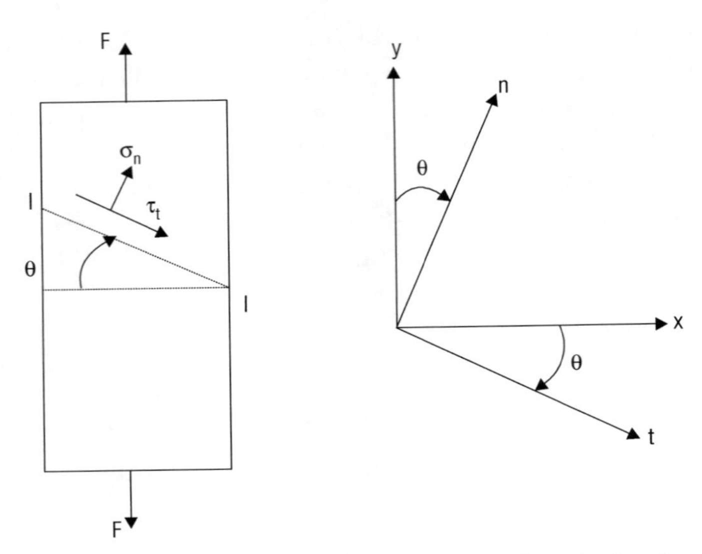

Figura 7.13 Tensões atuando em um plano inclinado (II = t) de uma barra tracionada.

Utilizando-se as identidades trigonométricas abaixo nas equações (7.13) e (7.14):

$$\cos^2\theta = \frac{(1+\cos 2\theta)}{2}$$

$$\operatorname{sen}\theta.\cos\theta = \frac{(\operatorname{sen}2\theta)}{2}$$

obtêm-se:

$$\sigma_n = \frac{\sigma.(1+\cos 2\theta)}{2} \tag{7.15}$$

$$\tau_t = \frac{\sigma.(\operatorname{sen}2\theta)}{2} \tag{7.16}$$

ou

$$\left(\sigma_n - \frac{\sigma}{2}\right) = \frac{\sigma}{2}(\cos 2\theta) \tag{7.17}$$

$$\tau_t = \frac{\sigma}{2}(\operatorname{sen}2\theta) \tag{7.18}$$

Elevando-se as equações (7.17) e (7.18) ao quadrado, e somando-as, obtém-se:

$$(\sigma_n - (\sigma/2))^2 + \tau_t^2 = (\sigma/2)^2 \tag{7.19}$$

Utilizando-se σ_n como eixo das abscissas, e τ_t como ordenada, pode-se provar que a equação (7.19) corresponde à equação paramétrica de um círculo de raio ($R = \sigma/ 2$), e centro de abscissa ($\sigma/2$) e ordenada 0, denominado Círculo de Mohr (ARCHER et al., 1978), conforme ilustrado na Figura 7.14.

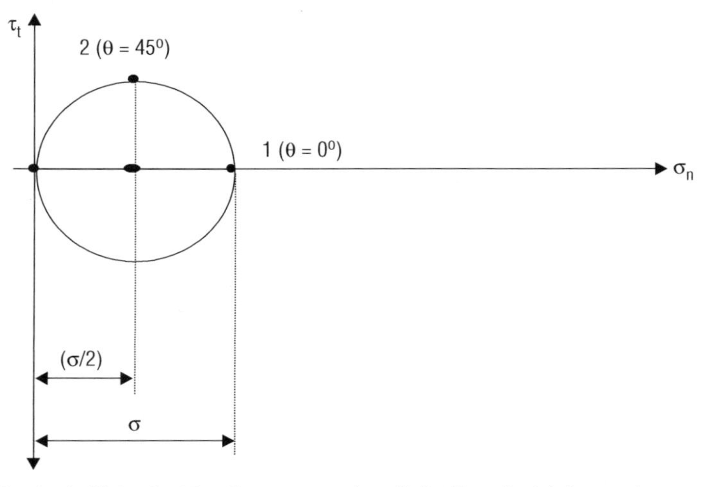

Figura 7.14 Círculo de Mohr das Tensões no caso de solicitação uniaxial de uma barra.

O círculo de Mohr mostrado na Figura 7.14 é o lugar geométrico dos pontos (σ_n, τ_t), cujas abscissas (σ_n) e ordenadas (τ_t) fornecem as tensões normais e de cisalhamento, respectivamente, que atuam na seção inclinada de uma barra tracionada. Isto ocorre, pois este círculo é a representação gráfica das equações (7.17) e (7.18). O ponto 1 no círculo corresponde às tensões que atuam na seção transversal ($\theta = 0$), ou seja, $\sigma_n = \sigma = F / A_0$, e $\tau_t = 0$, o ponto 2 às tensões que atuam em um plano inclinado de 45° ($\sigma_n = \tau_t = \sigma / 2$), e a origem, (0, 0) às tensões que atuam em uma seção longitudinal da barra, ou seja, $\sigma_n = \tau_t = 0$. Como o círculo de Mohr baseia-se nas equações (7.17) e (7.18), uma rotação física de θ na seção da barra corresponde a um giro de 2θ no círculo.

7.7 ESTADOS BI E TRIDIMENSIONAIS DE TENSÕES E DEFORMAÇÕES

O estado de tensões atuante em uma barra tracionada é simples e denominado de uniaxial, ou unidimensional (1-D). Entretanto, na prática, é comum a existência de estados mais complexos, tais como os bidimensionais (2-D, p.ex. tensões em um balão inflado) e os tridimensionais (3-D, p.ex. tensões hidrostáticas em um corpo submerso). Nestes casos, faz-se necessário definir-se um sistema de coordenadas adequado ao corpo sólido a ser estudado (retangulares, cilíndricas ou esféricas, entre outras), e utilizar índices para identificar as tensões que atuam nas diferentes direções existentes. Como este texto é introdutório, só serão consideradas coordenadas retangulares. Neste contexto, imaginando-se um cubo submetido a forças de tração (F) nas direções x e y, e a esforços de cisalhamento (T) no plano (x, y), em equilíbrio, conforme mostra-se na Figura 7.15, obtém-se um estado 2-D de tensões.

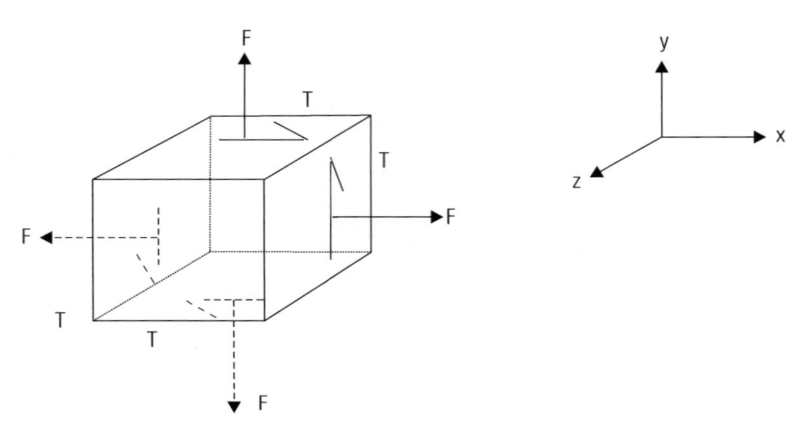

Figura 7.15 Esforços que provocam um estado plano de tensões, contido em (x,y).

Dividindo-se os esforços F e T mostrados na Figura 7.15 pelas áreas, nas quais os mesmos estão aplicados, obtêm-se as respectivas tensões normais e de cisalhamento. E, neste caso, para distingui-las deve-se trabalhar com índices. O primeiro índice refere-se à direção normal da face (isto é, área), na qual o esforço atua. Neste caso específico, as faces paralelas ao plano (y,z) têm vetor normal na direção x, assim, o primeiro índice das tensões que nelas atuam é x, e nas faces paralelas ao plano (x,z) o índice seria y (direção das normais das faces). O segundo índice refere-se à direção do esforço aplicado que causou a tensão. Para simplificar, a explicação do sistema de índices, na Figura 7.16 mostra-se a vista no plano (x,y) das tensões (2-D) que atuam no cubo ilustrado na Figura 7.15. As tensões na Figura 7.16 são todas positivas.

Os índices das tensões normais verticais (σ_{yy}) mostradas na Figura 7.16 são yy, pois elas atuam nas faces y, e as forças F que causam as mesmas têm a direção y, já as normais horizontais (σ_{xx}) atuam na face x e são devidas a forças na direção x. No caso das tensões de cisalhamento, o par que provoca distorção no sentido horário (τ_{yx}), por exemplo, atua nas faces normais à direção y. Em virtude de a somatória dos momentos em z ter de ser nula, pode-se provar que, em módulo, $\tau_{yx} = \tau_{xy}$ (ARCHER et al., 1978). Ou seja, existe uma reciprocidade entre as tensões de cisalhamento.

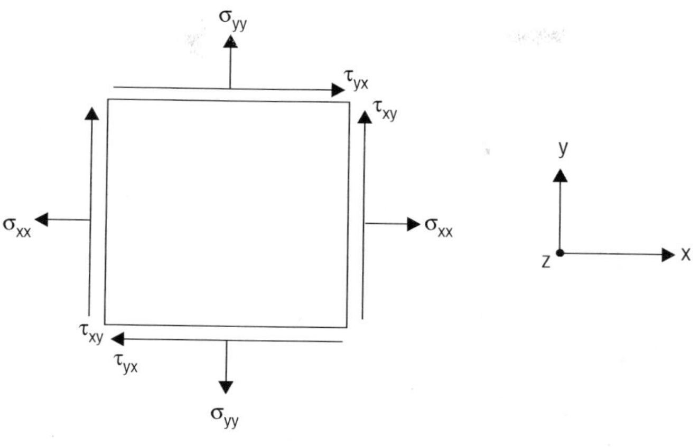

Figura 7.16 Estado plano de tensões atuando em um corpo sólido.

Na verdade, as tensões são entidades matemáticas denominadas tensores, e o sistema de índices descrito anteriormente é chamado de notação tensorial. Na notação tensorial, com o intuito de simplificá-la, há uma regra conhecida como Convenção de Einstein que diz: "quando um índice é repetido, pode-se escrever apenas o primeiro", assim é comum usar-se: σ_x no lugar de σ_{xx}, e σ_y no de σ_{yy}.

No caso de um estado tridimensional (3-D) de tensões, conforme mostra-se na Figura 7.17, atuam no cubo, simultaneamente, três pares de tensões normais, σ_x, σ_y, e σ_z, e 6 de cisalhamento, $\tau_{xy} = \tau_{yx}$, $\tau_{yz} = \tau_{zy}$, e $\tau_{xz} = \tau_{zx}$.

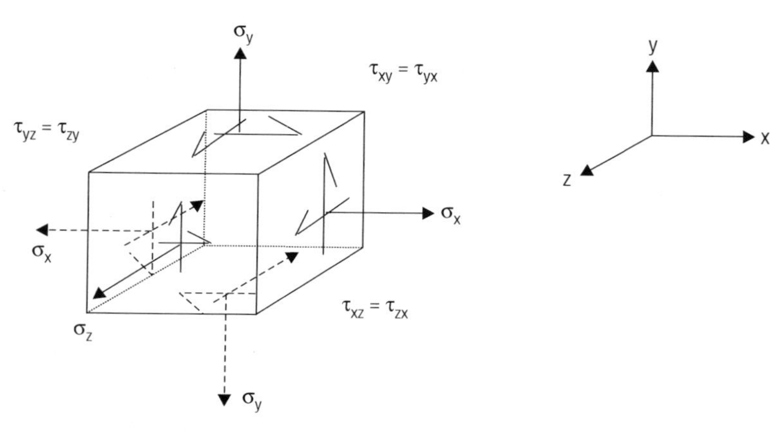

Figura 7.17 Estado tridimensional de tensões atuando em um corpo sólido.

Um maior aprofundamento neste assunto foge ao escopo deste capítulo. A seguir, complementando as relações simples, entre tensões e deformações, referentes às equações (7.8) e (7.9), as quais se restringem a estados uniaxiais envolvendo apenas esforços normais, e cisalhamento puro, respectivamente, serão apresentadas equações mais gerais, as quais podem ser empregadas em estados de tensões mais complexos.

7.8 RELAÇÕES ENTRE TENSÕES E DEFORMAÇÕES PARA MATERIAIS ISOTRÓPICOS

A Lei de Hooke baseou-se em observações experimentais, e, por meio delas, verificou-se que, quando as deformações são suficientemente pequenas (geralmente menores que 0,2% para metais), há uma proporcionalidade entre tensões e deformações. Alguns materiais não metálicos, tais como as fibras de vidro quando submetidas à tração uniaxial, por exemplo, podem apresentar linearidade no diagrama tensão/deformação para deformações significativamente superiores, de até 3 a 4% (HULL; CLYNE, 1996). Tais observações são válidas para inúmeros materiais utilizados na engenharia, e sua expressão na forma matemática é conhecida como Lei de Hooke, em homenagem ao cientista Robert Hooke (1635 – 1702).

No caso particular de tração, ou compressão, uniaxial, a Lei de Hooke simplifica-se para a equação (7.8), $\sigma = E\,\varepsilon$, e, para cisalhamento puro em um único plano, ela expressa-se pela equação (7.9), $\tau = G\,\gamma$. Em se tratando de um estado 2-D, ou plano, de tensões, conforme ilustrado nas Figuras 7.15 e 7.16, no qual σ_x, σ_y e τ_{xy} são diferentes de zero, mas as demais tensões são nulas, ou seja, $\sigma_z = \tau_{yz} = \tau_{zx} = 0$, a Lei de Hooke expande-se para um sistema de três equações, mostrado a seguir (ARCHER et al., 1978):

$$\left.\begin{aligned}
\sigma_x &= \frac{E}{\left(1-\nu^2\right)}\,\varepsilon_x + \frac{\nu E}{\left(1-\nu^2\right)}\,\varepsilon_y \\
\sigma_y &= \frac{\nu E}{\left(1-\nu^2\right)}\,\varepsilon_x + \frac{E}{\left(1-\nu^2\right)}\,\varepsilon_y \\
\tau_{xy} &= G.\gamma_{xy}
\end{aligned}\right\} \qquad (7.20)$$

O sistema de três equações (7.20), alternativamente, também poderia ser expresso na forma matricial. Em um caso geral de estado 3-D de tensões, conforme mostrado na Figura 7.17, a Lei de Hooke relaciona seis tensões e seis deformações independentes por meio de um sistema de seis equações, o qual pode ser colocado na forma matricial, conforme apresentado pela equação (7.22) (ARCHER et al., 1978). Nesta expressão matricial, com o propósito de simplificá-la, será utilizada a constante A definida como:

$$A = \frac{E}{(1-\nu^2)} \tag{7.21}$$

$$\begin{Bmatrix} \sigma_x \\ \sigma_y \\ \sigma_z \\ \tau_{xz} \\ \tau_{yz} \\ \tau_{xy} \end{Bmatrix} = \begin{bmatrix} A & \nu A & \nu A & 0 & 0 & 0 \\ \nu A & A & \nu A & 0 & 0 & 0 \\ \nu A & \nu A & A & 0 & 0 & 0 \\ 0 & 0 & 0 & G & 0 & 0 \\ 0 & 0 & 0 & 0 & G & 0 \\ 0 & 0 & 0 & 0 & 0 & G \end{bmatrix} \begin{Bmatrix} \varepsilon_x \\ \varepsilon_y \\ \varepsilon_z \\ \gamma_{xz} \\ \gamma_{yz} \\ \gamma_{xy} \end{Bmatrix} \tag{7.22}$$

É interessante que o leitor, como exercício, coloque a equação (7.20), referente a um estado 2-D de tensões, na forma matricial, e a compare com a equação (7.22), referente a um estado 3-D. Pode-se notar que os elementos nas posições 1,1; 1,2; 2,1 e 2,2, de ambas matrizes envolvidas, são idênticos, bem como os elementos (G) nas respectivas posições inferiores direitas. Tal fato confirma que a análise 2-D é um caso particular da 3-D.

Na equação (7.22) está implícito o fato de que o material é isotrópico, ou seja, apresenta as mesmas propriedades mecânicas (E, G, e ν) em qualquer direção. Adicionalmente, pode-se demonstrar que (ARCHER et al., 1978):

$$G = \frac{E}{2(1+\nu)} \tag{7.23}$$

Na equação (7.22), nota-se que todos os elementos não nulos da matriz 6 x 6 dependem apenas das constantes E, G e ν. E, como estas três propriedades elásticas estão relacionadas pela equação (7.23), os elementos da matriz baseiam-se, unicamente, em duas constantes independentes. Essas constantes caracterizam o comportamento elástico de um material isotrópico. Para materiais não isotrópicos, tais como os compósitos de matriz plástica, cerâmica ou metálica, reforçada com fibras de alto desempenho estrutural, por exemplo, o comportamento elástico é governado por equações mais complexas, as quais fogem ao escopo deste capítulo e serão apresentadas e discutidas no Capítulo 9. Embora o presente capítulo não aborde materiais compósitos, ele é fundamental para a compreensão dos Capítulos 8 e 9 e deve ser bem estudado, pois contém muitos conceitos básicos importantes. Conceitos estes fundamentais para o estudo de qualquer tipo de material estrutural.

7.9 REFERÊNCIAS

ARCHER, R. R. et al. *An Introduction to the mechanics of solids*. London: McGraw-Hill, 1978. 628p.

HULL, D.; CLYNE, T. W. *An Introduction to composite materials*. Cambridge: Cambridge Univ. Press, 1996. 326p.

MATTHEWS, F. L.; RAWLINGS, R. D. *Composite materials*: engineering and science. London: Chapman & Hall, 1994. 470p.

Princípios básicos de micromecânica aplicados a compósitos estruturais

8.1 DEFINIÇÕES GERAIS

As propriedades elásticas dos materiais são características mecânicas essenciais para a análise de tensões e o projeto de componentes estruturais utilizados em diversos ramos da engenharia. Em particular, em se tratando de estruturas de compósitos, principalmente os compósitos poliméricos, os quais, ao serem tracionados paralelamente às fibras, apresentam comportamento linear e elástico praticamente até atingirem a tensão de falha, o conhecimento das propriedades elásticas é fundamental. Por meio das propriedades elásticas é possível relacionar-se as tensões mecânicas e as deformações que ocorrem em um material. Uma das principais vantagens da micromecânica, a qual basicamente é uma técnica de homogeneização, é permitir o cálculo das propriedades **elásticas** de um compósito a partir das propriedades elásticas de seus constituintes, desde que suas frações volumétricas sejam conhecidas.

O compósito estrutural por definição é constituído por uma matriz (M), a qual é reforçada, em escala macroscópica, por um ou mais tipos de fibras (F). Os compósitos mais simples são normalmente reforçados por um único tipo de fibra, a qual, via de regra, é utilizada, por exemplo, na forma de cabos de filamentos unidirecionais, ou na forma de tecidos bidimensionais com fibras mutualmente perpendiculares entre si (ou seja, tecidos ao longo de duas direções, o urdume e a trama, formando 90° entre si). Os reforços unidirecionais podem ser aplicados em componentes estruturais empregando-se os processos de fabricação conhecidos como: bobinagem; trançagem; e pultrusão, entre outros, e os tecidos de fibras, por meio da técnica de laminação, a qual consiste em depositar-se sucessivas camadas (lâminas) sobre a superfície de um molde adequado. Os compósitos híbridos podem conter dois ou mais tipos de fibra, simultaneamente, e a análise desses compósitos é um pouco mais complexa do que a exposta neste capítulo.

Imaginando-se uma lâmina (fina camada de compósito) com reforço unidirecional, impregnada por uma matriz, conforme ilustrado na Figura 8.1, define-se como direção 1 o eixo coordenado **paralelo** às fibras, e como direção 2 o eixo coordenado **perpendicular** às fibras. Como normalmente as fibras são bem mais rígidas que a matriz, a lâmina possui um módulo de elasticidade mais elevado, $\mathbf{E_1}$, na direção 1, e um segundo módulo de menor valor, $\mathbf{E_2}$, na direção 2. Quando se aplica um esforço mecânico na direção 1, as fibras e a matriz trabalham de forma análoga a um arranjo de molas em paralelo, conforme mostra-se na Figura 8.2a. Neste caso, a contribuição das fibras na rigidez da lâmina é a **maior** possível (ou máxima, $E_1 = E_{max}$). Sendo que se o carregamento for na direção 2, as fibras e a matriz atuarão como se fossem um arranjo de molas em série, conforme mostra-se na Figura 8.2b. Nesta segunda situação, a contribuição das fibras na rigidez da lâmina é a **mínima** possível ($E_2 = E_{min}$). Via de regra, a matriz é plástica.

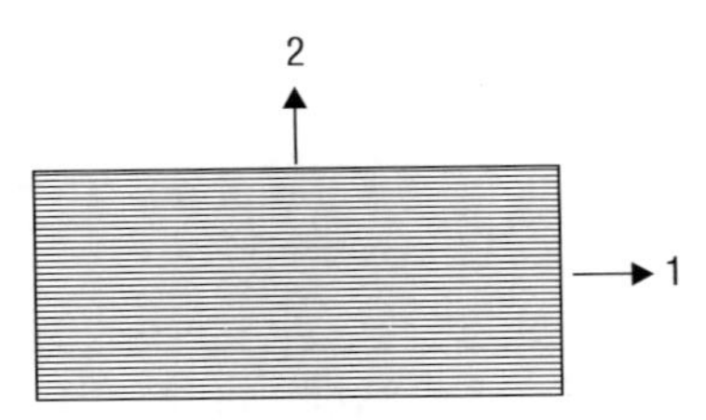

Figura 8.1 Direções principais 1 e 2 em uma lâmina de compósito.

Em uma lâmina de compósito, o volume (v) **total** do material (v_T) divide-se em três parcelas, ou seja: (i) o volume de **fibras** (v_F); (ii) o volume de **matriz** (v_M); e (iii) o volume de **vazios** (v_V). O volume de vazios corresponde ao volume de bolhas de ar e de gases que emanam da resina durante a cura. Matematicamente, pode-se escrever que:

$$v_T = v_F + v_M + v_V \tag{8.1}$$

Neste caso, pode-se definir que as **frações volumétricas** (V) de fibras (V_F), de matriz (V_M), e de vazios (V_V), respectivamente, são dadas por:

$$V_F = \frac{v_F}{v_T}; \quad V_M = \frac{v_M}{v_T}; \quad V_V = \frac{v_V}{v_T} \tag{8.2}$$

sendo que, combinando-se as equações (8.1) e (8.2), obtém-se:

$$V_F + V_M + V_V = 1 \tag{8.3}$$

A equação (8.3) também pode ser expressa, em termos de **porcentagens**, na forma:

$$V_F\% + V_M\% + V_V\% = 100\% \tag{8.4}$$

Em compósitos estruturais de boa qualidade, a fração volumétrica de vazios (V_V) tem de ser necessariamente baixa. Idealmente, deve ser inferior a 1%. De acordo com Gibson (1994), para compósitos poliméricos curados em autoclaves, e dentro de bolsas de vácuo, $0{,}1 < V_V < 1\%$. Já as frações volumétricas de fibras e de matriz são normalmente de ordens de grandeza próximas, e de valores significativamente superiores em relação a V_V, na maioria das aplicações práticas envolvendo componentes estruturais em compósitos.

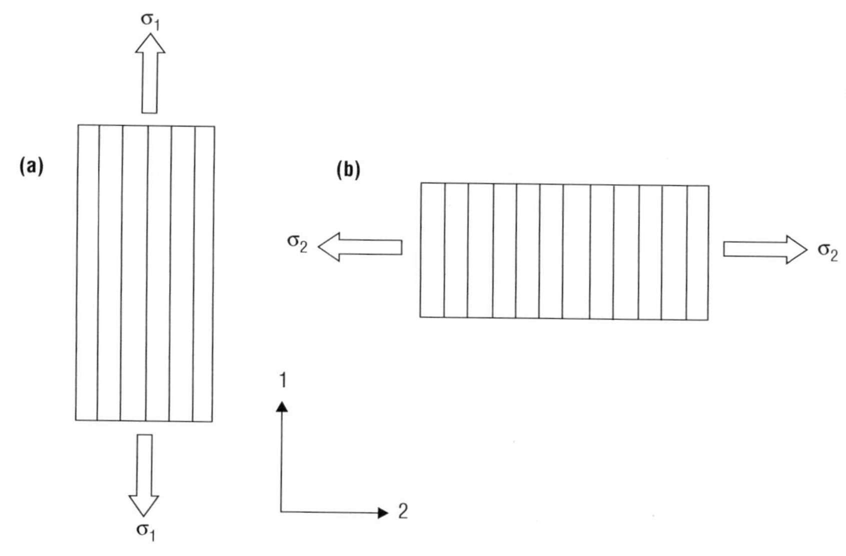

Figura 8.2 Solicitações mecânicas paralelas, 8.2a, e perpendiculares às fibras, 8.2b.

Nas equações da micromecânica, as propriedades elásticas são estimadas em função das frações volumétricas dos constituintes. Entretanto, o que se mede diretamente nos laboratórios são os pesos ou as massas dos constituintes, e, a seguir, calculam-se suas frações em peso ou em massa. Uma vez sendo conhecidos os pesos ou as massas específicas (ou densidades, d = m/v) dos constituintes, pode-se facilmente obter seus volumes. Um detalhe importante é que, para finalidades práticas, pode-se admitir, sem que a precisão dos cálculos seja comprometida, que a massa (m) total de um compósito (m_T) é dada pela soma das massas de fibra (m_F) e matriz (m_M), ou seja:

$$m_T = m_F + m_M \quad (8.5)$$

sendo m_F e m_M as massas de Fibra e Matriz. Em relação a m_F e m_M, a massa de vazios, $m_V = d_V \cdot v_V$, é praticamente um infinitésimo de segunda ordem, pois é dada pelo produto de dois valores infinitesimais, d_V e v_V.

A equação (8.5) não inclui a massa de vazios ($m_V = d_V \cdot v_V$), pois o seu valor seria praticamente um infinitésimo de segunda ordem em relação aos demais termos. Tanto o volume (v_V), como a densidade dos vazios (d_V) são valores baixos em comparação com os valores relativos às fibras e à matriz. Como a massa de vazios é o produto de ambos, o seu valor torna-se desprezível.

As frações em massa das Fibras (M_F) e da Matriz (M_M) são obtidas por:

$$M_F = (m_F)/(m_T); \text{ e } \qquad M_M = (m_M)/(m_T); \quad (8.6)$$

E, como na prática m_V é desprezível em relação a m_F e m_M, normalmente, obtém-se que $M_F + M_M = 1$, ou $M_F\% + M_M\% = 100\%$.

Quando se deseja fazer estimativas rápidas, e sabe-se por experiências anteriores que a fração volumétrica de vazios é suficientemente baixa para poder ser desprezada, mas não se conhece o seu valor exato, pode-se aproximar as equações (8.3) e (8.4), respectivamente, para:

$$V_F + V_M \cong 1 \quad (8.7)$$

$$V_F\% + V_M\% \cong 100\% \quad (8.8)$$

Na manufatura de compósitos por impregnação manual, a massa das fibras a serem usadas (m_F) deve sempre ser determinada antes de se dar início ao processo de manufatura do componente desejado, e o seu valor registrado. Ao final, após o componente estar pronto (isto é, curado), pesa-se o mesmo obtendo-se a massa total (m_T) e, em seguida, calcula-se a massa de resina ou matriz (m_M), usando-se a equação (8.5). A partir desses três valores, pode-se calcular as frações em massa, e, conhecendo-se as massas específicas ou densidades de fibra e matriz, pode-se, adicionalmente, obter as frações volumétricas correspondentes.

A vantagem adicional deste procedimento é que, após se conhecer a massa de fibra a ser usada em uma peça, pode-se fazer uma estimativa razoável de quanta resina deve, necessariamente, ser preparada, e evitar desperdícios. Se o reforço for fibra de vidro, a relação é de 1 para 1 (isto é, $m_F \approx m_M$). Ou seja, prepara-se uma quantidade de resina (epóxi ou poliéster) igual à massa das fibras. Se o reforço for fibra de carbono a massa de resina deve ser 1,40 vez a massa de fibra (isto é, $m_M \approx 1{,}4.\ m_F$). E, se o reforço for de fibra aramida a massa de resina deve ser 1,70 vez a de fibra ($m_M \approx 1{,}7.\ m_F$). Nestes casos, se a cura do laminado for feita em bolsa de vácuo, o excesso de resina sai e obtém-se um laminado com cerca de 50% de volume de fibras, ou seja, $V_F = 50\%$. Caso não se utilize bolsa de vácuo, a fração volumétrica de fibras fica em torno de 30%, ou seja, $V_F = 30\%$.

8.2 HIPÓTESES SIMPLIFICADORAS

Na análise micromecânica de um compósito, algumas simplificações têm de ser feitas para se reduzir a complexidade das equações. A matriz é considerada: (i) homogênea; (ii) de comportamento mecânico linear e elástico; e (iii) isotrópica (isto é, comporta-se sempre da mesma maneira, independentemente da direção da solicitação). As fibras, além de homogêneas, lineares elásticas e isotrópicas, são consideradas: (i) perfeitamente alinhadas (isto é, paralelas umas às outras); e (ii) igualmente espaçadas entre si. Uma das principais consequências destas simplificações é poder usar-se a Lei de Hooke (ver equação 7.8) nas relações entre tensões e deformações, envolvendo as fibras e a matriz.

Apesar de as lâminas do compósito serem heterogêneas, em nível de constituintes, do ponto de vista **macroscópico**, elas são admitidas como sendo homogêneas, para fins de obter-se as relações entre tensões e deformações. As lâminas também são consideradas: (i) lineares e elásticas; (ii) ortotrópicas (apresentam propriedades distintas ao longo de duas direções perpendiculares entre si, conforme as direções 1 e 2 nas Figuras 8.1 e 8.2); e (iii) inicialmente livres de tensões residuais. As simplificações (i) e (ii) são importantes tanto na abordagem micromecânica, como nas análises macromecânicas de lâminas e laminados a serem apresentadas no Capítulo 9 (MATTHEWS; RAWLINGS, 1994).

É fato conhecido que os compósitos deformam-se quando são submetidos a variações de temperatura, e ao absorverem ou liberarem umidade. Desta forma, após um processo de cura a quente, sempre aparecerão tensões higrotérmicas (ou seja, tensões induzidas por variações de umidade e temperatura) em um laminado, durante o resfriamento, bem como quando o mesmo for retirado de um forno e trazido para o ambiente comum externo (normalmente mais úmido) durante o uso. Entretanto, nas equações da micromecânica apresentadas neste capítulo, tais efeitos não serão considerados. O cálculo simplificado das tensões higrotérmicas é abordado no Capítulo 9, referente à análise macromecânica de lâminas e laminados.

Além das deformações higrotérmicas, um efeito adicional que é importante na tecnologia de compósitos é a contração da matriz durante a polimerização. As resinas epóxi e fenólica, bem como as poliamidas, por exemplo, **contraem-se** em cerca de 2% durante a cura, e as resinas tipo poliéster aproximadamente 4% (PIGGOTT, 1980). Tais contrações promovem um ancoramento das fibras dentro da matriz, o qual contribui para a ocorrência de tensões mecânicas de compressão na interface fibra/matriz. Informações mais detalhadas sobre as interações na interface fibra/matriz podem ser obtidas em Chawla (1987). Um bom ancoramento mecânico das fibras, no interior da matriz, é essencial para que o compósito funcione adequadamente.

Finalmente, a ancoragem mecânica provocada pela contração da resina durante a cura e as eventuais ligações químicas existentes na interface entre as fibras e a matriz serão consideradas perfeitas. O estudo de tais ligações é bastante complexo, conforme apresentado no Capítulo 5 e, nesta abordagem básica sobre micromecânica, ele não será incluído. Em decorrência de a interface entre fibra e matriz ser considerada perfeita, quando uma lâmina é tracionada na direção 1, conforme mostra-se na Figura 8.2a, as deformações longitudinais na lâmina (ε_1), na fibra (ε_F) e na matriz (ε_M) tornam-se idênticas (ou seja, $\varepsilon_1 = \varepsilon_F = \varepsilon_M$). E, adicionalmente, ao se tracionar uma lâmina na direção 2, conforme ilustrado na Figura 8.2b, as tensões normais da matriz na direção 2 (σ_2), a que atua nas fibras (σ_F) e a que atua na matriz (σ_M) são idênticas (ou seja, $\sigma_1 = \sigma_F = \sigma_M$).

8.3 REGRA DAS MISTURAS

Considere-se uma lâmina com reforço unidirecional sendo tracionada, por uma força F, na direção das fibras, conforme ilustrado na Figura 8.3. A força F, dividida pela área (a) da seção transversal da lâmina, corresponde à tensão normal, σ_1, no compósito.

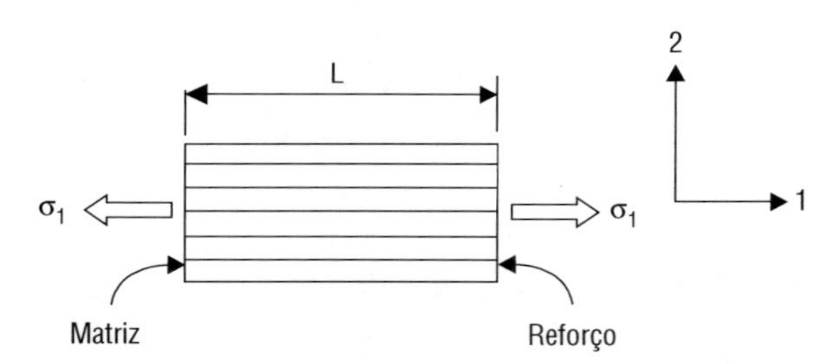

Figura 8.3 Lâmina unidirecional tracionada na direção 1.

Os módulos de elasticidade e as frações volumétricas das fibras e da matriz da lâmina são, respectivamente, E_F, V_F, E_M e V_M. Sendo F a força que provoca a tensão longitudinal, σ_1, e dado que as fibras e a matriz atuarão de forma análoga a molas em paralelo, uma parcela da mesma, FF, solicitará as fibras, e a outra, FM, a matriz. Fazendo-se um corte transversal na lâmina, isolando-se um trecho dela, conforme mostra-se de forma esquemática na Figura 8.4, e aplicando-se a equação de equilíbrio de forças na direção 1, obtém-se:

$$F = FF + FM \tag{8.9}$$

Na Figura 8.4, a parte hachurada por pontos representa uma mola ideal com a rigidez equivalente à rigidez da matriz, e a parte hachurada por traços, uma mola equivalente à rigidez das fibras. E, entre ambas, considera-se que há uma interface perfeita.

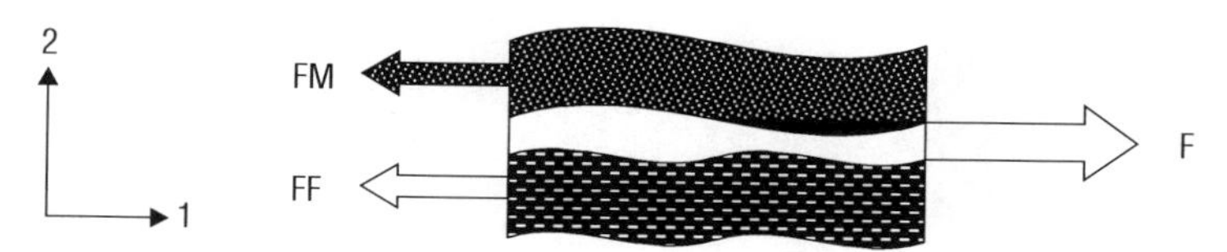

Figura 8.4 Representação esquemática das forças internas atuando na lâmina.

Como uma força normal em um corpo elástico é o produto da tensão normal multiplicada pela área resistente, a equação (8.9) pode ser reescrita na forma:

$$\sigma_1 \cdot A = \sigma_F \cdot AF + \sigma_M \cdot AM \tag{8.10}$$

sendo: (i) A a área total da seção transversal da lâmina; (ii) AF a parcela da área relativa às fibras; (iii) AM a relativa à matriz; (iv) σ_F a tensão normal nas fibras; e (v) σ_M a tensão normal na matriz. A equação (8.10) ainda pode ser apresentada na forma:

$$\sigma_1 = \sigma_F . \left(\frac{AF}{A} \right) + \sigma_M \left(\frac{AM}{A} \right) \tag{8.11}$$

De acordo com a Figura 8.3, nota-se que os comprimentos (L) das fibras, da própria lâmina e da matriz, são idênticos, portanto as relações (AF/A) e (AM/A), quando multiplicadas por L no numerador e no denominador, são iguais às frações volumétricas de fibra, V_F, e de matriz, V_M, respectivamente. Tal fato ocorre em decorrência de os produtos: A. L; (AF). L; e (AM). L serem iguais aos volumes: da lâmina (v_T); das fibras (v_F); e da matriz (v_M), respectivamente. Neste caso, a equação (8.11) transforma-se em:

$$\sigma_1 = \sigma_F \cdot V_F + \sigma_M \cdot V_M \tag{8.12}$$

De acordo com a Lei de Hooke, $\sigma_1 = E_1 \cdot \varepsilon_1$, $\sigma_F = E_F \cdot \varepsilon_F$, e $\sigma_M = E_M \cdot \varepsilon_M$, assim, substituindo-se estas expressões na equação (8.12), obtém-se:

$$E_1 \cdot \varepsilon_1 = E_F \cdot \varepsilon_F \cdot V_F + E_M \cdot \varepsilon_M \cdot V_M \tag{8.13}$$

Como as deformações da lâmina (ε_1), das fibras (ε_F) e da matriz (ε_M) são idênticas:

$$E_1 = E_F \cdot V_F + E_M \cdot V_M \tag{8.14}$$

A equação (8.14) é conhecida como Regra das Misturas e permite que se estime o módulo de elasticidade, **na direção das fibras**, de uma lâmina com reforço unidirecional, a partir dos módulos de elasticidade e das frações volumétricas das fibras e da matriz. Combinando-se as equações (8.7) e (8.14) tem-se:

$$E_1 = E_F \cdot V_F + E_M \cdot (1 - V_F) \tag{8.15}$$

Examinando-se a equação (8.15), nota-se que o módulo de elasticidade na direção das fibras, E_1, é uma função do primeiro grau em V_F, ou seja, E_1 cresce **linearmente** com o aumento da fração volumétrica de fibras. Desta forma, plotando-se E_1 em função de V_F obtém-se o diagrama mostrado na Figura 8.5. Normalmente, na fabricação de compósitos estruturais, trabalhando-se com impregnação manual e fazendo-se a cura em bolsa de vácuo consegue-se $V_F \approx 50\%$, e, utilizando-se pré-impregnados, bem como empregando-se bolsa de vácuo e autoclave durante a cura, $V_F \approx 70\%$, ver Capítulo 6. Na fabricação de compósitos não estruturais e utilizando-se impregnação manual, ou com jateamento de resina e fibras picadas, sem utilização de bolsa de vácuo ou autoclave, tipicamente, pode-se obter compósitos com $V_F \approx 30\%$.

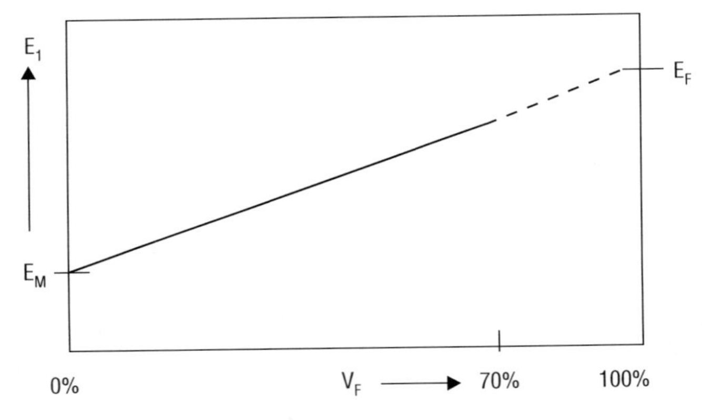

Figura 8.5 Módulo de elasticidade na direção das fibras em função do V_F.

Quando se solicita uma lâmina com reforço unidirecional na direção 2, ou seja, **perpendicularmente** às fibras, conforme ilustrado na Figura 8.6, as fibras e a matriz trabalham como se fossem molas atuando em série. Neste caso, um alongamento na direção 2 imposto à lâmina, ΔL2, será igual à soma dos alongamentos das fibras, ΔLF, e da matriz, ΔLM, ou seja:

$$\Delta L2 = \Delta LF + \Delta LM \tag{8.16}$$

O alongamento de um material, por definição, é igual ao produto da deformação normal multiplicada pelo seu comprimento inicial ($\Delta L = \varepsilon . L$). No caso da Figura 8.6, L2 é o comprimento total da lâmina e L2F e L2M, os comprimentos parciais relativos às fibras e à matriz, e a equação (8.16) pode ser rearranjada na forma:

$$\varepsilon_2 = \left(\frac{L2F}{L2}\right).\varepsilon_{2F} + \left(\frac{L2M}{L2}\right).\varepsilon_{2M} \tag{8.17}$$

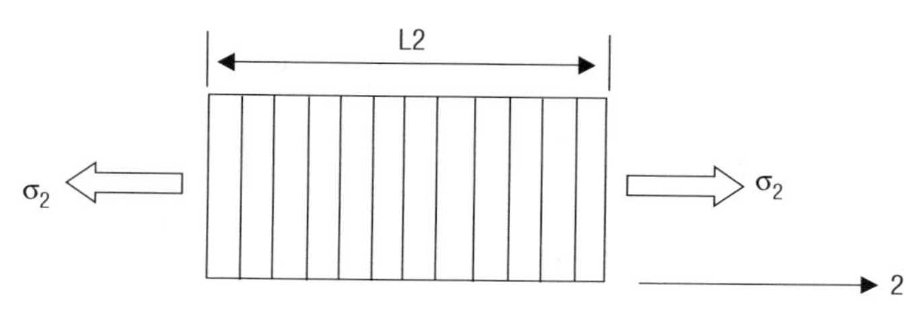

Figura 8.6 Lâmina tracionada na direção 2.

Como a área da seção transversal da lâmina é constante, os quocientes (L2F / L2) e (L2M / L2) são iguais às frações volumétricas de fibra e de matriz, respectivamente. Adicionalmente, de acordo com a Lei de Hooke, a deformação é o quociente da tensão normal aplicada dividida pelo módulo de elasticidade ($\varepsilon = \sigma / E$). Como idealmente a tensão normal aplicada na direção 2 é constante, e, portanto, é a mesma nas fibras e na matriz, a mesma cancela-se em todos os membros da equação e obtém-se:

$$\frac{1}{E_2} = \left(\frac{V_F}{E_F}\right) + \left(\frac{V_M}{E_M}\right) \tag{8.18}$$

ou, equivalentemente,

$$E_2 = \frac{(E_F.E_M)}{(V_F.E_M + V_M.E_F)} \tag{8.19}$$

O diagrama mostrado na Figura 8.7 destaca que o aumento do módulo de elasticidade perpendicular às fibras, E_2, com a fração volumétrica de fibras, V_F, é não linear, e que, para frações volumétricas até cerca de 50%, tal aumento é significativamente reduzido, podendo ser desprezado em muitos casos. Para fins de simplificação, quando se deseja apenas um valor aproximado de E_2, pode-se admitir que $E_2 \approx E_M$. Tal estimativa apresenta razoável precisão e é a favor da segurança.

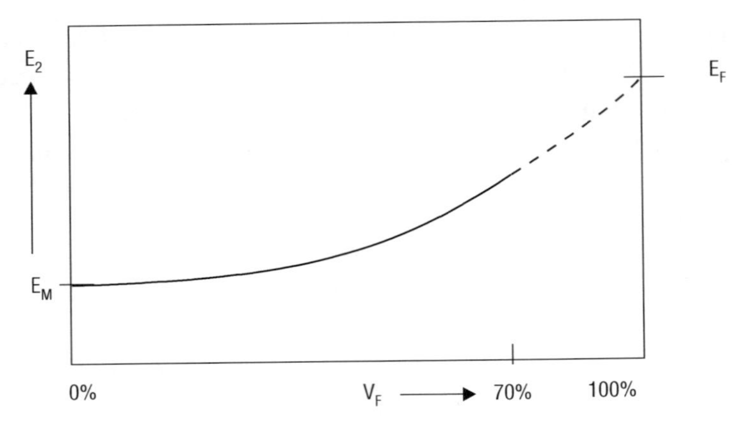

Figura 8.7 Variação do módulo de elasticidade perpendicular às fibras em função do V_F.

Um detalhe importante, ao se aplicar as equações (8.14), (8.18) e (8.19) em lâminas unidirecionais reforçadas com fibras de carbono e aramida, é que seus filamentos apresentam dois módulos de elasticidade distintos: (i) um módulo de maior valor na direção axial (A) do filamento, E_{FA}; e (ii) um de valor bem mais reduzido na direção radial (R) E_{FR}. Nestes casos, deve-se, em lugar de E_F, usar o valor de E_{FR} na determinação de E_2 (HULL; CLYNE, 1996), e E_{FA} no cálculo de E_1.

Superpondo-se os diagramas das Figuras 8.5 e 8.7 obtém-se o da Figura 8.8, o qual destaca que o módulo de elasticidade na direção 1, paralela às fibras (E_1), é superior ao módulo na direção 2, perpendicular às elas (E_2), ou seja, $E_1 > E_2$. Tal fato ocorre, na grande maioria dos casos, em virtude de as fibras serem, normalmente, bem mais rígidas que a matriz. Em se tratando de solicitações uniaxiais, a eficácia das fibras como reforço estrutural é máxima, quando elas são todas alocadas paralelamente ao carregamento, e mínima, quando são dispostas perpendicularmente ao esforço mecânico. Para compósitos nos quais pode-se utilizar fibras na forma de tecidos, mantas ou preformas multidirecionais, entre outras opções, os valores teóricos de E_1 e E_2 são considerados como os limitantes superior e inferior do módulo de elasticidade do compósito, respectivamente. Assim, o módulo de elasticidade de um compósito com reforços multidirecionais, em uma dada direção, situa-se na região delimitada pelas curvas cheia e pontilhada, na Figura 8.8.

Além dos módulos de elasticidade E_1 e E_2, uma lâmina com reforço unidirecional também apresenta dois coeficientes de Poisson. O maior deles, ν_{12}, refere-se à situação mostrada nas Figuras 8.2a e 8.3, na qual a tensão normal é aplicada na direção 1 das fibras, e o menor, ν_{21}, ocorre quando a tensão é perpendicular às fibras, conforme representado nas Figuras 8.2b e 8.6. Mais detalhes sobre o coeficiente de Poisson (ν) encontram-se no Capítulo 7.

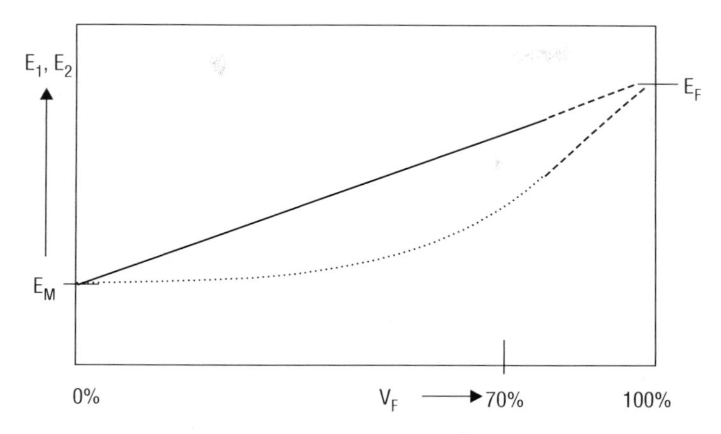

Figura 8.8 Variação dos módulos de elasticidade E_1 e E_2 com V_F.

De acordo com fontes bibliográficas importantes (JONES, 1975; GIBSON, 1994), a variação do coeficiente de Poisson maior de uma lâmina, ν_{12}, com a fração volumétrica de fibras, V_F, é **linear** (de forma semelhante à do diagrama mostrado na Figura 8.5) e ocorre de forma análoga ao previsto pelas equações (8.14) e (8.15), ou seja:

$$\nu_{12} = V_F.\nu_F + V_M.\nu_M = V_F.\nu_F + (1 - V_F).\nu_M \tag{8.20}$$

Na equação (8.20), ν_F e ν_M são os coeficientes de Poisson das fibras e da matriz, respectivamente. O coeficiente de Poisson menor, ν_{21}, é normalmente obtido por meio de cálculo, utilizando-se a equação (8.21). Pois, de acordo com Jones (1975) e Gibson (1994), e conforme apresentado no Capítulo 9 sobre análise macromecânica de lâminas:

$$\frac{E_1}{E_2} = \frac{\nu_{12}}{\nu_{21}} \tag{8.21}$$

Experimentalmente, de acordo com o carregamento esquematizado nas Figuras 8.2(a) e 8.3, pode-se medir com boa precisão o valor de $\nu_{12} = -\varepsilon_2/\varepsilon_1$. É simples medir-se ε_1 e ε_2, e essas deformações apresentam valores com ordens de grandeza próximas.

Já para medir-se $\nu_{21} = -\varepsilon_1/\varepsilon_2$, conforme mostrado na Figura 8.2(b), as grandezas ε_1 e ε_2 terão valores muito baixo, para que estensômetros possam registrá-las, e serão muito diferentes entre si, ou seja $\varepsilon_1 << \varepsilon_2$, pois a deformação transversal à carga é pequena, e as fibras na direção 1 a reduz ainda mais.

Uma outra propriedade elástica de uma lâmina de MPRF (material plástico reforçado com fibras) é o módulo de cisalhamento G_{12}, o qual relaciona as tensões de cisalhamento, τ_{12}, no plano da lâmina (1,2), com as deformações angulares, γ_{12}, neste mesmo plano. De acordo com Jones (1975) e Gibson (1994), a variação de G_{12} em função de V_F é não linear, e dada pela equação:

$$\frac{1}{G_{12}} = \left(\frac{V_F}{G_F}\right) + \left(\frac{V_M}{G_M}\right) \tag{8.22}$$

na qual G_F e G_M são os módulos de cisalhamento das fibras e da matriz, respectivamente. A equação (8.22) também pode ser apresentada na forma:

$$G_{12} = \frac{(G_F \cdot G_M)}{(V_F \cdot G_M + V_M \cdot G_F)} \tag{8.23}$$

As equações (8.22) e (8.23) são análogas às equações (8.18) e (8.19). O valor de G_{12} de uma lâmina de um compósito, para valores de V_F até 50%, aumenta muito pouco em relação ao módulo de cisalhamento da matriz, G_M, e um diagrama de G_{12} em função de V_F seria semelhante ao apresentado na Figura 8.6. Para fins de simplificação, quando se deseja apenas um valor aproximado de G_{12}, pode-se admitir que $G_{12} \approx G_M$, quando V_F é menor que 50%. Tal estimativa apresenta razoável precisão e é a favor da segurança.

As propriedades elásticas E_1 e ν_{12}, calculadas por meio das equações (8.14) e (8.20), e os diagramas apresentados nas Figuras 8.3 a 8.5, apresentam boas correlações com resultados experimentais (MATTHEW; RAWLINGS, 1994; HULL; CLYNE, 1994; TSAI, 1987). Já as equações (8.18) e (8.19), bem como as (8.22) e (8.23), fornecem valores apenas aproximados de E_2 e G_{12}, respectivamente. Apesar de simples, as equações da micromecânica para estimativa das propriedades **elásticas**, apresentadas anteriormente, são suficientemente precisas para uso no projeto de componentes estruturais em compósitos (GIBSON, 1994). Há na literatura outras equações mais complexas e elaboradas com base em modelos que incluem sofisticações adicionais, mas foge ao escopo deste capítulo a discussão das mesmas. Tais equações podem ser obtidas em Daniel e Ishai (2006)

No que concerne a aplicações práticas, em decorrência das condições impostas pelos vários processos de fabricação empregados na manufatura de componentes em compósitos, o valor máximo possível para frações volumétricas de fibras é de até cerca de 70% (MALLICK; NEWMAN, 1990). Para valores superiores a 70%, não se pode garantir que todos os filamentos dos cabos de fibras empregados como reforço serão impregnados pela matriz. Nesse caso, haveria descontinuidade da interface fibra/matriz (isto é, descolamento entre a fibra e a matriz) em alguma região do compósito, e neste local o material deixaria de atuar como um compósito ideal, no qual a interface é, hipoteticamente, perfeita. O descolamento na interface fibra/matriz é um defeito, pois impede a transferência de esforço mecânico entre o reforço e a resina, ou fase aglutinante. Assim, em aplicações práticas, os compósitos não devem possuir fração volumétrica de fibra superior a 70%.

8.4 PROPRIEDADES ELÁSTICAS DE COMPÓSITOS COM REFORÇO PARTICULADO

Considerando-se a representação de um compósito particulado, contendo inicialmente uma partícula esférica de diâmetro d, no interior de uma matriz isotrópica, conforme mostra a Figura 8.9 (MITAL; MURTHY; GOLDBERG, 1996), e convertendo-a a um cubo de volume equivalente de aresta d_e, pode-se estimar as suas propriedades elásticas, conforme descrito a seguir.

A partícula de formato esférico hipotético é convertida em formato cúbico, de mesmo volume, conforme mostra a Figura 8.9. O diâmetro da partícula é "d", a fração volumétrica de partículas é "V_{fp}", a dimensão equivalente de uma partícula cúbica de mesmo volume é d_e, e a aresta da célula unitária cúbica é "s", obtém-se então a equação (8.24):

$$\frac{\pi \cdot d^3}{6} = V_{fp} \cdot s^3 = d_e^3 \quad \Rightarrow \quad V_{fp} = \left(\frac{d_e}{s}\right)^3 \tag{8.24}$$

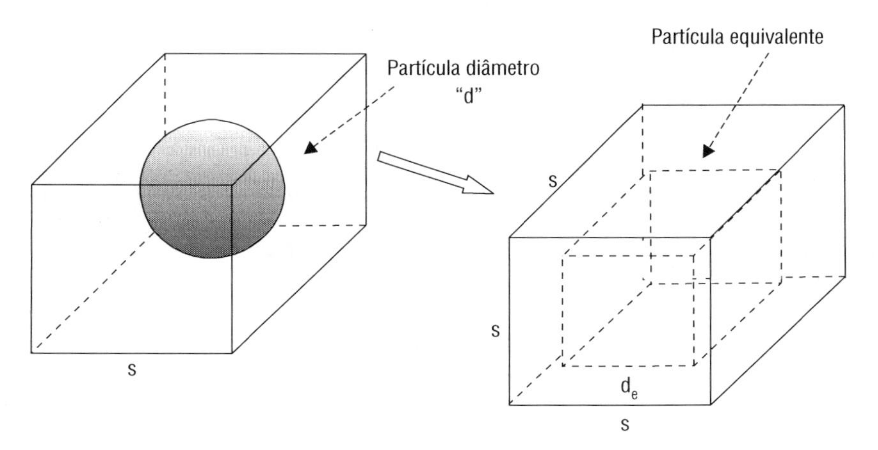

Figura 8.9 Diagrama esquemático de uma célula unitária de um compósito particulado.

Supondo-se que seja exercida uma força uniaxial na direção 1 da célula unitária, conforme ilustrado na Figura 8.10a. A carga total na célula unitária no equilíbrio de forças é obtida pela equação (8.25).

$$F_{compósito} = F_{part} + F_{matriz} \tag{8.25}$$

ou,

$$\sigma_{compósito.} A_{cel\ unitária} = \sigma_{part.} A_{part} + \sigma_{matriz.} A_{matriz} \tag{8.26}$$

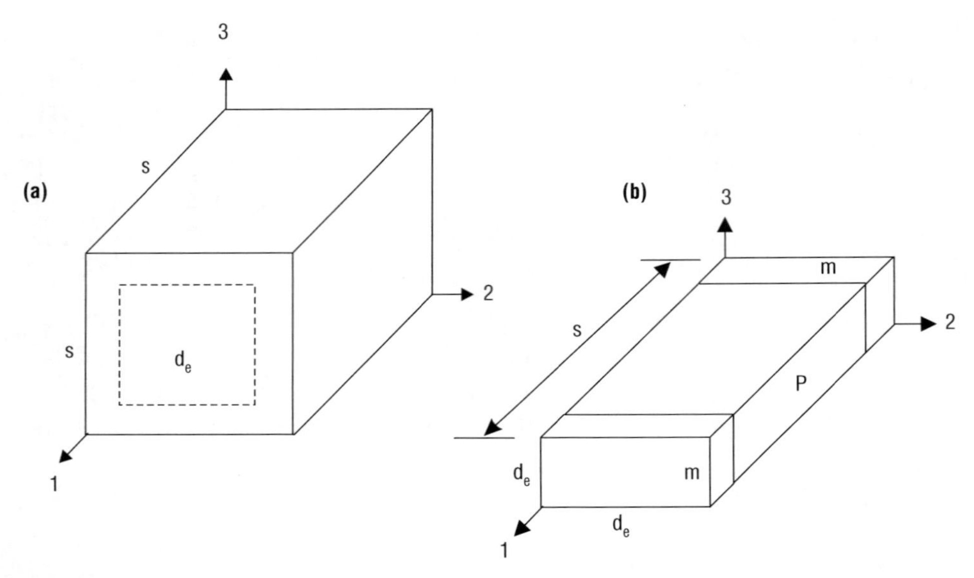

Figura 8.10 Decomposição da célula unitária: (a) célula da matriz; (b) célula da partícula equivalente.

Dividindo-se a equação pela área da célula unitária e substituindo-se as áreas reais correspondentes, pode-se obter a equação (8.27).

$$\sigma_{comp\ sito} = \sigma_{parteq} \cdot \frac{d_e \cdot d_e \cdot s}{s^3} + \sigma_{matriz} \cdot \frac{(s^3 - d_e^2 \cdot s)}{s^3} \tag{8.27}$$

Considerando-se que: (i) $V_{fp} = (d_e/s)^3$; e (ii) $\sigma = E.\varepsilon$, obtém-se a equação (8.28), em termos dos módulo e das deformações. Na equação (8.28) está implícito o fato de que $(V_{fp})^{2/3} = (d_e/s)^2$.

$$E_{compósito.}\ \varepsilon_{compósito} = E_{parteq.}\ \varepsilon_{parteq.}\ V_{fp}^{\ 0,67} + E_{matriz.}\ \varepsilon_{matriz}(1 - V_{fp}^{\ 0,67}) \tag{8.28}$$

A compatibilidade de deslocamento longitudinal pressupõe que a deformação no compósito e em cada constituinte seja a mesma, já que a adesão na interface matriz/partícula é perfeita, ou seja, $\varepsilon_{compósito} = \varepsilon_{part} = \varepsilon_{matriz}$, e assim pode-se obter a equação (8.29).

$$E_{composito} = E_{parteq} \cdot V_{fp}^{0,67} + E_{matriz}(1 - V_{fp}^{0,67}) \tag{8.29}$$

Todos os termos da equação (8.29) são conhecidos, exceto o correspondente ao módulo da partícula. Considerando a Figura 8.10b, a matriz e partícula estão em série, e por compatibilidade de deslocamento, pode-se obter a equação (8.30). Na equação (8.30) foi considerado que o alongamento do compósito representado na Figura 8.10b é a soma dos alongamentos da partícula e da matriz.

$$s \cdot \varepsilon_{parteq} = d_e \cdot \varepsilon_{part} + (s - d_e) \cdot \varepsilon_{matriz} \tag{8.30}$$

Dividindo por "s", pode-se obter a equação (8.31). Nesta passagem foi usada a Lei de Hooke.

$$\frac{\sigma_{part}}{E_{parteq}} = \frac{d_e \cdot \sigma_{part}}{s \cdot E_{part}} + \frac{(s - d_e)}{s} \cdot \frac{\sigma_{matriz}}{E_{matriz}} \tag{8.31}$$

Os constituintes da célula unitária estão submetidos à mesma tensão, conforme pode-se verificar na Figura 8.10b, isto é, $\sigma_{comp} = \sigma_{part} = \sigma_{matriz}$, e substituindo na equação (8.31), obtém-se a equação (8.32):

$$\frac{1}{E_{parteq}} = \frac{V_{fp}^{0,33}}{E_{part}} + \frac{(1 - V_{fp}^{0,33})}{E_{matriz}} \tag{8.32}$$

Na equação (8.32) está implícito o fato de que $(d_e/s) = (Vfp)^{1/3}$. Rearranjando, pode-se obter a equação (8.33).

$$E_{parteq} = \frac{E_{part} \cdot E_{matriz}}{V_{fp}^{0,33} \cdot E_{matriz} + (1 - V_{fp}^{0,33}) \cdot E_{part}} \tag{8.33}$$

Substituindo a equação (8.33) na equação (8.29), pode-se obter a equação (8.34):

$$E_{comp} = \frac{V_{fp}^{0,67} \cdot E_{matriz}}{1 - V_{fp}^{0,33}(1 - E_{matriz}/E_{part})} + (1 - V_{fp}^{0,67}) \cdot E_{matriz} \tag{8.34}$$

De maneira semelhante, obtém-se o módulo de cisalhamento de um compósito (G_{comp}), com fração volumétrica de partículas V_{fp}, que pode ser calculado pela equação (8.35).

$$G_{comp} = \frac{V_{fp}^{0,67} \cdot G_{matriz}}{1 - V_{fp}^{0,33}(1 - G_{matriz}/G_{part})} + (1 - V_{fp}^{0,67}) \cdot G_{matriz} \tag{8.35}$$

8.5 PROCEDIMENTOS EXPERIMENTAIS EM MICROMECÂNICA

Para estimativas **aproximadas** das frações volumétricas de fibras e de matriz, tendo-se medido previamente a massa de fibra a ser empregada (m_F), bem como a massa total do componente após a cura da resina e subsequente desmoldagem, (m_T), pode-se desprezar a fração volumétrica de vazios, o que é equivalente a assumir que as equações (8.7) e (8.8) são suficientemente precisas. A fração em massa de vazios, m_V, é absolutamente desprezível, tendo em vista que tanto a densidade, ρ_V, quanto o volume de vazios, v_V, são muito inferiores ao valores referentes às fibras e à matriz. Como $m_V = \rho_V \cdot v_V$, m_V é praticamente um infinitésimo de segunda ordem em relação aos outros parâmetros envolvidos nos cálculos. Neste caso, calcula-se a massa (m) de matriz no compósito (m_M) usando-se a equação (8.5) (isto é, $m_M = m_T - m_F$). E, a partir das densidades da matriz (ρ_M) e das fibras (ρ_F), pode-se calcular os volumes (v) aproximados da matriz (v_M) e das fibras (v_F) por meio das equações:

$$v_F = m_F/\rho_F; \qquad v_M = m_M/\rho_M \tag{8.36}$$

E, como nesta abordagem, o volume de vazios é desprezado, o volume total **aproximado** (v_T) pode ser obtido usando-se a equação:

$$v_T = v_F + v_M \tag{8.37}$$

Finalmente, obtêm-se as frações volumétricas **aproximadas** de fibras (V_F) e de matriz (V_M) a partir das equações:

$$V_F = v_F/v_T; \qquad V_M = v_M/v_T \tag{8.38}$$

Neste contexto, no qual se utilizam as equações aproximadas (8.36) e (8.37), o valor **aproximado** da densidade de um componente (ρ_C) é dado por:

$$\rho_C \approx \rho_F \cdot V_F + \rho_M \cdot V_M \tag{8.39}$$

Entretanto, para fins de controlar a qualidade de um componente em compósito de forma mais **precisa** e abrangente, o que se necessita justamente obter é a fração volumétrica de vazios, V_V, do mesmo, a qual foi **desprezada** nas equações (8.37) e (8.38). Neste caso, uma das alternativas para se calcular V_V consiste em, inicialmente, medir-se a densidade de amostras do componente (com $v \sim 1$ cm^3, ou mais), com precisão de, no mínimo, milésimos de grama (mg) por centímetro cúbico, e, a partir desse valor, obter-se a fração volumétrica de vazios, conforme detalhado a seguir. Para executar-se o procedimento experimental exposto a seguir, com segurança, sugere-se que a referência Geier (1994), bem como as normas da ASTM (American Society for Testing and Materials): D 792-66; D 2734-70; D 3171-76; e D 3553-76; e/ou, alternativamente, as da BS (British Standard) BS 2782 (parts 4, 6 e 10), ou outras equivalentes, sejam consultadas. Para se ter boa precisão, recomenda-se que as amostras tenham, no mínimo, um centímetro cúbico de volume (v).

Nesta abordagem, necessita-se de cinco ou mais amostras do compósito (para obter-se maior precisão sugere-se a utilização de dez amostras), de, no mínimo, 1 cm^3

de volume cada, por exemplo, um cubo de 10 x 10 x 10 mm com as faces regulares e lisas. O primeiro passo consiste em determinar as massas pesando-se as amostras do compósito, com precisão de miligramas (mg), registrar esses valores e calcular a massa média do compósito (m_C). A seguir, adotam-se os seguintes passos:

1) pesa-se um recipiente (por exemplo, um béquer) com cerca de 100 mililitros (ml) de água destilada, com precisão de mg, e anota-se o valor total (recipiente mais água);
2) obtém-se o peso específico (ρ) deste volume de água. Se a sua temperatura (T) for conhecida, pode-se consultar o peso específico em uma tabela tipo ρ x T. Ou, alternativamente, fazem-se as medidas necessárias e calcula-se ρ a partir do quociente peso/volume da água;
3) com o recipiente d'água ainda dentro da balança analítica, conforme ilustrado na Figura 8.11, imerge-se completamente a amostra de compósito (sustentada por um filamento de menor diâmetro possível) na água, e mede-se o empuxo (isto é, força de reação adicional devida ao volume deslocado de água, v_C, o qual é o próprio volume do compósito); e
4) a força de empuxo dividida pelo peso específico da água fornece o volume do compósito (v_C). E, dividindo-se m_C por v_C obtém-se a densidade do compósito, $d_C = m_C/v_C$.

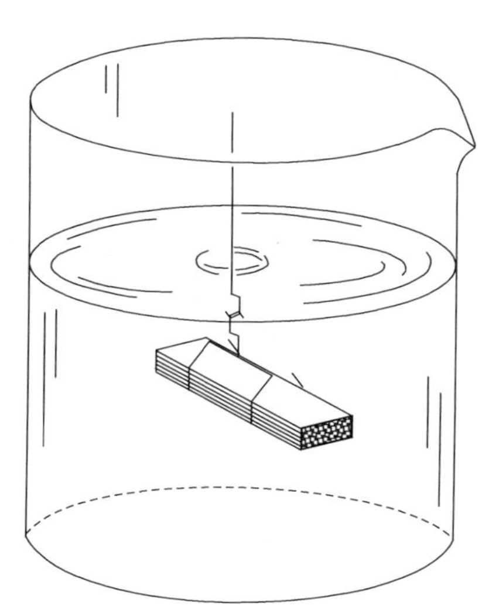

Figura 8.11 Amostra de compósito imersa em meio líquido para cálculo do peso imerso, com utilização de uma balança analítica.

Na imersão, conforme descrito no item 3, anteriormente, e ilustrado na Figura 8.11, a amostra de compósito é sustentada por um filamento de volume desprezível (p.ex. um fio de cabelo). O peso adicional que a balança passa a registrar é a força de empuxo. Uma alternativa à imersão sustentada da amostra para a determinação da densidade do compósito é a utilização de um método similar, utilizando-se um picnômetro, conforme os métodos das normas: BS 2782 (Part 6): Methods 620A a 620D:1980; T51-201 da AFSOR (Association Française de Normalisation); e NF ISO 1675 (Norme Française / International Standards Organization). Adicionalmente, se a amostra possuir as faces planas, bem polidas, e paralelas duas a duas, pode-se medir o comprimento de suas arestas com um micrômetro, calcular o seu volume (v_C), e obter a densidade por meio do quociente m_C/v_C.

Os passos 3 e 4 são repetidos para todas as amostras, os valores de v_C são registrados e a média é calculada. A partir dos valores médios de m_C e v_C, os quais na verdade são a massa e o volume totais do compósito, respectivamente, calcula-se a densidade (ou peso específico, ρ) do compósito, ρ_C, por meio da equação (8.40). Como o valor de uma massa em gramas (g) coincide com o valor de seu peso em gramas-força (gf), quando se trabalha com múltipolos (Kg e Kgf) e frações (mg e mgf) destas unidades, os respectivos valores numéricos da densidade e do peso específico (ρ) são idênticos.

$$\rho_C = m_C/v_C = m_T/v_T \tag{8.40}$$

Os valores de ρ_C obtidos pelo procedimento acima (ou seja, pela equação 8.40) são suficientemente precisos para serem utilizados no cálculo da fração volumétrica de vazios do compósito, V_V, conforme detalhado a seguir. Recomenda-se que se trabalhe com unidades que forneçam ρ_C com a dimensão de **mg/cm³** (miligrama por centímetro cúbico), quando se trabalha com amostras com cerca de 1 cm^3. Combinando-se as equações (8.1) e (8.40), pode-se obter a equação (8.41). Nestas equações, divide-se a massa de compósito ou massa total ($m_C = m_T$) pelo volume de compósito ou volume total ($v_C = v_T$), para obter-se a densidade ou peso específico do compósito (ρ_C)

$$\rho_C = \frac{m_C}{v_F + v_M + v_C} \tag{8.41}$$

ou,

$$\rho_C = \frac{m_C}{\left[\left(\frac{m_F}{\rho_F}\right) + \left(\frac{m_M}{\rho_M}\right) + v_V\right]} \tag{8.42}$$

Para as fibras (F) e matriz (M), de acordo com a equação (8.40), v_F m_F/ρ_F e $v_M = m_M/\rho_M$. Então, a partir da equação (8.41), obtêm-se a equação (8.42).

Na equação (8.42), no lado direito, pode-se dividir o numerador e o denominador por m_C. E, em seguida, na terceira parcela do denominador, pode-se substituir $m_C = m_T$ pelo produto ($\rho_C \cdot v_C$), e v_V pelo produto ($V_V \cdot v_C$). Rearranjando-se a equação algebricamente, e utilizando-se as definições da equação (8.6), pode-se obter a equação (8.43). E, ao se utilizar a equação (8.43), os valores das densidades ρ_C, ρ_F e ρ_M tem de ser expressos na mesma unidade.

$$V_V = 1 - \rho_C \cdot \left[\left(\frac{M_F}{\rho_F} \right) + \left(\frac{M_M}{\rho_M} \right) \right] \quad (8.43)$$

Na equação (8.43), a fração volumétrica de vazios (V_V), conforme definido na equação (8.2), bem como as frações em massa de fibras (M_F) e de matriz ($M_M = 1 - M_F$), conforme definições na equação (8.6), referem-se aos valores absolutos dessas grandezas adimensionais, os quais variam entre os limites 0 e 1. Para obter-se V_V, a fração volumétrica de vazios, em valores percentuais, deve-se utilizar a equação (8.44).

$$V_V\% = 100\% - 100 \cdot \rho_C \cdot \left[\left(\frac{M_F}{\rho_F} \right) + \left(\frac{M_M}{\rho_M} \right) \right] \quad (8.44)$$

Dependendo do tipo de fibra empregado (GEIER, 1994), há vários métodos para a determinação da fração em **massa** de fibras (m_F). Na aplicação de todos eles, para haver representatividade estatística e precisão, deve-se ensaiar, pelo menos, cinco amostras. No caso de laminados de vidro/epóxi, a amostra previamente pesada (isto é, conhece-se a priori o valor de $m_T = m_C$) permanece em um forno a 625 °C por 12 horas (GEIER, 1994; BS 2782: Part 10: Method 1006: 1978). Após esse período, toda a resina epóxi sublima-se e somente as fibras de vidro permanecem. A massa remanescente de fibras de vidro corresponde ao valor de m_F. Após a obtenção da massa remanescente de fibras (m_F), calcula-se m_M usando-se a equação (8.5), ou seja, $m_M = m_C - m_F$.

Em se tratando de carbono/epóxi, há o problema da oxidação das fibras, acima de cerca de 300 °C. Deve-se então manter a amostra em uma atmosfera de gás inerte (p.ex. nitrogênio ou argônio) durante a sua permanência no forno em temperaturas acima de 300 °C, ou pode-se determinar $\mathbf{m_F}$ usando-se a técnica da digestão ácida em solução concentrada a quente de peróxido de hidrogênio e ácido sulfúrico (ASTM D 3171-76). Finalmente, para amostras de aramida/epóxi, deve-se usar ácido nítrico ao se utilizar a técnica da digestão ácida (GEIER, 1994). O valor da fração volumétrica de vazios, V_V, calculado por meio da equação (8.44) é muito útil para avaliar-se a qualidade de compósitos de matriz polimérica termorrígida (p. ex. epóxi, poliéster e fenólica). E, para compósitos em geral, pode-se avaliar os vazios utilizando-se ultrassom.

8.6 EXEMPLOS PRÁTICOS DE APLICAÇÃO

O emprego de equações baseadas em abordagens micromecânicas e técnicas de homogeneização, no âmbito dos compósitos, tem apresentado boas correlações com resultados experimentais, no que concerne à determinação de propriedades **elásticas** de compósitos, principalmente os valores de E_1 e V_{12} de lâminas com reforço unidirecional. Entretanto, o mesmo sucesso não tem ocorrido quando se trata da estimativa de propriedades relacionadas com a ruptura ou fratura desses materiais (JONES, 1975; GIBSON, 1994). Neste contexto, os exemplos apresentados a seguir referem-se à determinação de frações volumétricas e ao cálculo das constantes elásticas de compósitos, utilizando as metodologias discutidas neste capítulo. As propriedades de ruptura de lâminas compósitas são obtidas por meio de ensaios mecânicos destrutivos, ou seja, experimentalmente (ver Capítulo 10) e não serão abordadas no presente capítulo.

8.6.1 Determinação de frações volumétricas de compósitos

Exemplo 1

Uma amostra de um laminado unidirecional de fibras de carbono/resina epóxi, com faces retangulares planas e polidas, tem massa total de 2,98 g e dimensões (comprimento x largura x espessura) de 2,54 x 2,54 x 0,30 mm. Após um processo de digestão ácida (p.ex. utilizando-se a metodologia apresentada na norma ASTM D 3171-76), toda a matriz de resina foi consumida, e a massa remanescente de fibras de carbono medida foi de 1,89 g. Dado que as massas específicas da fibra de carbono e da matriz epóxi são 1,78 e 1,25 g/cm^3, respectivamente, determinar as frações volumétricas de fibras (V_F), de matriz (V_M) e de vazios (V_V) da amostra.

A massa específica do compósito (de mesmo valor que o peso específico, em gf/cm^3) será:

$$\rho_c = \frac{2{,}98}{(2{,}54 \cdot 2{,}54 \cdot 0{,}30)} = 1{,}54 \text{ g/cm}^3$$

A massa de matriz será, então:

$$m_M = 2{,}98 - 1{,}89 = 1{,}09 \text{ g}$$

Por meio das definições da equação (8.6) calculam-se as frações em massa de fibras e de matriz, obtendo-se:

$$M_F = 0{,}634 \text{ (ou 63,4\%)}; \quad \text{e} \quad M_M = 0{,}366 \text{ (ou 36,6\%)}$$

Pela equação (8.43) calcula-se a fração volumétrica de vazios:

$$V_V = 1 - 1{,}54 \cdot \left[\left(\frac{0{,}634}{1{,}78} \right) + \left(\frac{0{,}366}{1{,}25} \right) \right] = 0{,}00057, \text{ ou } \approx 0{,}06\%$$

Considerando-se as equações (8.3) e (8.39), respectivamente, pode-se escrever:

$$V_F + V_M = 1 - V_V = 0{,}99943, \text{ e}$$

$$1{,}54 = 1{,}78.\ V_F + 1{,}25.\ V_M$$

A solução do sistema de equações acima resulta em:

$$V_F = 0{,}55 = 55\%; \quad \text{e} \quad V_M = 0{,}45 = 45\%$$

8.6.2 Módulos de elasticidade de uma lâmina de fibra de carbono/matriz epóxi

Exemplo 2

Os módulos de elasticidade (E) dos materiais constituintes (isto é, fibra e matriz) do compósito de fibras de carbono/resina epóxi descrito no exemplo 1 anterior (Seção 8.6.1) são: E_{FA} = 231 GPa, E_{FR} = 20 GPa e E_M = 3,45 GPa (HULL; CLYNE, 1996). Estimar os módulos de elasticidade longitudinal E_1, na direção 1 paralela às fibras, e o transversal E_2, na direção 2 perpendicular às fibras. Deve-se notar que as fibras de carbono apresentam dois módulos de elasticidade distintos. Na direção axial dos filamentos a rigidez (E_{FA}) é bem mais elevada, por ser controlada por ligações covalentes, as quais orientam-se preferencialmente ao longo do eixo longitudinal. Já na direção radial predominam as forças fracas de Van der Waals, e a rigidez (E_{FR}) é bem menor.

Para o cálculo do módulo longitudinal, utiliza-se a equação (8.14), sendo as frações volumétricas de fibras e de matriz 55% e 45%, respectivamente, assim:

$$E_1 = 231 \cdot 0{,}55 + 3{,}45 \cdot 0{,}45 = 128{,}60 \text{ GPa}$$

No cálculo de E_1 usou-se $E_F = E_{FA}$ = 231 GPa. Deve-se notar que a direção 1 coincide com a direção axial dos filamentos. Já no de E_2, por meio da equação (8.18), deve-se usar $E_F = E_{FR}$ = 20 GPa, pois a solicitação é perpendicular às fibras, portanto:

$$\frac{1}{E_2} = \frac{0{,}55}{20} + \frac{0{,}45}{3{,}45} = 0{,}158$$

resultando em

$E_2 = 6{,}33$ GPa

Nota-se que $E_1 >> E_2$ pois a contribuição das fibras é bem maior na direção longitudinal (1), já que neste caso elas estão orientadas paralelamente ao carregamento e o módulo de elasticidade dos filamentos (E_{FA}) é bem maior que o módulo da matriz (E_M).

8.6.3 Módulos de cisalhamento e coeficientes de Poisson de uma lâmina de fibra de carbono/matriz epóxi

Exemplo 3

Se, adicionalmente em relação aos dados dos Exemplos 1 e 2, nos quais $V_F = 55\%$ e $V_M = 45\%$, forem fornecidos os valores dos coeficientes de Poisson da fibra, $\nu_F = 0{,}20$ (longitudinal, GIBSON, 1994), e da matriz, $\nu_M = 0{,}35$, pode-se obter o coeficiente de Poisson maior da lâmina, ν_{12}, por meio da equação (8.20), assumindo-se as propriedades da fibra de carbono T300 mencionadas no Capítulo 3 (ver Tabela 3.5), como a seguir:

$$\nu_{12} = 0{,}55 \cdot 0{,}20 + 0{,}45 \cdot 0{,}35 = 0{,}267$$

No coeficiente de Poisson, o primeiro índice refere-se à direção do esforço normal aplicado, e o segundo à direção transversal a ele. Assim, conforme ilustrado nas Figuras 8.2a e 8.3, neste caso, o esforço é aplicado na direção 1 (reforçada pelas fibras e, portanto, mais rígida) e a deformação transversal induzida pelo efeito Poisson ocorre na direção 2 (não reforçada e, portanto, menos rígida). Como o coeficiente de Poisson ν_{12} é diretamente proporcional ao quociente da deformação **transversal** à carga (na direção 2 menos rígida) que será relativamente maior, dividida pela deformação na direção longitudinal 1, paralela a ela (mais rígida), relativamente maior, conforme sua definição no Capítulo 7, ν_{12} é o coeficiente de Poisson maior ($\nu_{12} = -\varepsilon_2/\varepsilon_1$). No caso do coeficiente de Poisson ν_{21}, a carga é aplicada na direção 2 (menos rígida, vide Figuras 8.2b e 8.6), produzindo uma deformação longitudinal maior, e a deformação transversal à carga será na direção 1, mais rígida (produzindo uma deformação transversal menor). Esse Poisson será o menor que a lâmina unidirecional pode exibir ($\nu_{21} = -\varepsilon_1/\varepsilon_2$). De fato, utilizando-se a equação (8.21) para calcular-se ν_{21} obtém-se:

$$\nu_{21} = (0{,}267 \cdot 6{,}33)/128{,}6 = 0{,}0131$$

Nota-se realmente que: $\nu_{21} = 0{,}013 << \nu_{12} = 0{,}267$. O coeficiente de Poisson ν_{12} é chamado de maior e o ν_{21} de menor.

Exemplo 4

Finalmente, de posse dos módulos de cisalhamento da fibra, G_F, e da matriz, G_M, pode-se, a princípio, utilizar a equação (8.22) ou a (8.23), para cálculo do módulo de cisalhamento da lâmina no plano, G_{12}. Como a resina epóxi é um material isotrópico, o seu módulo de cisalhamento, G_M, no regime linear e elástico, pode ser calculado diretamente por meio da expressão (7.23). Assim, utilizando os valores dos resultados apresentados nos exemplos 2 e 3, pode-se obter:

$$G_M = \frac{3{,}45}{2 \cdot (1 + 0{,}35)} = 1{,}28 \text{ GPa}$$

Entretanto, como a fibra de carbono é anisotrópica, ela a rigor apresenta **dois** módulos de cisalhamento **distintos**, um longitudinal e outro transversal (GIBSON, 1994; TSAI, 1987), e, portanto, não seria possível, neste caso, empregar-se as equações (8.22) e (8.23). Por outro lado, conforme apresentado no Capítulo 7, as tensões de cisalhamento em um plano, quando utiliza-se um sistema de coordenadas ortogonais (e este é o caso das coordenadas 1 e 2), ocorrem na forma de dois pares de esforços cortantes, os quais devem satisfazer as equações de equilíbrio de forças e momentos. Portanto, esses esforços são de mesma intensidade, e um deles provoca cisalhamento no sentido horário e o outro no anti-horário. Assim, seria interessante, para poder-se estimar o valor de G_{12}, utilizar um valor único para G_F. Ao consultar-se outras referências bibliográficas, obteve-se em uma delas, para a fibra de carbono T-300 por exemplo, o valor único: $G_F = 15$ GPa (VILLENEUVE; NAISLAN, 1993). Neste contexto, para fins de apresentar-se um valor de referência para G_{12}, utilizando-se no cálculos a equação (8.23), foi empregado neste exemplo o valor $G_F = 15$ GPa, obtendo-se:

$$G_{12} = \frac{(15 \cdot 1{,}28)}{(0{,}55 \cdot 1{,}28 + 0{,}45 \cdot 15)} = \frac{19{,}2}{7{,}45} = 2{,}58 \text{ GPa}$$

O módulo de cisalhamento G_{12}, caso seja de interesse do leitor confirmar, também poderia ser calculado por meio da equação (8.22) e o resultado seria idêntico. E, em havendo interesse de obter-se um valor de G_{12} para fins de utilização em um projeto, recomenda-se que o mesmo seja obtido experimentalmente, já que estes exemplos apresentados são de cunho essencialmente didático.

Quando se produzem lâminas com menos de 50% de fração volumétrica de fibras, o módulo de cisalhamento G_{12} praticamente não se eleva e se mantém com um valor próximo ao do módulo de cisalhamento da matriz, ou seja, $G_{12} \sim G_M$. Assim, nesses casos, na falta de um valor experimental para G_{12}, uma boa aproximação para estimá-lo é utilizar o valor de G_M.

8.7 REFERÊNCIAS

CHAWLA, K. K. *Composite materials*: science and engineering. London, UK: Springer-Verlag, 1987. 292p.

DANIEL, I. M.; ISHAI, O. *Engineering mechanics of composite materials*. New York: Oxford University Press, 2006.

GEIER, M. H. *Quality handbook for composite materials*. London-UK: Chapman & Hall, 1994. 277p.

GIBSON, R. F. *Principles of composite materials mechanics*. New York: McGraw Hill, 1994. 425p.

HULL, D.; CLYNE, T. W. *An introduction to composite materials*. Cambridge, UK: Cambridge University Press, 1996. 326p.

JONES, R. M. *Mechanics of composite materials*. Washington D.C.: Scripta Book Company, 1975. 355p.

MALLICK, P. K.; NEWMAN, S. *Composite materials technology*: process and properties. Munich: Hanser Publishers, 1990. 400p.

MATTHEWS, F. L.; RAWLINGS, R. D. *Composite materials*: engineering and science. London, UK: Chapman & Hall, 1994. 470p.

MITAL, S. K.; MURTHY, L. N.; GOLDBERG, R. K. *Micromechanics for particulate reinforced composites*. NASA TM 107276, 1996.

PIGGOTT, M. R. *Load bearing fibre composites*. Toronto: Pergamon Press, 1980. 277p.

TSAI, S. W. *Composite design. Think composites*. Dayton-USA, 1987.

VILLENEUVE, J. F.; NAISLAN, R. R. Shear Moduli of Carbon, Si-C-O, Si-C-Ti-O and Alumina Single Ceramic Fibers as assessed by torsion pendulum tests. *Composites Science and Technology*, v. 49, p. 191-203, 1993.

Comportamento macromecânico de lâminas, vigas e placas compósitas

9.1 INTRODUÇÃO

No Capítulo 7 foram abordados diversos conceitos fundamentais relevantes para o estudo dos efeitos que os carregamentos mecânicos estáticos provocam nos materiais, com destaque às relações entre tensões e deformações para materiais **isotrópicos** no regime **elástico**. E, no Capítulo 8, após a apresentação das hipóteses simplificadoras empregadas nos modelos teóricos, foram mostrados os procedimentos básicos para estimar-se as propriedades **elásticas** e algumas propriedades físicas de compósitos com reforço contínuo e particulado, por meio da abordagem micromecânica clássica. Neste capítulo, dando continuidade aos assuntos já apresentados e relacionados com o comportamento mecânico de materiais, serão apresentadas as equações básicas que descrevem o comportamento elástico de lâminas, vigas e placas laminadas compósitas, reforçadas com fibras contínuas. Como se trata de uma abordagem introdutória e geral sobre o assunto, visando primordialmente a utilização dos conceitos em situações práticas, o enfoque principal será o de salientar a interpretação física e a aplicação de modelos teóricos existentes. Maiores detalhamentos sobre o desenvolvimento teórico dos mesmos podem ser encontrados na literatura (JONES, 1975; TSAI, 1987; GIBSON, 1994; CRAWFORD, 1998; DANIEL; ISHAI, 2006), a qual já inclui dois livros em Português: Mendonça, 2005; MOURA; MORAIS; MAGALHÃES, 2011). Vale a pena ressaltar que o livro de Mendonça (2005), mais voltado para a análise de estruturas compósitas, e a presente obra, com enfoque maior em ciência dos materiais compósitos, são complementares. Já o texto de Moura Morais e Magalhães (2011) é bem abranjente e inclui tópicos avançados como fadiga e mecânica da fratura.

9.2 MACROMECÂNICA DE UMA LÂMINA ORTOTRÓPICA

As relações entre tensões e deformações para materiais **isotrópicos**, submetidos a estados bidimensionais (2-D) e tridimensionais de tensões (3-D), no regime elástico, são válidas em qualquer direção e independem do sistema de coordenadas ortogonal que se utilize. Entre exemplos de materiais isotrópicos, pode-se citar: (i) os metais policristalinos, tais como as ligas comerciais de aço, alumínio e titânio, os quais são constituídos por um elevado número de grãos orientados aleatoriamente; (ii) os cerâmicos vítreos inorgânicos, bem como os cerâmicos cristalinos; (iii) e os polímeros termofixos, que possuem arranjos tridimensionais de ligações covalentes cruzadas em suas estruturas moleculares. As propriedades elásticas dos materiais isotrópicos são definidas a partir de duas constantes independentes e não variam com a direção da solicitação mecânica. Já as propriedades elásticas de uma lâmina **ortotrópica**, determinada pelas constantes elásticas E_1, E_2, G_{12}, ν_{12}, e ν_{21}, apresentadas no Capítulo 8, são válidas apenas no sistema de coordenadas principal do material (1,2). Adicionalmente, os módulos de elasticidade nas direções 1 e 2 são, via de regra, diferentes. Nesta seção, serão utilizadas as propriedades elásticas ortotrópicas em pauta para, a partir delas, obter-se as relações entre tensões e deformações nas direções paralela e perpendicular às fibras (1,2) em uma lâmina com reforço **unidirecional contínuo**, conforme ilustrado na Figura 9.1a, submetida a tensões normais (σ_1 e σ_2) e de cisalhamento (τ_{12}). Essas lâminas representam os blocos básicos de modelos utilizados na análise de estruturas compósitas mais complexas, tais como os laminados, formados pelo empilhamento de lâminas, nas quais as fibras de cada camada são orientadas em múltiplas direções. As setas tracejadas, na Figura 9.1, indicam a direção das fibras.

Em um laminado com várias camadas (ou lâminas), para cada uma delas é necessário criar um sistema de coordenadas próprio (1,2). Se o reforço for unidirecional, a direção 1 é paralela às fibras e a 2, perpendicular. Se o reforço for um tecido de fibras, perpendiculares entre si, 1 e 2 correspondem às direções da urdidura e trama do tecido, respectivamente.

Ao se fabricar um componente estrutural, tal como, por exemplo, uma barra, viga ou placa compósita, mesmo que este possua uma única camada, é possível que suas fibras sejam orientadas de forma a ficarem **inclinadas** em relação ao eixo longitudinal da peça (direção X, conforme Figura 9.1b). Nesse caso, quando as fibras estão inclinadas, é importante determinar-se as relações entre tensões e deformações nas direções longitudinal e transversal (X,Y) da peça ou componente mecânico, as quais serão diferentes das relações no sistema de coordenadas (1,2), por exemplo. Tais relações são úteis para a análise bidimensional de estruturas compósitas de parede fina, tais como vigas, placas e cascas laminadas. No caso específico de o componente ser uma casca fina, as coordenadas X e Y passam a referir-se às direções meridional e circunferencial dela e as equações deduzidas para **placas** planas podem ser adaptadas e utilizadas em muitos casos (VINSON; CHOU, 1975;

VINSON; SIERAKOWSKI, 1987). Neste texto, letras maiúsculas ou minúsculas (p.ex. X,Y,Z ou x,y,z), são usadas para referir-se às coordenadas geométricas de um dado **componente** compósito, e números (p.ex. 1, 2, 3) para definir-se as direções paralela ou transversal às **fibras** utilizadas como reforço. A orientação de cada lâmina é dada pelo ângulo entre as direções 1 e x.

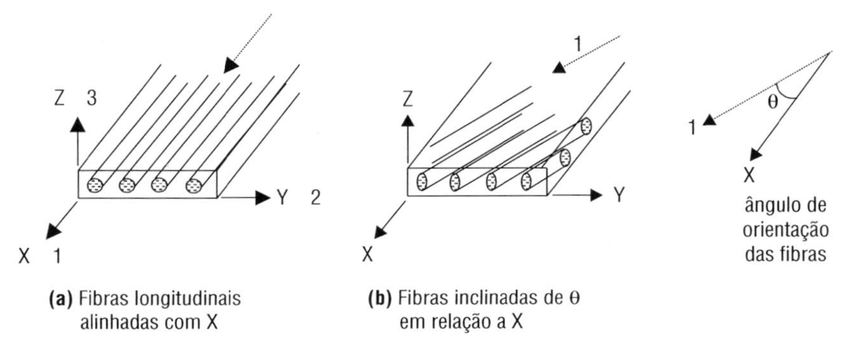

Figura 9.1 Sistemas de coordenadas (1,2,3) e (X,Y,Z). Em 9.1a direção 1 das fibras é paralela à longitudinal da peça, X. Em 9.1b as fibras estão inclinadas de θ em relação a X.

No estudo e na solução de problemas que envolvem o comportamento mecânico de estruturas compósitas, as quais podem incorporar fibras orientadas em múltiplas direções no espaço, desde o início, são sempre necessários, no mínimo, **dois** sistemas de coordenadas, o primeiro para descrever com clareza os carregamentos mecânicos e a geometria da peça ou componente analisado, e o segundo para localizar corretamente as fibras de cada lâmina em relação ao componente. Quando a análise é bidimensional (2-D), trabalha-se com duas direções (p.ex. 1,2 ou X,Y) e na análise 3-D com três (p.ex. 1,2,3 ou X,Y,Z). Na verdade, a análise 2-D, apesar de ser mais usada na prática por ser menos complexa, é um caso particular da 3-D, e pode ser empregada quando uma das dimensões do componente analisado é desprezível (isto é, 20 vezes menor, ou mais) em relação às outras duas (p.ex. lâminas, placas e cascas de parede fina). Um fato ilustrativo são as espessuras dos tecidos de reforço de alto desempenho. Para diminuir-se a ondulação dos filamentos dos cabos durante a tecelagem, os tecidos de fibras, idealmente, são bem finos (geralmente com décimos de milímetro de espessura). Assim, ao se analisar uma lâmina que apresente alguns centímetros, ou mais de largura e comprimento, hipoteticamente reforçada com uma camada de tecido fino, pode-se adotar a análise 2-D, na qual é assumido que o estado de tensões na camada é plano. Por outro lado, ao analisar-se uma preforma espessa (espessura de até alguns centímetros, com reforço nas direções 1,2,3), empregada em discos de freio de aviões (fabricados de carbono reforçado com fibras de carbono), por exemplo, é possível que seja necessária a análise 3-D.

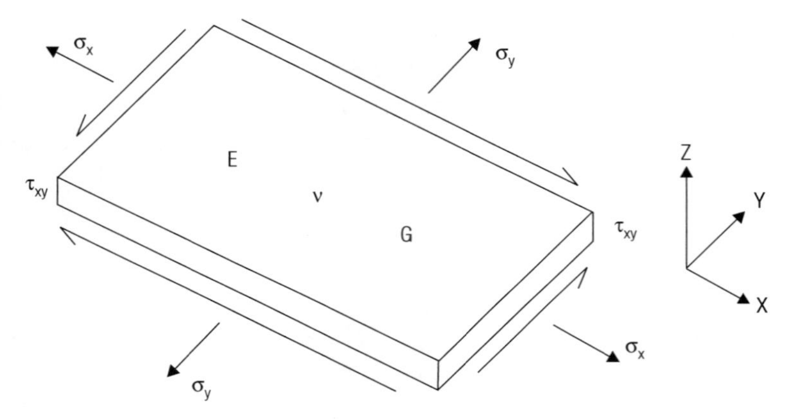

Figura 9.2 Tensões normais (σ) e cisalhantes (τ) numa placa de material isotrópico.

As relações entre as tensões (σ_X, σ_Y) e deformações (ε_X, ε_Y) normais, bem como entre a tensão de cisalhamento no plano (τ_{XY}) e a deformação angular **total**, ou de engenharia, correspondente (γ_{XY}), em uma placa fina de material **isotrópico** (ou seja, que possui as mesmas propriedades elásticas em qualquer direção) submetida a um estado plano (2-D) de tensões, conforme representados na Figura 9.2, são dadas pelas equações (9.1) e (9.2). Neste caso, a direção longitudinal é paralela ao eixo X e a transversal ao eixo Y, e o sistema de coordenadas bidimensional utilizado é o (X,Y). A coordenada Z, ao longo da espessura, é auxiliar. Neste livro, as análises de tensões são sempre baseadas em sistemas de coordenadas ortogonais, nos quais as direções de referência são perpendiculares entre si.

$$\sigma_x = \frac{E}{1-\nu^2}\left(\varepsilon_x - \nu\varepsilon_y\right); \qquad \sigma_y = \frac{E}{1-\nu^2}\left(\varepsilon_y - \nu\varepsilon_x\right) \tag{9.1}$$

$$\tau_{xy} = G\gamma_{xy}; \tag{9.2}$$

sendo E o módulo de elasticidade, ν o coeficiente de Poisson e G o módulo de cisalhamento, o qual relaciona-se com E e ν através da expressão:

$$G = \frac{E}{2(1+\nu)} \tag{9.3}$$

As equações anteriores também podem ser escritas em forma matricial, sendo que, para o caso de estado plano de tensões (2-D) em pauta, no sistema de coordenadas (X,Y ou **x,y**), a relação entre os vetores de tensões e deformações é definida pela equação (9.4). Nesta equação, a matriz 3 x 3 simétrica, cujos elementos contêm as propriedades elásticas do material **isotrópico (E, G e ν)**, permaneceria

inalterada, mesmo se as coordenadas originalmente alinhadas na direções longitudinal e transversal da placa (x,y) fossem rotacionadas em torno do eixo z, mostrado na Figura 9.2, por exemplo, para um novo sistema hipotético (x', y') qualquer, de forma semelhante à rotação do sistema (1, 2) na Figura 9.4 (POPOV, 1992). Em seguida, será analisado um material mais complexo, o qual, em decorrência da introdução de reforços unidirecionais, torna-se ortotrópico. Se o material da placa mostrada na Figura 9.2, em vez de isotrópico, fosse por hipótese reforçado com fibras unidirecionais, paralelas à direção 1, conforme mostra-se na Figura 9.1a, a equação (9.4) não seria mais válida para relacionar as tensões e deformações atuantes. Neste caso, um novo equacionamento, que leve em conta a influência das fibras, tem de ser feito, de acordo com o procedimento descrito a seguir.

$$\begin{Bmatrix} \sigma_x \\ \sigma_y \\ \tau_{xy} \end{Bmatrix} = \begin{bmatrix} E/(1-\nu^2) & \nu \cdot E/(1-\nu^2) & 0 \\ \nu \cdot E/(1-\nu^2) & E/(1-\nu^2) & 0 \\ 0 & 0 & G \end{bmatrix} \cdot \begin{Bmatrix} \varepsilon_x \\ \varepsilon_x \\ \gamma_{xy} \end{Bmatrix} \tag{9.4}$$

As equações (9.1) a (9.4) somente são válidas para materiais **isotrópicos**, nos quais os valores de E, ν e G são invariantes, independentemente das direções ortogonais das solicitações mecânicas impostas. A seguir, é apresentada a relação equivalente, dada pela equação (9.5), entre deformações e tensões no plano, para materiais **ortotrópicos**, utilizando-se o sistema (2-D) de coordenadas **(1,2)**. Neste caso, em se tratando de uma lâmina com reforço unidirecional, por exemplo, **1** refere-se à direção **paralela** às fibras e 2 à direção **perpendicular** às mesmas (GIBSON, 1994; JONES, 1975), conforme ilustrado nas Figuras 9.1a e 9.3. A equação (9.5), neste caso, só é válida quando os tensores de tensões e deformações são definidos no sistema de coordenadas **(1,2)**.

$$\begin{Bmatrix} \varepsilon_1 \\ \varepsilon_2 \\ \gamma_{12} \end{Bmatrix} = \begin{bmatrix} 1/E_1 & -\nu_{21}/E_2 & 0 \\ -\nu_{12}/E_1 & 1/E_2 & 0 \\ 0 & 0 & 1/G_{12} \end{bmatrix} \cdot \begin{Bmatrix} \sigma_1 \\ \sigma_2 \\ \tau_{12} \end{Bmatrix} = [S] \cdot \begin{Bmatrix} \sigma_1 \\ \sigma_2 \\ \tau_{12} \end{Bmatrix} \tag{9.5}$$

Na equação (9.5), a matriz 3 por 3, simétrica, é conhecida como matriz [S]. E a relação matricial inversa que fornece as tensões referentes às direções 1 e 2 em função das deformações, é dada pela equação (9.6). Sendo a matriz 3 por 3 (ou 3 x 3) neste caso conhecida como matriz [Q], a qual é a inversa de [S], ou seja, **[Q] = [S]$^{-1}$**. As matrizes [S] e [Q] só valem no sistema **(1,2)**.

$$\begin{Bmatrix} \sigma_1 \\ \sigma_2 \\ \tau_{12} \end{Bmatrix} = \begin{bmatrix} Q_{11} & Q_{12} & 0 \\ Q_{21} & Q_{22} & 0 \\ 0 & 0 & Q_{66} \end{bmatrix} \cdot \begin{Bmatrix} \varepsilon_1 \\ \varepsilon_2 \\ \gamma_{12} \end{Bmatrix} = [Q] \cdot \begin{Bmatrix} \varepsilon_1 \\ \varepsilon_2 \\ \gamma_{12} \end{Bmatrix} \quad (9.6)$$

onde os componentes Q_{ij} da matriz [Q] são:

$$Q_{11} = \frac{E_1}{1 - \nu_{21}\nu_{12}} \quad (9.7)$$

$$Q_{12} = \frac{\nu_{12}E_2}{1 - \nu_{21}\nu_{12}} = Q_{21} = \frac{\nu_{21}E_1}{1 - \nu_{21}\nu_{12}} \quad (9.8)$$

$$Q_{22} = \frac{E_2}{1 - \nu_{21}\nu_{12}} \quad (9.9)$$

$$Q_{66} = G_{12} \quad (9.10)$$

sendo E_1 e E_2 os módulos de elasticidade nas direções paralela e perpendicular às fibras, respectivamente, ν_{12} e ν_{21} os coeficientes de Poisson quando o esforço normal ocorre na direção das fibras ou perpendicularmente às mesmas, respectivamente, e G_{12} o módulo de cisalhamento no plano (1,2). Os valores de E_1, E_2, G_{12}, ν_{12}, e ν_{21} podem ser calculados por meio das equações da micromecânica apresentadas no Capítulo 8, ou determinados experimentalmente. No segundo caso, os esforços mecânicos mostrados nas Figura 9.3a até 9.3c têm de ser aplicados em corpos de prova reforçados com fibras unidirecionais, e instrumentados com medidores de deformação (*strain gages*) orientados nas direções 1 e 2, em cada ensaio. Deve observar-se que os elementos da matriz [S], definidos na equação (9.5), e os da matriz [Q], dados pelas equações (9.7) a (9.10), só dependem das constantes elásticas E_1, E_2, G_{12}, ν_{12} e ν_{21}. Estas constantes definem o comportamento elástico ortotrópico de lâminas com reforço unidirecional no sistema (1, 2).

Os procedimentos para a realização dos ensaios ilustrados nas Figuras 9.3a a 9.3c podem ser obtidos, por exemplo, em literatura da American Society for Testing and Materials (ASTM), em particular, consultando-se as normas: D 3039–76; D 3410–90; e D 3518M–91. É importante salientar-se, de acordo com a convenção de sinais adotada neste livro, que todas as solicitações mecânicas mostradas nas Figuras 9.2 à 9.3c estão orientadas **positivamente**. Assim, as tensões normais estão tracionando o material, e os pares de tensões de cisalhamento estão alongando a diagonal positiva na Figura 9.3c (nesta figura a diagonal positiva é a que vai do vértice inferior esquerdo ao superior direito). As propriedades elásticas divulgadas na literatura, normalmente, referem-se a ensaios, nos quais as solicitações mecânicas são **positivas**. Sendo que, na prática, independentemente de as tensões atuantes serem positivas, ou negativas, utilizam-se as propriedades **elásticas** obtidas mediante a aplicação de tensões positivas no material. As propriedades elásticas representativas de algumas lâminas de resina epóxi com reforço unidirecional encontram-se na Tabela 9.1. Como as fibras normalmente são bem mais rígidas que a matriz, via de regra $E_1 > E_2$ e $\nu_{12} > \nu_{21}$. Ensaios para a obtenção de ν_{21} não são tão precisos quanto os empregados para medir-se E_1, E_2, ν_{12} e G_{12}. Assim, após serem determinados os valores de E_1, E_2, ν_{12} e G_{12}, o coeficiente de Poisson menor, ν_{21}, é **calculado** por meio da equação (9.11). Em decorrência da simetria das matrizes [S] e [Q] nas equações (9.5) e (9.6), é imediato que:

$$\frac{E_1}{\nu_{12}} = \frac{E_2}{\nu_{21}} \tag{9.11}$$

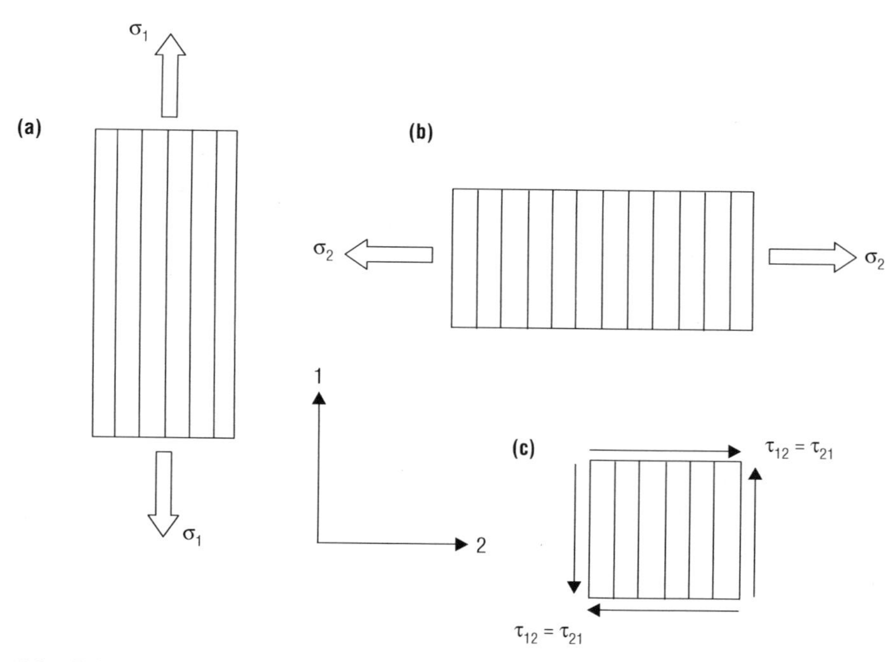

Figura 9.3 Esforços aplicados individualmente para a obtenção de E_1, E_2, G_{12} e ν_{12}.

Nas relações (9.7) a (9.10) o valor de E_1 é bastante influenciado pelo módulo de elasticidade das fibras, E_F, ao passo que os valores de E_2 e G_{12} são determinados mais em função das propriedades da matriz. Nota-se, na Tabela 9.1, que as lâminas reforçadas com fibras de grafite e carbono (as mais rígidas, nesta ordem) apresentam E_1 com valor bem mais elevado que as demais. E, em se tratando de materiais ortotrópicos (isto é, que apresentam propriedades diferentes ao longo de duas direções ortogonais 1 e 2) em todos os casos, **não** é válida a expressão (9.3), a qual só se aplica para materiais isotrópicos.

Tabela 9.1 Propriedades elásticas de algumas lâminas de epóxi com reforço unidirecional.

Fibra de Reforço	E_1 (GPa)	E_2 (GPa)	G_{12} (GPa)	ν_{12}	V_F (%)
Carbono (T300)	128,6	6,33	2,58	0,27	55*
Carbono (AS)	140,0	8,96	7,10	0,30	66
Aramida (Kevlar 49)	75,8	5,50	2,30	0,34	65
Vidro -E (Scotchply)	35,0	8,22	4,10	0,26	45*
Polietileno (Spectra 900)	30,7	3,52	1,45	0,32	65
Grafite (P- 100)	468,9	6,20	5,58	0,31	62

* Obs.: Lâminas impregnadas manualmente e curadas em bolsa de vácuo. As demais referem-se a *prepregs* curados em autoclave. Kevlar 49, Scotchply e Spectra são marcas registradas da Du Pont, 3M e Allied-Signal, respectivamente.

Ao se relacionar tensões e deformações, conforme detalhado no capítulo 7, pode-se fazer uma análise uni (1-D), bi (2D), ou tridimencional (3-D). Na análise 1-D de uma barra sob tração uniaxial (única solicitação), obtém-se a Lei de Hooke para materiais isotrópicos, ou seja, $\sigma = E.\ \varepsilon$, a qual relaciona uma tensão normal e uma deformação normal. Já em análises 2-D, as relações envolvem três tensões e três deformações, conforme pode-se verificar nas equações (9.1), (9.2) e (9.4), para materiais isotrópicos, no sistema de coordenadas (X,Y), bem como as (9.5) e (9.6), para lâminas ortotrópicas, no sistema (1,2). Finalmente, na análise mais geral 3-D, as relações, análogas à equação (7.22), envolvem seis tensões e seis deformações. Por convenção, as tensões de cisalhamento, τ_{12}, no sistema (1,2) ou τ_{xy}, no sistema (x, y), são alocadas na **sexta** posição do vetor coluna de tensões.

A análise 2-D é um caso particular da 3-D. Na equação (9.6), por exemplo, a matriz **[Q] é 3 x 3**, pois a análise é 2-D e só se trabalha com as coordenadas 1 e 2. A análise 2-D é mais bem simples e menos complexa matematicamente. Uma matriz $[Q]_{6\times 6}$ hipotética, referente à análise 3-D no sistema (1,2,3) de uma lâmina ortotrópica, e a matriz [Q] da análise 2-D, respectivamente, teriam as formas:

$$[Q]_{6x6} = \begin{bmatrix} \mathbf{Q_{11}} & \mathbf{Q_{12}} & Q_{13} & 0 & 0 & \mathbf{0} \\ \mathbf{Q_{12}} & \mathbf{Q_{22}} & Q_{23} & 0 & 0 & \mathbf{0} \\ Q_{13} & Q_{23} & Q_{33} & 0 & 0 & 0 \\ 0 & 0 & 0 & Q_{44} & 0 & 0 \\ 0 & 0 & 0 & 0 & Q_{55} & 0 \\ \mathbf{0} & \mathbf{0} & 0 & 0 & 0 & \mathbf{Q_{66}} \end{bmatrix} \qquad [Q] = \begin{bmatrix} Q_{11} & Q_{12} & 0 \\ Q_{12} & Q_{22} & 0 \\ 0 & 0 & Q_{66} \end{bmatrix}$$

A matriz $[Q]_{6\times 6}$ acima relaciona seis tensões (três normais e três de cisalhamento) com seis deformações (três normais e três angulares), referentes à análise 3-D. Já na análise 2-D relativa à equação (9.6), somente os elementos em negrito da matriz $[Q]_{6\times6}$ (Q_{11}, Q_{12}, Q_{22} e Q_{66}) é que aparecem na matriz [Q], ou seja, [Q] é um caso particular de $[Q]_{6\times6}$, no qual as linhas e colunas 3, 4 e 5 são excluídas, por envolverem tensões e deformações não consideradas na análise 2-D. Ao se analisar placas e cascas laminadas de parede fina, as quais são bastante comuns em situações práticas, pode-se adotar o modelo 2-D e trabalhar com a matriz [Q] 3 x 3. A matriz $[Q]_{6\times6}$ só é necessária ao se analisar tensões e deformações em placas e cascas de grande espessura (em relação às demais dimensões, ou seja, o comprimento e a largura). Neste caso, a análise 3-D, a qual é bem mais trabalhosa, faz-se necessária. Mais detalhes sobre os elementos da matriz $[Q]_{6\times6}$ e a análise 3-D de placas e cascas espessas podem ser obtidos na literatura (VINSON; CHOU, 1975; VINSON; SIERAKOWSKI, 1987). A seguir, é apresentado um exemplo envolvendo a teoria desenvolvida até então.

Exemplo 1

Para uma lâmina fina de resina epóxi reforçada com fibras de carbono T–300, orientadas ao longo da direção 1, cujas propriedades elásticas, em [GPa], foram obtidas por meio de equações básicas da micromecânica (conforme detalhado nos exemplos 2 a 4 do Capítulo 8) e transcritas na Tabela 9.1, obter as matrizes [Q] e [S]. A matriz [Q] quantifica a rigidez da lâmina no plano (1, 2), ao passo que a [S] quantifica a sua flexibilidade (ou seja, fisicamente é o inverso da rigidez). Lâminas finas são muito usadas na prática, e seu comportamento elástico preciso pode ser estudado, adotando-se a análise 2-D.

Solução:

Inicialmente, deve-se usar a equação (9.11) e os dados dos exemplos 2 a 4 do Capítulo 8 para calcular-se $\nu_{21} = 0{,}013$. Neste caso, utilizaram-se três algarismos significativos no valor de ν_{21}, propositalmente, para melhorar a precisão dos cálculos subsequentes. De posse desse valor, por meio das equações (9.6) a (9.10), obtêm-se:

$$[Q]=\begin{bmatrix}129{,}05 & 1{,}70 & 0\\ 1{,}70 & 6{,}35 & 0\\ 0 & 0 & 2{,}58\end{bmatrix}[\text{GPa}]$$

Em seguida, empregando-se a equação (9.5), obtém-se:

$$[S]=\begin{bmatrix}7{,}78 & -2{,}08 & 0\\ -2{,}08 & 157{,}98 & 0\\ 0 & 0 & 387{,}60\end{bmatrix}.10^{-3}\quad[\text{GPa}]^{-1}$$

É importante que o leitor refaça os cálculos dos elementos das matrizes [Q] e [S], acima, para fixar os conceitos.

9.3 MACROMECÂNICA DE UMA LÂMINA ANISOTRÓPICA

As equações (9.5) e (9.6), anteriores, relacionam as tensões e deformações, 2-D, que agem nas direções paralela e perpendicular às fibras (sistema de coordenadas 1,2). Em uma lâmina compósita, as coordenadas (1,2), no caso 2-D, e as (1, 2, 3), no caso 3-D, conforme ilustrado na Figura 9.1.a, são chamadas de coordenadas principais do material. As equações (9.5) a (9.11) somente são válidas para análise 2-D, utilizando-se as coordenadas principais (1,2). Neste caso, as fibras são paralelas à direção $x \equiv 1$, conforme a Figura 9.1a, ou, equivalentemente, $\theta = 0$ nas Figuras 9.1b e 9.4. Entretanto, se as fibras não estiverem alinhadas com o sistema de coordenadas longitudinal e transversal da lâmina ou componente estrutural (sistema X,Y), e estiverem inclinadas com um ângulo $\theta \neq 0$, relativamente à direção X, conforme ilustrado nas Figuras 9.1b e 9.4, a equação (9.6) deixa de ser válida. Para obter a relação entre tensões e deformações 2-D no sistema (X,Y), é preciso obter as equações de rotação de tensões e de deformações do sistema (X,Y) para (1,2), utilizando-se a matriz [T], substituí-las na equação (9.6), e, após algumas manipulações algébricas, obtém-se a equação (9.12). Tais passagens não são detalhadas no texto, cujo enfoque é mais tecnológico, mas podem ser obtidas na literatura (JONES, 1975; GIBSON, 1994; CRAWFORD, 1998; MENDONÇA, 2005).

$$\begin{Bmatrix} \sigma_x \\ \sigma_y \\ \tau_{xy} \end{Bmatrix} = [T]^{-1} \cdot [Q] \cdot [T]^{-T} \cdot \begin{Bmatrix} \varepsilon_x \\ \varepsilon_y \\ \gamma_{xy} \end{Bmatrix} = [\bar{Q}] . \begin{Bmatrix} \varepsilon_x \\ \varepsilon_y \\ \gamma_{xy} \end{Bmatrix} \tag{9.12}$$

onde as matrizes [T] e $[T]^{-1}$ são:

$$[T] = \begin{bmatrix} m^2 & n^2 & 2mn \\ n^2 & m^2 & -2mn \\ -mn & mn & m^2 - n^2 \end{bmatrix}; \quad \text{e} \quad [T]^{-1} = \begin{bmatrix} m^2 & n^2 & -2mn \\ n^2 & m^2 & 2mn \\ mn & -mn & m^2 - n^2 \end{bmatrix}$$

e as matrizes $[T]^T$ e $[T]^{-T}$ são:

$$[T]^T = \begin{bmatrix} m^2 & n^2 & -mn \\ n^2 & m^2 & mn \\ 2mn & -2mn & m^2 - n^2 \end{bmatrix}; \quad \text{e} \quad [T]^{-T} = \begin{bmatrix} m^2 & n^2 & mn \\ n^2 & m^2 & -mn \\ -2mn & 2mn & m^2 - n^2 \end{bmatrix}$$

os índices sobrescritos $^{-1}$, ^{T} e $^{-T}$ referem-se às operações de inversão, transposição e inversão com transposição da matriz [T], respectivamente, sendo que: $m = \cos\theta$; e $n = \text{sen}\theta$. A matriz [Q] só relaciona tensões e deformações 2-D nas coordenadas 1 e 2. Para se relacionar tensões e deformações nas coordenadas x e y (vide Figura 9.4), é obrigatório o uso da equação (9.12). A matriz (de rigidez) que relaciona tensões e deformações, na equação (9.12), é chamada de "Q-barra".

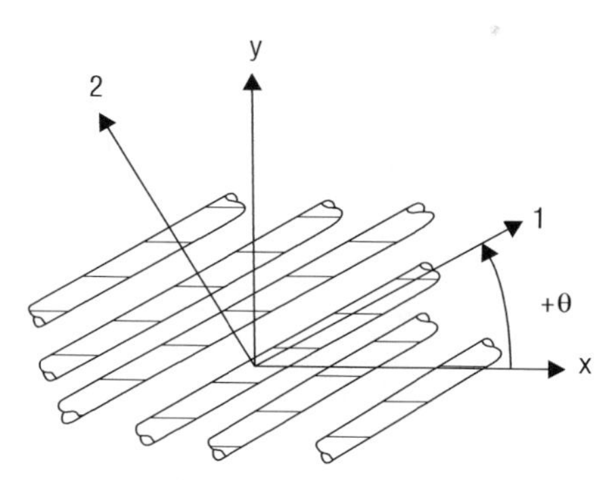

Figura 9.4 Lâmina com as fibras na direção 1, inclinadas em relação à direção X.

Na obtenção da equação (9.12), foram usadas as relações de transformação/rotação:

$$\begin{Bmatrix} \sigma_1 \\ \sigma_2 \\ \tau_{12} \end{Bmatrix} = [T] \begin{Bmatrix} \sigma_x \\ \sigma_y \\ \tau_{xy} \end{Bmatrix}; \quad e \quad \begin{Bmatrix} \varepsilon_1 \\ \varepsilon_2 \\ \gamma_{12/2} \end{Bmatrix} = [T] \begin{Bmatrix} \varepsilon_x \\ \varepsilon_y \\ \gamma_{xy/2} \end{Bmatrix}$$

onde ($\gamma_{12/2}$) e ($\gamma_{xy/2}$) são as deformações angulares puras ou tensionais.

A equação (9.12) também pode ser invertida, de forma a permitir que se calcule o vetor coluna de deformações 2–D, no sistema (x,y), a partir da matriz $[\bar{S}]$ multiplicada pelo vetor de tensões correspondente, conforme descrito pela equação (9.13). Neste caso, $[\bar{S}] = [\bar{Q}]^{-1}$. A matriz de flexibilidade na equação (9.13) é chamada de "S-barra".

$$\begin{Bmatrix} \varepsilon_x \\ \varepsilon_y \\ \gamma_{xy} \end{Bmatrix} = [T]^T \cdot [S] \cdot [T] \cdot \begin{Bmatrix} \sigma_x \\ \sigma_y \\ \tau_{xy} \end{Bmatrix} = [\bar{S}] \, . \begin{Bmatrix} \sigma_x \\ \sigma_y \\ \tau_{xy} \end{Bmatrix} \tag{9.13}$$

Analogamente à matriz **[Q]**, a qual é válida somente para o sistema de coordenadas (1, 2), a matriz que relaciona as tensões no sistema **(X,Y)** com as deformações decorrentes das mesmas é conhecida como $[\bar{Q}]$ (pronuncia-se "Q-barra). Esta matriz, ao contrário da [Q], a qual somente é função das propriedades elásticas do material, também depende de funções trigonométricas do **ângulo θ**, definido como o ângulo entre a direção 1 (paralela às fibras) e o eixo X, mostrado na Figura 9.4.

Quando θ é diferente dos valores 0° e 90° a matriz $[\bar{Q}]$ passa a ter todos os seus nove elementos diferentes de 0 (ou seja, transforma-se em uma matriz 3 x 3 "cheia"). Adicionalmente, nestas condições, a matriz $[\bar{S}]$ também é "cheia". A matriz $[\bar{Q}]$ pode ser calculada através do produto das matrizes $[T]^{-1}$. $[Q]$. $[T]^{-T}$. Neste caso, $[T]^{-T}$ é a transposta da inversa da matriz de transformação [T]. As expressões "Q--barra" e "S-barra" são usadas no jargão da macromecânica de lâminas compósitas.

Sem um software adequado, o uso da expressão $[\bar{Q}] = [T]^{-1}. [Q]. [T]^{-T}$, apesar de só envolver a multiplicação de matrizes 3 x 3, é relativamente trabalhoso se os cálculos forem feitos manualmente. Um procedimento equivalente, porém mais simples matematicamente, por envolver menos manipulações algébricas, é descrito a seguir. Para facilitar o cálculo da matriz $[\bar{Q}]$, utilizam-se cinco invariantes, U_1 a U_5 definidos pelo conjunto de equações (9.14) (JONES, 1975):

$$
\begin{aligned}
U_1 &= (3Q_{11} + 3Q_{22} + 2Q_{12} + 4Q_{66})/8 \\
U_2 &= (Q_{11} - Q_{22})/2 \\
U_3 &= (Q_{11} + Q_{22} - 2Q_{12} - 4Q_{66})/8 \\
U_4 &= (Q_{11} + Q_{22} + 6Q_{12} - 4Q_{66})/8 \\
U_5 &= (Q_{11} + Q_{22} - 2Q_{12} + 4Q_{66})/8
\end{aligned}
\tag{9.14}
$$

Para uma lâmina compósita na qual as fibras estão inclinadas em relação à direção X, ou seja, $\theta \neq 0$, as propriedades elásticas E_x, ν_{xy} e G_{xy} variam com o θ (ver Figura 9.8). E, neste caso, de acordo com Jones (1975), as propriedades elásticas médias ou efetivas da lâmina estão relacionadas com os invariantes U_1, U_4, U_5, por meio das expressões, as quais constituem o conjunto de equações (9.14a):

$$
\begin{aligned}
E_{ef} &= (E_x)_{médio} = U_1 \cdot \left[1 - (U_4/U_1)^2\right] \cong U_1 \\
V_{ef} &= (v_{xy})_{médio} = U_4/U_1 \\
G_{ef} &= (G_{xy})_{médio} = U_5
\end{aligned}
\tag{9.14a}
$$

Nestas expressões, $\mathbf{E_{ef}}$ é o Módulo de Elasticidade médio ou efetivo da lâmina, v_{ef} o coeficiente de Poisson médio ou efetivo e $\mathbf{G_{ef}}$ o Módulo de Cisalhamento médio ou efetivo. Este assunto em específico, em um contexto mais amplo, também está abordado na Seção 9.7 deste capítulo, no âmbito da macromecânica de laminados compósitos. Basicamente, as propriedades elásticas de uma lâmina compósita, no sistema de coordenadas (x, y), conforme ilustrado na Figura (9.4), dependem da direção da solicitação mecânica (ver Figura 9.8). Assim, quando se compara o desempenho de um compósito com o de um material isotrópico (p.ex. uma liga estrutural de aço, alumínio, cobre ou titânio), deve-se confrontar os valores das constantes elásticas E, ν e G da liga com os de E_{ef}, ν_{ef} e G_{ef} do compósito. Na

Seção 9.7, será mostrado que laminados quase isotrópicos apresentam propriedades elásticas efetivas dadas pelo conjunto de equações (9.14a), as quais apresentam valores idênticos ao previsto pelo conjunto de equações (9.47). Tal fato não é uma mera coincidência. Na verdade, pode-se provar que as propriedades elásticas **médias** de uma lâmina, com reforço unidirecional, são idênticas às de um laminado quase isotrópico. Na Seção 9.7, será mostrado que um laminado quase-isotrópico tem as fibras orientadas uniformemente, ao longo de um círculo imaginário completo (360°) contido no plano médio do laminado. Como o espaçamento das orientações das fibras de um laminado quase isotrópico é uniforme, ao longo de 360°, suas propriedades elásticas devem ser idênticas às propriedades **médias** de uma lâmina, na qual θ varia entre 0 e 360°.

Conhecendo-se os invariantes de uma lâmina, bem como o ângulo θ entre as coordenadas 1 (direção das fibras) e X (p.ex. direção longitudinal de uma viga ou placa, ou coordenada meridional de uma casca), conforme mostra-se na Figura 9.4, finalmente, de acordo com Jones (1975), as componentes da matriz $[\bar{Q}]$ são calculadas por meio do conjunto de equações (9.15):

$$\begin{aligned}
\bar{Q}_{11} &= U_1 + U_2\cos 2\theta + U_3\cos 4\theta \\
\bar{Q}_{22} &= U_1 - U_2\cos 2\theta + U_3\cos 4\theta \\
\bar{Q}_{12} &= U_4 - U_3\cos 4\theta \\
\bar{Q}_{66} &= U_5 - U_3\cos 4\theta \\
\bar{Q}_{16} &= \frac{U_2}{2}\operatorname{sen} 2\theta + U_3\operatorname{sen} 4\theta \\
\bar{Q}_{26} &= \frac{U_2}{2}\operatorname{sen} 2\theta - U_3\operatorname{sen} 4\theta
\end{aligned} \tag{9.15}$$

A equação (9.12), na qual $[\bar{Q}]$ é simétrica, também pode ser colocada na forma:

$$\begin{Bmatrix} \sigma_x \\ \sigma_y \\ \tau_{xy} \end{Bmatrix} = \begin{bmatrix} \bar{Q}_{11} & \bar{Q}_{12} & \bar{Q}_{16} \\ \bar{Q}_{12} & \bar{Q}_{22} & \bar{Q}_{26} \\ \bar{Q}_{16} & \bar{Q}_{26} & \bar{Q}_{66} \end{bmatrix} \cdot \begin{Bmatrix} \varepsilon_x \\ \varepsilon_y \\ \gamma_{xy} \end{Bmatrix} \tag{9.16}$$

Analisando-se a equação (9.16), nota-se que, ao contrário das equações (9.4) e (9.6) que sempre possuem elementos **nulos** nas posições "16" e "26" da matriz 3 x 3 que relaciona tensões e deformações, a matriz $[\bar{Q}]$ apresenta elementos **não nulos** nestas posições para $0° < \theta < 90°$, ou seja, $\bar{Q}_{16} \neq 0$ e $\bar{Q}_{26} \neq 0$. (Coloquialmente, se diz que a matriz "Q-barra" é "cheia"). A presença destes elementos não nulos na matriz [Q] faz com que uma lâmina com fibras inclinadas em relação às tensões aplicadas apresente comportamento **anisotrópico**. Fisicamente, a lâmina passa a apresentar os seguintes **acoplamentos** elásticos no plano (x,y): (i) entre tensões normais (p.ex. σ_x e σ_y) e deformações angulares (p.ex. $\gamma_{xy} = \gamma_{yx}$), neste caso, por exemplo, a lâmina pode sofrer deformação angular ao ser tracionada na sua direção longitudinal (x), conforme mostra-se na Figura 9.5; e (ii) entre tensões de cisalhamento (p.ex. $\tau_{xy} = \tau_{yx}$) e deformações normais (p.ex. ε_x e ε_y). No caso (ii), por exemplo, a lâmina pode sofrer deformação normal na direção x, ao ser submetida a tensões de cisalhamento puro.

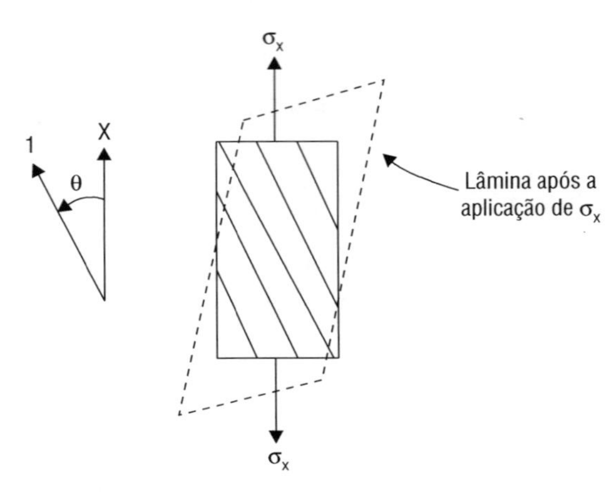

Figura 9.5 Lâmina anisotrópica antes e depois da aplicação de uma tensão normal, uniaxial.

Para ilustrar-se tais acoplamentos elásticos, pode-se imaginar uma lâmina submetida a tensões normais na direção x, $\sigma_x > 0$ (tração uniaxial), sendo que suas fibras estão inclinadas em um ângulo θ em relação a x, conforme mostra-se na Figura 9.5. Nesta figura, o contorno tracejado mostra, de forma exagerada para fins didáticos, a lâmina após a aplicação da tração uniaxial σ_x. Neste caso, $\sigma_y = \sigma_{xy} = 0$.

Hipoteticamente, se não houvesse matriz, as fibras inclinadas tenderiam a sofrer uma rotação para se alinhar com a direção x. Esta tendência de rotação angular seria bem pronunciada com as fibras secas (ou seja, sem matriz). Mas, como há matriz, elas ficam restringidas pela resina que as aglutina e ocorre uma pequena deformação angular γ_{xy} na lâmina. Neste caso, além de a lâmina alongar-se na direção x (efeito principal), ocorre o acoplamento entre σ_x e γ_{xy}. Esse acoplamento é um efeito secundário, ou seja, $\varepsilon_x >> \gamma_{xy}$. Assim, uma lâmina anisotrópica tracionada deforma-se na direção da carga e, simultaneamente, sofre uma pequena deformação angular (distorção). Esse acoplamento só ocorre quando as fibras estão inclinadas em relação ao esforço mecânico.

Nota-se que, além de uma tendência natural de a lâmina alongar-se na direção x, ocorre nela uma pequena distorção angular. Essa deformação angular **adicional** aparece em razão da presença dos elementos $\overline{Q}_{16} \neq 0$ e $\overline{Q}_{26} \neq 0$, na equação (9.16). Em um material isotrópico ou ortotrópico, sob a ação de tensões normais, só aparecem deformações normais. Ou seja, no caso da lâmina da Figura 9.5, se as fibras fossem paralelas à tensão σ_x aplicada (isto é, $\theta = 0$ e $X \equiv 1$), ou o material fosse isotrópico, a aplicação de σ_x só deveria provocar alterações no comprimento e na largura (em virtude do efeito Poisson) da lâmina, e os ângulos de inicialmente 90° dos vértices (cantos) da lâmina deveriam permanecer retos, conforme ilustrado na Figura 9.6.

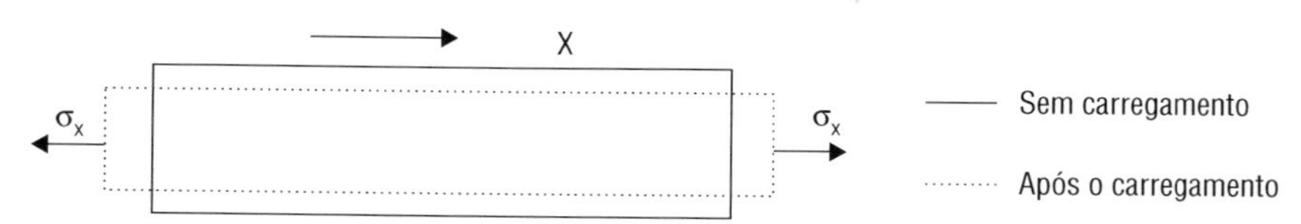

Figura 9.6 Corpo não anisotrópico tracionado longitudinalmente. Notar que não há, neste caso, o acoplamento, entre tensão normal e distorção angular, mostrado na Figura 9.5

Além do acoplamento mostrado na Figura 9.5, um corpo elástico anisotrópico, contido no plano (x, y) conforme mostra-se na Figura 9.7, ao ser submetido ao **cisalhamento puro**, pode apresentar, em adição às deformações angulares (γ_{xy}), as quais distorcem o corpo, mas não alteram suas dimensões iniciais (isto é, comprimento, largura e espessura), deformações normais (ε_x) acopladas.

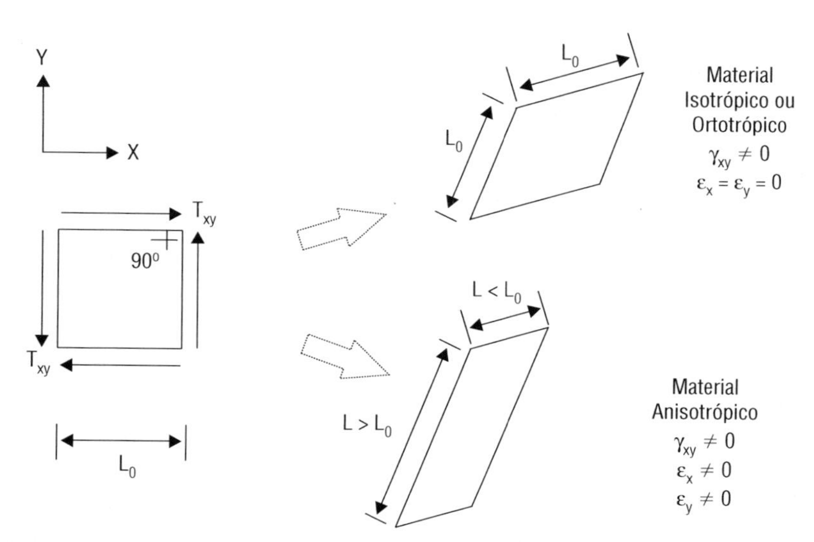

Figura 9.7 Resultado da aplicação de cisalhamento puro em diferentes tipos de materiais.

Em um material **isotrópico**, a relação entre tensões e deformações, equação matricial (9.4), é **sempre a mesma**, independentemente do sistema de coordenadas ortogonal empregado (p.ex. (x,y), (1,2), etc.) diz-se então que o comportamento elástico do material é sempre o mesmo para qualquer direção de solicitação mecânica.

Deve-se notar que a matriz de rigidez na equação (9.4) não é "cheia". É oportuno recordar-se que o prefixo **iso**, em grego, tem a conotação de mesmo ou invariante. Em materiais isotrópicos não há os acoplamentos mostrados nas Figuras 9.5 e 9.7.

No caso de o material ser **ortotrópico**, conforme ilustrado na Figura 9.3, a relação entre tensões e deformações dada pela equação (9.6) **só é válida no sistema de coordenadas** (1,2) e o material com reforço unidirecional, ao longo da direção 1, apresenta módulos de elasticidade e coeficientes de Poisson **distintos** ($E_1 > E_2$, e $\nu_{12} > \nu_{21}$, normalmente), dependendo de a solicitação normal ocorrer na direção 1 ou 2, diferentemente. Na direção 1, as fibras contribuem de forma mais efetiva com os aumentos da rigidez e do coeficiente de Poisson da lâmina. Já na direção 2, predominam as propriedades elásticas originais da matriz. No caso de a matriz ser polimérica, e o reforço constituído por fibras de carbono, aramida ou vidro, os valores de E_1 e ν_{12}, de acordo com a regra das misturas, aumentam, proporcionalmente à elevação da fração volumétrica de fibras, ao passo que os valores de E_2, e G_{12} pouco se alteram, relativamente aos valores de E e G originais da resina, mesmo quando a fração volumétrica de fibras eleva-se para valores expressivos da ordem de 50%, conforme descrito no Capítulo 8. Então, no caso da lâmina **ortotrópica**, os comportamentos elásticos nas direções 1 e 2 diferem, e a relação entre tensões e deformações é dada pela matriz **[Q]** da equação (9.6). Tanto para materiais isotrópicos como para ortotrópicos não há os acoplamentos elásticos: (i) entre σ e γ; bem como (ii) entre τ e ε. Há apenas o efeito Poisson, o qual acopla ε_1 e ε_2.

Para lâminas **anisótropicas**, a relação entre tensões e deformações, no sistema (x,y), é dada pela matriz $[\overline{Q}]$ da equação (9.16). Deve-se recordar que as fibras são **inclinadas** em relação ao carregamento, sendo a matriz $[\overline{Q}]$ dependente do ângulo de inclinação θ. E, por causa da presença dos elementos $\overline{Q}_{16} \neq 0$ e $\overline{Q}_{26} \neq 0$ na matriz, ocorrem os dois tipos de acoplamentos descritos anteriormente e ilustrados nas Figuras 9.5 e 9.7. Tais acoplamentos são designados genericamente de acoplamentos extensão–cisalhamento (no idioma Inglês, de *shearing–stretching coupling*), e podem ser descritos como uma interação entre os modos de extensão e cisalhamento da lâmina, provocada pela inclinação das fibras em relação às tensões aplicadas no plano (x,y). Outros detalhes importantes relativos às lâminas anisotrópicas reforçadas unidirecionalmente são: (i) o elemento $\overline{Q}_{11}$, o qual está diretamente relacionado com a **rigidez** da lâmina ao ser solicitada por uma tensão normal σ_x ao longo da direção x (isto é, valor muito próximo ao do módulo de elasticidade E_x, $E_2 \leq E_x \leq E_1$), **decresce** à medida que o ângulo θ (vide Figuras 9.4 e 9.5) varia de 0 a 90°, conforme ilustrado na Figura 9.8; (ii) o elemento $\overline{Q}_{22}$, analogamente relacionado com a rigidez na direção y (valor próximo ao do módulo E_y, $E_2 \leq E_y \leq E_1$), **cresce** quando θ varia de 0 a 90°; e (iii) o elemento $\overline{Q}_{66}$, relacionado com o módulo de cisalhamento G_{xy} da lâmina, apresenta valores mínimos e iguais a G_{12} quando $\theta = 0°$ e $\theta = 90°$, e valor máximo quando as fibras inclinadas assumem o valor $\theta = \pm 45°$.

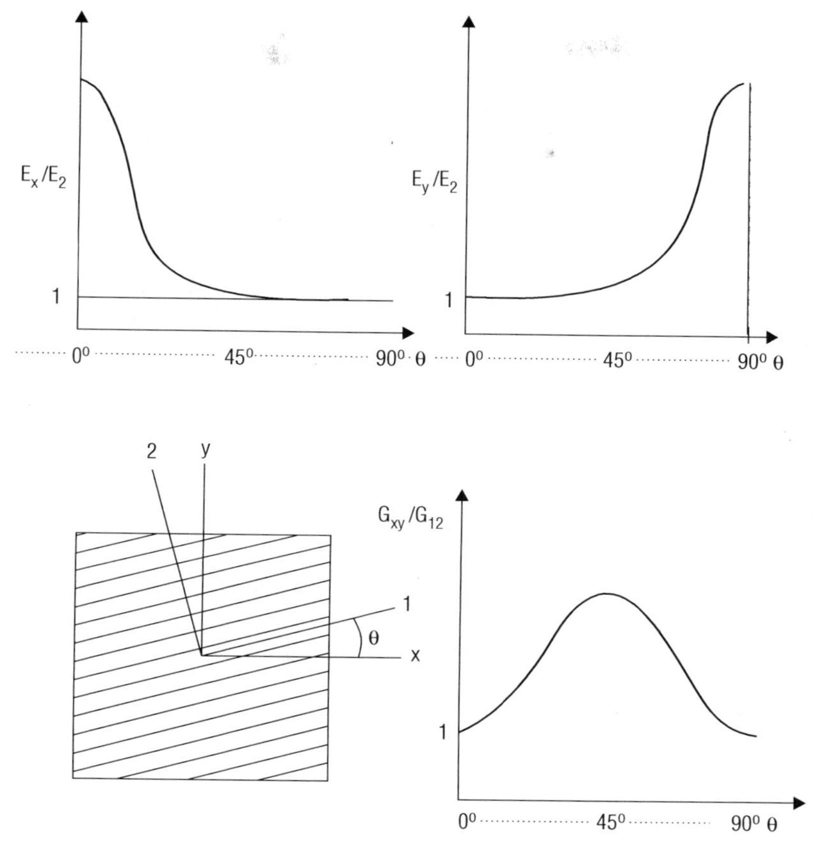

Figura 9.8 Variações dos módulos elásticos de uma lâmina anisotrópica com a inclinação.

Os valores de E_x, E_y e G_{xy}, conforme amplamente detalhado em publicações sobre o assunto (p.ex. JONES, 1975; CRAWFORD, 1998; MENDONÇA, 2005), podem ser calculados conhecendo-se θ, E_1, E_2, ν_{12}, ν_{21} e G_{21}, e fisicamente representam os módulos elásticos correspondentes apresentados pela lâmina anisotrópica, quando ela é solicitada, individualmente, com as tensões σ_x, σ_y, e τ_{xy}, respectivamente, aplicadas uma a uma ou de forma combinada.

Imaginando-se uma lâmina de matriz polimérica reforçada na direção 1 com fibras de carbono, aramida ou vidro, os diagramas adimensionais de: E_x/E_2; E_y/E_2; e de G_{xy}/G_{12} *versus* θ teriam uma forma aproximada às dos diagramas ilustrados na Figura 9.8.

Exemplo 2

Para a mesma lâmina (T-300/epóxi) considerada no exemplo 9.1, calcular as matrizes: (i) de rigidez, $[\bar{Q}]$; e (ii) de flexibilidade, $[\bar{S}]$, considerando-se que as fibras ao longo da direção 1 estão orientadas a + 45° em relação à direção x, de acordo com a Figura 9.4. Neste caso, as tensões e deformações são definidas no sistema **(x,y)** e as direções principais do material no sistema (1,2) de coordenadas.

Solução:

Neste caso, sendo $\theta = 45°$ e, como sen (45°) = cos (45°), m = n = 0,7071. Para a obtenção de $[\overline{Q}]$ pode-se usar tanto a equação (9.12), bem como os conjuntos de equações (9.14) e (9.15); e para calcular-se $[\overline{S}]$ pode-se usar a equação (9.13), ou inverter-se a matriz $[\overline{Q}]$. O cálculo de $[\overline{Q}]$ será feito por meio dos invariantes da lâmina, e o leitor pode refazê-lo usando a equação (9.12).

A partir dos elementos de [Q] do exemplo 9.1, obtêm-se com as equações do conjunto (9.14) os invariantes, em GPa:

$U_1 = 52,49$; $U_2 = 61,35$; $U_3 = 15,21$; $U_4 = 16,9\ 1$; e $U_5 = 17,79$

Usando-se a primeira equação do conjunto de equações (9.15), calcula-se $\overline{Q}_{11}$:

$$\overline{Q}_{11} = 52,49 + 61,35.\cos(2.\ 45°) + 15,21.\cos(4.\ 45°) = 52,49 - 15,21 = 37,28 \text{ GPa}$$

Repetindo-se para as outras equações do conjunto (9.15) obtém-se:

$$[\overline{Q}] = \begin{bmatrix} 37,28 & 32,12 & 30,68 \\ 32,12 & 37,28 & 30,68 \\ 30,68 & 30,68 & 33,00 \end{bmatrix} [\text{GPa}]$$

Para o cálculo de $[\overline{S}]$ por meio da equação matricial (9.13), parte-se de [S], do Exemplo 9.1, e do fato de que $\theta = 45$:

$$[T] = \begin{bmatrix} 0,5 & 0,5 & 1,0 \\ 0,5 & 0,5 & -1,0 \\ -0,5 & 0,5 & 0,0 \end{bmatrix} \quad \text{e} \quad [T]^T = \begin{bmatrix} 0,5 & 0,5 & -0,5 \\ 0,5 & 0,5 & 0,5 \\ 1,0 & -1,0 & 0,0 \end{bmatrix}$$

obtendo-se:

$$[\overline{S}] = \begin{bmatrix} 137,30 & -56,50 & -75,10 \\ -56,50 & 137,30 & -75,10 \\ -75,10 & -75,10 & 169,91 \end{bmatrix} .\ 10^{-3} \quad [\text{GPa}]^{-1}$$

É interessante que o leitor refaça os cálculos para chegar aos resultados acima, se possível, por meio de mais de uma maneira diferente, para consolidar melhor os conceitos.

Exemplo 3

Dado que a lâmina anisotrópica (com as fibras inclinadas a 45°) 2-D do Exemplo 9.2 foi submetida a uma tensão normal de tração, $\sigma_x = 20$ MPa = 0,020 GPa, conforme ilustrado na Figura 9.3.1, na qual as linhas pontilhadas representam as fibras, obter as deformações correspondentes.

Solução:

Um elemento tensionado da lâmina, com as fibras a 45°, é mostrado abaixo:

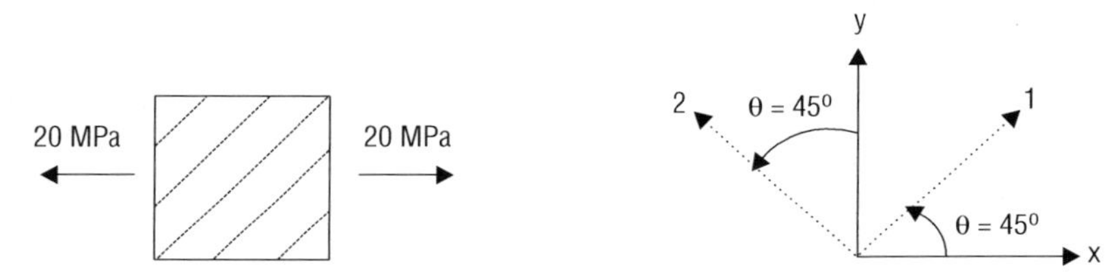

Figura 9.3.1 Lâmina com fibras a 45° e tracionada na direção x.

As deformações podem ser obtidas por meio da equação (9.13), neste caso, como a dimensão dos elementos da matriz $[\overline{S}]$ é $[\text{GPa}]^{-1}$, exprimindo-se as tensões em [GPa], obtêm-se deformações adimencionais:

$$\begin{Bmatrix} \varepsilon_x \\ \varepsilon_y \\ \gamma_{xy} \end{Bmatrix} = \begin{bmatrix} 137{,}30 & -56{,}50 & -75{,}10 \\ -56{,}50 & 137{,}30 & -75{,}10 \\ -75{,}10 & -75{,}10 & 169{,}91 \end{bmatrix} . 10^{-3} . \begin{Bmatrix} 0{,}020 \\ 0 \\ 0 \end{Bmatrix} = \begin{Bmatrix} 274{,}6 \\ -113{,}0 \\ -150{,}2 \end{Bmatrix} . 10^{-5}$$

ou,

$$\varepsilon_x = 0{,}00274 = 0{,}27\%; \quad \varepsilon_y = -\,0{,}00113 = -0{,}11\%; \quad \text{e} \quad \gamma_{xy} = 0{,}00150 = 0{,}15\%;$$

O comportamento dessa lâmina é tipicamente anisotrópico, pois uma simples tração na direção x provocou, além da deformação ε_x, as deformações: ε_y; e γ_{xy}. Neste caso, a distorção angular ($\gamma_{xy} = 0{,}15\% \neq 0$) não nula evidencia o comportamento anistrópico.

Exemplo 4

Repetir o Exemplo 9.3, aplicando-se à lâmina 2-D de fibras de carbono/epóxi as tensões normais no sistema (x,y): $\sigma_x = 20$ MPa e $\sigma_y = -20$ MPa, bem como as de cisalhamento $\tau_{xy} = -25$ MPa (2 pares), conforme mostrado na Figura 9.4.1. Deve-se notar que: (i) $\sigma_x > 0$ é uma tensão de **tração** na direção **x**; (ii) $\sigma_y < 0$ é de **compressão** ao longo de **y**; e (iii) os pares de $\tau_{xy} < 0$ tendem a encurtar a diagonal positiva do sistema de coordenadas (x,y), a qual, neste caso em particular, coincide com a direção 1 das fibras. Obter as deformações nos sistemas (x,y) e (1,2), bem como as tensões no sistema (1,2).

É importante notar-se que no elemento de tensões da Figura 9.4.1 são os **sentidos das setas** (e não o sinal do valor numérico) que definem o sinal + ou – das tensões. No caso de $\sigma_y < 0$, as setas na Figura 9.4.1, já indicam a compressão na direção y e, portanto, na Figura 9.4.1, não se coloca o sinal de – (menos) no valor numérico de σ_y. O mesmo raciocínio aplica-se no caso de $\tau_{xy} < 0$, ou seja, são os pares de setas que estão definindo o sinal do cisalhamento, mostrando a tendência de encurtar a diagonal positiva. O significado dos sinais das tensões normais, + para tração e – para compressão, é bastante claro e dispensa mais explicações.

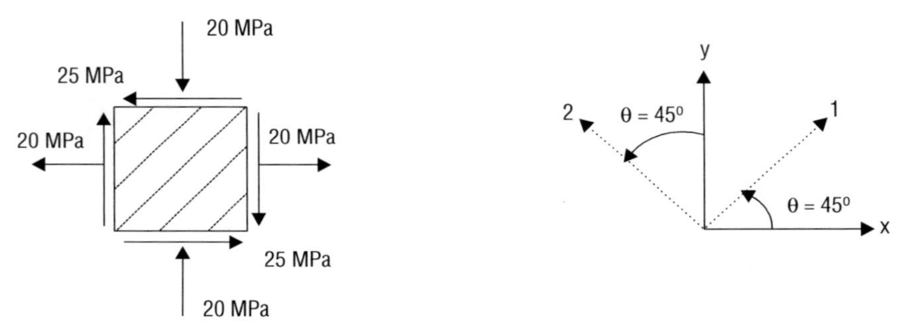

Figura 9.4.1 Lâmina com fibras a 45º e solicitada com $\sigma_x > 0$; $\sigma_y < 0$ e $\sigma_{xy} < 0$.

Já a interpretação dos sinais das tensões de cisalhamento é mais complexa. Na convenção adotada neste livro, necessita-se de um sistema de coordenadas, por exemplo o (x,y), mostrado na ilustração a seguir (Figura 9.4.2), e observa-se a tendência que os dois pares de tensões de cisalhamento provocam em um elemento submetido ao cisalhamento puro. Quando a diagonal positiva é alongada, o cisalhamento é + ($\tau_{xy} > 0$). E, se a diagonal é encurtada, o cisalhamento é – ($\tau_{xy} < 0$), de acordo com a Figura 9.4.2.

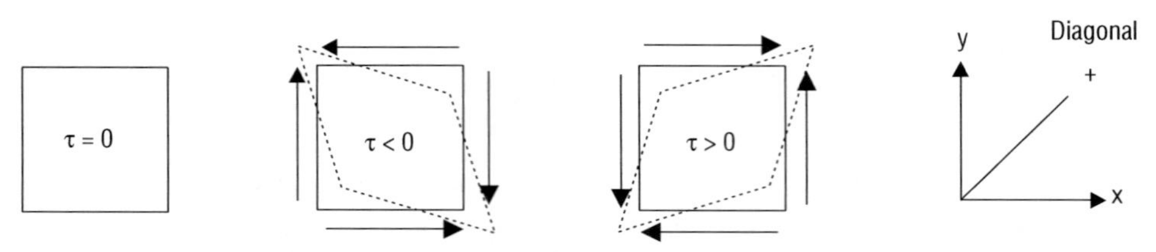

Figura 9.4.2 Material submetido a cisalhamento puro (τ_{xy}) maior e menor que zero.

Solução:

Há várias formas de resolver-se este exercício. Em uma delas, inicia-se calculando o vetor coluna de tensões no sistema (1,2), ou seja, as tensões que atuam paralela e perpendicularmente às fibras, usando-se a matriz de rotação [T], obtendo-se:

$$\begin{Bmatrix}\sigma_1\\ \sigma_2\\ \tau_{12}\end{Bmatrix} = [T].\begin{Bmatrix}\sigma_x\\ \sigma_y\\ \tau_{xy}\end{Bmatrix} = \begin{bmatrix}0,5 & 0,5 & 1,0\\ 0,5 & 0,5 & -1,0\\ -0,5 & 0,5 & 0\end{bmatrix}.\begin{Bmatrix}20\\ -20\\ -25\end{Bmatrix} = \begin{Bmatrix}-25\\ 25\\ -20\end{Bmatrix}[MPa] = \begin{Bmatrix}-0,025\\ 0,025\\ -0,020\end{Bmatrix}[GPa]$$

Em seguida, usa-se a equação (9.5) para se calcular as deformações no sistema (1,2), e a (9.13) para as do sistema (x,y). Como a dimensão das matrizes [S] e [S] é em $[GPa]^{-1}$, expressando-se as tensões em [GPa], as deformações nos sistemas (1, 2) e (x, y), conforme detalhado a seguir, serão adimensionais, ou seja:

$$\begin{Bmatrix}\varepsilon_1\\ \varepsilon_2\\ \gamma_{12}\end{Bmatrix} = [S].\begin{Bmatrix}\sigma_1\\ \sigma_2\\ \tau_{12}\end{Bmatrix} = \begin{bmatrix}7,78 & -2,08 & 0,0\\ -2,08 & 157,98 & 0,0\\ 0,0 & 0,0 & 387,6\end{bmatrix}\cdot 10^{-3}.\begin{Bmatrix}-0,025\\ 0,025\\ -0,020\end{Bmatrix} = \begin{Bmatrix}-0,25\\ 4,00\\ -7,75\end{Bmatrix}.10^{-3} = \begin{Bmatrix}-0.025\%\\ 0,400\%\\ -0,775\%\end{Bmatrix}$$

$$\begin{Bmatrix}\varepsilon_x\\ \varepsilon_y\\ \gamma_{xy}\end{Bmatrix} = [\bar{S}].\begin{Bmatrix}\sigma_x\\ \sigma_y\\ \tau_{xy}\end{Bmatrix} = \begin{bmatrix}137,30 & -56,50 & -75,10\\ -56,50 & 137,30 & -75,10\\ -75,10 & -75,10 & 169,91\end{bmatrix}\cdot 10^{-3}.\begin{Bmatrix}0,020\\ -0,020\\ -0,025\end{Bmatrix} = \begin{Bmatrix}5,75\\ -2,00\\ -4,25\end{Bmatrix}.10^{-3} = \begin{Bmatrix}0,575\%\\ -0,200\%\\ -0,425\%\end{Bmatrix}$$

9.4 COMPORTAMENTO HIGROTÉRMICO DE UMA LÂMINA

As lâminas compósitas de matriz polimérica termofixa (p.ex. as impregnadas com resina tipo epóxi, poliéster, poliimida ou fenólica) são as mais utilizadas comercialmente hoje em dia, principalmente as do tipo epóxi e poliéster, relativamente às lâminas de matriz termoplástica, cerâmica e metálica. E, justamente no caso particular de a matriz ser termofixa (ou termorrígida), há uma significativa susceptibilidade do material em relação a alterações da umidade e temperatura ambientais, conhecida como efeito higrotérmico. As resinas epóxi e poliéster dilatam-se e contraem-se, não só quando há variações de temperatura, mas também quando absorvem ou perdem umidade, respectivamente. Esse efeito pode tanto: (i) vir a degradar as propriedades físicas, químicas e mecânicas da matriz, por exemplo, diminuindo a temperatura de transição vítrea (T_g), sua resistência e sua rigidez; bem como (ii) provocar tensões residuais e/ou deformações na lâmina. Nesta seção, será apresentada a relação entre tensões e deformações bidimensionais (2-D) para uma lâmina com reforço unidirecional, na qual ocorrem deformações adicionais às de origem mecânica, em virtude de variações ambientais de umidade (Δc) e temperatura (ΔT). Os efeitos de degradação não serão abordados em detalhe nesta seção, mas podem ser obtidos na literatura (HULL; CLYNE, 1996; GIBSON, 1994; HANCOX; MAYER, 1994; HARRIS, 1986). Inicialmente, serão apresentadas, isoladamente, as equações básicas das deformações causadas por variações de temperatura e umidade, ao longo de uma única direção, em um material cuja matriz é um polímero termofixo. Matematicamente, essas equações serão equivalentes às de um material isotrópico, pois se restringem a uma análise unidimensional. Posteriormente, essas equações serão expandidas para o caso ortotrópico bidimensional (2-D) e acopladas à equação (9.6).

Dentro de uma faixa de temperatura limitada, pode-se considerar que há uma relação linear entre as deformações térmicas (ε_T) de expansão (+), ou contração (–), sofridas por um material e a variação de temperatura (ΔT) a ele imposta. Deve-se recordar que as deformações normais de um componente são adimensionais e representam o quociente de uma variação de comprimento em relação ao comprimento inicial do mesmo. A relação linear entre estas duas grandezas ($\varepsilon_T/\Delta T$), a qual será a adotada neste livro, é definida pelo coeficiente de expansão térmica (α) do material.

Em geral, os polímeros expandem-se mais que os materiais cerâmicos. Os metais puros, normalmente, apresentam coeficientes de expansão, α, intermediários entre os valores elevados dos polímeros e os reduzidos dos cerâmicos, sendo que algumas ligas especiais (p. ex., Fe-Ni-Co) podem possuir baixos coeficientes de expansão térmica (CALLISTER, 2001). Normalmente, para $\Delta T > 0$ o material expande e para $\Delta T < 0$ ocorre uma contração, pois na maioria dos casos α é positivo. Entre os materiais que apresentam negativo pode-se citar as fibras **não** isotrópicas de aramida e de carbono, nas quais α é negativo na direção longitudinal e positivo na transversal dos filamentos. As matrizes termofixas utilizadas em compósitos (p.ex. as do tipo epóxi e poliéster) apresentam coeficientes de expansão térmica positivos e razoavelmente elevados (tipicamente superiores aos das ligas de aço e alumínio), conforme mostrado na Tabela 9.2. Entretanto, por serem porosas, essas matrizes podem tanto absorver umidade, e se expandir, bem como liberar umidade e se contrair. Essas expansões (ou contrações) dimensionais, por unidade de comprimento, são denominadas de deformações **higroscópicas**, ε_H, e, em muitos casos, são diretamente proporcionais à quantidade de água que resina absorve (ou libera). Algumas fibras, por exemplo as de aramida e as vegetais, também podem absorver (ou liberar) umidade.

A relação linear entre ε_H e a variação relativa da massa de água em uma lâmina compósita ($\Delta c = \{m_{FINAL} - m_{INICIAL}\}/m_{INICIAL}$) é definida pelo coeficiente de expansão higroscópica, β, da lâmina de matriz polimérica termofixa. Normalmente, os valores de α e β das matrizes termofixas são bem superiores aos das fibras de carbono, aramida e vidro, conforme os dados apresentados na Tabela 9.2 (HANCOX; MAYER, 1994; CALLISTER, 2001). Como Δc e ε_H são adimensionais, o coeficiente β também o é.

Tabela 9.2 Coeficientes de expansão térmica e higroscópica de alguns materiais

Material	α [10^{-6} °C^{-1}]	β
Resina epóxi	44 – 120	0,5
Resina poliéster	100 – 180	–
Aço 1020	11,7	~0
Fibra de vidro E	5	~0
Fibra de carbono (XA)	–0,26 (long.), 26 (transv.)	~0
Fibra de aramida (Kevlar 49)	–2,33 (long.), 41 (transv.)	0,04

Em relação às resinas de cura a **frio**, nas quais a polimerização ocorre satisfatoriamente a cerca de 20 °C, as de cura a **quente** apresentam duas vantagens importantes: (i) o processo de cura torna-se mais rápido e passa a ocorrer em poucas horas, em vez de poder levar algumas dezenas de horas; e (ii) a temperatura de transição vítrea (T_g) da resina eleva-se. Entretanto, como as resinas de cura a quente são polimerizadas em patamares de temperatura via de regra superiores a 80 °C, a temperatura de uso do compósito (T_{USO}), após o término do processo de fabricação, será diferente da temperatura de cura da resina (T_{CURA}), normalmente inferior, submetendo compulsoriamente o material a uma variação de temperatura ΔT. Como a maioria dos materiais nos quais a temperatura varia deforma-se, os compósitos curados a quente, de acordo com os seus coeficientes de expansão térmica linear, α, sofrem deformações térmicas **longitudinais** ($\varepsilon_T = \Delta L / L_0$, sendo ΔL a variação de comprimento longitudinal e L_0 o comprimento inicial considerado), assim que o processo de fabricação é concluído, as quais são dadas por:

$$\varepsilon_T = \alpha \cdot \Delta T \quad (9.17)$$

Quando um material com coeficiente α conhecido trabalha no regime puramente linear e elástico, a deformação térmica prevista pela equação (9.17) é calculada simplesmente igualando-se a variação de temperatura à diferença entre as temperaturas final e inicial, ou seja, $\Delta T = T_{FINAL} - T_{INICIAL}$. Em uma resina de cura a **quente**, entretanto, quando ela já se encontra no estado sólido (isto é, na fase final da polimerização), a temperatura do patamar de cura (T_{CURA}) é alta o suficiente para que a resina apresente comportamento viscoelástico. Nesse caso, de acordo com TSAI (1987), ocorre um alívio de tensões, o material relaxa e a deformação térmica, ao esfriar-se o material até T_{USO}, será um pouco inferior ao produto: α. ($T_{USO} - T_{CURA}$). Uma possível explicação para este fato é que, devido aos efeitos viscoelásticos, o compósito pode permanecer em um estado praticamente "livre de tensões" em temperaturas um pouco inferiores a T_{CURA}. Assim, ao se retirar o material compósito curado de um forno, de uma estufa ou de uma autoclave, e trazê-lo para uma temperatura de uso inferior, haverá uma deformação de contração. E, para estimá-la nesses casos, sugere-se subtrair-se até 30 °C da temperatura de cura, para compensar-se os efeitos viscoelásticos da resina. Ou seja, ao utilizar-se a equação (9.17) pode-se usar um valor alternativo de T_{CURA}, numericamente menor (p.ex. $T_{CURA} - 30°C$), no cálculo de ΔT, para fazer a compensação (TSAI, 1987). Maiores esclarecimentos sobre esta compensação empírica podem ser obtidos em literatura especializada (CAIRNS; ADAMS, 1982). Para uma lâmina já curada há algum tempo, a quente ou a frio, e que se encontra estabilizada em relação ao ambiente, se houver uma variação na temperatura e for necessário usar-se a equação (9.17) para estimar-se ε_T, e as temperaturas envolvidas **não** provocarem efeitos viscoelásticos, ou estes puderem ser desprezados, o valor da variação de temperatura será dado simplesmente por:

$$\Delta T = T_{FINAL} - T_{INICIAL}$$

Uma equação linear, análoga à (9.17), pode ser empregada estimando-se deformações higroscópicas, ε_H, de materiais. Assim, havendo alteração na massa de água em um material isotrópico (Δm), em relação à sua massa inicial (m_0), devida à absorção ou liberação de umidade, a deformação higroscópica ε_H, proporcional a $\Delta c = \Delta m / m_0$, será dada por:

$$\varepsilon_H = \beta \cdot \Delta c \qquad (9.18)$$

As equações (9.17) e (9.18) são básicas e válidas para materiais isotrópicos (ou compósitos, se analisados numa **única** direção). No caso de lâminas estruturais com reforço unidirecional (vide Figuras 9.1a e 9.3), o material, se analisado relativamente ao sistema de coordenadas (1,2), 2-D, será ortotrópico e possuirá dois coeficientes de expansão térmica, α_1 e α_2, bem como **dois** de expansão higroscópica, β_1 e β_2, respectivamente. Tal fato ocorre em virtude de serem significativas as diferenças nos valores de α e β das fibras, relativamente aos das resinas, empregadas na fabricação de compósitos de matriz polimérica. Alguns valores típicos encontram-se na Tabela 9.2. As fibras de aramida e carbono, sem matriz, já são intrinsecamente ortotrópicas.

Em lâminas ortotrópicas, as equações (9.5) e (9.6) relacionam entre si tensões e deformações mecânicas. E, como não existe acoplamento extensão – cisalhamento neste tipo de lâmina –, eventuais deformações térmicas e higroscópicas (também denominadas de higrotérmicas) que venham a ocorrer, não induzem tensões de cisalhamento, e, portanto, não provocam distorção.

Se for necessário incluir os efeitos higrotérmicos em lâminas ortotrópicas, deve-se subtrair das deformações ε_1 e ε_2, na equação (9.6), as deformações em função de variações de temperatura e teor de umidade nas lâminas. Tal procedimento decorre do fato de que ε_1 e ε_2 são deformações totais. Se forem feitas medidas de ε_1 e ε_2, por exemplo, usando-se extensômetros elétricos de resistência (*strain gages*), os medidores irão registrar as somas das deformações causadas por: (i) esforço mecânico; (ii) variação da temperatura (ΔT); e (iii) alteração da umidade relativa (Δc). Assim, subtraindo-se das mesmas as deformações higrotérmicas passa-se a relacionar tensões e deformações mecânicas, no sistema (1,2), obtendo-se:

$$\begin{Bmatrix} \sigma_1 \\ \sigma_2 \\ \tau_{12} \end{Bmatrix} = \begin{bmatrix} Q_{11} & Q_{12} & 0 \\ Q_{21} & Q_{22} & 0 \\ 0 & 0 & Q_{66} \end{bmatrix} \cdot \begin{Bmatrix} \varepsilon_1 - \alpha_1 . \Delta T - \beta_1 . \Delta c \\ \varepsilon_2 - \alpha_2 . \Delta T - \beta_2 . \Delta c \\ \gamma_{12} \end{Bmatrix} = [Q] . \begin{Bmatrix} \varepsilon_1 - \alpha_1 . \Delta T - \beta_1 . \Delta c \\ \varepsilon_2 - \alpha_2 . \Delta T - \beta_2 . \Delta c \\ \gamma_{12} \end{Bmatrix} \quad (9.19)$$

A equação (9.19) relaciona tensões **mecânicas** com deformações **mecânicas**, no sistema de coordenadas principal da lâmina (1,2). Nessa lâmina, só podem ocorrer deformações higrotérmicas normais, ou seja, paralelas às fibras (direção 1) e perpendiculares a elas (direção 2). Assim, neste caso, alterações de ΔT e Δc não provocam distorção na lâmina, pois não induzem tensões residuais de cisalhamento. Entretanto, se as fibras estiverem **inclinadas** (vide Figuras 9.1b, 9.4 e 9.5), a lâmina torna-se anisotrópica, a análise de tensões tem de ser feita no sistema **(x, y)** envolvendo a matriz $[\bar{Q}]$ e surgem acoplamentos tipo extensão–cisalhamento. Neste caso, a equação (9.19) não é mais válida. Variações de ΔT e Δc também provocarão cisalhamento (τ_{xy}), distorcendo a lâmina.

A inclusão dos efeitos higrotérmicos em lâminas anisotrópicas é mais complexa, pois as variações de ΔT e Δc provocam **distorção**, devida à presença dos elementos $\bar{Q}_{16}$ e $\bar{Q}_{26}$ na matriz $[\bar{Q}]$, além das deformações normais usuais. Neste caso, de acordo com Jones (1975), a relação entre tensões e deformações é dada pela equação (9.20):

$$\begin{Bmatrix} \sigma_x \\ \sigma_y \\ \tau_{xy} \end{Bmatrix} = \begin{bmatrix} \bar{Q}_{11} & \bar{Q}_{12} & \bar{Q}_{16} \\ \bar{Q}_{12} & \bar{Q}_{22} & \bar{Q}_{26} \\ \bar{Q}_{16} & \bar{Q}_{26} & Q_{66} \end{bmatrix} \cdot \begin{Bmatrix} \varepsilon_x - \alpha_x \cdot \Delta T - \beta_x \cdot \Delta c \\ \varepsilon_y - \alpha_y \cdot \Delta T - \beta_y \cdot \Delta c \\ \gamma_{xy} - \alpha_{xy} \cdot \Delta T - \beta_{xy} \cdot \Delta c \end{Bmatrix} = [\bar{Q}] . \begin{Bmatrix} \varepsilon_x - \alpha_x \cdot \Delta T - \beta_x \cdot \Delta c \\ \varepsilon_y - \alpha_y \cdot \Delta T - \beta_y \cdot \Delta c \\ \gamma_{xy} - \alpha_{xy} \cdot \Delta T - \beta_{xy} \cdot \Delta c \end{Bmatrix} \quad (9.20)$$

onde:

$$\alpha_x = \alpha_1 . m^2 + \alpha_2 . n^2 \qquad \beta_x = \beta_1 . m^2 + \beta_2 . n^2$$
$$\alpha_y = \alpha_2 . m^2 + \alpha_1 . n^2 \quad \text{e} \quad \beta_y = \beta_2 . m^2 + \beta_1 . n^2$$
$$\alpha_{xy} = 2.(\alpha_1 - \alpha_2).m.n \qquad \beta_{xy} = 2.(\beta_1 - \beta_2).m.n$$

sendo: $m = \cos(\theta)$ e $n = \text{sen}(\theta)$

9.5 MACROMECÂNICA DE VIGAS LAMINADAS EM FLEXÃO

Nesta seção, serão obtidas expressões algébricas para o cálculo das distribuições das tensões: (i) normal longitudinal, σ_x; e (ii) de cisalhamento transversal, τ_{xz}, em vigas laminadas simétricas, prismáticas, e de seção transversal retangular (b.t), a partir do módulo de elasticidade efetivo em flexão (E_F), o qual é, na verdade, um módulo elástico equivalente à rigidez em flexão total da viga laminada. Ou seja, uma viga isotrópica equivalente, com módulo E_F, que possua as mesmas características geométricas (L, b e t, conforme a Figura 9.9), os mesmos vínculos estruturais e seja submetida ao mesmo carregamento, apresentará as mesmas deflexões elásticas que as da viga laminada analisada. Para compreender os conceitos apresentados nesta seção, é importante, inicialmente, conhecer-se a distribuição de tensões de uma viga de material isotrópico submetida a um carregamento de flexão em três pontos, apresentada na Figura 9.9, conjuntamente com os diagramas de momento fletor (MF) e esforços cortantes (EC). A origem do sistema de coordenadas (x, y, z) da viga coincide com o centroide da viga. Os momentos fletores induzem tensões normais (σ_x) e as forças cortantes tensões de cisalhamento transversal (τ_{xz}), na seção transversal da viga.

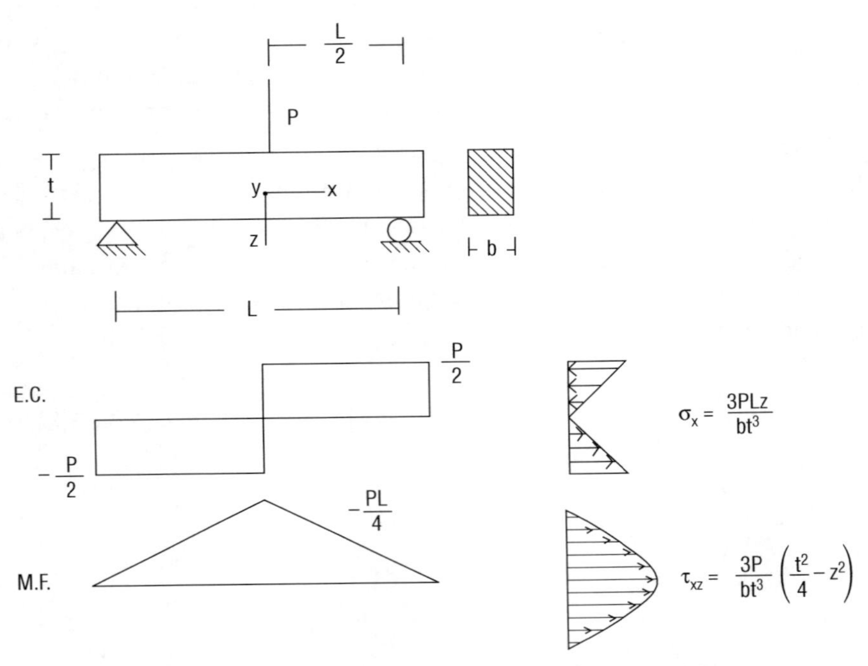

Figura 9.9 Distribuição de tensões em uma viga flexionada, de material isotrópico.

Em vigas laminadas, as distribuições das tensões normal (σ_x) e de cisalhamento transversal (τ_{xz}), obtidas pelas equações apresentadas a seguir, não serão necessariamente contínuas e bem definidas ao longo da espessura, como as mostradas na Figura 9.9. As distribuições de tensões normais e de cisalhamento, na seção submetida ao momento fletor máximo, MF = (P. L) / 4, mostrada na Figura 9.9, são típicas das de uma viga isotrópica flexionada. Entretanto, tendo em vista que uma viga laminada pode ser fabricada com várias camadas de materiais distintos, os quais poderão possuir diferentes espessuras e módulos de elasticidade, as distribuições de tensões podem sofrer descontinuidades (p.ex. saltos) ao longo da espessura da viga. Por simplificação, nesta seção, para as camadas reforçadas com fibras, suas orientações serão contidas no plano horizontal (x,y) e, além disso, serão somente longitudinais (ou seja, na direção x) e/ou transversais (isto é, na direção y) à viga, ou seja, seus ângulos em relação à direção x estarão limitados aos valores 0° e/ou 90°. Por outro lado, a teoria apresentada a seguir poderá ser empregada, não somente para vigas compósitas laminadas, mas também em análises aproximadas de vigas híbridas ou tipo sanduíche. Por exemplo, uma viga com alma de madeira, revestida com lâminas compósitas nas superfícies superior e inferior. Adicionalmente, o desenvolvimento dos cálculos seguirá as seguintes hipóteses básicas:

- As seções transversais possuem dois planos de simetria, os planos horizontal (x, y) e o vertical (x, z), e permanecem planas e normais ao eixo X durante a flexão;
- a simetria em relação ao plano médio horizontal da viga envolve: geometria, materiais e orientação das fibras;
- os esforços solicitantes (momentos fletores e forças cortantes) estarão contidos no plano vertical (x,z); e
- as lâminas são consideradas como lineares e elásticas e possuem ligação perfeita entre si.

Na Figura 9.10, mostra-se a vista de um corte longitudinal de um trecho (Δx) de uma viga laminada, com N camadas, antes e depois da flexão.

Em virtude do fato de a viga ser simétrica em relação ao plano médio (x,y) as camadas serão numeradas, de 1 a N/2, a partir do plano médio. Se o número original total de camadas, N, for par, esse procedimento será trivial. Mas, se for ímpar, basta subdividir-se a camada central em 2 de mesma espessura, ao se iniciar a análise, e recai-se na situação de N ser par, para fins de análise.

No trecho da viga ilustrada na Figura 9.10, quando o momento fletor é nulo (isto é, MF = 0), a viga está plana, e a sua curvatura é nula. Nessa condição, diz-se que o centro de curvatura da viga encontra-se no infinito. Após a flexão (isto é, MF $\neq$ 0), a viga passa a ter uma curvatura (κ) e, ao se prolongar, por exemplo, duas arestas inicialmente paralelas a z (isto é, as arestas frontais do plano (x,z), na Figura 9.10), e, portanto, pertencentes a duas seções transversais distantes entre si de uma distância Δx, elas irão encontrar-se em um ponto chamado de centro de curvatura da viga. Por definição, a distância desse centro, até o plano médio (x,y) da viga, é chamada de **Raio de Curvatura (ρ) da viga flexionada**. Em um trecho sob flexão pura (isto é, MF constante), os prolongamentos de qualquer par de arestas verticais que pertencem aos planos (y, z) e (z, x), semelhantes às mostradas na Figura 9.10, cruzam-se no mesmo centro de curvatura. Em virtude da flexão pura, o material da viga fica comprimido na região superior, e tracionado na região inferior da mesma. Neste livro, por convenção, se o momento fletor for positivo (isto é, MF > 0), acima do plano médio (x, y) da viga haverá compressão, e abaixo deste, tração. De acordo com Popov (1992), pode-se demonstrar que na flexão pura o plano médio (x,y), também chamado de plano neutro, permanece livre de tensões normais longitudinais (isto é, $\sigma_x = 0$). Neste caso, o eixo longitudinal x é chamado de eixo neutro, e uma linha paralela a y que passe pelo centroide da seção transversal é chamada de linha neutra. Como só serão consideradas vigas simétricas e de seção retangular neste livro, o centroide sempre coincidirá com o ponto médio ao longo da espessura e, por esta razão, o plano (x, y) foi chamado de plano médio.

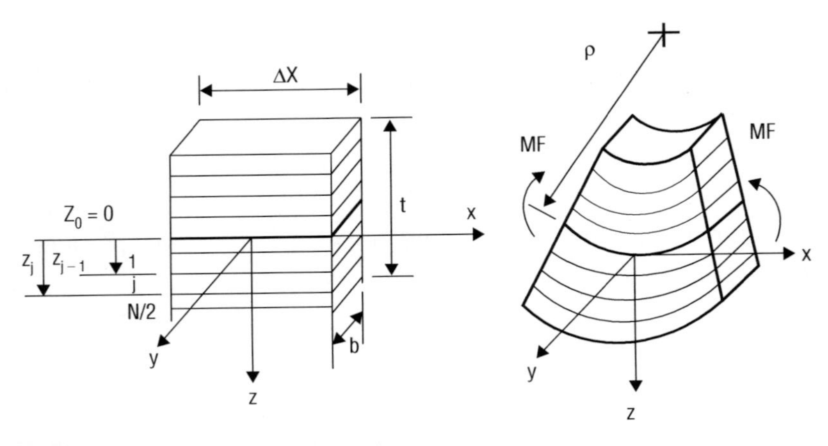

Figura 9.10 Trecho de uma viga laminada antes e depois da flexão.

Vigas são elementos estruturais tipicamente unidimensionais (1-D), nos quais o comprimento longitudinal, L, é sempre bem maior que as dimensões da seção transversal, neste caso, a largura (b << L) e a espessura (t << L). Por serem muito usadas na prática e também mais fáceis de analisar, só serão consideradas neste livro vigas 1-D de seção retangular, semelhantes à mostrada na Figura 9.10. Adicionalmente, neste livro, os carregamentos aplicados à viga pertencerão ao plano vertical de simetria (x,z). Neste caso, é possível fazer uma análise unidimensional (1-D), ao se estudar uma viga. E, nesta análise, a viga só terá um raio de curvatura

(ρ) associado à única curvatura (κ), contida no plano (x,z). E, pode-se demonstrar que: $\kappa = 1/\rho$ (POPOV, 1992).

Fazendo-se uma comparação entre as seções de uma viga isotrópica sólida e outra laminada, ambas submetidas ao mesmo Momento Fletor (MF), será obtida a expressão que permitirá calcular-se o módulo de elasticidade efetivo em flexão (E_F). Inicialmente, considerar-se-á a distribuição de tensões normais longitudinais, σ_x, numa viga isotrópica submetida à flexão pura, a qual é função da coordenada z, medida a partir do plano seu médio (POPOV, 1992):

$$\sigma_x = \frac{MF \cdot z}{I_{yy}} \tag{9.21}$$

onde I_{yy} é o momento de inércia da área da seção transversal da viga em relação à linha neutra da viga, coincidente com a coordenada y, mostrada nas Figuras 9.9 e 9.10. Quando a seção é retangular: $I_{yy} = (b.\ t^3)/12$.

Segundo a Lei de Hooke, $\sigma_x = E.\ \varepsilon_x$, substituindo-se a mesma na equação (9.21) obtém-se:

$$E\varepsilon_x = \frac{MF \cdot z}{I_{yy}} \tag{9.22}$$

Finalmente, sabendo-se que a deformação normal ε_x relaciona-se com a coordenada z de acordo com a expressão $\varepsilon_x = z/\rho$, onde ρ é o raio de curvatura da viga flexionada, o módulo de elasticidade em flexão do material isotrópico equivalente será:

$$E = \frac{MF \cdot \rho}{I_{yy}} \tag{9.23}$$

Como $I_{yy} = (b.t^3)/12$, a equação (9.23) pode ser reescrita na forma:

$$MF = E.\ b.\ t^3/12.\ \rho \tag{9.24}$$

Uma seção transversal típica de uma viga laminada simétrica é mostrada na Figura 9.11 e, examinando-a, nota-se que: (i) as coordenadas $z_j - z_{j-1}$ delimitam uma camada genérica j; (ii) a espessura t_j de cada camada j é dada por $t_j = z_j - z_{j-1}$; e (iii) a espessura total t por:

$$t = 2 \cdot \sum_{j=1}^{N/2} (z_j - z_{j-1}) = \sum_{j=1}^{N} (z_j - z_{j-1})$$

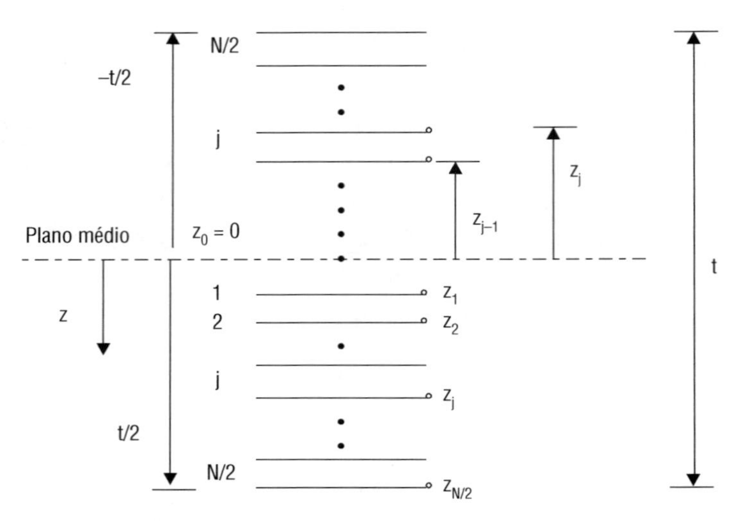

Figura 9.11 Seção transversal no plano (z, y) de uma viga laminada simétrica.

De acordo com Gibson (1994), na seção transversal de uma viga laminada compósita, simétrica com N camadas (vide Figuras 9.10 e 9.11), o momento fletor, MF, pode ser expresso pela equação (9.25), a qual inclui o somatório do produto dos módulos de elasticidade na direção x em cada camada j, com j variando de 1 a N/2, $(E_x)_j$, multiplicados por $(z^3_j - z^3_{j-1})$ da seguinte forma:

$$MF = \frac{2b}{3\rho}\sum_{j=1}^{N/2}(E_x)_j\left(z_j^3 - z_{j-1}^3\right) \tag{9.25}$$

Assim, comparando-se as equações (9.24) e (9.25), conclui-se que o módulo de elasticidade efetivo em flexão EF será, para uma viga sólida com seção transversal retangular constante ($I_{yy} = bt^3/12$):

$$E_F = \frac{8}{t^3}\sum_{j=1}^{N/2}(E_x)_j\left(z_j^3 - z_{j-1}^3\right) \tag{9.26}$$

Conhecendo-se a expressão do módulo de elasticidade efetivo E_F do laminado, a distribuição de tensões normais ao longo da espessura, $(\sigma_x)_j$, será (GIBSON, 1994):

$$(\sigma_x)_j = \frac{MF.z}{I_{yy}}\left[\frac{(E_X)_j}{E_F}\right] \tag{9.27}$$

O termo $[(E_X)_j/E_F]$ na equação (9.27) pode ser interpretado como um "fator de correção adimensional" para vigas laminadas, já que, se o módulo de elasticidade na direção X em cada camada for igual ao E_F, a viga laminada terá comportamento semelhante ao de uma viga em material isotrópico, conforme pode-se confirmar examinando-se as equações (9.21) e (9.27), pois $[(E_X)_j/E_F] = 1$. Além disso, para vigas compósitas em geral, é importante ressaltar que a tensão normal máxima não ocorre, necessariamente, nas camadas inferior e superior, já que esta tensão depende não somente das espessuras, mas também dos módulos de elasticidade de cada camada. As lâminas compósitas consideradas na análise desenvolvida nesta seção só possuirão fibras orientadas a 0° ou a 90°, em relação à direção longitudinal das vigas (x). Assim, ao se usar as equações (9.25) a (9.27), os valores de (E_x) j referentes às camadas constituídas por lâminas, nestes casos, assumirão os valores E_1 ou E_2 da lâmina compósita, respectivamente. Conforme detalhado no Capítulo 8, uma lâmina com reforço unidirecional possui dois módulos de elasticidade distintos.

Analogamente à distribuição de tensões normais prevista pela equação (9.27), a distribuição de tensões de cisalhamento transversais $(\tau_{xz})_k$ também pode ser obtida comparando-se o comportamento de uma viga laminada ao de um viga isotrópica (GIBSON, 1994; PARDINI; LEVY NETO; McENANEY, 2000). A tensão $(\tau_{xz})_k$ varia ao longo da distância z, em relação ao plano médio (vide Figura 9.11). O índice subscrito $_k$ localiza a camada na qual se necessita calcular $(\tau_{xz})_k$. Neste caso em particular, $(\tau_{xz})_k$ é calculado multiplicando-se o valor máximo de (τ_{xz}) de uma viga equivalente de um material isotrópico de seção retangular, de largura b e espessura t, $(\tau_{xz})_{max} = 3.V / (2.b.t)$, submetida a um esforço cortante V (onde V é a derivada do momento fletor em relação a x, ou seja, V = dMF/dx), a um termo que também atua como um "fator de correção adimensional", $[S_{k+1}/E_F]$, conforme a equação (9.28):

$$(\tau_{xz})_k = \frac{3 \cdot V}{2 \cdot b \cdot t}\left[\frac{S_{k+1}}{E_F}\right] \tag{9.28}$$

onde S_k, que varia de camada a camada, é definido como:

$$S_k = \frac{4}{t^2}\sum_{j=k}^{N/2}(E_x)_j\left(z_j^2 - z_{j-1}^2\right) \tag{9.29}$$

Nota-se que os subíndices de (τ_{xz}) e S na equação (9.28) são, respectivamente, k e k + 1. Assim, ao se calcular $(\tau_{xz})_0$, que é a tensão no plano médio, z =0, deve-se usar S_1 na equação (9.28) e, no cálculo de $(\tau_{xz})_1$, tensão em $z = z_1$, na camada 1, usa-se S_2 e assim por diante. Sendo que, na superfície externa da viga, na qual $z = z_{N/2} = t/2$, $S_{N/2} = 0$ e portanto $(\tau_{xz})_{N/2} = 0$. Tal resultado faz sentido, uma vez que as superfícies externas de uma viga são livres de tensões de cisalhamento transversal. Isto ocorre para $z = \pm\, t/2$. Para ilustrar-se os conceitos desta seção, será apresentado um exemplo prático, a seguir.

Exemplo 5

Este exemplo refere-se a uma viga sanduíche (ou híbrida), formada por um núcleo de madeira (freijó), revestido, nas superfícies superior e inferior, com lâminas de tecido balanceado (8HS) de carbono (AS-4), da Hexcel, impregnados manualmente com resina epóxi e curados em bolsa de vácuo, conforme ilustrado na Figura 9.5.1. A viga, na condição simplesmente apoiada nas extremidades, foi submetida à flexão em três pontos, com aplicação da carga P, central, de forma análoga à viga isotrópica mostrada na Figura 9.9. A distância (ou vão) entre os apoios, nas extremidades, é de 400 mm. O comprimento da viga é L = 450 mm. Nos ensaios, é usual deixar-se uma margem de 25 mm, a mais, além dos apoios até as extremidades livres.

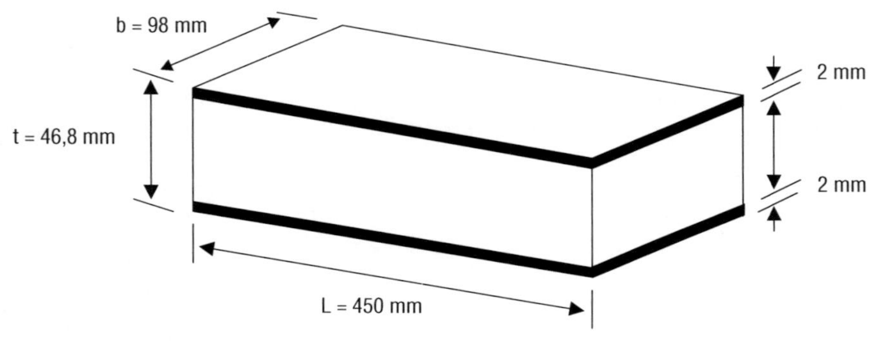

Figura 9.5.1 Viga híbrida de freijó revestida com laminados de carbono/epóxi de 2mm cada.

Para a viga híbrida mostrada pede-se calcular E_F e as distribuições de: (i) tensões normais, devidas à flexão, $(\sigma_x)_j$; e (ii) tensões de cisalhamento transversal, $(\tau_{xz})_k$, devidas ao esforço cortante (V), nas camadas (j). Dado que: a carga P é de 25.500 N; o vão é de 400 mm; a largura é b = 98 mm; sendo as espessuras nominais totais t = 46,8 mm; do freijó = 42,8 mm; e dos revestimentos = 2 mm. Os módulos elásticos a serem usados são: $E_{\text{freijó}}$ = 11 320 MPa = 11,32 GPa; e $E_{\text{carb/epóxi}} = E_1 = E_2$ = 60.000 MPa = 60 GPa (como se trata de tecido balanceado, foi admitido que $E_1 = E_2$).

Solução:

No cálculo de E_F parte-se da equação (9.26). O número **total** de camadas é três, então, para se poder trabalhar com um número par de camadas deve-se subdividir a camada central em duas, de mesma espessura, obtendo-se um número par. Assim, para fins de cálculo, **N = 4** (e na somatória da equação (9.26) N/2 = 2). Na análise, está implícito que a viga é **simétrica**, então, na somatória, o índice j varia de 1 a 2. Numeram-se as camadas no sentido positivo de z (z > 0 para baixo, vide Figuras 9.9 a 9.11 e 9.5.3). Na camada 1, $(E_X)_1$ = 11,32 GPa é o módulo do freijó (PFEIL, 1994); e na 2, agrupando as lâminas de carbono/epóxi, $(E_X)_2$ = 60 GPa. Sendo: t = 46,8 mm, $z_0 = 0$, $z_1 = 21{,}4$ e $z_2 = 23{,}4$ mm (correspondentes aos pontos 0 a 2 mais à esquerda da Figura 9.5.3), obtém-se:

$$E_F = \frac{8}{46{,}8^3}\left[11{,}32\cdot(21{,}4^3 - 0^3) + 60\cdot(23{,}4^3 - 21{,}4^3)\right] = 22{,}7656\ \text{GPa} = 22765{,}6\ \text{MPa}$$

O momento fletor máximo é MF_{max} = (P. vão) / 4 = (25.500. 400)/4 = $2.550.10^3$ N.mm, e o momento de inércia é $I_{yy} = (b.t^3)/12 = (98.\ 46{,}8^3)/12 = 837.109{,}7\ mm^4$. Na flexão pura (σ_x) anula-se no plano médio, assim, $(\sigma_x)_0 = 0$. Usando-se a equação (9.27), bem como os valores de E_F, $(E_X)_1$ e $(E_X)_2$, anteriores, tem-se para as camadas **abaixo** do plano médio (Figuras 9.11 e 9.5.3):

$$(\sigma_x)_j = \frac{2.550\cdot 10^3\cdot z}{837.109{,}7}\left[\frac{(E_x)_j}{22.765{,}60}\right]$$

e, substituindo-se os valores de z e $(E_X)_j$ correspondentes vem:

a) na camada 1 de freijó ($E_{freijó}$ = 11.320 MPa): $(\sigma_x)_0 = 0$ e $(\sigma_x)_{1F}$ = 32,3 MPa; e,

b) na camada 2 de carb./epóxi ($E_{carb/epóxi}$ = 60.000 MPa): $(\sigma_x)_{1C}$ = 171,8 MPa e $(\sigma_x)_{2C}$ = 187,8 MPa. A distribuição geral das tensões encontra-se na Figura 9.5.2.

Deve-se notar que na interface entre as camadas 1 e 2 o valor de $(E_X)_j$ **altera-se**. As camadas estão coladas, a deformação é a mesma para ambas, mas como $(E_X)_j$ muda, a tensão varia. No material mais rígido, a tensão é maior. Assim, nesse ponto específico, tem de calcular-se $(\sigma_x)_1$ duas vezes. Primeiro, usando o módulo de elasticidade do Freijó, obtendo-se $(\sigma_x)_{1F}$, e, em seguida, usando o do Carbono/epóxi, obtendo-se $(\sigma_x)_{1C}$. A equação (9.27) é linear em z. Assim, se o valor de $(E_X)_j$ é constante, o diagrama de $(\sigma_x)_j$ *versus* z dá uma reta. Porém, quando $(E_X)_j$ varia, o diagrama dá um salto, conforme ilustrado na Figura 9.5.2. Pelos resultados acima, nos quais $(\sigma_x)_j \geqslant 0$, nota-se que as camadas abaixo do plano médio são **tracionadas**. Se forem refeitos os cálculos com as camadas acima do plano médio (z < 0), os valores absolutos de $(\sigma_x)_j$ serão os mesmos, mas com os sinais trocados ($(\sigma_x)_j < 0$, indicando **compressão**). As tensões (σ_x) estão plotadas em função da espessura adimensionalizada, (Z/t), na Figura 9.5.2.

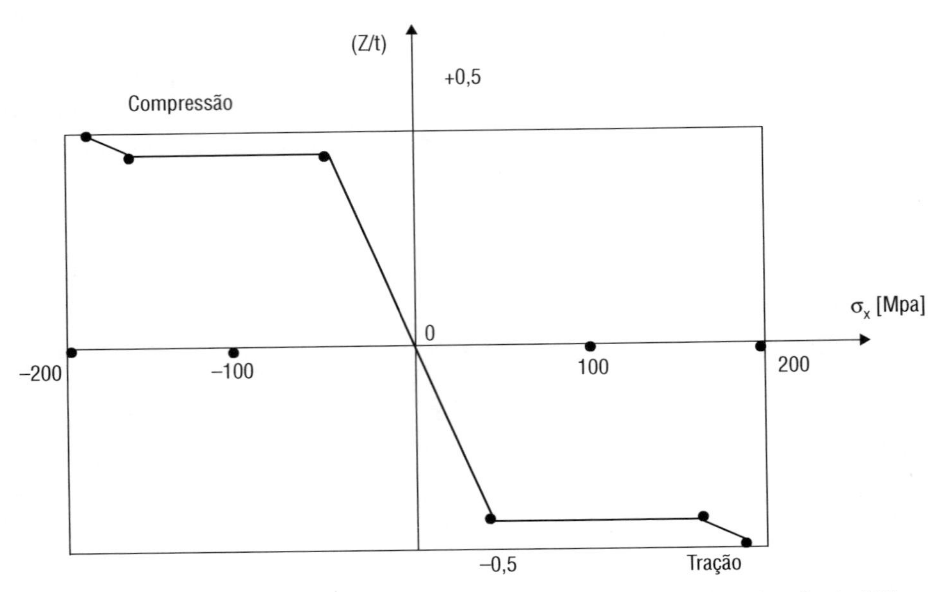

Figura 9.5.2 Tensões normais devidas à flexão em função da espessura adimensionalizada (Z/t).

Nos cálculos de $(\tau_{xz})_k$, com o objetivo de se obter mais pontos no gráfico, e melhorar a precisão dos cálculos, o núcleo de freijó será subdividido em quatro subcamadas de 10,7 mm (duas acima e duas abaixo do plano médio), conforme a Figura 9.5.3. Neste caso, pode-se calcular $(\tau_{xz})_k$ nos pontos 0 a 3, mais à direita na Figura 9.5.3, cujas coordenadas serão: $z_0 = 0$; $z_1 = 10{,}7$; $z_2 = 21{,}4$ e $z_3 = 23{,}4$ mm.

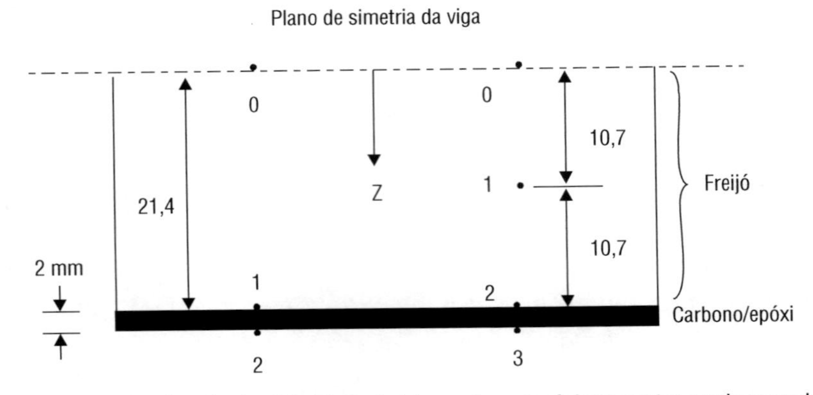

Figura 9.5.3 Discretizações da viga híbrida de freijó e carbono/epóxi em quatro e seis camadas.

A distribuição de $(\tau_{xz})_k$ em vigas é **não linear** ao longo de z (vide Figura 9.9), e, ao se calcular $(\tau_{xz})_k$ em um número maior de pontos melhoram-se sua precisão e a visualização, pois a teoria simplificada desta seção aproxima a distribuição por segmentos de reta. Detalhes importantes da distribuição de $(\tau_{xz})_k$ são que: (i) ela é simétrica em relação ao plano médio da viga; e (ii) o cisalhamento é nulo nas superfícies superior e inferior da viga, isto é, $(\tau_{xz}) = 0$ para $z = \pm t/2$, e máximo no plano médio (isto é, $z = 0$). No caso da distribuição de $(\sigma_{xz})_j$, que é **linear**, o número de pontos para análise pode ser menor, porém a mesma é antissimétrica (vide Figura 9.5.2).

No cálculo de $(\tau_{xz})_k$ por meio das equações (9.28 e 9.29), necessita-se do esforço cortante, V, o qual, para flexão em três pontos é: V = P/2 = 12.750 N, b = 98 mm, e t = 46,8 mm. Assim:

$$(\tau_{xz})_k = \frac{3 \cdot 12.750}{2 \cdot 98 \cdot 46{,}8}\left[\frac{(S_{k+1})}{22{,}76}\right]$$

sendo os valores de S_k:

$$S_1 = \frac{4}{(46{,}8)^2}\sum_{j=1}^{3}(E_x)_j\left(z_j^2 - z_{j-1}^2\right) = 1{,}826 \cdot 10^{-3}\{11{,}32[(10{,}7^2 - 0) + (21{,}4^2 - 10{,}7^2)] +$$
$$+ 60(23{,}4^2 - 21{,}4^2)\}$$

ou seja, S_1 = 19,29 GPa;

$$S_2 = \frac{4}{(46{,}8)^2}\sum_{j=2}^{3}(E_x)_j\left(z_j^2 - z_{j-1}^2\right) = 1{,}826 \cdot 10^{-3}\{11{,}32(21{,}4^2 - 10{,}7^2) +$$
$$+ 60(23{,}4^2 - 21{,}4^2)\} = 16{,}92 \text{ GPa}$$

$$S_3 = \frac{4}{(46{,}8)^2}\sum_{j=3}^{3}(E_x)_j\left(z_j^2 - z_{j-1}^2\right) = 1{,}826 \cdot 10^{-3}\{60 \cdot (23{,}4^2 - 21{,}4^2)\} = 9{,}82 \text{ GPa}$$

Substituindo-se os valores de S_1 a S_3 na equação acima obtêm-se para os pontos 0, 1 e 2:

$(\tau_{xz})_0 = (\tau_{xz})_{max}$ = 3,53 MPa; $(\tau_{xz})_1$ = 3,09 MPa e $(\tau_{xz})_2$ = 1,79 MPa

Como na superfície $(\tau_{xz}) = 0$, $(\tau_{xz})_3 = 0$. Deve-se notar que E_F e S_k nos cálculos acima foram expressos em GPa e suas unidades se cancelam. Como V foi dado em N, e b e t em mm, os resultados finais de (τ_{xz}) são em MPa = N/mm². Os resultados esboçados na forma gráfica a seguir levam em conta o fato que a distribuição de $(\tau_{xz})_k$ é simétrica em relação ao plano médio da viga, e estão plotados, em função de (Z/t), na Figura 9.5.4.

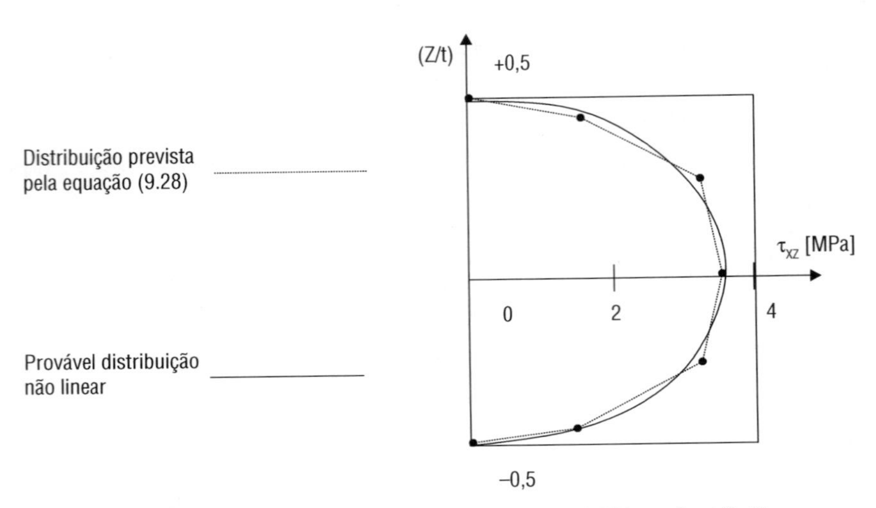

Figura 9.5.4 Distribuição das tensões de cisalhamento transversal, XZ, na viga híbrida.

9.6 MACROMECÂNICA CLÁSSICA DE PLACAS LAMINADAS

Em adição às lâminas individuais e vigas laminadas consideradas nas Seções 9.2, 9.3 e 9.5, anteriores, um elemento estrutural compósito muito empregado na prática são as **placas laminadas** de parede fina. Tais placas laminadas são constituídas por uma série de lâminas (ortotrópicas e/ou anisotrópicas) empilhadas. Tipicamente, em aplicações práticas, têm sido construídos laminados no quais o número total de lâminas compósitas, N, varia de cerca de 4 até 40. As camadas (k) destes laminados podem ser reforçadas, por exemplo, com fibras unidirecionais, tecidos e mantas. Pode-se construir laminados, nos quais todas as camadas possuem o mesmo tipo de reforço (p.ex. unidirecionais), porém com várias orientações e espessuras distintas, bem como pode combinar-se os três tipos de reforços anteriores no mesmo laminado. Nesta seção, serão considerados principalmente laminados, nos quais as lâminas possuem reforço unidirecional. O sistema de coordenadas do laminado (X,Y,Z), conforme mostrado na Figura 9.12, sempre terá o plano (X,Y) coincidente com o plano médio do laminado, no qual, portanto, Z = 0.

Como as lâminas usadas na prática são bastante finas (espessuras individuais de alguns décimos de milímetro), elas só apresentam rigidez estrutural efetiva quando solicitadas no seu próprio plano. Tais solicitações são chamadas de tensões de membrana. Em particular, a rigidez à flexão e à torção de lâminas individuais é praticamente nula. Entretanto, ao se empilhar um número considerável de camadas para montar um laminado, por exemplo na forma de uma placa plana com seções transversais retangulares, conforme ilustrado na Figura 9.12, tanto a rigidez à flexão como aquela à torção aumentam significativamente, pois tais grandezas são função da espessura total da placa elevada ao cubo (t^3) e têm de ser incluídas na análise. Assim, na teoria de placas laminadas, têm de levar-se em conta, tanto as tensões de membrana, como as devidas à aplicação de momentos fletores e torçores. Tais momentos provocam curvaturas de flexão e torção na placa, respectivamente.

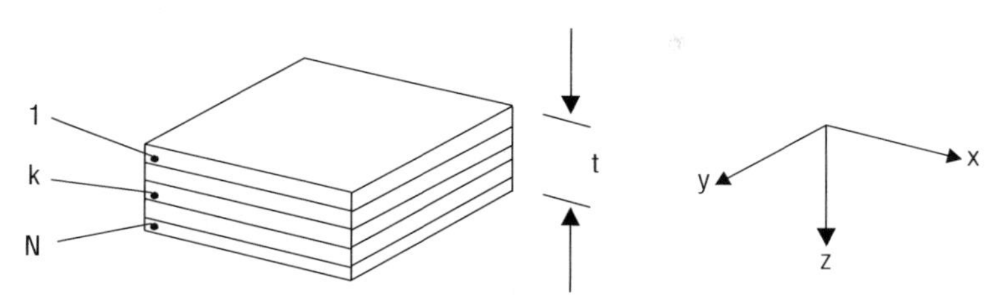

Figura 9.12 Exemplo de um laminado com N lâminas empilhadas, com $1 \leq k \leq N$.

Nesta seção, é apresentada uma teoria mais geral que a da Seção 9.5. As placas laminadas não necessitam ser simétricas em relação ao plano médio, os reforços de suas lâminas podem possuir diferentes orientações (isto é, inclinações de θ em relação à direção X), e as camadas podem ter espessuras, bem como tipos de reforço e matriz individuais. A numeração das camadas, de 1 a N, segue a ordem crescente, de acordo com o sentido positivo da coordena da Z. Uma camada genérica k, sendo $1 \leq k \leq N$, é definida pelas coordenadas z_k e z_{k-1}. A espessura de cada camada é $t_k = z_k - z_{k-1}$, e a espessura total é $t = \sum_{k=1}^{N}\left(z_k - z_{k-1}\right)$.

Na teoria macromecânica de placas laminadas, trabalha-se com **vetores 3 x 1** de resultantes de tensões {N} e de resultantes de momento {M}, os quais contêm esforços mecânicos simultâneos nas direções x, y e no plano (x,y), integrados em z, e que são aplicados no plano médio da placa, e definidos, respectivamente, como:

$$\begin{Bmatrix} N_x \\ N_y \\ N_{xy} \end{Bmatrix} = \int_{-t/2}^{t/2} \begin{Bmatrix} \sigma_x \\ \sigma_y \\ \sigma_{xy} \end{Bmatrix}_k dz; \quad \begin{Bmatrix} M_x \\ M_y \\ M_{xy} \end{Bmatrix} = \int_{-t/2}^{t/2} \begin{Bmatrix} \sigma_x \\ \sigma_y \\ \sigma_{xy} \end{Bmatrix}_k z \cdot dz \tag{9.30}$$

sendo k relativo a uma lâmina genérica, $1 \leq k \leq N$, e z uma distância em relação ao plano médio.

As **resultantes** de tensões {N}(isto é, vetor contendo N_x, N_y e N_{xy}), mostradas na Figura 9.13, de acordo com suas orientações **positivas**, correspondem à **integral, em z,** das duas tensões normais $(\sigma_x \text{ e } \sigma_y)_k$ e à de cisalhamento $(\tau_{xy})_k$ nas camadas k, ao longo de toda a **espessura** do laminado, e têm dimensão de **força por unidade de largura** da placa, conforme a equação (9.30) mais à esquerda. Fisicamente, **não são, a rigor, tensões**, pois **não** possuem dimensão de força/área, mas sim de força/comprimento, e correspondem à resultante da força dividida pela largura da área, na qual elas atuam.

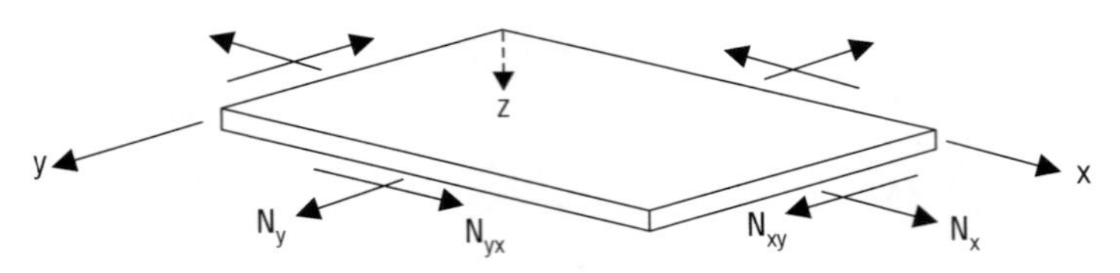

Figura 9.13 Resultantes de tensão orientadas positivamente, e aplicadas no plano médio da placa.

As **resultantes** de momento {M} (isto é, vetor contendo M_x, M_y e M_{xy}), mostradas na Figura 9.14, de acordo com suas orientações **positivas**, correspondem à integral, em z, das duas tensões normais $(\sigma_x$ e $\sigma_y)_k$ e à de cisalhamento $(\tau_{xy})_k$ nas camadas k, **multiplicadas pela distância z** (a qual, fisicamente, corresponde a um **braço de momento**), ao longo de toda a espessura do laminado, e têm dimensão de **momento por unidade de largura** da placa, conforme a equação (9.30) à direita. Fisicamente, **não são a rigor momentos**, pois **não** possuem dimensão de força vezes distância. Deve-se notar que **momento/largura** tem dimensão final de **força**. Portanto, a unidade das **resultantes** de momento fletor, M_x, e M_y, nas faces x e y, respectivamente, e torçor (M_{xy}), no plano (x,y), é **força**.

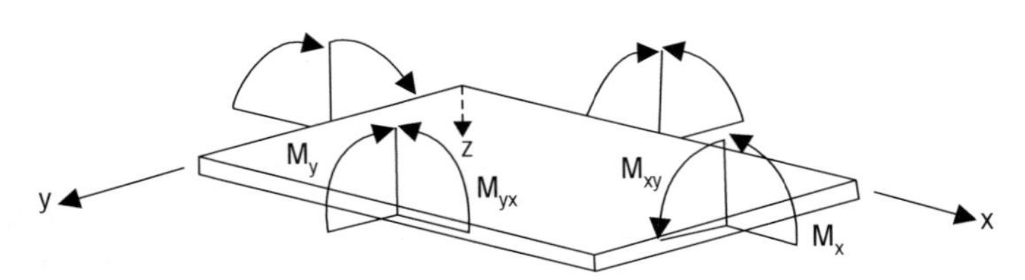

Figura 9.14 Resultantes de momento positivas, e aplicadas no plano médio de uma placa.

Quando se trabalha com placas e cascas, é conveniente trabalhar-se com {N} e {M}, pois nesses elementos estruturais, além das tensões de membrana, atuam momentos fletores e torçores, os quais provocam **variações** nas tensões normais e de cisalhamento ao longo da espessura da placa (direção Z). Em placas laminadas, além de variarem, essas tensões podem dar saltos (vide Figura 9.5.2), em decorrência das variações das propriedades elásticas de cada camada k, $[\overline{Q}]_k$. Como um laminado pode ter muitas lâminas, geralmente $4 \leq N \leq 40$, é mais simples trabalhar-se com {N} e {M} que são aplicadas no plano médio e **não** variam ao longo de Z.

Em uma placa isotrópica, {N} só provoca deformações normais (ε) e angulares (γ) no plano **médio** da placa $(\varepsilon_{x0}$, ε_{y0} e $\gamma_{xy0})$. Os subscritos $_0$ são adotados, pois, no plano médio **Z=0**. Adicionalmente, {M} só provoca curvaturas de flexão $(\kappa_{x0}$, $\kappa_{y0})$ e de torção (κ_{xy0}). As curvaturas de flexão, fisicamente, são os inversos dos raios de curvatura (isto é, $1/\rho$). As curvaturas de flexão $(\kappa_{x0}$ e $\kappa_{y0})$ são provocadas pelas resultantes de momento fletor, $(M_x$ e $M_y)$, respectivamente. Como nas placas a análise é 2-D, há uma curvatura contida no plano (x, z) ($\kappa_{x0} = 1/\rho_x$) e outra no plano (y,z) ($\kappa_{y0} = 1/\rho_y$), conforme mostra-se na Figura 9.14. A curvatura de torção (κ_{xy0}), provocada por M_{xy} (resultante de momento torçor), é mais complexa. Os vértices adjacentes da placa sofrem deslocamentos (w) na direção Z com sentidos opostos, alternadamente, e uma descrição mais completa dela pode ser obtida em Gibson (1994) e Mendonça (2005). Se a placa for laminada e não simétrica em relação ao plano médio, haverá, além de outros, **acoplamentos elásticos** de {N} com as curvaturas, e de {M} com as deformações do plano médio, os quais serão mais bem detalhados adiante no texto.

Quando são aplicados, simultaneamente, {N} e {M} em uma placa laminada, as deformações e curvaturas no plano médio fazem com que seções transversais nos planos (x,z) e (y,z) da placa sofram, de forma combinada, extensões, distorções, flexões e torções. Foge ao escopo desta seção descrevê-las com detalhes. O importante é saber que a equação 9.31, a seguir, baseia-se no fato que ESSAS SEÇÕES **PERMANECEM PLANAS** APÓS A APLICAÇÃO DAS RESULTANTES DE TENSÕES E MOMENTOS. Tal hipótese, combinada com as da Seção 9.5 de vigas laminadas, são a base da Teoria Macromecânica Clássica dos laminados (JONES, 1975). Estas hipóteses permitem que se obtenham as deformações normais e de cisalhamento, no sistema (x,y), em qualquer camada k do laminado, $(\varepsilon_x, \varepsilon_y \text{ e } \gamma_{xy})_k$, a partir das deformações e curvaturas do plano médio, bem como da coordenada z, usando-se a equação (9.31).

$$\begin{Bmatrix} \varepsilon_x \\ \varepsilon_y \\ \gamma_{xy} \end{Bmatrix}_k = \begin{Bmatrix} \varepsilon_{x0} \\ \varepsilon_{y0} \\ \gamma_{xy0} \end{Bmatrix} + z \cdot \begin{Bmatrix} \kappa_{x0} \\ \kappa_{y0} \\ \kappa_{xy0} \end{Bmatrix} \tag{9.31}$$

e, combinando-se as equações (9.31) e a (9.16), obtém-se:

$$\begin{Bmatrix} \sigma_x \\ \sigma_y \\ \tau_{xy} \end{Bmatrix}_k = \begin{bmatrix} \bar{Q}_{11} & \bar{Q}_{12} & \bar{Q}_{16} \\ \bar{Q}_{21} & \bar{Q}_{22} & \bar{Q}_{26} \\ \bar{Q}_{16} & \bar{Q}_{26} & \bar{Q}_{66} \end{bmatrix}_k \cdot \begin{Bmatrix} \varepsilon_x \\ \varepsilon_y \\ \gamma_{xy} \end{Bmatrix}_k = \begin{bmatrix} \bar{Q}_{11} & \bar{Q}_{12} & \bar{Q}_{16} \\ \bar{Q}_{21} & \bar{Q}_{22} & \bar{Q}_{26} \\ \bar{Q}_{16} & \bar{Q}_{26} & \bar{Q}_{66} \end{bmatrix}_k \cdot \left(\begin{Bmatrix} \varepsilon_{x0} \\ \varepsilon_{y0} \\ \gamma_{xy0} \end{Bmatrix} + z \cdot \begin{Bmatrix} \kappa_{x0} \\ \kappa_{y0} \\ \kappa_{xy0} \end{Bmatrix} \right) \tag{9.32}$$

Substituindo-se a equação (9.32) na equação (9.30), à esquerda, e integrando-se, obtém-se:

$$\{N\} = \sum_{k=1}^{N} \left[\bar{Q}\right]_k (z_k - z_{k-1}) \cdot \{\varepsilon_o\} + \frac{1}{2} \sum_{k=1}^{N} \left[\bar{Q}\right]_k \left(z_k^2 - z_{k-1}^2\right) \{\kappa_0\} \tag{9.33}$$

Na passagem acima, foi feita uma discretização da integral de $-t/2$ a $t/2$, substituindo-a por uma somatória de N integrais de z_k a z_{k-1}: (isto é, camada a camada):

$$\int_{-t/2}^{t/2} (\ )dz = \sum_{k=1}^{N} \int_{z_{k-1}}^{z_k} (\ )\,dz$$

onde $\{\varepsilon_0\}$ e $\{\kappa_0\}$ são, respectivamente, os vetores de deformações e de curvaturas no plano médio. Para o caso de um carregamento apenas no plano (ou seja, só as tensões de membrana atuam, ou seja não há momentos) em uma placa laminada simétrica, {N} estará relacionado diretamente com o vetor $\{\varepsilon_0\}$ e o vetor $\{\kappa_0\}$ seria igual a zero, por isso, na equação (9.33), é possível definir-se a matriz "[A]", chamada de matriz de rigidez extensional no plano. Mas, se o laminado não for simétrico, $\{\kappa_0\}$ **não** será igual a zero (isto é, **haverá acoplamento entre {N} e** $\{\kappa_0\}$) e a matriz "[B]", responsável pelo acoplamento elástico, é chamada de matriz de acoplamento extensão–flexão. [A] e [B] fazem parte da equação (9.33), e seus elementos, A_{ij} e B_{ij}, são obtidos a partir dos elementos das matrizes $[Q]_\kappa$ de cada camada k, por meio do conjunto de equações (9.34):

$$A_{i,j} = \sum_{k=1}^{N} \left(\bar{Q}_{i,j}\right)_k \left[z_k - z_{k-1}\right];\ B_{i,j} = \frac{1}{2}\sum_{k=1}^{N} \left(\bar{Q}_{i,j}\right)_k \left[z_k^2 - z_{k-1}^2\right] \tag{9.34}$$

e a equação (9.33) pode ser colocada na forma:

$$\{N\} = [A].\{\varepsilon_0\} + [B].\{\kappa_0\} \tag{9.35}$$

Analogamente, repetindo-se o mesmo procedimento para a resultante de momentos {M}, e integrando-se a equação (9.30) mais à direita, obtém-se:

$$\{M\} = \frac{1}{2}\sum_{k=1}^{N}\left[\bar{Q}\right]_k.\left(z_k^2 - z_{k-1}^2\right).\{\varepsilon_0\} + \frac{1}{3}\sum_{k=1}^{N}\left[\bar{Q}\right]_k.\left(z_k^3 - z_{k-1}^3\right)\{\kappa_0\} \tag{9.36}$$

Para o caso de aplicar-se só {M} (carregamento de momentos fletores e/ou torçor puro) em uma placa laminada simétrica, só apareceriam curvaturas, e as deformações no plano médio seriam iguais a zero. A matriz que relaciona {M} e $\{\kappa_0\}$ é a matriz [D]. Se a placa não for simétrica, também aparecem deformações no plano médio (isto é, há acoplamento entre {M} e $\{\varepsilon_0\}$). Neste contexto, definem-se as matrizes [D], de rigidez à flexão e torção, e a [B], de acoplamento flexão–extensão, a qual é idêntica à já definida nas equações (9.33) e (9.34), à direita, e obtém-se a relação:

$$\{M\} = [B].\{\varepsilon_0\} + [D].\{\kappa_0\} \tag{9.37}$$

onde os elementos da matriz "[D]", D_{ij}, são definidos como:

$$D_{i,j} = \frac{1}{3}\sum_{k=1}^{N}\left(\bar{Q}_{i,j}\right)_k.\left[z_k^3 - z_{k-1}^3\right] \tag{9.38}$$

Organizando-se as equações (9.35) e (9.37) em forma matricial geral, obtêm-se:

$$\begin{Bmatrix} N \\ M \end{Bmatrix} = \begin{bmatrix} A & B \\ B & D \end{bmatrix} \cdot \begin{Bmatrix} \varepsilon_0 \\ \kappa_0 \end{Bmatrix} \tag{9.39}$$

Como as matrizes [A], [B] e [D] são 3 x 3, a matriz completa [ABBD], que relaciona resultantes de tensões e momentos, simultâneas, com deformações e curvaturas do plano médio de uma placa laminada, na equação (9.39), será 6 x 6, conforme mostra-se também na equação (9.40), a qual é a própria (9.39) escrita de forma expandida. Deve-se notar que as matrizes [A], [B] e [D], 3 x 3, são simétricas. Estas matrizes podem ser consideradas como submatrizes da matriz completa [ABBD], 6 x 6. A matriz [A] é a de rigidez no plano, a [B] de acoplamentos e a [D] de rigidez à flexão e à torção.

$$\begin{Bmatrix} N_x \\ N_y \\ N_{xy} \\ M_x \\ M_y \\ M_{xy} \end{Bmatrix} = \begin{bmatrix} A_{11} & A_{12} & A_{16} & B_{11} & B_{12} & B_{16} \\ A_{12} & A_{22} & A_{26} & B_{12} & B_{22} & B_{26} \\ A_{16} & A_{26} & A_{66} & B_{16} & B_{26} & B_{66} \\ B_{11} & B_{12} & B_{16} & D_{11} & D_{12} & D_{16} \\ B_{12} & B_{22} & B_{26} & D_{12} & D_{22} & D_{26} \\ B_{16} & B_{26} & B_{66} & D_{16} & D_{26} & D_{66} \end{bmatrix} \cdot \begin{Bmatrix} \varepsilon_{x0} \\ \varepsilon_{y0} \\ \gamma_{xy0} \\ \kappa_{x0} \\ \kappa_{y0} \\ \kappa_{xy0} \end{Bmatrix} \tag{9.40}$$

Se forem conhecidas as deformações e curvaturas atuando no plano médio de uma placa laminada, as quais podem ser determinadas experimentalmente, em alguns casos, após a determinação da matriz [ABBD], pode-se calcular as resultantes de tensões e momentos usando-se as equações (9.39) e (9.40). Muitas vezes, entretanto, o problema é inverso. Ou seja, conhecem-se as resultantes de tensões e momentos, e se necessita das deformações e curvaturas atuando no plano médio. Para resolver-se o problema, basta inverter-se a equação (9.39), obtendo-se:

$$\begin{Bmatrix} \varepsilon_0 \\ \kappa_0 \end{Bmatrix} = \begin{bmatrix} A & B \\ B & D \end{bmatrix}^{-1} \cdot \begin{Bmatrix} N \\ M \end{Bmatrix} \tag{9.41}$$

Conhecendo-se as deformações e curvaturas do plano médio, pode-se calcular as deformações, no sistema (x,y), em qualquer camada k do laminado, por meio da equação (9.31). E, ato contínuo, pode-se calcular as tensões em qualquer camada k, também no sistema (x,y), usando a equação (9.42), a qual é uma combinação das equações (9.16) e (9.31).

$$\begin{Bmatrix} \sigma_x \\ \sigma_y \\ \tau_{xy} \end{Bmatrix}_k = \left[\bar{Q}\right]_k \left(\begin{Bmatrix} \varepsilon_x^0 \\ \varepsilon_y^0 \\ \gamma_{xy}^0 \end{Bmatrix} + z \begin{Bmatrix} \kappa_X \\ \kappa_y \\ \kappa_{xy} \end{Bmatrix} \right) \tag{9.42}$$

Apesar do foco deste capítulo ser o comportamento elástico de lâminas, vigas e placas compósitas, muitas vezes é necessário prever se certo componente, com um dado carregamento mecânico, irá falhar (isto é, se uma ou mais lâminas do componente sofrerão **fratura**), ou não. Para tal, necessita-se obter as tensões e deformações de cada lâmina no sistema de coordenadas (1,2), pois todos os ensaios destrutivos em lâminas compósitas são feitos nas coordenadas principais do material, conforme mostra-se na Figura 9.3. Há vários critérios empíricos de falha, e muitos deles envolvem a comparação das tensões no sistema (1,2), σ_1, σ_2 e τ_{12}, com as resistências da lâmina nessas direções. As lâminas compósitas, principalmente as reforçadas **unidirecionalmente**, apresentam a peculiaridade de terem resistências diferentes nas direções 1 e 2, e em função do sentido do esforço (isto é, dependendo de a solicitação ser de tração ou compressão).

O primeiro passo para realizar-se a análise de falha é a obtenção das tensões no sistema (1,2), em todas as camadas, $1 \leq k \leq N$, a partir das tensões no sistema (x,y), por exemplo, obtidas pela equação (9.42), usando-se a equação (9.43), na qual [T] é a matriz de rotação de tensões, conforme descrito no Exemplo 4 deste Capítulo 9.

$$\begin{Bmatrix} \sigma_1 \\ \sigma_2 \\ \tau_{12} \end{Bmatrix}_k = [T]_k \cdot \begin{Bmatrix} \sigma_x \\ \sigma_y \\ \tau_{xy} \end{Bmatrix}_k \tag{9.43}$$

Uma vez que sejam conhecidas as tensões em uma lâmina k no sistema (1.2), (σ_1, σ_2 e τ_{12}), se forem conhecidas as resistências à tração (X_{T1} e X_{T2}), à compressão (X_{C1} e X_{C2}), nas direções 1 e 2, respectivamente, e ao cisalhamento no plano (1,2), (S_{12}), pode-se aplicar um critério de falha, para avaliar se a referida lâmina irá falhar, ou não. Um critério bastante usado em lâminas compósitas é o de Tsai-Hill (JONES, 1975; LEVY NETO; BALTHAZAR; PEREIRA, 2000), apresentado na equação (9.44).

$$\left(\frac{\sigma_1}{X}\right)^2 - \left(\frac{\sigma_1\sigma_2}{X^2}\right) + \left(\frac{\sigma_2}{Y}\right)^2 + \left(\frac{\tau_{12}}{S_{12}}\right)^2 < 1 \tag{9.44}$$

na qual $X = X_{T1}$ se $\sigma_1 > 0$ e $X = X_{C1}$ se $\sigma_1 < 0$; $Y = X_{T2}$ se $\sigma_2 > 0$ e $Y = X_{C2}$ se $\sigma_2 < 0$; e S_{12} é a resistência ao cisalhamento da lâmina no plano (1,2), independentemente de τ_{12} ser positivo ou negativo.

Se a equação (9.44) for satisfeita, ou seja, a expressão quadrática à esquerda for **menor** que 1, a lâmina **não** falha, e se for igual ou maior que 1, a lâmina falha.

Este critério é interativo, pois agrupa todas as tensões atuantes em uma lâmina (σ_1, σ_2 e τ_{12}, no numerador) na mesma equação. As resistências das lâminas, no denominador da equação, normalmente são determinadas experimentalmente seguindo-se as normas da ASTM, D 3039-76; D 3410-90; e D 3518M-91, já citadas na Seção 9.2 e que são adotadas na determinação das propriedades elásticas e de resistência de lâminas ortotrópicas compósitas.

Finalmente, antes de apresentar-se alguns exemplos de aplicação relativos a esta seção, cabe esclarecer-se, que, em uma placa laminada, cada camada k pode ter uma espessura (t_k), um tipo material e uma orientação de reforço (θ_k) diferente e, portanto, cada uma delas possuirá uma matriz $[\bar{Q}]_k$ e uma matriz $[T]_k$ própria.

Exemplo 6

Uma placa laminada simétrica é formada por quatro lâminas unidirecionais de carbono/epóxi, com 0,25 mm cada, as quais apresentam as mesmas propriedades elásticas dos exemplos 1 a 4: E_1 = 128,9 GPa; E_2 = 6,33 GPa; G_{12} = 2,58 GPa; ν_{12} = 0,27 e ν_{21}= 0,01314 (calculado pela equação (9.11)). Dado que a sequência de empilhamento das lâminas é: [45°/–45°/–45°/45°], da superior (1) até a inferior (4), calcular as matrizes [A], [B] e [D] da placa laminada formada.

Solução:

Inicialmente, deve-se calcular as matrizes [Q] e $[\bar{Q}]_k$ das lâminas, conforme exemplos 1 e 2, obtendo-se, em [GPa]:

$$[Q]=\begin{bmatrix}129{,}05 & 1{,}70 & 0\\ 1{,}70 & 6{,}35 & 0\\ 0 & 0 & 2{,}58\end{bmatrix};\quad [\bar{Q}]_{45}=\begin{bmatrix}37{,}28 & 32{,}12 & 30{,}68\\ 32{,}12 & 37{,}28 & 30{,}68\\ 30{,}68 & 30{,}68 & 33{,}00\end{bmatrix}\ \text{e}$$

$$[\bar{Q}]_{-45}=\begin{bmatrix}37{,}28 & 32{,}12 & -30{,}68\\ 32{,}12 & 37{,}28 & -30{,}68\\ -30{,}68 & -30{,}68 & 33{,}00\end{bmatrix}$$

É importante notar-se que a única diferença entre as matrizes $[\bar{Q}]_k$ para θ = 45° e –45° são os sinais do elementos $\bar{Q}_{16}$ e $\bar{Q}_{26}$. Para obter-se [A], [B] e [D] necessita-se das matrizes $[\bar{Q}]_k$ e das coordenadas Z que localizam cada camada k, mostrada na Figura 9.6.1. A soma das espessuras das quatro camadas é 1 mm. Assim t/2 = 0,5 e –t/2 = –0,5 sendo: z_0 = –0,50; z_1 = –0,25; z_2 = 0,0; z_3 = 0,25; z_4 = 0,50. Entrando-se com estes valores na equações (9.34) e (9.38) obtêm-se [A], [B] e [D]. Sugere-se ao leitor que refaça os cálculos dos elementos das matrizes [A], [B] e [D], apresentados a seguir.

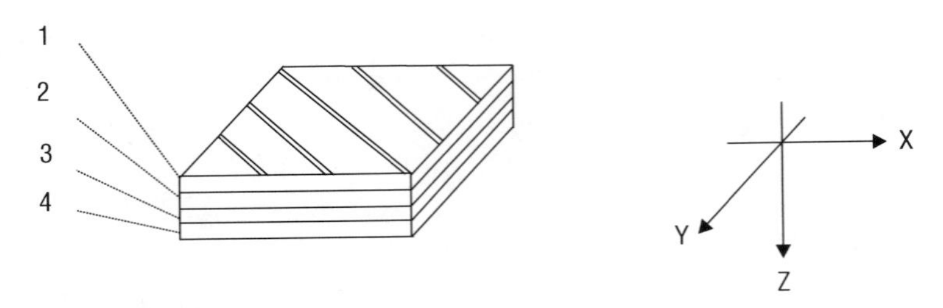

Figura 9.6.1 Laminado com 4 camadas [45º/–45º/–45º/45º] e espessura total t = 1 mm.

$$[A]=\begin{bmatrix}37{,}28 & 32{,}12 & 0{,}0\\ 32{,}12 & 37{,}28 & 0{,}0\\ 0{,}0 & 0{,}0 & 33{,}00\end{bmatrix}[\text{GPa}\cdot\text{mm}];\quad B_{ij}=0{,}0 \text{ e}$$

$$[D]=\begin{bmatrix}3{,}106 & 2{,}677 & 1{,}917\\ 32{,}12 & 3{,}106 & 1{,}917\\ 1{,}917 & 1{,}917 & 2{,}750\end{bmatrix}[\text{kN}\cdot\text{mm}^3]$$

Nota-se que a matriz [B] é nula (caso fosse diferente de zero, sua unidade seria GPa. mm² que é equivalente a kN). Tal fato é normal, pois o laminado é simétrico em relação ao plano médio. As equações (9.34) podem ser colocadas nas formas (9.34a) e (9.34b) a seguir:

$$A_{i,j}=\sum_{k=1}^{n}\left(\bar{Q}_{i,j}\right)_k\cdot\left[z_k-z_{k-1}\right]=\sum_{k=1}^{n}\left(\bar{Q}_{i,j}\right)_k\left[t_k\right],\ \text{pois } t_k=\left[z_k-z_{k-1}\right] \tag{9.34a}$$

$$B_{i,j}=\frac{1}{2}\sum_{k=1}^{n}\left(\bar{Q}_{i,j}\right)_k\left[z_k^2-z_{K-1}^2\right]=\sum_{k=1}^{n}\left(\bar{Q}_{i,j}\right)_k\left[z_k-z_{K-1}\right]\frac{\left[z_k+z_{k-1}\right]}{2}=\sum_{k=1}^{n}\left(\bar{Q}_{i,j}\right)_k\left[t_k\right]\frac{\left[Z_k+z_{K-1}\right]}{2} \tag{9.34b}$$

Examinando-se a equação (9.34a) nota-se que [A] será a somatória de 1 a N dos produtos $[\bar{Q}]_{k}$. t_k. Ou seja, a matriz [A] corresponde à soma das matrizes [Q] de cada lâmina, multiplicadas pela espessura (t_k) de cada camada. Como neste t_k = 0,25 para todas as lâminas, e Σ t_k = t = 1,00, os elementos $\underline{A}_{11}$, $\underline{A_{22}}$, A_{12} e A_{66} da matriz [A] serão idênticos aos correspondentes das matrizes $[\bar{Q}]_{45}$ e $[\bar{Q}]_{-45}$, e os elementos $\underline{A}_{16}$ e $\underline{A}_{26}$ serão nulos, pois há cancelamentos, em decorrência do fato do elementos $\bar{Q}_{16}$ e $\bar{Q}_{26}$ terem mesmo módulo e sinais **opostos** nas camadas a 45º e –45º. Tais fatos são específicos para esse laminado simétrico e satisfazendo as demais condições acima de t_k constante, t = 1 e ângulos a 45° e –45°.

Com relação à equação (9.34b), para qualquer laminado simétrico, os termos devidos a $[\overline{Q}]_k$ e t_k serão sempre positivos e formados por pares idênticos, em relação ao plano médio. Já os devidos a $[z_k + z_{k-1}]/2$, considerando-se as camadas simétricas acima e abaixo do plano médio, terão mesmos módulos, porém sinais **opostos** (isto é, + e –). Estes termos, fisicamente, representam a distância do centro de cada lâmina, k, em relação ao plano médio do laminado e, como o laminado é simétrico, as lâminas formam pares, cujas distâncias "$[z_k + z_{k-1}]/2$" têm mesmo módulo e sinais **opostos**. Assim, na somatória de 1 a N, haverá cancelamento. Portanto, **todo** laminado simétrico, com relação a materiais, espessuras e orientações de fibras, terá a matriz [B] nula.

Exemplo 7

Uma placa laminada antissimétrica possui quatro camadas de carbono/epóxi com reforço unidirecional, com espessuras $t_k = 0{,}25$ mm, cujas propriedades termomecânicas encontram-se na Tabela 9.7.1, empilhadas com a sequência [-45°/45°/-45°/45°]. Dado que o laminado foi curado a 150 °C e será utilizado a 20 °C, calcule as tensões térmicas residuais que surgirão no material.

Tabela 9.7.1 Propriedades termomecânicas do material.

Módulo de Young paralelo às fibras – E_1	138 GPa
Módulo de Young transversal às fibras – E_2	9,0 GPa
Módulo de cisalhamento – G_{12}	6,9 GPa
Coeficiente de Poisson maior – ν_{12}	0,3
Resistência à tração paral. às fibras – X_{1T}	1.448 MPa
Resistência à compressão paral. fibras – X_{1C}	1.172 MPa
Resistência à tração transversal – X_{2T}	48,3 MPa
Resistência à compressão transversal – X_{2C}	248 MPa
Resistência ao cisalhamento – S_{12}	62,1MPa
Coeficiente de exp. térmica paral. fibras – α_1	0,88 10^{-6}/°C
Coeficiente de exp. térmica perp. fibras – α_2	31,0 10^{-6}/°C
Coef. exp. higroscópica paral. fibras – β_1	0,09 m/m
Coef. exp. higroscópica perp. fibras – β_2	0,30 m/m

Solução:

O esfriamento que o laminado sofrerá será de $\Delta T = -130C°$. De acordo com Gibson (1994), em decorrência de uma variação de temperatura ΔT, surgirão resultantes de tensões e momentos térmicos, $\{N^T\}$ e $\{M^T\}$ dadas pela equações (9.7.1) e (9.7.2), respectivamente.

$$\{N^T\} = \int [\bar{Q}]_k \{\alpha\}_k \Delta T dz = (\Delta T)\sum_{k=1}^{N} [\bar{Q}]_k \{\alpha\}_k (z_k - z_{k-1}) \tag{9.7.1}$$

$$\{M^T\} = \int [\bar{Q}]_k \{\alpha\}_k \Delta T z dz = \frac{\Delta T}{2}\sum_{k=1}^{N} [\bar{Q}]_k \{\alpha\}_k (z_k^2 - z_{k-1}^2) \tag{9.7.2}$$

nas quais $\{\alpha\}_k$ são os vetores de coeficientes de dilatação térmica, $\{\alpha_x, \alpha_y, \alpha_{xy}\}_k$, de cada lâmina, definidos na equação (9.20). Como o laminado não é simétrico, surgirão resultantes de tensão e momento durante seu resfriamento, as quais podem ser obtidas usando-se as equações (9.20), (9.7.1), (9.7.2), (9.41), (9.31) e (9.42), nesta sequência. Sendo o passo inicial o cálculo das matrizes $[\bar{Q}]_k$ de cada camada, bem como das matrizes [A], [B] e [D], de forma análoga ao Exemplo 7. Realizando-se os cálculos indicados, obtêm-se:

Para as lâminas a –45°

$$\alpha_x = 0{,}1594.10^{-4}\ [°C]^{-1},\ \alpha_y = 0{,}1594.10^{-4}\ [°C]^{-1} \text{ e } \alpha_{xy} = 0{,}3012.10^{-4}\ [°C]^{-1}$$

e, para as lâminas a 45°

$$\alpha_x = 0{,}1594.10^{-4}\ [°C]^{-1},\ \alpha_y = 0{,}1594.10^{-4}\ [°C]^{-1} \text{ e } \alpha_{xy} = -0{,}3012.10^{-4}\ [°C]^{-1}$$

a obtenção de $[\bar{Q}]_{45°}$ e de $[\bar{Q}]_{-45°}$ segue o mesmo procedimento do Exemplo 9.6, e é interessante que o leitor repita os cálculos para entender melhor o processo. Seguindo a solução, são obtidos para o laminado:

$$[A] = \begin{bmatrix} 45{,}23 & 31{,}43 & 0{,}0 \\ 31{,}43 & 45{,}23 & 0{,}0 \\ 0{,}0 & 0{,}0 & 35{,}61 \end{bmatrix} [GPa \cdot mm]; \quad [B] = \begin{bmatrix} 0{,}00 & 0{,}00 & 4{,}06 \\ 0{,}00 & 0{,}00 & 4{,}06 \\ 4{,}06 & 4{,}06 & 0{,}00 \end{bmatrix} [GPa \cdot mm^2] \text{ ou } [kN]$$

nota-se que $[B] \neq 0$ pois o laminado não é simétrico; e

$$[D] = \begin{bmatrix} 3{,}769 & 2{,}619 & 0{,}0 \\ 2{,}619 & 3{,}769 & 0{,}0 \\ 0{,}0 & 0{,}0 & 2{,}967 \end{bmatrix} [GPa \cdot mm^3]; \quad \text{ou} \quad [kN \cdot mm]$$

calculando-se as resultantes de tensão e momento térmicas obtém-se:

$N_x^T = -0{,}31810.10^{-1}$ [kN/mm]
$N_y^T = -0{,}31810.10^{-1}$ [kN/mm]
$N_{xy}^T = 0{,}00000.10^{0}$ [kN/mm]

$M_x^T = -0{,}43368.10^{-18}$ [kN]
$M_y^T = 0{,}00000.10^{0}$ [kN]
$M_{xy}^T = 0{,}63307.10^{-3}$ [kN]

deve-se então montar a matriz [ABBD] e invertê-la, obtendo-se, por meio da equação (9.41) as deformações e curvaturas do plano médio:

$\varepsilon_{x0} = -0{,}000498 = -0{,}0498\%$
$\varepsilon_{y0} = -0{,}000498 = -0{,}0498\%$
$\gamma_{xy0} = 0{,}000000$

$\kappa_{x0} = 0{,}000000\ [\text{mm}]^{-1}$
$\kappa_{y0} = 0{,}000000\ [\text{mm}]^{-1}$
$\kappa_{xy0} = 0{,}01571\ [\text{mm}]^{-1}$

nota-se que o laminado se contrai nas direções x e y, pois ε_{x0} e ε_{y0} são negativos, e torce (isto é, sofre empenamento), pois $\kappa_{xy0} \neq 0$ é uma curvatura de torção do plano médio do laminado.

Finalmente, usando-se as equações (9.42) e (9.43), obtêm-se as tensões térmicas residuais, nos sistemas (x,y) e (1,2), mostradas na Tabela 9.7.2.

Tabela 9.7.2 Valores das tensões em [MPa], nas camadas do laminado

Camada	σ_x	σ_y	τ_{xy}	σ_1	σ_2	τ_{12}	z
1 superior	–12,694	–12,694	4,341	–17,035	–8,352	0,000	–0,500
1 inferior	–25,438	–25,438	18,331	–43,769	–7,107	0,000	–0,250
2 superior	–50,927	–50,927	–46,309	**–97,236**	–4,618	0,000	–0,250
2 inferior	–38,182	–38,182	–32,320	–70,502	–5,863	0,000	0,000
3 superior	–38,182	–38,182	32,320	–70,502	–5,863	0,000	0,000
3 inferior	–50,927	–50,927	46,309	**–97,236**	–4,618	0,000	0,250
4 superior	–25,438	–25,438	–18,331	–43,769	–7,107	0,000	0,250
4 inferior	–12,694	–12,694	–4,341	–17,035	–8,352	0,000	0,500

Em particular, nota-se que a maior tensão é σ_1, de compressão, na superfície superior da segunda lâmina (e na inferior da terceira). Assim, a máxima tensão térmica residual, em um laminado, não necessariamente ocorre na primeira ou última camada. Comparando-se o valor de $\sigma_1 = -97{,}236$ MPa, com o da resistência à compressão da lâmina na direção 1, X_{C1} = **1172 MPa**, conforme a Tabela 9.7.1, nota-se que ela corresponde a **8,3% da tensão de ruptura** das lâminas, mostrando que as tensões térmicas em laminados curados a quente, e utilizados em temperaturas mais baixas, não podem ser desprezadas.

As tensões normais na direção x, σ_x, divididas pela tensão máxima nesta mesma direção, σ_{xMAX}, ou seja, (σ_x/σ_{xMAX}), estão plotadas em relação a (z/t), na Figura 9.7.1, evidenciando mais uma vez que as tensões em laminados dão saltos entre camadas de propriedades elásticas diferentes. Este exemplo refere-se a tensões térmicas residuais, mas, nos casos de solicitação puramente mecânica, as tensões em cada lâmina também podem apresentar saltos, para mais ou para menos, ao longo da espessura do laminado. A razão da ocorrência dos saltos reside no fato de a matriz $[\overline{Q}]$ poder variar, muitas vezes de forma abrupta (p.ex. quando uma camada muda de 0° para 90°), de camada para camada.

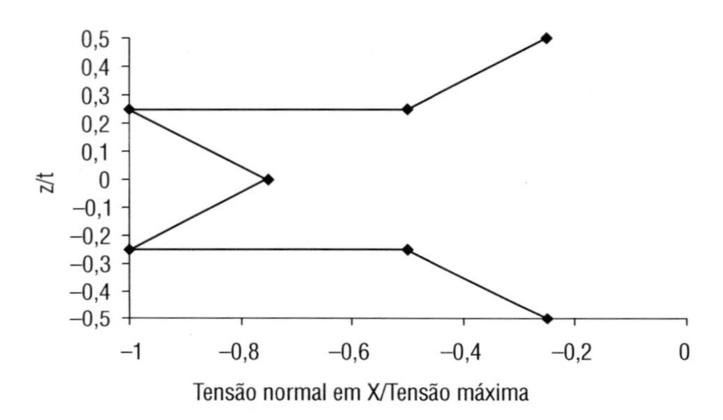

Figura 9.7.1 Distribuição da tensão normal σ_x adimensionalizada ao longo da espessura.

9.7 LAMINADOS QUASE ISOTRÓPICOS

A partir das considerações sobre lâminas individuais com reforço unidirecional, apresentadas nas Seções 8.3, 9.2 e 9.3, fica bem claro que a rigidez de uma lâmina compósita, principalmente a de matriz polimérica, será máxima na direção paralela às fibras, mínima na direção perpendicular às fibras e assumirá valores intermediários nas demais direções. Sendo que um raciocínio semelhante é válido para a resistência mecânica das referidas lâminas. Tais diferenças de desempenho, por exemplo, são bem elevadas quando se usam fibras de carbono (via de regra as mais rígidas e resistentes) como reforço e menos acentuadas quando se utilizam fibras de vidro. Há, inclusive, certos tipos de fibras naturais, por exemplo, que muito pouco ou nada contribuem para reforçar sequer uma matriz plástica, mas tais casos não serão abordados neste capítulo, no qual considera-se a presença das fibras que efetivamente aumentam o desempenho mecânico da matriz.

Ao construir-se barras de material compósito que trabalharão submetidas, exclusivamente, a carregamentos de tração ou compressão longitudinal, é evidente que o melhor desempenho estrutural é obtido ao fabricar-se laminados nos quais 100% do reforço é orientado na direção longitudinal da barra. Entretanto, ao se utilizar placas e cascas laminadas em aplicações estruturais, podem surgir esforços mecânicos consideráveis em múltiplas direções. E, nesses casos, faz-se necessário orientar as fibras de reforço em várias direções, em função da distribuição das solicitações mecânicas existentes.

Há casos nos quais os esforços mecânicos atuantes no plano médio (x, y) de um laminado estrutural podem distribuir-se de forma razoavelmente homogênea, ao longo dos 360° de uma circunferência imaginária, em torno do eixo z, conforme ilustrado na Figura 9.15, e serem uniformes, por exemplo, no caso de um vaso de pressão perfeitamente esférico com pressão hidrostática interna. Nessas situações, os laminados designados quase isotrópicos podem ser adequados e eficientes para uso em situações práticas.

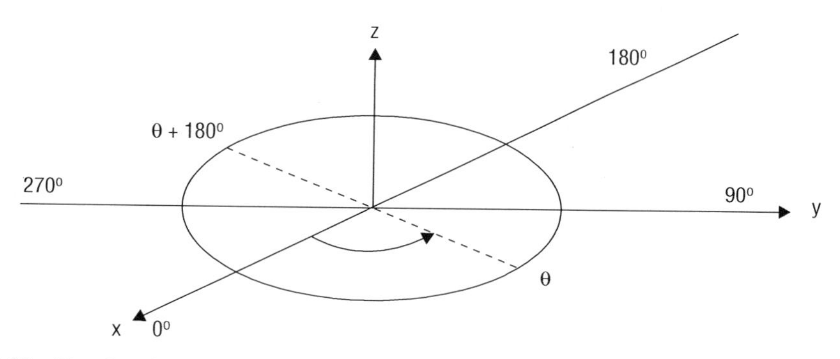

Figura 9.15 Direções de referência em uma lâmina genérica com reforço em θ.

Os laminados quase isotrópicos mais básicos possuem as seguintes características: (i) são simétricos em relação ao plano médio (x, y); (ii) todas as suas lâminas possuem a mesma espessura e os mesmos tipos de matriz e reforço; e, vistos de cima, (iii) apresentam orientações de fibras uniformemente distribuídas ao longo dos 360° que totalizam uma circunferência completa, ou seja, o ângulo formado por lâminas consecutivas é constante. Um exemplo de sequência de orientação de fibras de um laminado quase isotrópico, conforme ilustrado na Figura 9.16, é: [0°/45/–45°/90°/ 90°/–45°/45°/0°]. Neste, caso as oito camadas possuem espessuras idênticas e iguais a (t/8), sendo t a espessura total.

Quando se afirma que um reforço unidirecional está orientado a 0° (isto é, $\theta = 0°$), nota-se, de acordo com as Figuras 9.15 e 9.16, que ele também reforça a lâmina a 180°, já que os ângulos 0° e 180° referem-se à mesma direção. O mesmo raciocínio aplica-se às direções 90° e 270° e, de forma generalizada, às direções θ e $\theta + 180°$. O laminado quase isotrópico mostrado na Figura 9.16, alternativamente, poderia ser representado de forma mais simplificada como: $[0°, 45°, -45°, 90°]_S$, na qual o subíndice $_S$ indica que o laminado é simétrico em relação ao plano médio.

Nota-se que este laminado possui reforços unidirecionais uniformemente distribuídos ao longo da circunferência imaginária completa (ou seja 360°), contida no plano (x, y), conforme mostrado na Figura 9.15. Neste contexto, por exemplo, são exemplos de laminados quase isotrópicos os que possuem as seguintes sequências de orientações de lâminas de mesma espessura: $[0°, 60°, -60°]_S$; $[0°, 60°, 120°]_S$; e $[0°, 36°, 72°, 108°, 144°]_S$, entre muitos outros que satisfaçam as condições (i), (ii) e (iii) mencionadas anteriormente nesta seção.

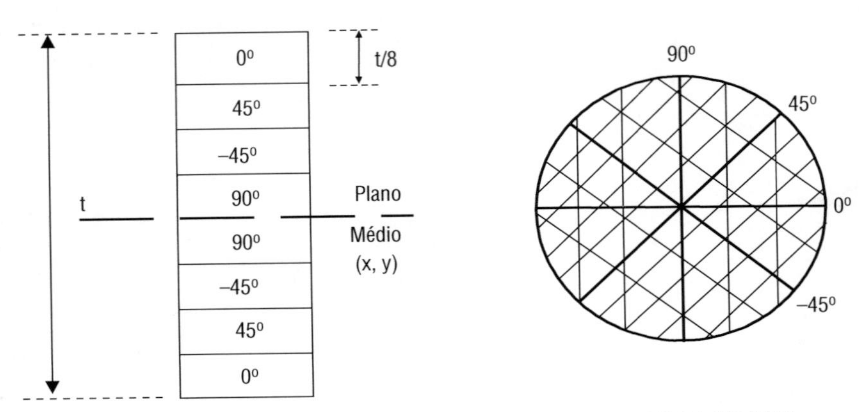

Figura 9.16 Vistas lateral e de topo da representação de um laminado $[0°/45°/-45°/90°]_S$.

Uma característica importante dos laminados quase isotrópicos é que os elementos da matriz [A] não variam, caso todas as suas lâminas sejam rotacionadas, em torno do eixo z (vide Figura 9.15), de um mesmo ângulo θ. Reportando-se à equação (9.34a), no Exemplo 6, como os laminados quase isotrópicos possuem lâminas de mesma espessura, ou seja, $t_k = t/N$ para $1 \leq k \leq N$, sendo N o número total de camadas, obtém-se:

$$[A]/t = \sum_{k=1}^{N} [\bar{Q}]_k / N \tag{9.45}$$

Neste caso, nota-se que [A]/t é uma média das matrizes $[Q]_k$ de todas as N lâminas. Adicionalmente, pode-se provar que (GIBSON, 1994):

$$[A]/t = \begin{bmatrix} U_1 & U_4 & 0 \\ U_4 & U_1 & 0 \\ 0 & 0 & U_5 \end{bmatrix} \tag{9.46}$$

Na equação (9.46), os elementos da matriz 3 x 3 [A]/t são os invariantes U_1, U_4 e U_5 de uma lâmina anisotrópica apresentados na Seção 9.3 (ver equação (9.14a)).

Como os invariantes independem da orientação das fibras de uma lâmina com reforço unidirecional, pode-se concluir que a matriz de rigidez de um laminado quase isotrópico, [A]/t, é sempre a mesma, independentemente da direção dos esforços mecânicos (isto é, $\{N_x, N_y, N_{xy}\}$) aplicados no plano médio do laminado. Assim, para carregamentos no plano (x, y), o comportamento elástico de um laminado é equivalente ao de um material isotrópico. Neste caso, de acordo com Gibson (1994) e Jones (1975), o laminado quase isotrópico comporta-se como uma placa de material isotrópico que possua valores efetivos de módulo de elasticidade (E_{ef}), módulo de cisalhamento (G_{ef}) e coeficiente de Poisson (ν_{ef}) dados pelo conjunto de equações (9.47):

$$\begin{aligned} E_{ef} &= [A_{11} - (A_{12}^2 / A_{11})]/t = U_1 [1 - (U_4 / U_1)^2] \\ \upsilon_{ef} &= A_{12} / A_{11} = U_4 / U_1 \\ G_{ef} &= A_{66} / t = U_5 \end{aligned} \tag{9.47}$$

Examinando-se a equação (9.34b) do Exemplo 6, como os laminados quase isotrópicos apresentados nesta seção são simétricos em relação ao plano médio, a matriz de acoplamento [B] será sempre nula. Deve-se notar que a equação (9.47) é análoga à (9.14a). Assim, um laminado quase isotrópico, em extensão, comporta-se, elasticamente, como um material isotrópico e, adicionalmente, não apresenta acoplamentos elásticos entre extensão e flexão, bem como entre extensão e torção. Nota-se, na equação (9.46), que os elementos da matriz de rigidez nas posições "16" e "26" são nulos e, portanto, também não há acoplamentos entre esforços normais e de cisalhamento no plano médio (x, y). Os laminados quase isotrópicos só apresentam comportamento não isotrópico com relação: (i) às suas propriedades de resistência; e (ii) com relação às solicitações de momentos fletores e torçores, pois os elementos da matriz de rigidez à flexão e à torção, [D], são dependentes da direção dessas solicitações.

Finalmente, ao se comparar os comportamentos elásticos de materiais isotrópicos e compósitos, é importante que os compósitos envolvidos sejam laminados quase isotrópicos.

9.8 RIGIDEZ DE LÂMINAS E LAMINADOS BASEADA EM INVARIANTES

Na equação (9.6) transcrita a seguir, trabalha-se com a deformação angular **total** (ver Seção 7.1), ou de engenharia, γ_{12}. Esta deformação ou distorção angular é causada por dois pares de tensões de cisalhamento aplicados simultaneamente um elemento bidimensional, conforme mostrado nas Figuras 7.2b, 7.6, 7.12, 9.3c, e 9.17. Na 9.17, as linhas tracejadas mostram, exageradamente, como o elemento se distorce após a aplicação das quatro tensões cisalhantes. Estes dois pares de tensões formam binários em equilíbrio, já que as quatro tensões têm a mesma intensidade (ou seja, $\tau_{12} = \tau_{21}$), diferindo apenas em seus sentidos (horário ou anti-horário) e direções (1 ou 2). Entretanto, há uma outra categoria de deformação angular, ε_{12}, chamada de **tensorial** ou pura, que corresponde à metade da deformação angular total, ou seja, $\varepsilon_{12} = (\gamma_{12})/2$.

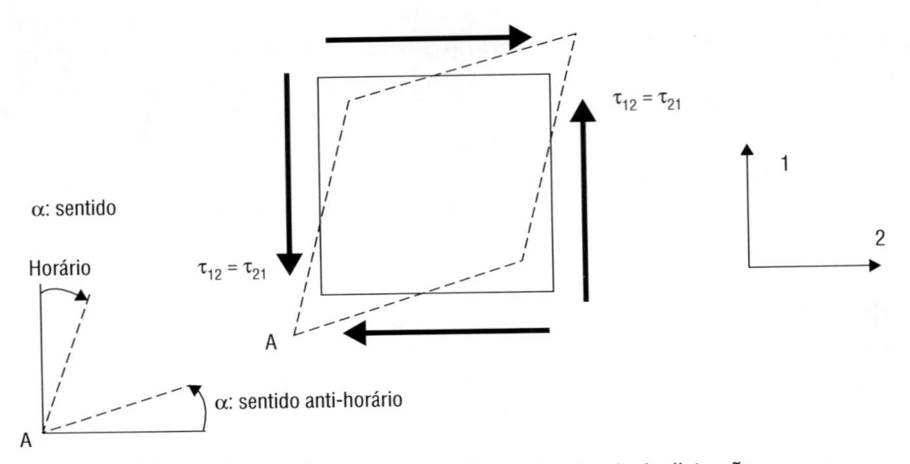

Figura 9.17 Elemento submetido a cisalhamento puro, antes e depois da distorção.

Os índices 1 e 2 das tensões de cisalhamento (τ_{12}) e deformações angulares (tanto a total quanto a pura, $\varepsilon_{12} = (\gamma_{12})/2$) são usados, pois o elemento mostrado na Figura 9.17 pertence ao plano (1,2). Deformação é uma variação no ângulo dos vértices do elemento, todos inicialmente retos (ou seja, de $\pi/2$ radianos ou 90°). No vértice A, por exemplo, a variação **total** do ângulo é composta por duas parcelas de mesmo valor ($\alpha + \alpha = 2.\ \alpha$), em módulo. Uma no sentido horário (α), devida ao par de cisalhamento horizontal; e outra no anti-horário (α) devida ao par vertical. As duas parcelas contribuem para que o ângulo reto no vértice A diminua em $2.\alpha$. A deformação angular total tem valor $\gamma_{12} = 2.\alpha = \alpha + \alpha$, e a pura $\varepsilon_{12} = \alpha$. Fisicamente, a deformação angular pura ou tensorial, ε_{12}, é associada a um par de tensões de cisalhamento, e a total, γ_{12}, a dois pares atuando simultaneamente.

Nas equações (9.6) e (9.16), bem como em todas as anteriores à equação (9.47), que envolvem deformações angulares, trabalha-se com as deformações angulares totais (γ_{12}). No caso da equação (9.6) em particular, a seguir, ao se trabalhar com deformações angulares puras ($\varepsilon_{12} = (\gamma_{12})/2$), obtêm-se a equação (9.48). Estas duas equações são matematicamente equivalentes. O fato de γ_{12} ser o dobro de ε_{12} é compensado pelo fator 2 multiplicando o elemento Q_{66} da matriz [Q]. Há autores que adotam somente a equação (9.6), outros a (9.48), e alguns citam ambas. Estas equações relacionam tensões e deformações nas coordenadas (1,2), paralelas e perpendiculares às fibras de uma lâmina compósita ortotrópica (ver Seção 9.2).

$$\begin{Bmatrix} \sigma_1 \\ \sigma_2 \\ \tau_{12} \end{Bmatrix} = \begin{bmatrix} Q_{11} & Q_{12} & 0 \\ Q_{21} & Q_{22} & 0 \\ 0 & 0 & Q_{66} \end{bmatrix} \cdot \begin{Bmatrix} \varepsilon_1 \\ \varepsilon_2 \\ \gamma_{12} \end{Bmatrix} = [Q].\begin{Bmatrix} \varepsilon_1 \\ \varepsilon_2 \\ \gamma_{12} \end{Bmatrix} \quad (9.6)$$

$$\begin{Bmatrix} \sigma_1 \\ \sigma_2 \\ \tau_{12} \end{Bmatrix} = \begin{bmatrix} Q_{11} & Q_{12} & 0 \\ Q_{21} & Q_{22} & 0 \\ 0 & 0 & 2.Q_{66} \end{bmatrix} \cdot \begin{Bmatrix} \varepsilon_1 \\ \varepsilon_2 \\ \varepsilon_{12} \end{Bmatrix} = [Q].\begin{Bmatrix} \varepsilon_1 \\ \varepsilon_2 \\ \varepsilon_{12} \end{Bmatrix} \quad (9.48)$$

Analogamente, para uma lâmina anisotrópica, na qual as fibras no sistema (1,2) estão inclinadas de um ângulo θ, em relação aos carregamentos no sistema (x,y), ver Seção 9.3. Na equação (9.16) que relaciona tensões e deformações nas coordenadas (x,y), ao se adotar deformações angulares puras (ε_{12}), obtêm-se a equação (9.49). Ou seja, na equação (9.16) utiliza-se $\gamma_{12} = 2.\ \varepsilon_{12}$, e na (9.49) ε_{12}. Ambas também são matematicamente equivalentes.

$$\begin{Bmatrix} \sigma_x \\ \sigma_y \\ \tau_{xy} \end{Bmatrix} = \begin{bmatrix} \bar{Q}_{11} & \bar{Q}_{12} & \bar{Q}_{16} \\ \bar{Q}_{12} & \bar{Q}_{22} & \bar{Q}_{26} \\ \bar{Q}_{16} & \bar{Q}_{26} & \bar{Q}_{66} \end{bmatrix} \cdot \begin{Bmatrix} \varepsilon_x \\ \varepsilon_y \\ \gamma_{xy} \end{Bmatrix} \quad (9.16)$$

$$\begin{Bmatrix} \sigma_x \\ \sigma_y \\ \tau_{xy} \end{Bmatrix} = \begin{bmatrix} \bar{Q}_{11} & \bar{Q}_{12} & 2.\bar{Q}_{16} \\ \bar{Q}_{12} & \bar{Q}_{22} & 2.\bar{Q}_{26} \\ \bar{Q}_{16} & \bar{Q}_{26} & 2.\bar{Q}_{66} \end{bmatrix} \cdot \begin{Bmatrix} \varepsilon_x \\ \varepsilon_y \\ \varepsilon_{xy} \end{Bmatrix} \quad (9.49)$$

O traço de uma matriz (Tr), por definição, é a soma dos elementos da diagonal principal. Assim, no caso da matriz 3 x 3 [Q], na equação (9.48), o traço é dado pela equação (9.50):

$$\mathbf{Tr\ [Q] = Q_{11} + Q_{22} + 2.Q_{66}} \quad (9.50)$$

Os elementos da matriz [Q], de acordo com as equações (9.7) a (9.10), são determinados diretamente das propriedades elásticas experimentais de uma lâmina compósita ao longo das direções 1 e 2 (ver Figura 9.18 e Seção 7.1), ou seja, E_1, E_2, ν_{12}, ν_{21} e G_{12}, as quais também podem ser estimadas por teorias micromecânicas. Os valores experimentais de E_1 e ν_{12} são obtidos aplicando-se apenas a tensão σ_1 à lâmina mostrada na Figura 9.18, o de E_2 aplicando-se somente σ_2 e o de G_{12} aplicando-se apenas τ_{12}. Assim, o valor de Tr [Q] leva em conta os módulos de elasticidade longitudinal e transversal, bem como o de cisalhamento, e não é afetado pela orientação das fibras (θ) em relação às tensões aplicadas. E, observando-se o conjunto de equações (9.14), pode-se concluir que Tr [Q] = $2.(U_1 + U_5)$, ou seja, Tr [Q] é um invariante. Adicionalmente, **de acordo com Tsai e Melo (2014, 2015)**, o traço da matriz $[\overline{Q}]$, da equação (9.49), também é um invariante e igual a $2.(U_1 + U_5)$, portanto:

$$Tr\ [Q] = Q_{11} + Q_{22} + 2.Q_{66} = Tr\ [\overline{Q}] = \overline{Q}_{11} + \overline{Q}_{22} + 2.\overline{Q}_{66} = 2.(U_1 + U_5) \quad (9.51)$$

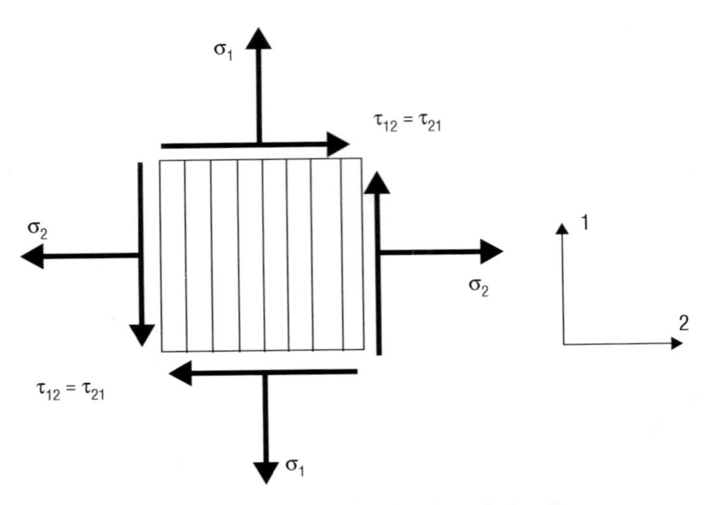

Figura 9.18 Lâmina com reforço unidirecional em estado plano de tensões.

De acordo com Tsai e Melo **(2015)**, a equação (9.51) tem consequências importantes para a análise de lâminas e laminados compósitos, com reforços unidirecionais de fibra de **carbono** e matriz polimérica (termoplástica ou termorrígida). Uma delas é reduzir para apenas um **único**, o número de ensaios mecânicos para obter-se as propriedades elásticas (E_1, E_2, ν_{12}, ν_{21} e G_{12}) de uma lâmina. Para tal, inicialmente determina-se E_1 experimentalmente, por meio de um ensaio simples de tração em corpos de prova com todas as fibras na direção longitudinal, ou seja, a 0^0 ou paralelas ao carregamento (ver Seção 10.5.4.2), e depois calcula-se as demais (E_2, ν_{12}, ν_{21} e G_{12}), conforme detalhado a seguir e ao final desta seção. As lâminas unidirecionais de carbono/epóxi, dentre as de uso comercial, são as que apresentam o maior grau de anisotropia, e para as quais a determinação de todas as propriedades elásticas mediante a realização de apenas um ensaio mecânico produz os resultados mais confiáveis.

Em um estudo no qual o traço da matriz de rigidez [Q], Tr [Q], de 15 tipos de lâminas de matriz polimérica com reforço unidirecional de fibras de carbono foi calculado, Tsai e Melo (2014) analisaram estatisticamente todas as propriedades elásticas e os elementos da matriz [Q], Q_{ij}, e calcularam os valores médios das propriedades e dos valores de Q_{ij}. Uma das conclusões foi que o valor médio de E_1, dividido pelo traço de [Q], é igual a 0,880. Sendo o coeficiente de variação dos cálculos, média sobre desvio padrão, igual a apenas 1,5%, ou seja:

$$\frac{\overline{E}_1}{Tr[Q]} = 0,880 \tag{9.52}$$

Adicionalmente, o valor médio de G_{12}, dividido pelo traço de [Q], é igual a 0,0313. Porém, neste caso, o coeficiente de variação obtido foi de 17,9%. De acordo com Tsai e Melo (2015), os cálculos envolvendo Tr [Q] e os parâmetros elásticos dominadas pela matriz, e consequentemente o dos valores de Q_{12} = 0,0167.Tr[Q], Q_{22} = 0,0525.Tr[Q], e $Q_{66} = G_{12}$ = 0,0313.Tr[Q], apresentaram maior dispersão (coeficientes de variação de 10,1%, 9,6%, e 17,9%, respectivamente), quando comparados com os parâmetros dominados pelas fibras de carbono, E_1 = 0,880.Tr[Q] e Q_{11}= 0.8849.Tr[Q]. O coeficiente de variação envolvendo tanto Q_{11}, quanto E_1, é 1,5%. Assim, a equação (9.52) é bem mais precisa que a (9.53).

$$\frac{\overline{G}_{12}}{Tr[Q]} = 0,0313 \tag{9.53}$$

Entretanto, os efeitos das propriedades dominadas pela matriz em laminados são bem reduzidos, relativamente a aqueles das propriedades dominadas pelas fibras de carbono. Enquanto a rigidez ao longo das fibras (Q_{11}) representa cerca de 88,5% de Tr [Q], a rigidez dominada pela matriz corresponde aos restantes 11,5%. Portanto, a maior dispersão que envolve as propriedades dominadas pela matriz não é problemática para a determinação de propriedades de laminados (TSAI; MELO, 2015). Esses autores consideram Tr [Q] uma propriedade capaz de sintetizar as componentes de rigidez de laminados. E, normalizando as matrizes [A] e [D] com relação à espessura total destes, t, definido: $[A^*] = [A]/t$; e $[D^*] = 12.[D]/t^3$, generalizam a equação (9.51) por meio da (9.54):

$$\mathbf{Tr\ [Q] = Tr\ [A^*] = Tr\ [D^*]} \tag{9.54}$$

A partir da equação (9.54), dentre outras detalhadas em suas publicações, Tsai e Melo (2014, 2015) propõem metodologias mais sintéticas para tratar da rigidez e da resistência mecânica de laminados, bem como procedimentos mais simples e que envolvem menos corpos de prova, para lidar com a certificação e a obtenção de admissíveis de projeto (*design allowables*) envolvendo estruturas compósitas de matriz polimérica.

Na análise mais simples da rigidez de lâminas de carbono/epóxi no plano (1,2), a partir de um ensaio de tração obtém-se $\mathbf{E_1}$. Ato contínuo, a partir do valor experimental de E_1, com base na equação (9.52), pode-se calcular Tr [Q] por meio da equação (9.55), a seguir:

$$Tr[Q] = \frac{E_1}{0,880} \quad (9.55)$$

E, a partir da equação (9.53) calcula-se G_{12} usando-se a equação (9.56).

$$G_{12} = Tr[Q] \cdot 0,0313 \quad (9.56)$$

Finalmente, com os valores de Tr[Q], E_1 e G_{12}, e sabendo-se que Q_{11}= 0.8849. Tr[Q], Q_{12} = 0,0167.Tr[Q] e Q_{22} = 0,0525.Tr[Q] (TSAI; MELO, 2015), pode-se obter as demais propriedades elásticas da lâmina usando-se as equações (9.7) a (9.11) da teoria macromecânica clássica, seguindo-se a sequência de cálculos definida pelas equações (9.57), (9.58) e (9.59), detalhadas a seguir.

$$\upsilon_{12} = \frac{Q_{12}}{Q_{22}} \quad (9.57)$$

$$\upsilon_{21} = \frac{Q_{12}}{Q_{11}} \quad (9.58)$$

$$E_2 = Q_{22} \cdot [1 - \nu_{12} \cdot \upsilon_{21}] \quad (9.59)$$

9.9 REFERÊNCIAS

CAIRNS, D. S.; ADAMS, D. F. Moisture and thermal expansion properties of unidirectional composite materials and epoxy matrix. In: SPRINGER, G. S. (Ed.). Environmental effects on composite materials: v. 2, p. 300-316, Technomic Publishing Co., Lancaster, 1982.

CALLISTER, W. D. *Fundamentals of materials science and engineering*. New York: John Wiley & Sons, 2001.

CRAWFORD, R. J. *Plastics engineering*. London: Butterworth Heinemann, 1998.

DANIEL, I. M.; ISHAI, O. *Engineering mechanics of composite materials*. New York: Oxford University Press, 2006.

GIBSON, R. F. *Principles of composite material mechanics*. New York: McGraw-Hill International, 1994.

HANCOX, N. L.; MAYER, R. M. *Design data for reinforced plastics*. London: Chapman&Hall, 1994.

HARRIS, B. *Engineering composite materials*. London: The Institute of Metals, 1986.

HULL, D.; CLYNE, T. W. *An introduction to composite materials*. Cambridge, UK: Cambridge University Press, 1996. 326p.

JONES, R. M. *Mechanics of composite materials*. New York: Scripta Book Company, 1975.

LEVY NETO, F.; BALTHAZAR, J. C.; PEREIRA, C. T. Experimental investigation on the behavior of hybrid wood/FRP Composite Beams. In: INTERNATIONAL SYMPOSIUM ON NATURAL POLYMERS AND COMPOSITES, 3., 2000, São Paulo. *Proceedings...*, São Pedro, 2000. p. 376-381.

MENDONÇA, P. T. R. *Materiais compostos e estruturas sanduíche*: projeto e análise. Barueri: UFSC – Editora Manole Ltda., 2005.

MOURA, M. F. S. F.; MORAIS, A. B. e MAGALHÃES, A. G. *Materiais compósitos*: materiais, fabrico e comportamento mecânico. Porto: Publindústria, 2011.

PARDINI, L. C., LEVY NETO, F.; McENANEY, B. Modeling of mechanical properties of CFRC composites under flexure loading. *J. of the Brazilian Society of Mechanical Sciences*, v. XXII, n. 2, p. 203-216, 2000.

PFEIL, W. *Estruturas de madeira*. Rio de Janeiro: LTC Ltda, 1994.

POPOV, E. P. *Introdução à mecânica dos sólidos*. São Paulo: Blucher, 1992.

TSAI, S. W. *Composite design. Think composites*. USA: Dayton, 1987.

TSAI, S. W.; MELO, J. D. D. An invariant-based theory of composites. *Composite Science and Technology*, 100, 2014, p. 237-243.

TSAI, S. W.; MELO, J. D. D. Composite Materials Design and Testing – Unlocking mystery with invariants. Stanford: JEC Group, 2015. 450p.

VINSON, R. J.; CHOU, T. W. Composite materials and their use in structures. London: Applied Science Publishers, 1975.

VINSON, R. J.; SIERAKOWSKI, R. L. *The behavior of structures composed of composite materials*. Martinus Nijhoff Publishers, 1987.

Qualificação e certificação para compósitos

10.1 INTRODUÇÃO

É impactante o fato de que os materiais compósitos são cada vez mais utilizados em estruturas aeronáuticas/aeroespaciais de compromisso estrutural relevante. Entretanto, apresentam variabilidade intrínseca de propriedades em virtude de alguns fatores preponderantes. Por exemplo, a massa molecular da matriz impregnante e também aditivos podem modificar parâmetros de formulação, e, assim, o lote de matérias-primas pode apresentar não conformidades. Não uniformidade do reforço também pode provocar variação nas propriedades. Lotes de fabricação de compósitos podem apresentar variabilidade em decorrência de umidade do ambiente ou variações no ciclo de cura. O processo de fabricação é outro fator crucial na influência que pode exercer na variabilidade de propriedades de qualquer material (PRADO, 2009). Modificações nos parâmetros de teste também provocam alterações nas propriedades medidas. Nesse contexto, é importante quantificar a variabilidade de propriedades e considerá-la nos valores utilizados em projeto de componentes e estruturas em compósitos (NILSSON, 2005; KAUFMANN, 2008).

Embora vários critérios de falha específicos para materiais compósitos tenham sido propostos ao longo dos anos pela literatura, para predizer a resistência estática desses materiais, incluindo a abordagem micromecânica e a teoria de falha da primeira camada, nenhuma delas tem demonstrado a exatidão necessária para predizer o início de danos que permeiam uma grande faixa de condições de carregamento, configurações e vínculos estruturais. Além disso, a ausência de critérios e modelos de degradação de falha aceitáveis para prever trincas iniciais e sua propagação traz a base de análise para a metodologia de admissíveis de projeto (*design allowables*), que são apoiados por uma ampla evidência de testes. Por essa razão, as indústrias aeronáutica e aeroespacial utilizam-se de propriedades admissíveis de projeto, para materiais compósitos, que são obtidas empiricamente, para demonstrar e fazer cumprir as normas legais e regulamentares, conforme mostra esquematicamente a Figura 10.1. A certificação por análise baseada em resultados de ensaios, bem como qualificação por testes, são abordadas considerando-se as diferenças fundamentais no contexto da filosofia da pirâmide de testes (SAE R-424 CMH). A ausência de um critério de falha aceito e modelos de degradação gerais para predição de iniciação e propagação de trincas proporcionam o embasamento para a metodologia de certificação/qualificação em vigor, que se baseia em testes ou em análises suportados por extensa evidência de ensaios. Além disso, o estabelecimento de valores de propriedades admissíveis para projeto considera fundamentalmente a variação intrínseca, tanto de matérias-primas quanto de processos de fabricação.

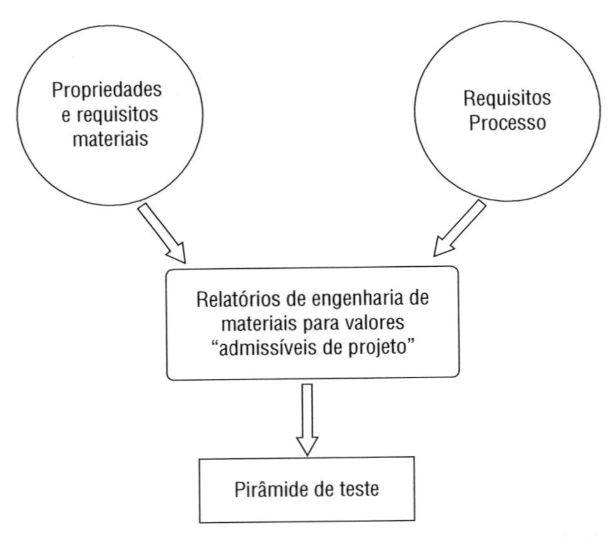

Figura 10.1 Requisitos regulatórios para materiais para gerar valores admissíveis de projeto, adaptados segundo a pirâmide de teste descrita no SAE R-424 CompositeMaterialsHandbook.

A atividade de qualificação de materiais é de responsabilidade do setor de manufatura e processo, cuja motivação é conferir confiabilidade de materiais e processos às demandas de fabricação de componentes. Os dados experimentais de qualificação resultam em base estatística para cálculo de especificação. A atividade de projeto é de responsabilidade do setor de análise de tensões, cuja motivação é o desempenho mecânico, e cujo cálculo dos admissíveis de projeto requer base estatística.As especificações de produtos de muitas empresas fabricantes têm sido expandidas para gerar os resultados de projeto, bem como dados de qualificação (BOGUCKI et al., 2007).

Portanto, compósitos devem ser qualificados e certificados para uso em estruturas aeronáuticas, atendendo a requisitos de órgãos homologadores governamentais. Por exemplo, no Brasil, o órgão homologador é a Agência Nacional de Aviação

Civil (ANAC), nos Estados Unidos, é o Federal AviationAgency (FAA) e, na Europa, é a EuropeanAviationSafetyAgency (EASA), e outros países têm seus próprios órgãos homologadores.

Os requisitos de homologação devem atender a condições estabelecidas de propriedades estruturais (propriedades estáticas e de fadiga, por exemplo), externalidades (corrosão, impactos e ambientais, por exemplo) e inflamabilidade (KIM; LILLEY, 2000; EGBERT, 2000). Todo esse escopo de características que a aeronave deve atender destina-se à homologação. O processo de homologação aeronáutica é precedido por duas grandes operações denominadas qualificação e certificação, conforme mostra a Figura 10.2.

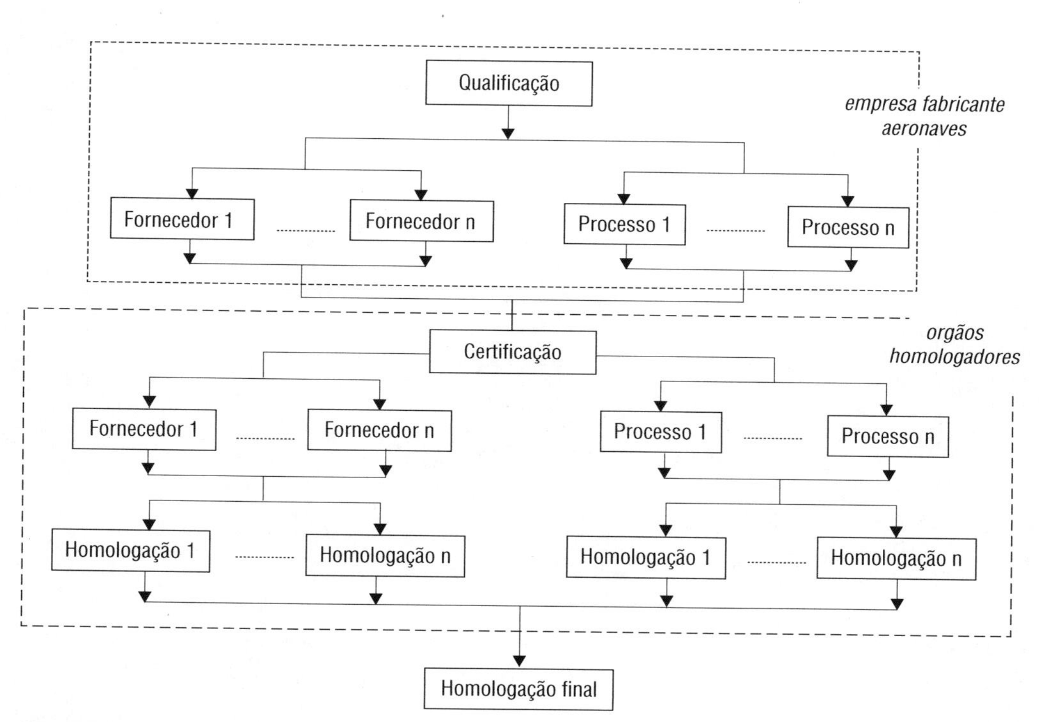

Figura 10.2 Responsabilidades atribuídas ao fabricante de aeronaves e aos órgãos homologadores na matriz de qualificação/certificação/homologação.

Os processos de validação de materiais e estruturas objetivam a certificação e qualificação, qualquer que seja o projeto, fabricação ou manutenção de uma aeronave, segundo estabelecido pela pirâmide de teste preconizada pela FAA, em que materiais e estruturas são testados e analisados em diferentes níveis, de forma relativamente complexa, conforme mostra a Figura 10.3. A pirâmide de testes tem sua base composta de ensaios mecânicos de materiais sujeitos à qualificação. Nesse estágio, corpos de prova são obtidos para caracterização de propriedades mecânicas e físico-químicas. Posteriormente, são obtidos elementos, juntas coladas e rebitadas, por exemplo, que vão compor a estrutura com os materiais da base de dados, em que processo e qualidade são submetidos a ensaios. Esses dois níveis iniciais constituem a base de dados de projeto. Posteriormente, são obtidos componentes estruturais de maior envergadura, painéis nervurados ou a caixa da asa, por exemplo, que irão possibilitar a integração da estrutura e formar subcomponentes, e assim configurar a estrutura integralizada. Especificamente para compósitos, o SAE R-424 Composite Materials Handbook é o compêndio na linha de frente da literatura para a primeira abordagem de cálculo de admissíveis de projeto. Toda a abordagem, estratégia e procedimento da pirâmide de testes, mostrada na Figura 10.3, é baseada no SAE R-424 CMH.

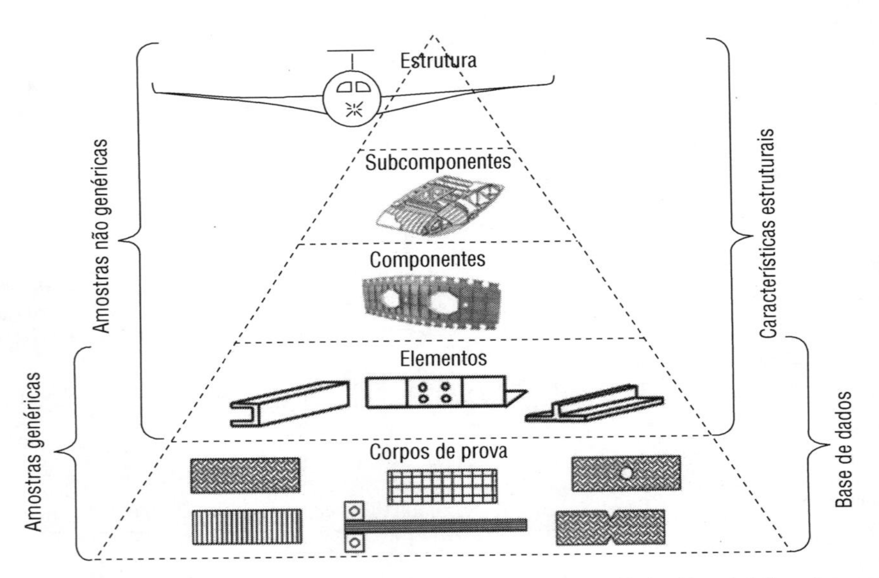

Figura 10.3 Diagrama da pirâmide de teste em consonância com a Federation Aviation Agency (FAA) (SAE R-424 CMH – Polymer Matrix Composites Guidelines for Characterizationof Structural Materials).

10.2 DETERMINAÇÃO ESTATÍSTICA DE PROPRIEDADES DE MATERIAIS COMPÓSITOS

A determinação estatística de propriedades de materiais e, particularmente, de compósitos estruturais sempre foi uma tarefa desafiadora. Por esse motivo, a utilização de ferramentas estatísticas é fundamental para conferir confiabilidade aos valores de propriedades de materiais utilizadas em projeto estrutural (RUST, 1989; BARBERO; FERNANDEZ-SAEZ; NAVARRO, 2000). Documentos regulatórios básicos de materiais para indústria aeronáutica são o JAR/FAR (Joint Airworthiness Requirements/Federal Aviation Regulations) 25.613 e o JAR/FAR 25.603. Os documentos JAR são atualmente conhecidos por CFR (Code of Federal Regulations). Esses documentos definem e regulamentam a disponibilidade e durabilidade de materiais utilizados em componentes, cuja segurança pode ser adversamente afetada. Devem ser estabelecidos com base em testes e ensaios, estar em concordância com especificações (industriais, militares ou padrões técnicos) que assegurem a resistência mecânica e outras propriedades consideradas nos dados de projeto, e considerem o efeito de condições ambientais, como temperatura e umidade, que atendam às condições de serviço (FERREIRA, 2003; HUA, 2004; SUH, 2001; PERREUX; SURI, 1997).

O primeiro procedimento estatístico para tratamento de resultados de propriedades de materiais foi empregado para materiais metálicos e está descrito no Metallic Materials Property Developmentand Standartization (MMPDS), que atendia estatisticamente à obtenção de valores de propriedades admissíveis em projeto estrutural, muito embora as propriedades mecânicas de materiais metálicos de forma geral sejam determinísticas (RICE et al., 2003). De maneira simplificada, o procedimento a ser utilizado para o tratamento estatístico de propriedades mecânicas de materiais metálicos, cujas propriedades mecânicas, via de regra, variam menos em relação às dos compósitos, é mostrado na Figura 10.4.

Para materiais compósitos, os procedimentos são relativamente diferentes, por causa dos fatores anteriormente mencionados. Dessa forma, a primeira etapa a ser conduzida diante dos dados experimentais obtidos mediante ensaios é obter seus parâmetros, ou seja, conhecer a distribuição que melhor modela esse conjunto de dados quando possível. Existem várias metodologias estatísticas, e para isso é necessário escolher a melhor estratégia de avaliação estatística dentro da complexidade das variáveis do compósito. Os dados experimentais podem ser estruturados ou não estruturados. Os dados estruturados, sempre que possível, devem ser tratados como um conjunto de dados experimentais não estruturados, porque, dessa forma, apresenta metodologia estatística de análise mais simples. O que permite fazer essa análise é o teste residual de Anderson-Darling-fator K (ADK), que objetiva encontrar similaridade entre grupos (SCHOLZ; STEPHENS, 1987).

As metodologias estatísticas mais simples dos dados não estruturados utilizam-se basicamente de três distribuições possíveis, Weibull, Normal e Lognormal (WARD; McCARUILL; TOMBLIN, 2007; RUST, 1989; TOMBLIN; NG; RAJU, 2001, TOMBLIN et al., 2003, TOMBLIN; SENEVIRATNE, 2009). A distribuição de Weibullé, considerada mais usual na análise de confiabilidade de propriedades em razão de sua versatilidade, apresenta um diagnóstico gráfico enfatizando a vulnerabilidade do material, ou seja, tem sua curva deslocada para região de menor resistência do material (ALQAM; BENNETT; ZUREICK, 2002). Se a distribuição de Weibull é insuficiente para modelar o conjunto de dados, então a distribuição Normal e Lognormal são testadas. A distribuição Normal apresenta uma curva de distribuição simétrica dos dados experimentais e a distribuição Lognormal, que, por sua vez, tem origem na distribuição normal e considera que, quando aplicado o logaritmo natural no conjunto de dados, resulta uma distribuição Normal. Essa distribuição permite uma análise mais profunda dos dados. O que permite fazer a escolha da melhor distribuição que se ajusta com o conjunto de dados é o teste de conformidade de Anderson-Darling, que, nesse caso, utiliza outra metodologia diferente do método ADK, conhecido como nível de significância observado (OSL – Observed Significance Level), que compara a função da distribuição cumulativa de cada uma das distribuições consideradas com a função da distribuição cumulativa dos dados (PETTITT, 1977). Se, por exemplo, o parâmetro de Anderson-Darling encontrado for menor ou igual a 0,05, pode-se afirmar que os dados experimentais não correspondem à distribuição utilizada para descrever a variabilidade de propriedades (ROMEU, 2003a; TOMBLIN; NG; RAJU, 2001).

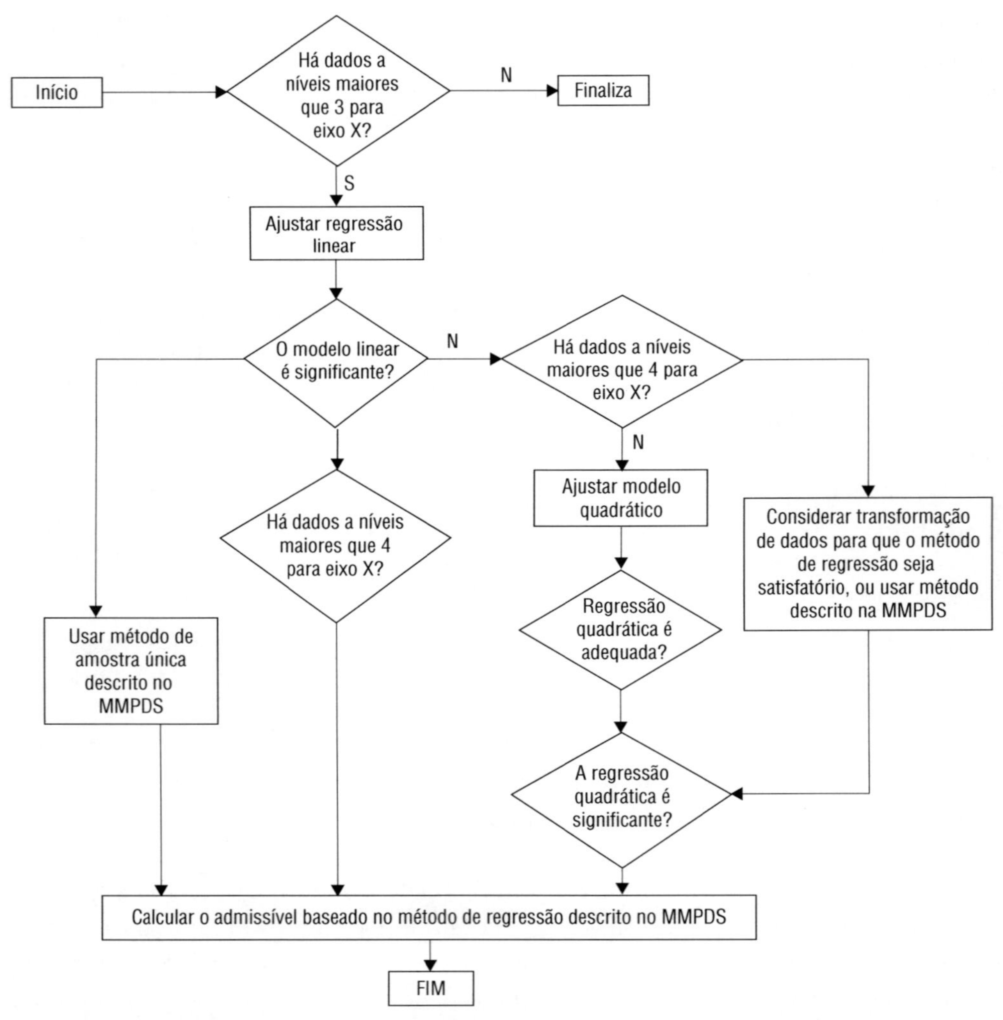

Figura 10.4 Metodologia de cálculo de admissível de projeto preconizada no *Metallic Materials Property Developmentand Standartization* (MMPDS) (RICE et al., 2003).

Os dados estruturados não podem ser modelados como conjunto de dados não estruturados, e correspondem à distribuição normal. Dessa forma, deve ser utilizada análise de regressão. A análise de regressão consiste na avaliação dos dados e suas variações (atribuídas ou aleatórias). Quando se deseja verificar apenas correlações entre duas variáveis, desprezando as variações aleatórias, é aplicada regressão linear simples. No entanto, se deseja verificar correlações de uma ou mais variáveis dependentes com duas ou mais variáveis independentes, deve-se aplicar análise de variança (Anova) (MILLER, 1986; MUNJAL, 1989; BARBERO; GUTIERREZ, 2012, CLARKSON, 2013).

É possível que os dados se apresentem de maneira muito dispersa, de tal modo que não seja possível identificar seus parâmetros por meio de distribuições. Para isso têm-se métodos não paramétricos que permitem calcular valores de admissíveis de projeto como o método Não Paramétrico e método *Hanson-Koopmans*, utilizados quando o método ADK situa-se em valores inferiores ao valor estipulado pelo OSL (<0,05). Esses métodos não são recomendados, uma vez que não apresentam confiabilidade suficiente, considerando-se as normas de regulamentação, pois sugerem resultados predefinidos de acordo com o tamanho da amostra. Porém podem ser utilizados como valores de dados iniciais (QUAYLE, 2013).

Sendo assim, para cálculo de admissível de projeto em compósitos, é importante conhecer o comportamento dos dados e aplicar as metodologias mais adequadas. Essa seção mostra recursos que permitem realizar essa aferição de acordo com os critérios de regulamentação padrão.

10.2.1 Classificações dos admissíveis de projeto

Para análise da resistência de um material compósito, e assim obter-se um valor confiável, mesmo considerando a inerente variabilidade de suas propriedades mecânicas, como mostrado na Figura 10.5, que possa ser certificado e qualificado, para garantir confiabilidade, os admissíveis de projeto podem ser classificados principalmente pelas bases estatísticas. As bases estatísticas podem ser:

- Base S: valor de aceitação de especificação sem significância estatística, geralmente usado para valores de projeto iniciais;
- Base A: valor no qual 99% dos resultados medidos são iguais ou excedem o valor, associado com índice de confiabilidade de 95%; e
- Base B: valor no qual 90% dos resultados medidos são iguais ou excedem valor, associado com índice de confiabilidade de 95%.

Tanto os valores de base A quanto base B têm aplicação na indústria. Por outro lado, os processos de obtenção de resultados de base A acarretam altos custos e longos períodos de tempo de análise e ensaios. Por essa razão, base B é o método mais empregado na indústria aeronáutica.

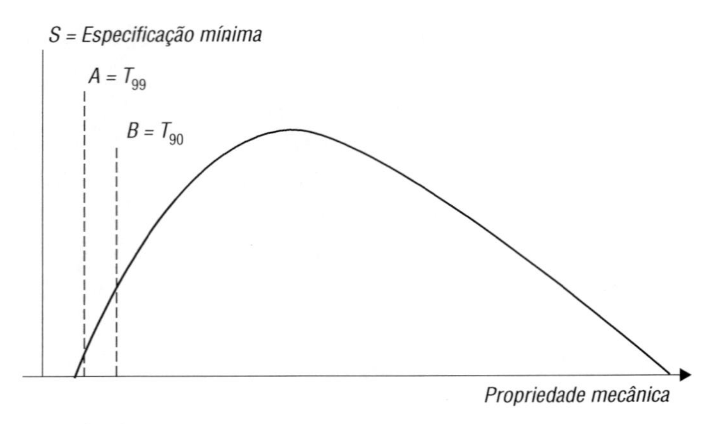

Figura 10.5 Classificação dos admissíveis de projeto (SAE R-424 Composite Materials Handbook).

10.2.2 Dados estruturados e não estruturados

Para uma análise de dados feita a partir de testes como mencionado na Seção 2.2, há diferentes abordagens estatísticas, dependendo das características do material. Sendo assim, os dados experimentais obtidos podem se configurar como estruturados ou não estruturados.

Dados estruturados são dados que possuem agrupamento natural que diferem de outros lotes, ou seja, as condições ambientais de ensaio podem variar. As condições de ensaio se relacionam com o nível de temperatura associado ao nível de umidade. Portanto, podem ocorrer temperaturas elevadas associadas com alta ou baixa umidade ou ainda baixas temperaturas associadas com alta ou baixa umidade (ZANG; ZAN, 2004). A Figura 10.6 apresenta um exemplo de dados estruturados, tendo diferentes envelopes de ensaio variando as condições ambientais em ensaios: baixa temperatura seca (LTD – *low temperature dry*), temperatura ambiente seco (RTD – *room temperature dry*), elevada temperatura seca (ETD – *elevated temperature dry*), elevada temperatura úmida (ETW – *elevated temperature wet*).

Por outro lado, dados não estruturados, são dados que não possuem agrupamento natural, não ocorrendo, entretanto, diferenças significativas entre lotes. As condições ambientais nos ensaios são constantes à temperatura ambiente. Entretanto, valores de dados estruturados podem ser modelados como dados não estruturados, uma vez que as variações dentro do grupo são pequenas. Isso é possível por meio do teste *Anderson-Darling* que testa a hipótese de que as populações de vários grupos possuem similaridade entre si.

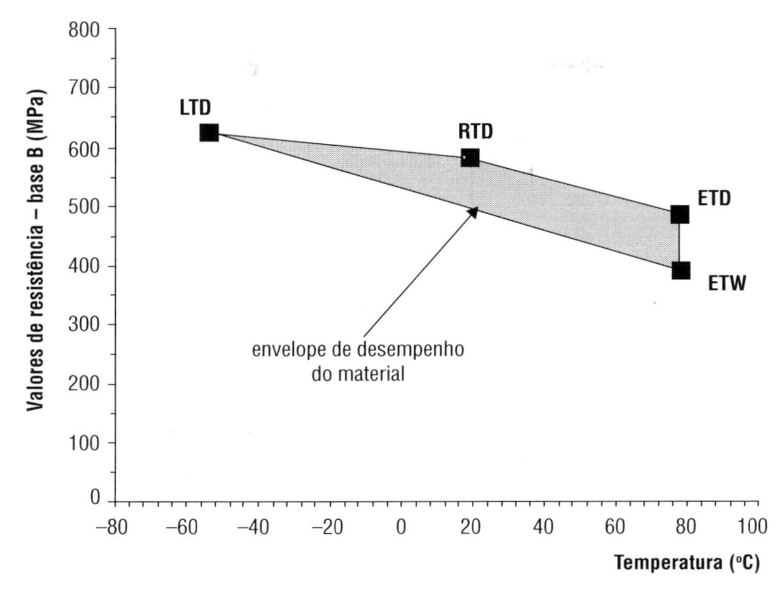

Figura 10.6 Envelope de ensaio para dados estruturados (TOMBLIN et al., 2003).

10.3 METODOLOGIA ESTATÍSTICA

A metodologia para obtenção de base B como valor admissível de projeto segue procedimento sugerido no SAE R-424 CMH. A Figura 10.7 apresenta um panorama geral da metodologia estatística para obtenção de base B. O processo vai depender da condição dos dados obtidos, se estruturados ou não estruturados.

Independentemente da estratégia metodológica, a primeira etapa consiste em remover as discrepâncias dos resultados dos ensaios. Essas discrepâncias podem ser mantidas, se justificadas aceitáveis quanto ao nível de significância. Porém, se for um valor extremo, será removido e o processo repetido, até que nenhuma discrepância seja acusada (BOGUCKI et al., 2003).

Se for um dado estruturado, a segunda etapa consiste em testar *Anderson--Darling* para avaliar se os conjuntos de dados disponíveis podem ser considerados e tratados como conjuntos de dados não estruturados e, assim, utilizar as distribuições de Weibull, Normal ou Lognormal. Entretanto, após os dados serem agrupados, deve-se aplicar MNR novamente, antes de testar as distribuições para dados não estruturados. Por outro lado, se os dados não puderem ser agrupados, será aplicada a regressão linear ou o método do Anova, dependendo das características dos dados (CLARKSON, 2013).

Para dados não estruturados, detectado as discrepâncias, basta somente testar as distribuições Weibull, Normal ou Lognormal, escolhendo-se a que melhor se ajusta com os conjuntos de dados, e, assim, aplicá-la (WALCK, 2007 ; KRISHNAMOORTHY, 2006). Caso nenhuma das distribuições se ajustar com os conjuntos de dados de ensaio, valores de base não paramétrica e o método *Hanson-Koopsmans* podem ser utilizados, para valores de projetos iniciais (CLARKSON, 2013). No entanto, para que se tenham resultados de base B em um nível de valor aceitável, recomenda-se que seja feita uma avaliação das causas que levaram a valores fora de padrões aceitáveis, e que o procedimento para obtenção de dados seja repetido.

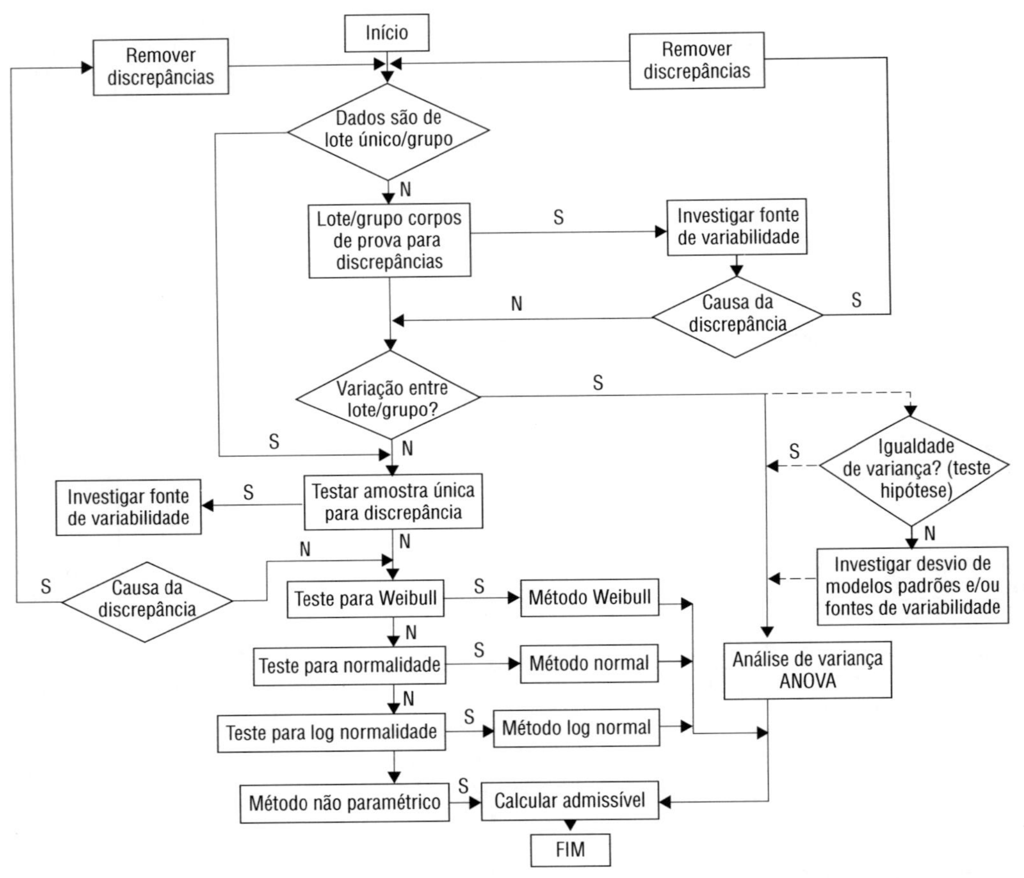

Figura 10.7 Metodologia para cálculo de admissíveis de projeto pela base-B (SAE R-424 Composite Materials Handbook; QUAYLE, 2013).

10.3.1 Detecções de discrepâncias

Discrepâncias (*outliers*) são valores observados muito acima ou muito abaixo, dentro de uma determinada população. Esses valores ocorrem em virtude de uma série de fatores, sejam eles por causa de variações na morfologia das amostras, modo como foram fabricados, execução de ensaio, dentre outros, que podem ser significativos ou não, dependendo da análise de dados a ser utilizada.

Se a discrepância encontrada em um determinado lote estiver dentro do intervalo requerido pelo projeto, esse valor "discrepante" pode ser mantido no lote de resultados. Se, por outro lado, o valor for muito discrepante, deverá ser descartado ou substituído por um dado de amostra de teste obtido do mesmo material compósito que contenha os valores considerados discrepantes. Em seguida, deve-se realizar o teste novamente e levantar as causas que gerou valores incorretos. Dessa maneira, os lotes são acumulados e o processo para verificar a existência de discrepâncias é testado novamente, até que nenhum valor discrepante seja encontrado.

A detecção de discrepâncias objetiva descartar esses valores extremos, resultantes do conjunto de ensaios. Isso torna-se possível por meio do *MNR* (Maximum Normed Residual). Para estas discrepâncias utiliza-se a equação (10.1) para cada lote com n corpos de prova e os valores obtidos são comparados com o valor crítico (C). Valores críticos são tabelados no Anexo A, e obtidos pela equação (10.2) (KUTNER et al., 2004; WALCK, 2007; KRISHNAMOORTHY, 2006; SAE, 2012). Tanto o Anexo A, quanto os demais anexos (B, C, D, E, F, G, H) são encontrados em literatura consagrada de estatística e serão mencionados para efeito e manter o texto desse capítulo o mais independente e autossuficiente possível (MONTGOMERY; RUNGER; HUBELE, 2011; ZIO, 2007; PHAM, 2006; DESHPANDE; PUROHIT, 2005).

$$\text{MNR} = \frac{\max}{i}\frac{|x_i - \bar{x}|}{s}, \quad i = 1, 2, \ldots, n \tag{10.1}$$

Onde:

x_i = valores de dados na amostra de tamanho n;

$\bar{x}$ = média da amostra; e

S = desvio padrão da amostra.

$$C = \frac{n-1}{\sqrt{n}}\sqrt{\frac{t^2}{n-2+t^2}} \tag{10.2}$$

Onde:

n = tamanho da amostra;

t = é $[1 - \alpha/(2n)]$ quantil da distribuição t com n-2 graus de liberdade; e

α = nível de significância ($\alpha = 0{,}05$).

10.3.2 O teste de similaridade de dados (Anderson-Darling – fator K)

O teste de *Anderson-Darling (fator K)* (ADK) é um procedimento estatístico não paramétrico que testa se há similaridade entre grupos (ROMEU, 2003a). Espera-se que cada grupo tenha uma amostra aleatória, independentemente da população, ou seja, testa se os dados podem se comportar como dados não estruturados. A equação (10.3) que representa o parâmetro de *Anderson-Darling* (amostra K).

$$ADK = \frac{n-1}{n^2(k-1)} \sum_{i=1}^{k} \left[hj \frac{\left(nF_{ij} - n_i.H_j\right)^2}{H_j\left(n-H_j\right) - n.\frac{h_j}{4}} \right] \tag{10.3}$$

Onde:

k = quantidade de grupos/lotes;

h_j = número de valores dentro das amostras combinadas iguais a $z_{(i)}$;

H_j = número de valores dentro das amostras combinadas menor que $z_{(i)}$ mais a metade do número de valores dentro das amostras combinadas iguais a $z_{(i)}$;e

F_{ij} = número de valores dentro do i-ésimo grupo que são menores que $z_{(i)}$ mais a metade do número de valores dentro deste grupo que são iguais a $z_{(i)}$.

Para hipótese de que não há diferença discernível entre lotes, a média e a variância de ADK são aproximadamente igual a 1, em que o valor da variância de ADK é obtido pela equação (10.4).

$$\sigma_n^2 = VAR(ADK) = \frac{an^2 + bn^2 + cn + d}{(n-1)(n-2)(n-3)(k-1)^2} \tag{10.4}$$

Sendo:

$$a = (4g-6)(k-1) + (10-6g)S \tag{10.5}$$

$$b = (2g-4)k^2 + 8Tk + (2g-14T-4)S - 8T + 4g - 6 \tag{10.6}$$

$$c = (6T+2g-2)k^2 + (4T-4g+6)k + (2T-6)S + 4T \tag{10.7}$$

$$d = (2T+6)k^2 - 4Tk \tag{10.8}$$

Onde:

$$S = \sum_{i=1}^{k} \frac{1}{n_i} \tag{10.9}$$

$$T = \sum_{i=1}^{k} \frac{1}{i} \tag{10.10}$$

$$g = \sum_{i=1}^{n-2} \sum_{j=i+1}^{n-1} \frac{1}{(n-i)j} \tag{10.11}$$

Para que um conjunto de dados possa ser tratado como dados não estruturados, ADK deve ser menor que o valor crítico ADC. O valor crítico é tabelado conforme mostra o Anexo B (MONTGOMERY; RUNGER; HUBELE, 2011; ZIO, 2007; PHAM, 2006; DESHPANDE; PUROHIT, 2005), sendo calculado conforme a equação (10.12). Caso isso não ocorra, a regressão linear e o método Anova devem ser aplicados, de acordo com as características dos dados.

$$ADC = 1 + \sigma_n \left[1,645 + \frac{0,678}{\sqrt{k-1}} - \frac{0,362}{k-1} \right] \tag{10.12}$$

10.3.3 Testes para distribuição de Weibull

O teste para distribuição de Weibull consiste no cálculo de seus dois parâmetros, de forma ($\hat{\beta}$) e de escala ($\hat{\alpha}$). O parâmetro de forma, também conhecido como inclinação de Weibull, é responsável pela forma da distribuição (AL-FAWZAN, 2000; EVANS; JOHNSON; GREEN, 1989 ; ALQUAN; BENNETT; ZUREICK, 2002). O parâmetro de escala é responsável pela largura da distribuição. A distribuição de Weibull é mais conveniente em razão de sua versatilidade, e induz o deslocamento da distribuição para o lado menos resistente, ou seja, para cada conjunto de teste terá mais amostras de baixa resistência do que de alta resistência. A Figura 10.8 mostra a representação gráfica dessa distribuição.

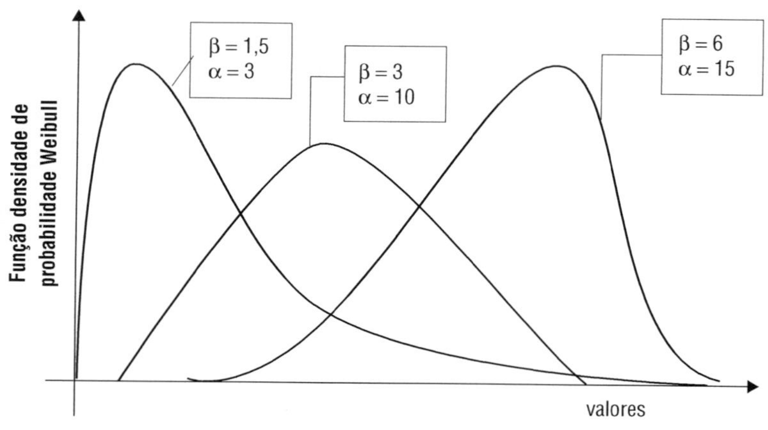

Figura 10.8 Função densidade de probabilidade em função dos valores, distribuição de Weibull (WALCK, 2007; KRISHNAMOORTHY, 2006).

Dessa forma, considerando o parâmetro de localização $\gamma = 0$, e aplicando propriedades logaritmo na função de distribuição acumulada F(x), equação (10.13), pode-se obter a equação (10.14).

$$F(x) = 1 - e^{-\left(\frac{x-\gamma}{\alpha}\right)^{\beta}} \quad (10.13)$$

$$lnln\left[\frac{1}{1-F(x)}\right] = \beta ln\alpha - \beta lnx \quad (10.14)$$

Para que os parâmetros $\hat{\beta}$ e $\hat{\alpha}$ sejam obtidos, é utilizado o Método de Mínimos Quadrados (LSM). Assim, considerando as equações (10.15) e (10.16), obtêm-se as equações (10.17) e (10.18), para $\hat{\beta}$ e $\hat{\alpha}$.

$$\bar{x} = \frac{1}{n}\sum_{i=1}^{n} \ln\left\{\ln\left[\frac{1}{(1-\frac{i}{n+1}}\right]\right\} \quad (10.15)$$

e,

$$\bar{\Upsilon} = \frac{1}{n}\sum_{i=1}^{n} lnxi \quad (10.16)$$

$$\hat{\beta} = \frac{\left[\left\{n\sum_{i=1}^{n}(\ln xi)\left(\ln\left\{\ln\left[\frac{1}{\left(1-\frac{i}{n+1}\right)}\right]\right\}\right)\right\} - \left\{\sum_{i=1}^{n}\ln\left(\ln\left[\frac{1}{\left(1-\frac{i}{n+1}\right)}\right]\right).\sum_{i=1}^{n} lnxi\right\}\right]}{\left\{n.\sum_{i=1}^{n}(\ln xi)^2\right\} - \left\{\sum_{i=1}^{n}\ln xi\right\}^2} \quad (10.17)$$

$$\hat{\alpha} = e^{\left(\bar{\Upsilon} - \frac{\bar{x}}{\hat{\beta}}\right)} \quad (10.18)$$

Onde:

$\bar{x}$ = média da amostra

$\bar{\Upsilon}$ = localização média

$\hat{\beta}$ = parâmetro de forma

$\hat{\alpha}$ = parâmetro de escala

10.3.3.1 Teste de conformidade para distribuição de Weibull

Para verificar se os dados pertencem à distribuição de Weibull, usa-se o método estatístico de Anderson-Darling (AD), que indica se os dados experimentais estão em conformidade (SHOLZ, 1987). Dessa maneira, compara-se a função da distribuição cumulativa de Weibull com a função da distribuição cumulativa dos dados experimentais, $z_{(i)}$. Esta função é dada pela equação (10.19), e o AD pode ser obtido pelas equações (3.20) e (3.21) (ROMEO, 2003b).

$$z_{(i)} = \left[\frac{x_i}{\hat{\bar{\alpha}}}\right]^{\hat{\beta}} \tag{10.19}$$

$$AD = \left(1 + \frac{0,2}{\sqrt{n}}\right) \cdot \left\{\left[\sum_{i=1}^{n} \frac{1-2i}{n}\left[\ln\left[1 - exp - z(i)\right] - z(n+1-i)\right]\right] - n\right\} \tag{10.20}$$

Os dados pertencerão à distribuição de Weibull se o *nível de significância observada* (*OSL – Observed significance level*) for maior que 0,05, de acordo com a equação (10.21) (ROMEO, 2003b).

$$OSL = 1/\{1 + \exp[-0,10 + 1,24.\ln(AD) + 4,48.AD]\} \tag{10.21}$$

10.3.3.2 Base B para distribuição de Weibull

Sendo os dados pertencentes à distribuição de Weibull estabelecida pelo teste de Anderson-Darling, então a base B pode ser calculada de acordo com a equação (10.22).

$$B = \hat{q}\exp\left\{\frac{-V}{\hat{\beta}\,.\sqrt{n}}\right\} \tag{10.22}$$

Onde:

$$\hat{q} = \hat{\alpha}.\,(0,10536)^{\frac{1}{\hat{\beta}}} \tag{10.23}$$

O termo V é um valor tabelado, conforme mostra Anexo C (MONTGOMERY; RUNGER; HUBELE, 2011; ZIO, 2007; PHAM, 2006; DESHPANDE; PUROHIT, 2005), relacionado com o tamanho da amostra n, que pode ser calculado por meio da aproximação, de acordo com a equação (10.24).

$$V \approx 3.803 + \exp\left\{1.79 - 0.516\ln(n) + \frac{5.1}{n-1}\right\} \tag{10.24}$$

10.3.4 Testes para distribuição normal

Teste para distribuição Normal consiste em calcular a média da amostra, $\bar{x}$, e o desvio padrão, s, resultados, x_i, com $1 \leq i \leq n$. A distribuição normal é uma distribuição simétrica, portanto, para cada amostra de baixa resistência, existe uma amostra de alta resistência mecânica. Sendo assim, a média e o desvio padrão são obtidos pelas equações (10.25) e (10.26), respectivamente por:

$$\bar{x} = \frac{1}{n}\sum_{i=1}^{n} x_i \tag{10.25}$$

$$s = \frac{1}{n-1}\sum_{i=1}^{n}(xi - \bar{x})^2 \tag{10.26}$$

A Figura 10.9 mostra a representação gráfica dessa distribuição:

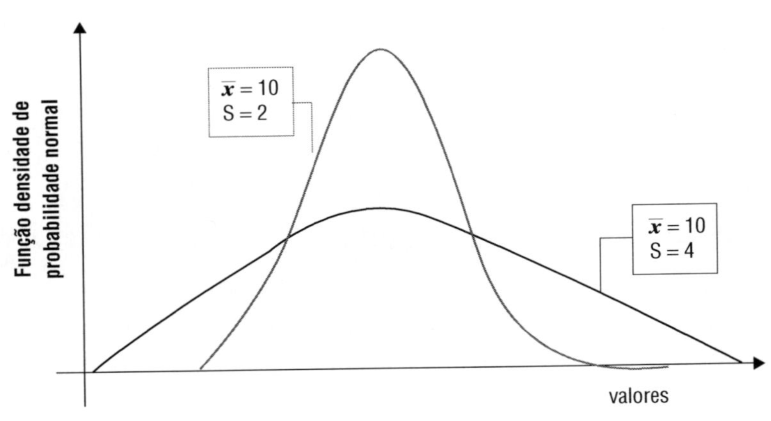

Figura 10.9 Função densidade de probabilidade em função dos valores, distribuição normal (WALCK, 2007; KRISHNAMOORTHY, 2006).

10.3.4.1 Teste de conformidade para distribuição normal

Para verificar se os dados pertencem à distribuição Normal, utiliza-se se o método estatístico de Anderson-Darling (AD). Dessa maneira, compara-se a função da distribuição cumulativa da Normal com a função da distribuição cumulativa dos dados, $z_{(i)}$, a qual pode ser obtida da equação (10.27), o valor obtido será comparado com a tabela de probabilidades da distribuição normal padrão, conforme mostra o Anexo D (MONTGOMERY; RUNGER; HUBELE, 2011; ZIO, 2007; PHAM, 2006; DESHPANDE; PUROHIT, 2005), se $z_{(i)}$ calculado for menor que 0, então $F(z_{(i)})$ será $0{,}5 - z_{(i)}$, caso contrário $0{,}5 + z_{(i)}$. AD pode ser obtido pelas equações (10.28) e (10.29).

$$z_{(i)} = \frac{x(i) - \bar{x}}{s}, \text{ para } i = 1,\ldots,n \tag{10.27}$$

$$AD = \left(1 + \frac{0,2}{\sqrt{n}}\right) \cdot \left\{ \sum_{i=1}^{n} \frac{1-2i}{n} \left\{ \ln\left[Fo(z(i))\right] + \ln\left[1 - Fo(z(n+1-i))\right] \right\} - n \right\} \tag{10.28}$$

$$OSL = 1 / \{1 + \exp[-0.48 + 0.78 \ln(AD) + 4.58 AD]\} \tag{10.29}$$

Os dados pertencerão à distribuição Normal se o OSL for maior que 0,05

10.3.4.2 Base B para distribuição Normal

Sendo os dados pertencentes à distribuição Normal estabelecido pelo teste de Anderson-Darling, então a base B pode ser calculada de acordo com a equação (10.30).

$$B = \bar{x} - k_B s \tag{10.30}$$

k_B é o fator de tolerância-limite adequado unilateral tabelado, conforme Anexo E, pode ser calculada por meio da aproximação, de acordo com a equação (10.31).

$$k_B = 1.282 + \exp\left\{0.958 - 0.520 \ln(n) + \frac{3.19}{n}\right\} \tag{10.31}$$

10.3.5 Testes para distribuição Lognormal

O teste para distribuição Lognormal consiste em calcular o logaritmo natural dos dados. A distribuição Lognormal provém da distribuição normal, e pressupõe que, quando aplicado o logaritmo natural na amostra aleatória x_i, tem-se uma distribuição normal. A Figura 10.10 mostra a representação gráfica dessa distribuição:

Para verificar se os dados pertencem à distribuição Lognormal é realizada o mesmo procedimento de conformidade realizado na distribuição Normal. Então, $z_{(i)}$ para distribuição Lognormal é calculada conforme a equação 10.32.

$$z_{(i)} = \frac{\ln xi - \bar{x}_L}{s_L}, \text{ para } i = 1,\ldots,n \tag{10.32}$$

Onde $\bar{x}_L$ e s_L são a média e o desvio padrão transformados, respectivamente. Os dados transformados são então inseridos no teste de Anderson-Darling. De forma similar à distribuição Normal, as equações (10.28) e (10.29) são válidas para distribuição Lognormal.

Os dados pertencerão à distribuição Lognormal se o *OSL* for maior que 0,05.

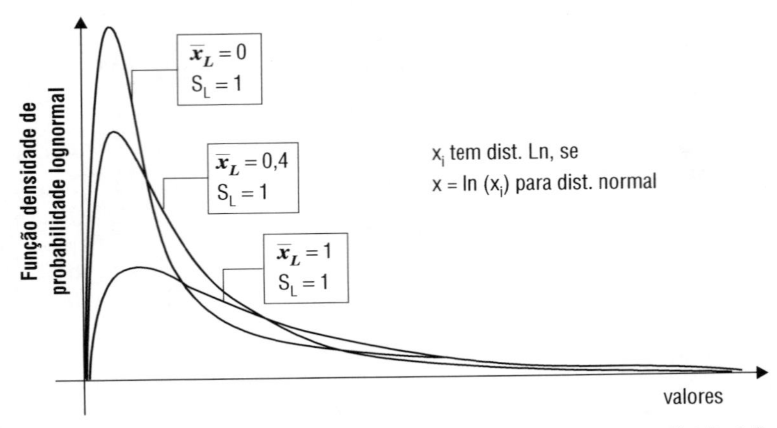

Figura 10.10 Função densidade de probabilidade em função dos valores, distribuição Lognormal (WALCK, 2007; KRISHNAMOORTHY, 2006).

10.3.5.1 Base B para distribuição Lognormal

Sendo os dados pertencentes à distribuição Lognormal estabelecida pelo teste de Anderson-Darling, então Base B pode ser calculada de acordo com a equação (10.33).

$$B = \exp\,[\overline{x}_L - k_B s_L] \tag{10.33}$$

k_B é o fator de tolerância-limite adequado unilateral tabelado (Anexo E), pode ser calculada por meio da aproximação também de acordo com a equação (10.31).

10.3.6 Método não paramétrico

O método não paramétrico é usado quando as distribuições de Weibull, Normal e Lognormal não são adequadas aos ajustes dos dados. Dessa forma, utiliza-se esse método para estimar a base B para amostras de tamanho n > 28. Este método consiste em ordenar os dados em ordem crescente; obtém-se valores de n e r_b tabelados, conforme Anexo F (MONTGOMERY; RUNGER; HUBELE, 2011; ZIO, 2007; PHAM, 2006; DESHPANDE; PUROHIT, 2005). O parâmetro r_b é a classificação correspondente à base B de acordo com o tamanho da amostra n. O parâmetro r_b pode também ser estimado conforme a equação (10.34).

$$r_b = \frac{n}{10} - 1{,}645\sqrt{\frac{9n}{100}} + 0{,}23 \tag{10.34}$$

10.3.7 Método Hanson-Koopmans

O método Hanson-Koopmans é usado quando as distribuições de Weibull, Normal e Lognormal não são adequados aos ajustes dos dados. Dessa forma, utiliza-se esse método para estimar base B para amostras de tamanho n < 29. O método Hanson-Koopmans consiste em ordenar os dados na ordem crescente; em seguida, obtém-se os valores de n, r_b e Kb, conforme tabela do Anexo G (MONTGOMERY; RUNGER; HUBELE, 2011; ZIO, 2007; PHAM, 2006; DESHPANDE; PUROHIT, 2005). Nesse caso, n é o tamanho da amostra, r_b e Kb dependem desse tamanho da amostra e são tabelados. A base B pelo método de Hanson-Koopmans pode ser estimada pela equação (10.35).

$$B = x_{(r)} \left[\frac{x_{(l)}}{x_{(r)}} \right]^k \tag{10.35}$$

Onde:

$x_{(l)}$ = é o menor valor da amostra;

$x_{(r)}$ = é o maior valor dos dados de acordo com a classificação tabelada;

Para essa equação, não deve ser empregada a igualdade $x_{(l)} = x_{(r)}$.

10.3.8 Análises de regressão linear

Quando um conjunto de dados estruturados não pode ser agrupado, ou seja, existe uma grande variação devida à variabilidade entre lotes, dentro de cada lote ou ambas as situações, como previsto pelo teste *Anderson-Darling fator-k,* uma vez que o parâmetro de Anderson Darling (amostra K) é maior que o parâmetro de Anderson Darling para o valor crítico (ADK > ADC), conclui-se que os dados não podem ser tratados como conjunto de dados não estruturados. Dessa maneira, se faz necessário empregar-se a análise de regressão linear.

A regressão linear consiste em identificar correlações entre as médias de uma variável dependente com uma ou mais variáveis independentes. Nesse contexto, tem-se a análise de uma variável dependente, que pode ser valores de resultados de ensaios destrutivos de tração, compressão, cisalhamento, que quantificam a resistência mecânica de um compósito, ou outra propriedade qualquer, em função de fatores fixados, como temperatura, umidade, sequenciamento de empilhamento de fibras em um compósito, e outros.

Essa relação linear entre variáveis pode ser modelada, sobretudo, pela soma da média de condições fixadas, pela variação randômica entre lotes e pela variação randômica dentro de cada lote, conforme equação 10.36.

$$x_s = \mu_{p(s)} + b_{q(s)} + e_s \tag{10.36}$$

Para:

$$\mu_{p(s)} = \theta_1 z_{p(s),1} + \theta_2 z_{p(s),2} + \ldots + \theta_r z_{p(s),r} \tag{10.37}$$

Onde:

$\mu_{p(s)}$: média da amostra x_s;

$z_{p(s),u}$: constantes conhecidas para $1 \leq p(s) \leq l$ e $u = 1, 2,..., r$

θ_u: parâmetros a serem estimados

$b_{q(s)}$: variação randômica entre lotes;

e_s: variação randômica dentro de cada lote.

Para um melhor entendimento, os dados possuem n observações s (s = 1, 2,..., n), l condições fixados p(s) (p(s) = 1, 2,..., l), e m lotes q(s) (q(s) =1, 2,..., m). Os covariantes $z_{p(s),u}$ são constantes conhecidas, por exemplo, sendo a condição fixada como temperatura tem-se p(s) = 1 corresponde a 64 °C para r = 2, $z_{11} = 1$ e $z_{12} = 64$. Logo, a média de dada amostra seria equacionada: $\mu_1 = \theta_1 + \theta_2 64$. Quanto às variáveis aleatórias $b_{q(s)}$ e e_s, são consideradas variáveis aleatórias de uma população com média zero e variância σb2 e σe2, respectivamente (KUTNER, 2004; BINGHAM, 2010).

Dessa maneira, o modelo de regressão linear dado pela equação (10.36), é o ponto de partida crucial da análise de admissíveis de projeto para dados estruturados. Se houver diferença de covariantes entre grupos associados com cada um dos grupos/lotes, recomenda-se o uso do método do Anova (KUTNER, 2004; BINGHAM, 2010; CLARKSON, 2013). Por outro lado, se for analisar apenas correlação entre duas variáveis, como, por exemplo, tensão e temperatura, pode-se aplicar análise de regressão linear simples.

10.3.9 Regressão linear simples

Para análise de regressão simples, identifica-se correlações entre as médias de uma variável dependente com apenas uma variável independente. Sendo assim, modela-se uma equação que permite fazer essa análise e, em seguida, cria-se uma representação gráfica, chamada diagrama de dispersão, que gera uma reta que possibilita avaliar o grau de correlação entre as variáveis (BINGHAM, 2010).

A regressão linear simples é um caso geral da regressão, uma vez que não há efeitos aleatórios, como variabilidades discerníveis entre lotes. A equação da regressão linear é resumida a partir da equação (10.38):

$$x_s = \mu_{p(s)} + e_s \tag{10.38}$$

Que pode ser reescrita em conotação mais usual, conforme a equação (10.39).

$$Y = \beta_0 + \beta_1 x + \varepsilon \tag{10.39}$$

Onde:

Y: variável dependente (aleatória);

β_0 e β_1: parâmetros desconhecidos;

x: variável independente (não aleatória);

ε: variável aleatória associada com a distância entre os pontos (valores observados y_i) e a reta que se quer obter.

Para efeito de análise de regressão e correlação simples, tem-se n observações da variável x e, consequentemente, n observações da variável aleatória y. Portanto, (x_1, y_1), (x_2, y_2),..., (x_n, y_n). É necessário $n \geq 3$ e pelo menos dois valores distintos para x (BINGHAM, 2010). Dessa maneira, resulta a equação (10.40).

$$Y_i = \beta_0 + \beta_1 x_i + \varepsilon_i; \text{ ; para i} = 1, 2, \ldots, \text{n} \tag{10.40}$$

ε_i é a variável aleatória independentes, considerando-se que a média igual a zero e desvio padrão σ^2. Para estimar os parâmetros $\hat{\beta}_0$ e $\hat{\beta}_1$ aplica-se método dos mínimos quadrados. Para isso, isola-se o termo $\varepsilon_{i:}$, conforme a equação (10.41).

$$\varepsilon_i = Y_i - \beta_0 - \beta_1 x_i \tag{10.41}$$

Elevam-se ambas as partes ao quadrado:

$$\varepsilon_i^{\,2} = [Y_i - \beta_0 - \beta_1 x_i]^2 \tag{10.42}$$

Aplica-se o somatório:

$$\sum_{i=1}^{n} \varepsilon_i^{\,2} = \sum_{i=1}^{n} [Y_i - \beta_0 - \beta_1 x_i]^2 \tag{10.43}$$

Derivando-se a equação (10.43) com relação $\hat{\beta}_0$ e $\hat{\beta}_1$ e igualando-se a zero, a fim de que minimize a soma de quadrados de erros da variável aleatória ε_i, tem-se o conjunto de equações normais ($\hat{\beta}_0$ e $\hat{\beta}_1$):

$$\hat{\beta}_0 = \bar{y} - \hat{\beta}_1 \bar{x} \tag{10.44}$$

onde,

$$\hat{\beta}_1 = \frac{\sum_{i=1}^{n} x_i y_i - n\overline{xy}}{\sum_{i=1}^{n} x_i^{\,2} - n\bar{x}^2} \tag{10.45}$$

e,

$$\bar{y} = \sum_{i=1}^{n} \frac{y_i}{n} \tag{10.46}$$

é a média da variável dependente, e

$$\bar{x} = \sum_{i=1}^{n} \frac{x_i}{n} \tag{10.47}$$

é a média da variável independente.

Dessa forma, obtendo o conjunto de equações normais, tem-se a equação de regressão estimada, conforme a equação (10.48).

$$\hat{y} = \hat{\beta}_0 + \hat{\beta}_1 x \tag{10.48}$$

É necessário conformidade da regressão linear. Para isso, os erros aleatórios apresentam-se como uma distribuição normal, a significância estatística no nível α testa a hipótese: $H_0 = \beta_1 = 0$; $H_1 = \beta_1 \neq 0$. Se $H_0 = \beta_1 = 0$ for rejeitada, conclui-se que existe relação entre as variáveis. Para que satisfaça essa afirmação, sendo Y variável aleatória distribuída normalmente independente, com variância σ^2 e média $\beta_0 + \beta_1 x_i$, para i = 1, 2,..., n, resulta a equação (10.49).

$$\sigma^2 = s_Y^2 = \frac{\sum_{i=1}^{n} (y_1 - \beta_0 - \beta_1 x_i)^2}{n-2} \tag{10.49}$$

Definindo:

$$SSE = \sum_{i=1}^{n} (y_1 - \beta_0 - \beta_1 x_i)^2 \tag{10.50}$$

$$SST = \sum_{i=1}^{n} (y_1 - \bar{y}_i)^2 \tag{10.51}$$

$$SSR = SST - SSE \tag{10.52}$$

$$F = \frac{SSR}{s_Y^2} \tag{10.53}$$

Onde:

SSE = soma dos quadrados dos resíduos;

SST = soma dos quadrados totais;

SSR = soma dos quadrados da regressão;

F = distribuição F com 1 e n-2 graus de liberdade.

A regressão é considerada significativa se F for maior que 1- α quantil da distribuição F com $\gamma_1 = 1$ e $\gamma_2 = n-2$ graus de liberdade. O Anexo H fornece esses valores para $\alpha = 0{,}05$.

A correlação entre a variável dependente y e a variável independente x, pode ser quantificada em uma taxa percentual que define a influência de y sobre x, em outras palavras, quanto y está sendo explicada por x. Essa taxa percentual é denominada coeficiente de determinação, conforme a equação (10.54).

$$R^2 = \frac{SSR}{SST} \tag{10.54}$$

O coeficiente de determinação varia de 0 a 1. Quanto mais próximo de 1 estiver os valores de R^2, mais forte será a correlação, ou seja, maior será a influência de y em x.

10.3.10 Base B para regressão linear simples

Para cálculo de base B, considerando-se que dado um valor de x_0 satisfaz a condição: $B(x_0)$ é um valor de base B para uma população normal com média $f(x_0) = \beta_0 + \beta_1 x_0$ e variância σ^2. Então, para $x = x_0$, base B é calculado pela equação (10.55).

$$B = \left(\hat{\beta}_0 + \hat{\beta}_1 x_0\right) - k_b s_y \tag{10.55}$$

Onde s_y é o desvio padrão dos erros posto pela equação (10.48), e k_b é obtido pela equação (10.56).

$$k_b = t_{\gamma,0,95}(\delta)\sqrt{\frac{1+\Delta}{n}} \tag{10.56}$$

Uma vez que $t_{\gamma,0,95}(\delta)$ é o 95-ésimo percentil da distribuição t não central com $\gamma = n-2$ graus de liberdade. Os parâmetros não centrais são obtidos pelas equações (10.57) e (10.58).

$$\delta = \frac{1,282}{\sqrt{\frac{1+\Delta}{n}}} \tag{10.57}$$

$$\Delta = \frac{n(x_0 - \bar{x})^2}{\sum_{i=1}^{n}(x_1 - \bar{x})^2} \tag{10.58}$$

Para k_b, quando n for maior ou igual a 10 e $0 \leq \Delta \leq 10$, resultando na equação 10.59.

$$k_b = 1,282 + \exp\left[0,595 - 0,508\ln(n) + \frac{4,62}{n} + \left(0,488 - \frac{0,988}{n}\right)\ln(1,82 + \Delta)\right] \tag{10.59}$$

10.3.11 Análise gráfica

Considerando as equações que analisam a correlação entre duas variáveis, pode-se, por meio de representação gráfica de um diagrama de dispersão, obter essa correlação, conforme mostra esquematicamente na Figura 10.11. O gráfico que representa a dispersão é uma reta, obtida a partir da diferença de cada relação de dados (x_i, y_i) pela sua média. O diagrama de dispersão permite obter soluções gráficas e analíticas, como mostrado nas Figuras 10.11, 10.12 e 10.13.

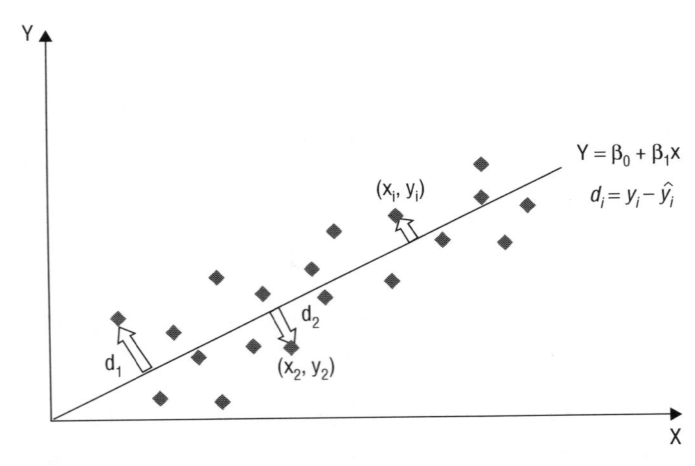

Figura 10.11 Estimativa pelo método de mínimos quadrados da correlação entre valores de Y, em função de valores de X.

Portanto, por meio desses gráficos, pode-se verificar a intensidade da correlação, independentemente de ser positiva ou negativa. A correlação é forte, quando os pontos estiverem mais próximos da reta imaginária, e fraca, quando mais distante da reta imaginária, e, por vezes, nula, quando estiverem dispersas de tal modo que não seja mais possível fazer uma analogia entre as variáveis.

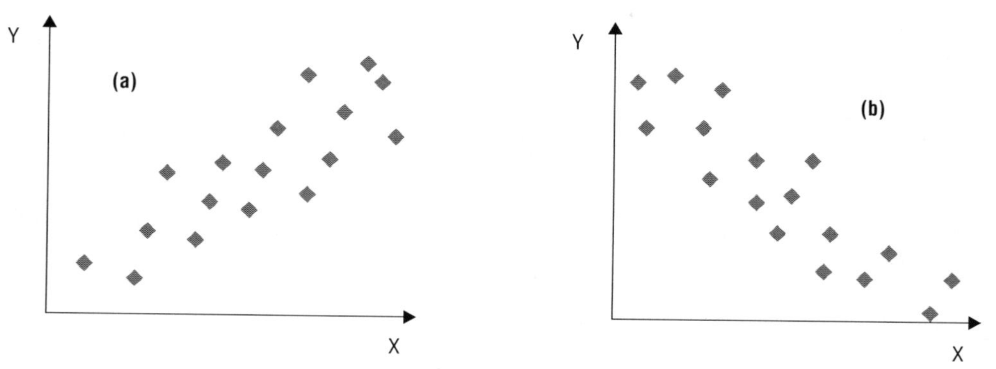

Figura 10.12 Representação de correlação negativa de valores de Y, em função de valores de X (a), e correlação positiva de valores de Y, em função de valores de X (b).

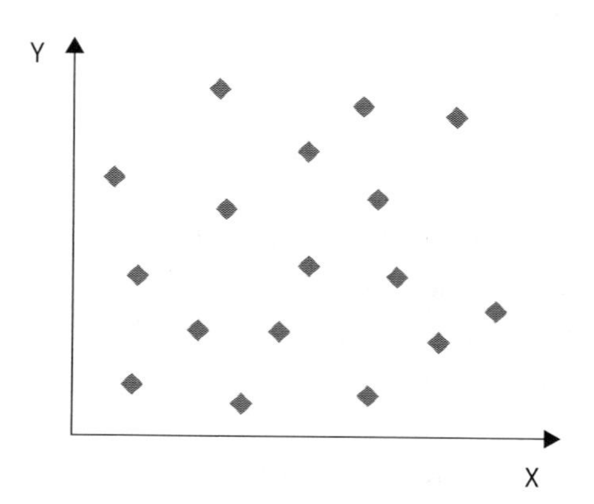

Figura 10.13 Representação de correlação nula entre valores de Y, em função de valores de X.

10.3.12 Método Anova Unifatorial

O método do Anova, ou análise de variância, consiste em identificar correlações entre as médias de uma ou mais variáveis dependentes com duas ou mais variáveis independentes. Este método compara médias entre grupos a fim de determinar as características em comum dos grupos e também se existe algum erro significativo, que pode estar entre grupos e/ou dentro de cada grupo, mostrado esquematicamente na Figura 10.14.

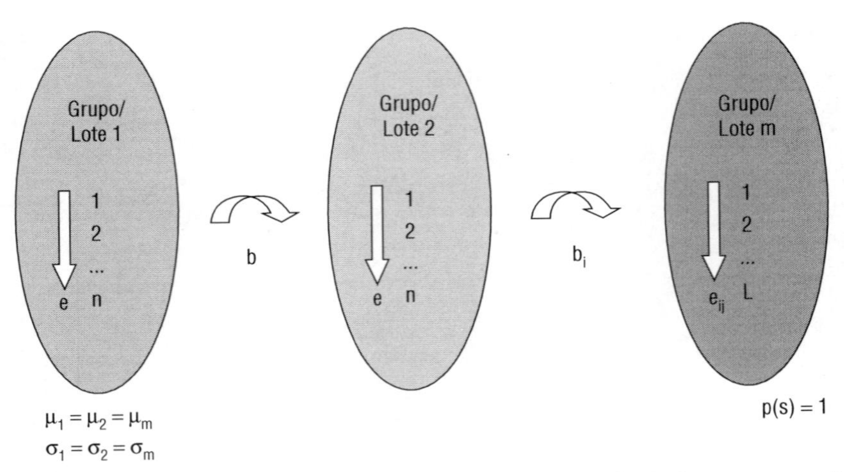

Figura 10.14 Representação esquemática do grupo de lotes para método Anova, para avaliação do admissível de projeto.

Para que se possa aplicar esse método, é importante fazer uma análise prévia que garanta três condições:

- Os dados de cada grupo/lote são de uma distribuição normal;
- Os grupos/lotes são independentes entre si; e
- Homogeneidade das variâncias entre grupos e dentro de cada um dos grupos, ou seja,

$$\sigma_1^2 = \sigma_2^2 = \ldots = \sigma_m^2 \tag{10.60}$$

O método do Anova pode ser de fatores de efeitos fixos ou aleatórios. Fatores de efeitos fixos são fatores conhecidos e que podem ser previsíveis. Por outro lado, fatores de efeitos aleatórios são fatores desconhecidos e que necessitem ser descritos por meio de métodos probabilísticos. A análise de variância de efeito aleatório é mais comum quando se considera o comportamento mecânico de compósitos (CLARKSON, 2013).

Assim, o rearranjo da equação (10.40), resulta na equação (10.61), que é a conotação mais usual.

$$x_{ij} = \mu + b_i + e_{ij} \quad \begin{matrix} i = 1,2,\ldots,k \\ j = 1,2,\ldots,n_i \end{matrix} \tag{10.61}$$

Onde:

x_{ij}: j-ésimo observação dentro do i-ésimo k grupos;

n_i: valores dentro do i-ésimo grupo;

μ: média geral da população;

b_i: efeito fixado atribuído no i-ésimo grupo;

e_{ij}: erro aleatório desconhecido atribuído a fontes de variação.

Considera-se que as variáveis b_i e e_{ij} possuem média zero e variância σ_b^2 e σ_e^2, respectivamente. Sendo variáveis normalmente distribuídas.

Para que se atenda aos requisitos de homogeneidade dos dados, uma vez que as variâncias dentro de cada grupo e entre grupos devem ser iguais, tem-se o teste não paramétrico de igualdade de variância de Levene, que determina se existe diferença significativa entre amostras de cada um dos k grupos. Dessa maneira, resulta a equação (10.62).

$$w_{ij} = \left| x_{ij} - \tilde{x}_i \right| \tag{10.62}$$

Onde:

w_{ij}: dados transformados;

$\tilde{x}_i$: mediana de n_i valores dentro do i-ésimo grupo.

A partir dos dados transformados, faz-se uma análise de teste F, que, por sua vez, pressupõe que k amostras de uma população possuem a mesma média. Este método compara a média dos quadrados das variâncias entre grupos (MSB) com a média dos quadrados das variâncias dentro de cada grupo (MSE). Portanto, o teste estatístico F é calculado pela equação (10.63).

$$F = \frac{MSB}{MSE} = \frac{\sum_{i=1}^{k} n_i \left(\bar{x}_i - \bar{x}\right)^2 / (k-1)}{\sum_{i=1}^{k} \sum_{j=1}^{n_i} \left(x_{ij} - \bar{x}_i\right)^2 / (n-k)} \tag{10.63}$$

Onde:

$\bar{x}_i$: média dos ni valores dentro do i-ésimo grupo;

$\bar{x}$: média de todas as n observações

Se F é maior ou igual a 1 $-\alpha$ quantil da distribuição F dada pela relação de graus de liberdade k – 1 (numerador) e n – k (denominador), conclui-se, com 5% de probabilidade de ser um erro, que k amostras de uma população não são iguais. Para α = 0,05 a tabela quantil da distribuição F fornece esses dados, conforme mostra o Anexo H (MONTGOMERY; RUNGER; HUBELE, 2011; ZIO, 2007; PHAM, 2006; DESHPANDE; PUROHIT, 2005).

Satisfazendo os pré-requisitos (dados de população normal, grupos independentes e homogeneidade) para aplicação do Anova. Para abordagem de Anova unifatorial (*one-way*) ou Anova de um fator, primeiramente, deve-se calcular a média global, equação (10.64), e a média amostral, equação (10.65).

$$\bar{x} = \sum_{i=1}^{k} \sum_{j=1}^{n_i} x_{ij} / n \tag{10.64}$$

$$\bar{x}_i = \frac{\sum_{j=1}^{n_i} x_{ij}}{n_i}, \text{ para } i = 1,2,\ldots,k \qquad (10.65)$$

Onde:

$$n = \sum_{i=1}^{k} n_i \qquad (10.66)$$

n = tamanho total da amostra.

Dessa forma tem-se:

$$SSB = \sum_{i=1}^{k} n_i \bar{x}_i^2 - n\bar{x}^2 \qquad (10.68)$$

$$SST = \sum_{i=1}^{k} \sum_{j=1}^{n_i} x_{ij}^2 - n\bar{x}^2 \qquad (10.69)$$

$$SSE = SST - SSB \qquad (10.70)$$

Onde:

SSB: soma dos quadrados das variâncias entre lotes;

SST: soma dos quadrados totais;

SSE: soma dos quadrados das variâncias dentro de cada lote (erro).

Com esse acervo de equações, é possível analisar os resultados por meio da tabela do Anova, Tabela 10.1, uma vez que esta fornece informações sobre fontes de variação por meio das somas dos quadrados. Esse modelo é usado tanto para efeitos fixados quanto para efeitos aleatórios.

Tabela 10.1 Modelo para Anova unifatorial (*one-way*).

Fonte	Graus de liberdade	Soma dos quadrados	Média dos quadrados	Teste F
Amostras	k-1	SSB	MSB=SSB/(k-1)	F=MSB/MSE
Erros	n-k	SSE	MSE=SSE/(n-k)	
Total	n-1	SST		

Frequentemente faz-se um resumo estatístico para cada grupo, então a média global da equação (10.64) pode ser reescrita na forma da equação (10.71).

$$\bar{x} = \sum_{i=1}^{k} n_i x_i / n \quad (10.71)$$

Onde:

$\bar{x}_i$: média das amostras;

si: desvio padrão das amostras de cada grupo;

ni: tamanho dos grupos.

A soma dos quadrados das variâncias entre lote SSB da equação (10.71) é mantida, mas em termos de variância s_i^2 a soma dos quadrados das variâncias dentro de cada lote da equação agora é reescrita na equação (10.72), a soma dos quadrados totais SST é a soma de SSB (equação 10.68) e SSE (equação 10.72).

$$SSE = \sum_{i=1}^{k} (n_i - 1) s_i^2 \quad (10.72)$$

Não é necessário que os lotes tenham mesmos números de amostras. Portanto o tamanho do lote efetivo é dado pela equação (10.73).

$$n' = \frac{n - n^*}{k - 1} \quad (10.73)$$

Para:

$$n^* = \sum_{i=1}^{k} \frac{n_i^2}{n} \quad (10.74)$$

$$n = \sum_{i=1}^{k} n_i \quad (10.75)$$

Onde

n: tamanho da amostra total.

Usando-se as médias quadradas pela equação (10.42), é possível estimar o desvio padrão da população pela equação (10.76).

$$S = \sqrt{\frac{MSB}{n'} + \left(\frac{n' - 1}{n'}\right) MSE} \quad (10.76)$$

Pode-se, a partir disso, obter a base B para método Anovaunifatorial. Para cálculo de três ou mais lotes, primeiramente procede-se a avaliação do valor adimensional entre as médias quadradas, de acordo com a equação (10.77).

$$u = \frac{MSB}{MSE} \tag{10.77}$$

Se u é menor que um, conjunto u igual a um. Calcula-se a tolerância do fator limite, conforme a equação (10.78).

$$T = \frac{k_0 - \frac{k_1}{\sqrt{n'}} + (k_1 - k_0)w}{1 - \frac{1}{\sqrt{n'}}} \tag{10.78}$$

Onde:

$$w = \sqrt{\frac{u}{u + n' - 1}} \tag{10.79}$$

k_0: tolerância do fator limite de uma amostra aleatória com tamanho n de uma distribuição normal;

k_1: tolerância do fator limite de uma amostra aleatória de tamanho k de uma distribuição normal.

Estes fatores de tolerância limites podem ser extraídos a partir da tabela fator limite de tolerância unilateral para base B (k_B) para distribuição normal (Anexo E).

Portanto base B é calculado pela equação (10.80).

$$B = \bar{x} - TS \tag{10.80}$$

Dessa forma, se o lote de dados for estruturado, e se existe mais de um covariante associado a cada um dos lotes, utiliza-se o método Anova para análise dos resultados. Se não, a regressão linear simples é suficiente para descrever o comportamento mecânico da coleção de dados obtida.

10.4 INFLUÊNCIA DE FATORES NOS ADMISSÍVEIS DE PROJETO

Há várias abordagens e considerações para avaliar e obter os valores de propriedades admissíveis de projeto. A primeira etapa do processo de obtenção dos admissíveis de projeto é gerar dados de ensaios, por meio de uma matriz de teste do fabricante de aeronaves. Essa matriz de teste fornece dados de resistência mecânica e módulo elástico, por exemplo, em diversas configurações de ensaio, como tração, compressão, cisalhamento, dentre outras. É necessário também reavaliar os materiais sob condições do envelope de serviço do componente ou aeronave, condições ambientais, contaminantes (combustível, solventes ou removedores), e para variações de empilhamento. Uma matriz de testes adicionais, destinada a testes de propriedades físicas, também é conduzida para casos não considerados pelo fabricante de aeronaves, como, por exemplo, empilhamentos não convencionais, entalhes, ou mesmo, por exemplo, gerar fatores admissíveis de projeto para peças com rebaixos ou com insertos embutidos.

Além disso, pode-se considerar a influência de diversos fatores nos admissíveis de projeto de materiais compósitos para indústria aeronáutica e aeroespacial. A Figura 10.15 apresenta, de forma esquemática, os possíveis fatores impactantes nas propriedades mecânicas, químicas e físicas de compósitos, que, por consequência, vão influenciar nos valores dos admissíveis de projeto. Esses fatores podem englobar o projeto, materiais, a caracterização dos materiais de fabricação, o processamento dos materiais, o ferramental utilizado em moldagem, o controle de qualidade da peça produzida, o método de fabricação, a qualificação dos operadores, o controle de variáveis ambientais, como temperatura e umidade, bem como a degradação do material em serviço. A Figura 10.16 mostra os fatores impactantes nos admissíveis de projeto propriamente dito, incluindo materiais, caracterização e processamento, ferramental, projeto, degradação em serviço, controle de qualidade e método de fabricação.

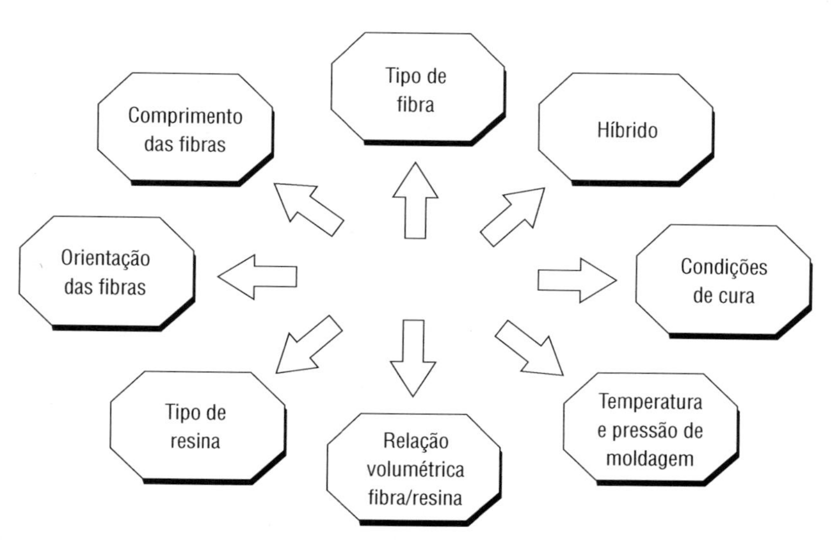

Figura 10.15 Fatores preponderantes nas propriedades de compósitos estruturais considerando os admissíveis de projeto.

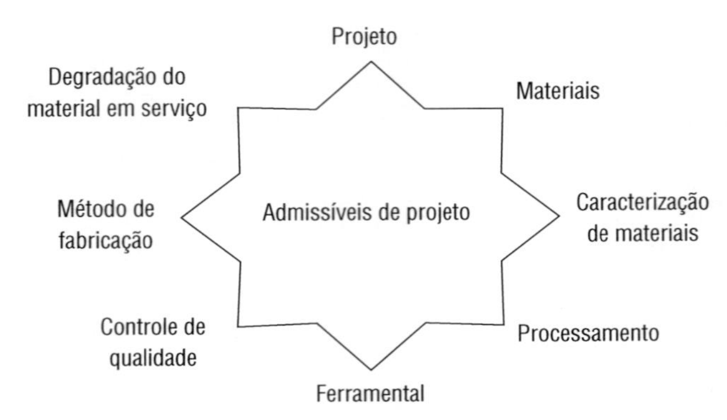

Figura 10.16 Fatores que influenciam os admissíveis de projeto para estruturas fabricadas em materiais compósitos.

Os quesitos mais impactantes em materiais, para valores admissíveis de projeto, podem se desmembrar em estágio de pré-cura da pré-impregnado (estágio B), o conteúdo de matriz no pré-impregnado, o fluxo da matriz (resina), teor de voláteis na matriz, conteúdo de umidade no pré-impregnado, porosidade, tipo de encimagem no reforço e torção nos filamentos, conforme mosta a Figura 10.17.

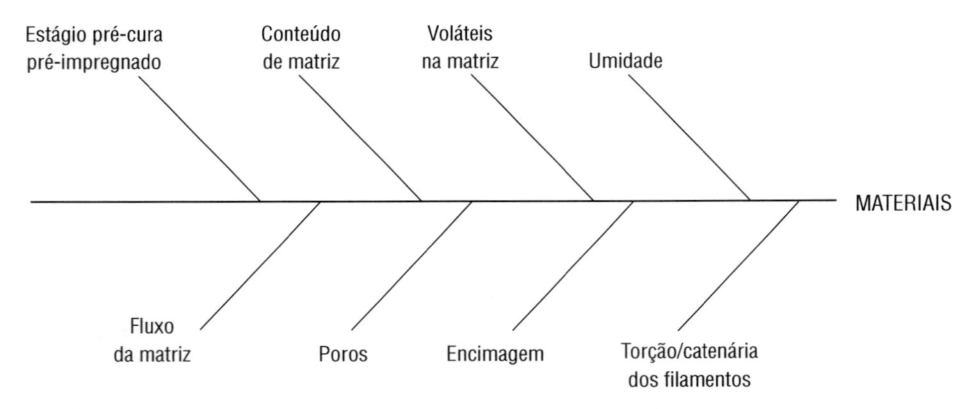

Figura 10.17 Fatores impactantes em materiais para valores admissíveis de projeto.

Considerando-se a influência de fatores no processamento, os itens que são impactantes nos admissíveis de projeto para estruturas em compósitos estruturais são as características de molhamento fibra/resina, disposição do reforço (fibra, tecido), o ciclo de cura (considerando a pressão de cura e temperatura), a compactação de lâminas de reforço de fibras, a disposição/arranjo de camadas, a umidade/temperatura durante processo, o tempo de processo e a qualidade do reforço, conforme mostra a Figura 10.18.

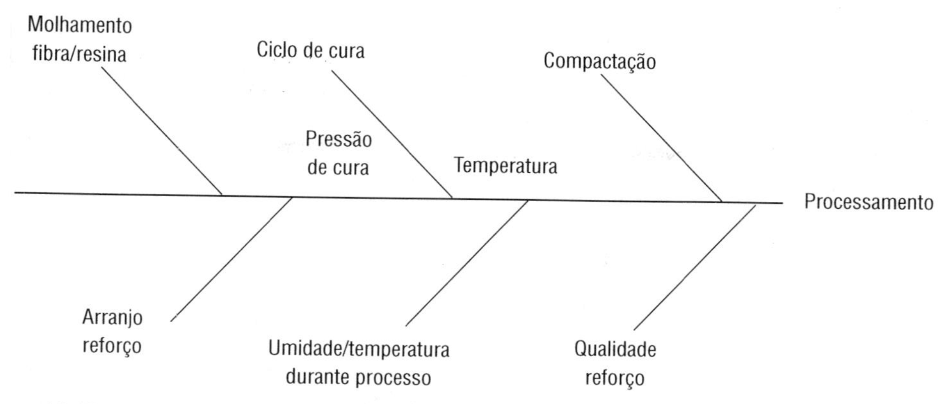

Figura 10.18 Fatores impactantes no processamento para valores admissíveis de projeto.

Para a condição em que o reforço é parâmetro considerado, o valor do admissível de projeto pode assumir valores otimizados de propriedades, ou seja, os valores medidos do admissível de projeto são impactados principalmente pela presença de fibras com alta resistência/módulo, conforme mostra a Figura 10.19. Assim, se a interfase/interface reforço/resina é considerada otimizada, ocorrendo um translado adequado de propriedades, se a geometria do reforço (diâmetro) apresenta baixa variação, e se o volume de fibras mostra valores otimizados, o desvio padrão do compósito tende a ser menor que o desvio padrão referente ao valor da resistência do reforço.

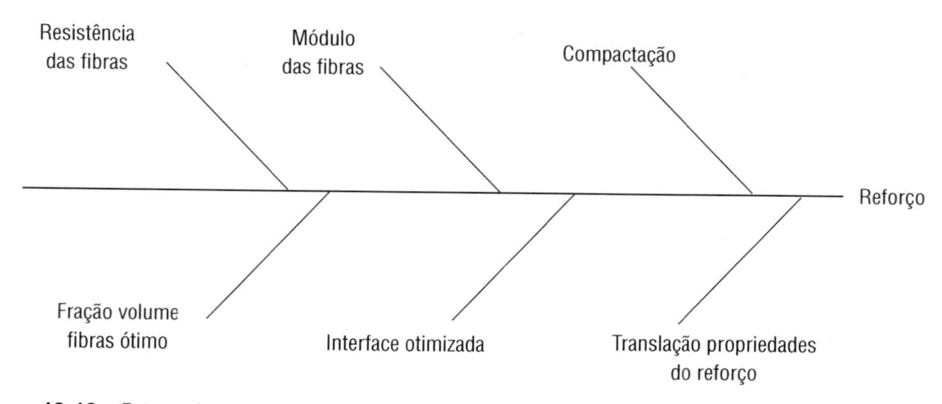

Figura 10.19 Fatores impactantes nas características do reforço para valores admissíveis de projeto.

Quando a caracterização e testes mecânicos são considerados, os admissíveis de projeto também são impactados pelos fatores: método de teste; tipo de corpo de prova; fração; volume de fibras; conteúdo vazios; defeitos de manufatura; modos de falha complexos; acoplamento tração/cisalhamento; variabilidade no corpo de prova devida ao processamento; extensão da cura (Tg); escala (número e tamanho de corpos de prova); efeitos ambientais na fabricação; controle de qualidade e pela preparação de corpos de prova, conforme mostra a Figura 10.20.

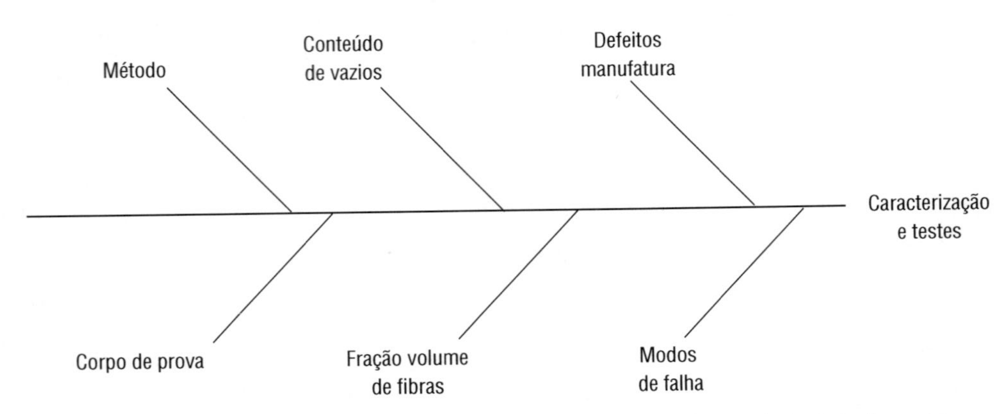

Figura 10.20 Fatores impactantes nas caracterizações e testes para valores admissíveis de projeto.

Considerando o ferramental de moldagem, os fatores que também impactam os admissíveis de projeto para materiais compósitos são o projeto da peça (formato, tamanho, peso), a taxa de produção, a durabilidade do ferramental, a técnica de processamento (vácuo, autoclave, injeção de resina em molde fechado, injeção sob vácuo, bobinagem), a fadiga do ferramental devido a ciclos térmicos, expansão e contração na peça de compósito, o acabamento do ferramental, a massa do ferramental, e o custo do ferramental (material, manutenção), conforme mostra a Figura 10.21.

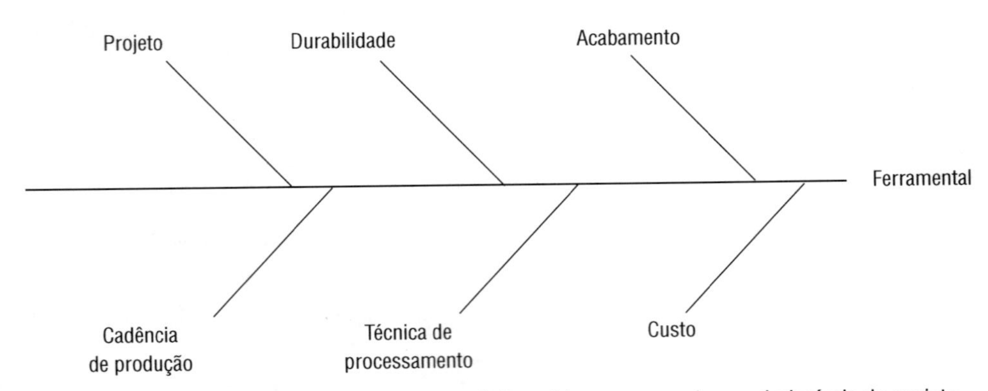

Figura 10.21 Fatores impactantes no ferramental de moldagem para valores admissíveis de projeto.

Uma das metodologias de obtenção de valores admissíveis de projeto considera a rastreabilidade dos corpos de prova por *amostragem robusta*, conforme mostra a Figura 10.22. Nesse caso, os dados de admissíveis de projeto são gerados a partir de cinco lotes, em que cada lote é gerado a partir de duas placas de compósitos com processos diferenciados, e de cada placa de compósito cinco corpos de prova são submetidos a testes, gerando um total de 55 amostras.

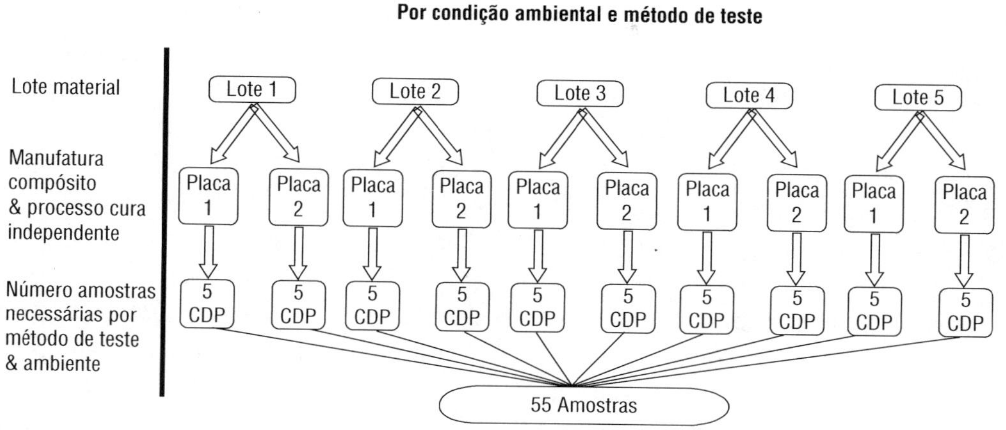

Por condição ambiental e método de teste
Lote material
Manufatura compósito & processo cura independente
Número amostras necessárias por método de teste & ambiente
Lote 1
Lote 2
Lote 3
Lote 4
Lote 5
Placa 1
Placa 2
5 CDP
55 Amostras

Figura 10.22 Metodologia de *amostragem robusta* para obtenção de admissíveis de projeto de compósitos estruturais (TROMBLIN; NG; RAJU, 2001).

Uma outra metodologia considera a obtenção de valores admissíveis de projeto pela rastreabilidade dos corpos de prova por *amostragem reduzida*, conforme mostra a Figura 10.23.

Por condição ambiental e método de teste
Lote material
Manufatura compósito & processo cura independente
Número amostras necessárias por método de teste & ambiente
Lote 1
Lote 2
Lote 3
Placa 1
Placa 2
3 CDP
18 Amostras

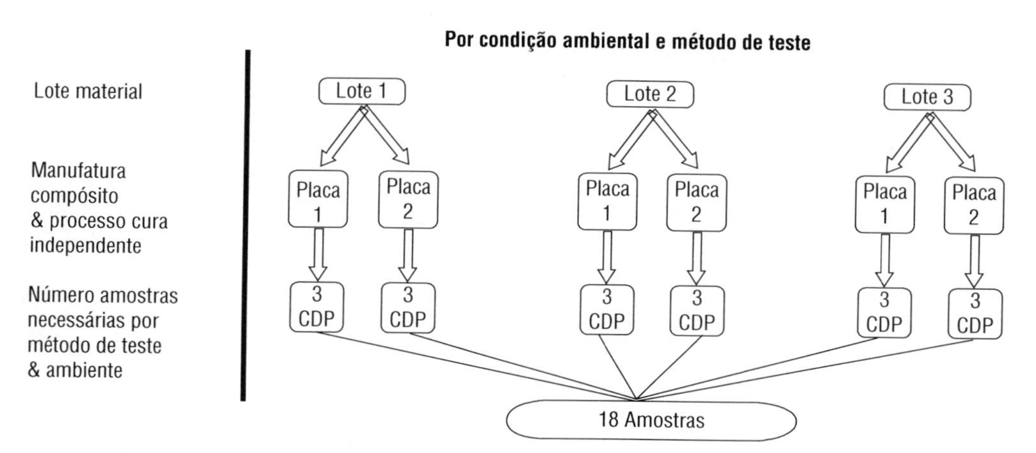

Figura 10.23 Metodologia simplificada de *amostragem* para obtenção de valores admissíveis de projeto de compósitos estruturais (TROMBLIN; NG; RAJU, 2001).

De forma simplificada, pode-se descrever a simulação das variabilidades de matéria-prima e de fabricação por serem obtidas a partir de lotes. Os lotes podem ser submetidos a processos de cura distintos, denominados CURA 1 e CURA 2, conforme ilustra esquematicamente a Figura 10.24. Os materiais passam por processos de fabricação e ensaios sob condições controladas, em que a conformidade da qualidade da empresa fabricante é atestada pelos órgãos homologadores, bem como a conformidade dos corpos de prova e ensaios (MANN; NG; MARLETT, 2013).

No processo de qualificação/certificação de estruturas são considerados ensaios no pré-impregnado, na lâmina unitária de reforço, e finalmente no compósito. A coleção de ensaios e testes efetuados para pré-impregnados é estabelecida de acordo com a respectiva designação das normas aplicadas. Duas das normas consagradas para designar cada um dos ensaios são as da ASTM (American Society for Testing of Materials) e da SACMA (Suppliers of Advanced Composite Materials Association), conforme mostra-se na Tabela 10.2. As normas SACMA ainda suprem lacunas de procedimentos normatizados não existentes nas normas ASTM. De forma análoga, o sumário de testes realizados para uma lâmina unitária de reforço é descrito na Tabela 10.3, e os ensaios no compósito são listados na Tabela 10.4.

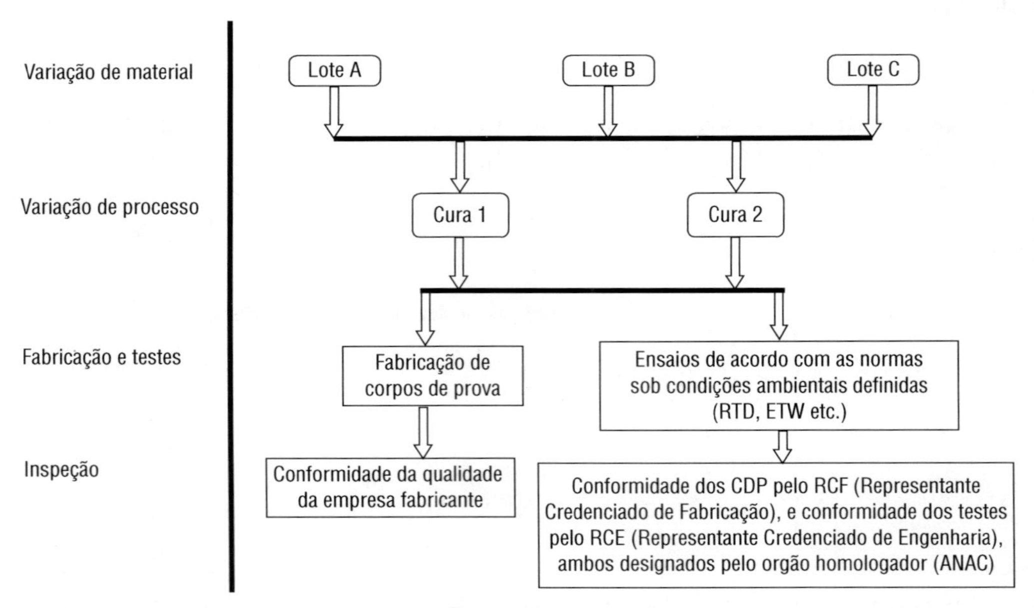

Figura 10.24 Condições para simulação das variabilidades de matéria-prima e de fabricação de corpos de prova para avaliação de propriedades admissíveis de projeto.

Tabela 10.2 Sumário de testes referentes à pré-impregnados.

Teste ↓ / Norma →	Método de teste	
	ASTM	SACMA
Conteúdo de resina	D3529, C613, D5300	RM23, RM24
Conteúdo de voláteis	D3530	–
Fluxo de resina	D3531	RM22
Tempo de gel	D3532	RM19
Massa de fibras/área	D3776	RM23, RM24
Adesibilidade (tack)	D4019	–
Cromatografia líquida de alta pressão (HPLC)	–	RM20
Espectroscopia infravermelha com transformada de Fourier (FTIR)	E1252, E168	–
Análise dinâmico mecânica (DMA)	D4065, D4473	RM19
Calorimetria exploratória diferencial (DSC)	E1356	RM25

Tabela 10.3 Sumário de testes referentes a uma lâmina de compósito.

Teste ↓ / Norma →	Método de teste	
	ASTM	SACMA
Condicionamento à úmido	D5229	RM11
Volume de fibras	D3171, D2734	RM10
Conteúdo de resina	D3171, D2734	RM10
Conteúdo de poros	D2584	–
Massa específica	D792, D1505	–
Espessura camada curada	–	RM10
Tg (seco)	D4065	RM18
Tg (úmido)	–	RM18
Coeficiente de expansão térmica (perpendicular plano)	E831	–
Coeficiente de expansão térmica (direção do plano)	D696, E228	–
Conteúdo umidade em equilíbrio	D5229	RM11
Difusividade de umidade	D5229	–
Difusividade térmica	E1461	–
Calor específico	E1269	–

Tabela 10.4 Sumário de testes referentes ao compósito (TOMBLIN; NG; RAJU, 2001).

Teste ↓ / Norma →	Método de teste	
	ASTM	SACMA
Tração Urdidura 0°	D3039	RM4, RM9
Tração Trama 90°	D3039, D5450	RM4, RM9
Compressão Urdidura 0°	D3410, D5467	RM1, RM6
Compressão Trama 90°	D3410, D5449	RM1, RM6
Cisalhamento no plano	D3518, D5448, D5379	RM7
Cisalhamento interlaminar	D5379	–
Resistência sob cisalhamento interlaminar	D2344	RM8
Compressão orifício central (*open-hole*)		RM3
Tração orifício central (*open-hole*)	D5766	RM5
Compressão pós-impacto		RM2
Tenacidade à Fratura Modo I	D5229	–
Fadiga Tensão/Compressão	D3479	–
Tração Urdidura 0°		
Tração Trama 90°		

Para amostragens de propriedades de materiais compósitos mais robustas, em que é necessária alta confiabilidade nos resultados para admissíveis de projeto, tanto para base A quanto para base B, a matriz de teste é estabelecida pela Tabela 10.5. O número necessário de lotes e replicatas por lotes são apresentados, tanto no que concerne a cada condição ambiental de ensaio (CDT, RTD, ETW, ETD, ver Tabela 10.5), quanto para cada tipo de ensaio. Por exemplo, para a condição de resistência à tração 0°/ETW serão necessários cinco lotes de material e sete corpos de prova, resultando em 21 corpos de prova.

Tabela 10.5 Sumário de testes considerando uma amostragem robusta para medidas de propriedades de compósito, para base A e base B (TOMBLIN; NG; RAJU, 2001).

Propriedade	Norma	Número de corpos de prova por condição de teste			
		CDT[1]	RTD[2]	ETW[3]	ETD[4]
Resistência à tração 0° (urdidura)	ASTM D3039	1 x 7	5 x 7	5 x 7	1 x 7
Módulo em Tração 0°/Resistência/ Razão Poisson*	ASTM D3039	1 x 4	5 x 4	5 x 4	1 x 4
Resistência à tração 90° (trama)	ASTM D3039	1 x 7	5 x 7	5 x 7	1 x 7
Módulo em Tração 90°/Resistência/ Razão Poisson*	ASTM D3039	1 x 4	5 x 4	5 x 4	1 x 4
Resistência à compressão 0° (urdidura)	SACMA SRM 1	1 x 11	5 x 11	5 x 11	1 x 11
Módulo em compressão 0° (urdidura)*	SACMA SRM 1	1 x 4	5 x 4	5 x 4	1 x 4
Resistência à compressão 90° (urdidura)	SACMA SRM 1	1 x 11	5 x 11	5 x 11	1 x 11
Resistência à compressão 90° (trama)*	SACMA SRM 1	1 x 4	5 x 4	5 x 4	1 x 4
Resistência ao cisalhamento no plano	ASTM D5379	1 x 5	5 x 7	5 x 7	1 x 7
Resistência ao cisalhamento e módulo no plano*	ASTM D5379	1 x 4	5 x 4	5 x 4	1 x 4
Resistência ao cisalhamento interlaminar	ASTM D2344	–	5 x 11	–	–

* Uso de extensômetros elétrico durante o teste

Obs: 1. Só uma batelada de material é necessária (temperatura teste = –54±2 °C).

2. Três bateladas de material são necessárias (temperatura de teste = 21±5 °C).

3. Três bateladas de material são necessárias (temperatura de teste = 82±2 °C).

4. Três bateladas de material são necessárias (temperatura de teste = 82±2 °C).

5. Amostras secas mantidas em condições ambientais controladas de laboratório.

Tabela 10.6 Sumário de testes, considerando uma amostragem simples robusta para medidas de propriedades de compósito, para admissíveis de projeto base B (TOMBLIN, 2001).

Propriedade	Norma	Número de corpos de prova por condição de teste			
		LTD[1]	RTD[2]	ETW[3]	ETD[4]
Resistência à tração 0° (urdidura)	ASTM D3039	1 x 4	3 x 4	3 x 4	1 x 4
Módulo em Tração 0°/Resistência/ Razão Poisson	ASTM D3039	1 x 2	3 x 2	3 x 2	1 x 2
Resistência à tração 90° (trama)	ASTM D3039	1 x 4	3 x 4	3 x 4	1 x 4
Módulo em Tração 90°/Resistência/ Razão Poisson	ASTM D3039	1 x 2	3 x 2	3 x 2	1 x 2

(*continua*)

Tabela 10.6 Sumário de testes considerando uma amostragem simples robusta para medidas de propriedades de compósito, para admissíveis de projeto base B (TOMBLIN, 2001). (*continuação*)

Propriedade	Norma	Número de corpos de prova por condição de teste			
		LTD[1]	RTD[2]	ETW[3]	ETD[4]
Resistência à compressão 0° (urdidura)	SACMA SRM 1	1 x 6	3 x 6	3 x 6	1 x 6
Módulo em compressão 0° (urdidura)	SACMA SRM 1	1 x 2	3 x 2	3 x 2	1 x 2
Resistência à compressão 90° (urdidura)	SACMA SRM 1	1 x 6	3 x 6	3 x 6	1 x 6
Resistência à compressão 90° (trama)	SACMA SRM 1	1 x 2	3 x 2	3 x 2	1 x 2
Resistência ao cisalhamento no plano	ASTM D5379	1 x 4	3 x 4	3 x 4	1 x 4
Resistência ao cisalhamento e módulo no plano	ASTM D5379	1 x 2	3 x 2	3 x 4	1 x 2
Resistência ao cisalhamento interlaminar	ASTM D2344	–	3 x 6	–	–

(1, 2, 4) –55 °C, Temperatura ambiente, 90 °C, 120 °C

(3) Temperatura ambiente, 70 °C, 90 °C / 70 °C, umidade relativa de 85%

10.5 PROCEDIMENTOS TÍPICOS DE ENSAIO PARA DETERMINAÇÃO DE PROPRIEDADES DE MATRIZES POLIMÉRICAS E COMPÓSITOS

10.5.1 Caracterização mecânica de matrizes (resinas)

As propriedades de matrizes poliméricas não são utilizadas em projeto. No entanto, o banco de dados vai possibilitar o desenvolvimento de processos de fabricação com conhecimento fundamental bem como o entendimento da composição e da reatividade da resina.

A grade de testes físico-químicos pode incluir:

- Massa específica – Cromatografia líquida de alto desempenho
- Viscosidade – Reologia
- Tempo de gel – Cinética de reação
- Espectroscopia no infravermelho

Esses testes podem ser modificados para considerar a adição ou presença de solventes na formulação, que provocam efeito significativo na reologia da resina.

Por meio do ensaio viscosidade rotacional, pode ser obtido o perfil de viscosidade sob aquecimento dinâmico, perfil isotérmico de viscosidade a temperatura ambiente e em temperaturas isotérmicas predeterminadas. São obtidos resultados de viscosidade em função da temperatura para o perfil sob aquecimento dinâmico e da viscosidade em função do tempo. A viscosidade pode ser determinada a partir do torque necessário para aplicar uma dada rotação a um fuso (haste) – em que a rotação típica utilizada é de 100 rpm – imerso em um recipiente contendo a matriz a ser ensaiada na temperatura de ensaio. A análise por espectroscopia no infravermelho pode ser realizada tanto na matriz no estado não curado quanto no estado curado. A análise pode ser realizada na região do infravermelho por transmissão, até 4.400 cm^{-1}, com pastilhas de KBr.

10.5.2 Ensaio de tração na matriz polimérica

O ensaio de tração na matriz é realizado segundo norma ASTM 638M (Stardand Test Method for Tensile Properties of Plastics), em modalidades de corpos de prova, conforme mostra a Figura 10.25, indicadas por M-I e M-III, cujas dimensões são mostradas na Tabela 10.7. A fixação de sensores de deformação, na forma de extensômetros elétricos e sensores de deslocamento (grampos eletromecânicos), permite a medida do módulo elástico e coeficiente de Poisson.

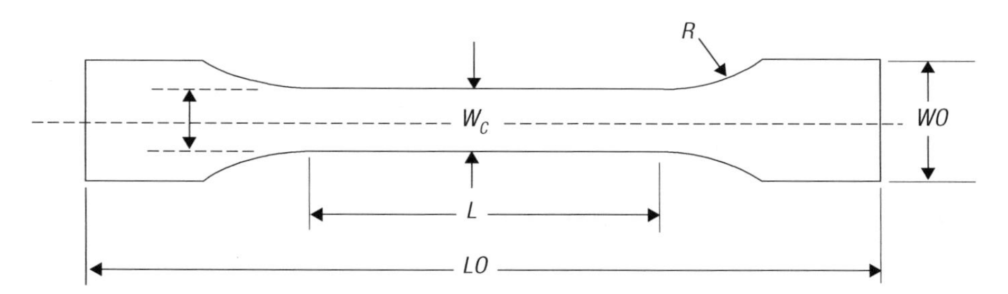

Figura 10.25 Geometria de corpo de prova de tração segundo norma ASTM 638M.

Tabela 10.7 Dimensões geométricas típicas dos corpos de prova detração de matrizes poliméricas.

	Espessura < 10 mm	Espessura < 4 mm	
	TIPO I	TIPO II	TIPO III
Wc	10	6	2,5
L	60	33	10
WO	20	25	10
LO	150	115	60
R	60	14	15

10.5.3 Ensaio de impacto

O ensaio de impacto é realizado segundo norma ASTM D256, Stardand Test Method for Determining the Izod Pendulum Impact Resistance of Plastics. O ensaio mede a energia por unidade de espessura necessária para a ruptura de um corpo de prova, conforme mostra Figura 10.26, sob impacto em flexão. O ensaio corresponde a uma medida da resistência do material a altas taxas de deformação. O corpo de prova é mantido como uma viga engastada, em posição vertical e impactado por um pêndulo. A energia perdida pelo pêndulo é igual à energia absorvida pelo corpo de prova. Assim, o ensaio de impacto dá uma ideia sobre a tenacidade do material. A modalidade do ensaio de impacto Charpy, na qual os corpos de prova são dispostos horizontalmente e bi-apoiados nas extremidades, é atualmente pouco utilizada. Resistência ao impacto Izod sem entalhe, abordada na norma ASTM D4812, é também uma opção para medida de propriedade em impacto, em conjunto com a norma ASTM D256. A Figura 10.27 mostra a geometria das modalidades Izod e Charpy. Na Tabela 10.8 são delineadas as modalidades de ensaios de impacto abordadas na norma ASTM D256.

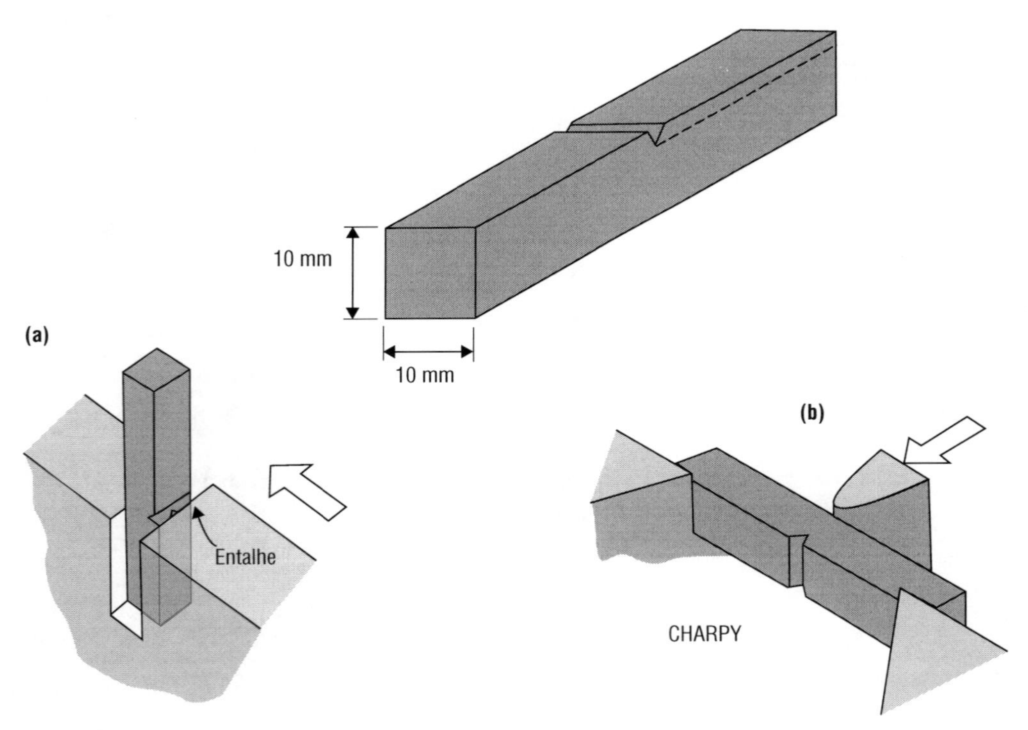

Figura 10.26 Representação esquemática das modalidades de ensaio para corpos de prova Izod (a) e Charpy (b) e do pêndulo para ensaio de impacto (c). (*continua*)

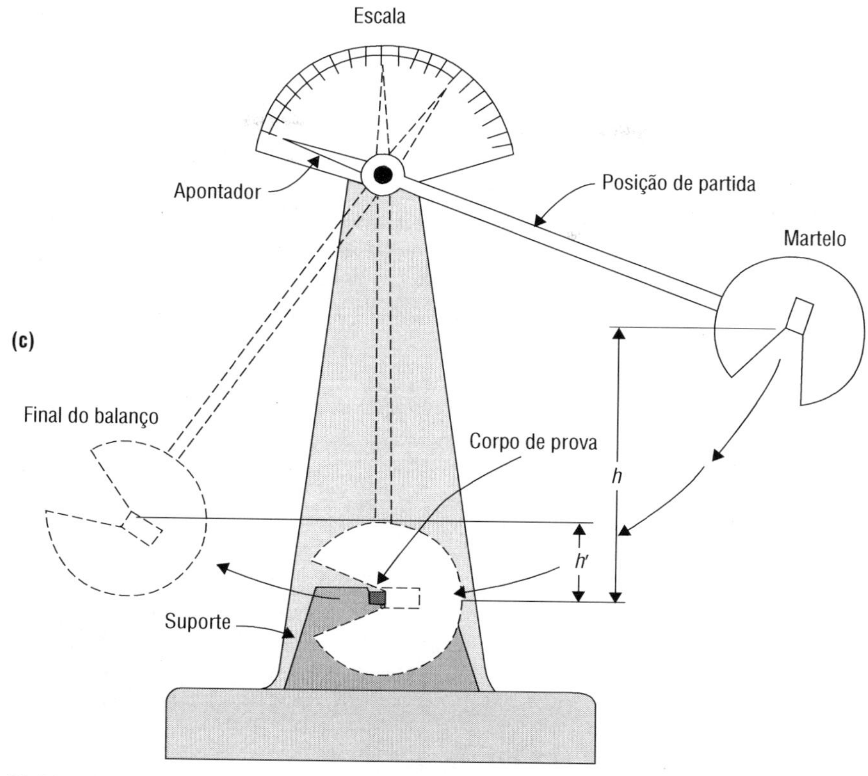

Figura 10.26 Representação esquemática das modalidades de ensaio para corpos de prova Izod (a) e Charpy (b) e do pêndulo para ensaio de impacto (c). (*continuação*)

Tabela 10.8 Considerações sobre os ensaios de impacto reportados na norma ASTM D256.

Método	Nome	Descrição do teste	Diagrama
A	Resistência ao impacto Izod entalhado	O corpo de prova é mantido na posição vertical como uma viga engastada, e rompido por um pêndulo de impacto que ocorre no lado entalhado.	impacto
B	Resistência ao impacto Charpy	O corpo de prova é mantido como uma viga suportada e impactada no lado oposto ao entalhe. Esse método não é mais abordado na ASTM D256.	impacto

(*continua*)

Tabela 10.8 Considerações sobre os ensaios de impacto reportados na norma ASTM D256. (*continuação*)

Método	Nome	Descrição do teste	Diagrama
C	Resistência ao impacto líquida estimada	Mesmo método mencionado no Método A, exceto que a energia necessária para romper a porção entalhada do corpo de prova é incluída no cálculo da energia. É preferido em relação ao método A para materiais com resistência ao impacto abaixo de 27 J/m	impacto
D	Teste de sensibilidade ao raio do entalhe	Permite uma indicação da sensibilidade ao entalhe. A sensibilidade ao entalhe é calculada utilizando-se a equação: $b = (E_2 - E_1) / (R_2 - R_1)$, onde b é sensibilidade ao entalhe, E_1 e E_2 são as energias necessárias a ruptura dos corpos de prova com raio de entalhe menor (R_1) e maior (R_2). Unidades em J/m/mm do raio do entalhe.	impacto
E	Resistência ao impacto Izod reverso	Mesmo teste que Método A, exceto que o corpo de prova é impactado na face oposta ao entalhe.	impacto
	Resistência ao impacto Izod sem entalhe	Corpo de prova sem entalhe, mantido na posição de viga vertical para ruptura pelo pêndulo. Esse método é abrangido pela norma ASTM D4812 e reportado pela norma ASTM D256.	impacto

10.5.4 Caracterização mecânica de materiais compósitos

A premissa para determinação de propriedades admissíveis de projeto se baseia na utilização de materiais com qualidade adequada para realização dos ensaios mecânicos. O procedimento para obtenção de corpos de prova para determinação dos admissíveis de projeto, com garantia de qualidade mínima do material produzido, é delineado, conforme mostra a Figura 10.26. Os procedimentos de moldagem e fabricação são convencionais, descritos no Capítulo 6. A inspeção visual indica, em primeira instância, se não há defeitos característicos, como distorção de fibras, bolhas superficiais e áreas secas de impregnação, por exemplo. Duas modalidades de inspeção instrumental são utilizadas para materiais compósitos de uso aeroespacial, uma por ultra-som, na modalidade C-scan e outra por tomografia computadorizada. Em ambos os casos, essas inspeções vão balizar a qualidade do material pela identificação de porosidade e defeitos (delaminações) internas ao material.

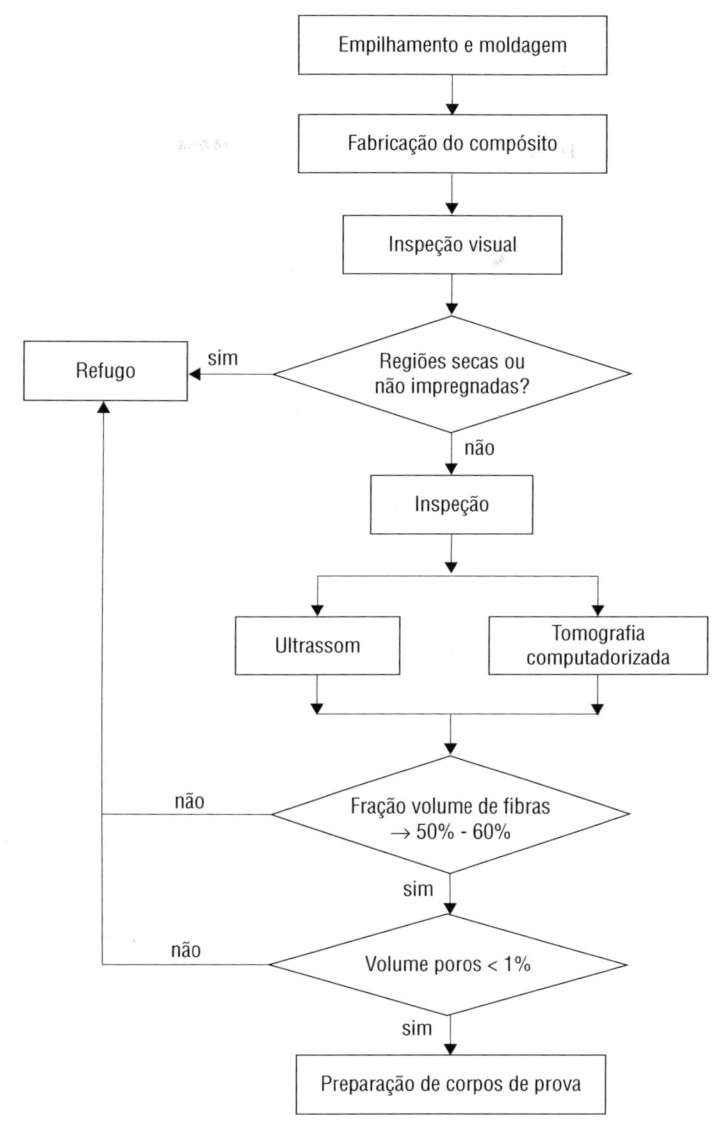

Figura 10.27 Diagrama esquemático do procedimento básico de avaliação da qualidade de preparação de corpos de prova para determinação de admissíveis de projeto.

A tomografia computadorizada ainda tem uso limitado para inspeção de materiais compósitos por efeito de custo e segurança de operação. A inspeção por ultrassom é a ferramenta mais comum e mandatória de inspeção para estruturas manufaturadas em compósitos. O fundamento da técnica de ultrassom se baseia na transmissão de onda na faixa de ultrassom, a partir de um cabeçote transmissor, através do material sob inspeção, até o cabeçote receptor, sob ação de um filme d'água.

O ultrassom na passagem pelo material é atenuado. A Figura 10.28 mostra a representação esquemática do sistema de medida ensaio de ultrassom por transmissão.

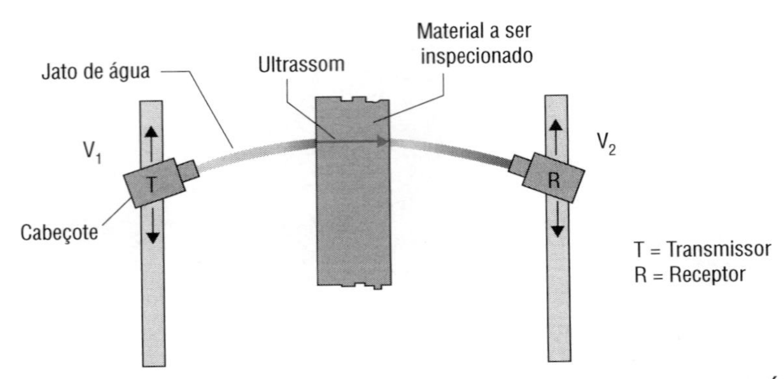

Figura 10.28 Esquema representativo do ensaio de ultrassom por transmissão (ANCELOTTI JÚNIOR, 2006).

A análise por ultrassom permite comparar, por uso de um padrão de referência com mesmo tipo de fibra, de matriz e espessura ao do painel a ser submetido à inspeção. No compósito padrão, são inseridos defeitos, em pontos determinados, mimetizando defeitos ocasionais, para avaliação da atenuação do equipamento entre a peça fabricada com e sem defeitos. Os dados de atenuação são registrados em aplicativo computacional que associa um padrão de cores para distinguir os níveis de atenuação em cada ponto do corpo de prova (ANCELOTTI JÚNIOR, 2006, PÉRONNET, 2010).

O padrão de cores está relacionado com os sinais de tensão gerados em voltagem no transdutor emissor V_1, e no transmissor receptor V_2, conforme mostra a Figura 10.28. Assim, a atenuação pode ser determinada pela equação (10.81).

$$A_T = 20 \cdot \log \frac{V_1}{V_2} \tag{10.81}$$

onde:

V_1 é o sinal de voltagem emitido pelo transdutor emissor (V)

V_2 é o sinal de voltagem recebido pelo transdutor receptor (V).

A escala de cores oriunda da análise de ultrassom possui uma correspondência com a tensão V e o nível de atenuação dB (ANCELOTTI JÚNIOR, 2006), referente ao equipamento utilizado. Quanto menor a atenuação obtida, melhor será a qualidade do compósito a ser ensaiado. É fundamental associar a massa específica de um material compósito, determinada conforme norma ASTM D792, para associação com seu nível de atuação. Estabelecida a qualidade aceitável do material compósito moldado, os materiais são devidamente cortados na forma de corpos de prova para avaliação.

10.5.4.1 Ensaio de resistência ao cisalhamento interlaminar

Os materiais compósitos laminares obtidos pelo empilhamento de camadas exibem baixa resistência ao cisalhamento interlaminar (50 a 100 MPa), em relação à resistência à tração na direção paralela às fibras de lâminas compósitas reforçadas com reforço unidirecional. Essa propriedade é dominada, principalmente, pelas características da matriz, e é um dos ensaios recomendados para avaliação e caracterização preliminar dessa propriedade-chave para o início do desenvolvimento de novos materiais.

O ensaio de cisalhamento interlaminar (*ILSS* – Interlaminar Shear Strenght) é também utilizado por ser um ensaio simples, que utiliza pouca quantidade de material, porém não é recomendado para ser utilizado como critério de projeto estrutural. Usualmente utiliza-se esse ensaio para controlar a qualidade e avaliar propriedades relacionadas com a delaminação de compósitos unidirecionais ou bidirecionais.

A Figura 10.29 mostra a geometria do corpo de prova para determinação da resistência ao cisalhamento interlaminar. Conforme a norma ASTM D2344, os modos de falha típicos obtidos no ensaio de cisalhamento interlaminar são apresentados na Figura 10.30. Se o suporte (vão) de apoio for muito pequeno, ou seja, inferior à relação vão/espessura (4:1), por exemplo, pode ocorrer amassamento do corpo de prova na região de carregamento, invalidando o resultado. O emprego de suporte com relações muito superiores a (4:1), no ensaio de cisalhamento interlaminar, pode ocasionar falha do corpo de prova por flexão, o que também torna o resultado inválido.

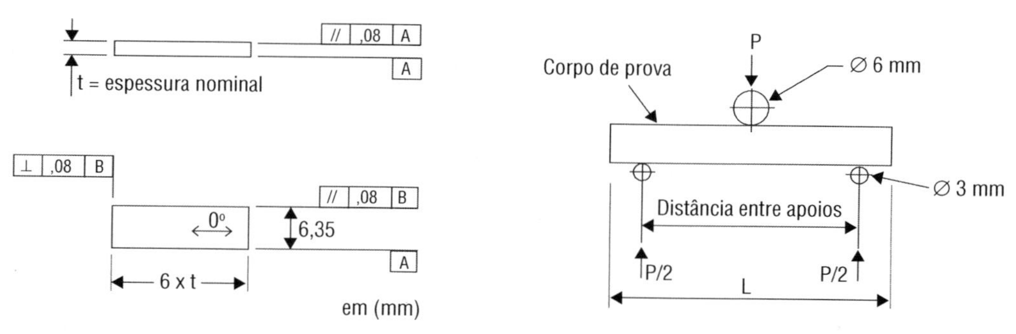

Figura 10.29 Dimensões dos corpos de prova e montagem no dispositivo de ensaio de cisalhamento interlaminar, conforme norma ASTM 2344.

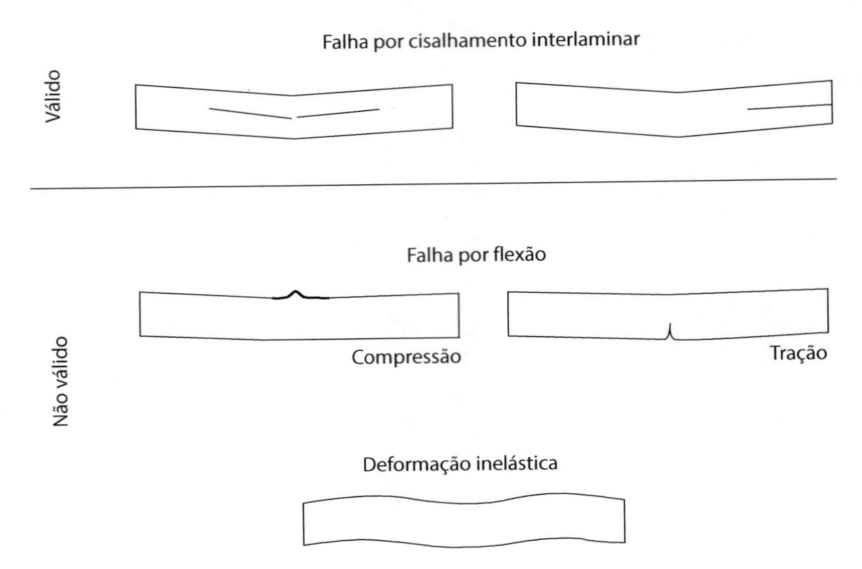

Figura 10.30 Modos de falha típicos do ensaio de cisalhamento Interlaminar, segundo norma ASTM 2344.

Propriedades relacionadas ao cisalhamento, por sua vez, são relativamente mais sensíveis a defeitos, como vazios, trincas, inclusões e áreas de colagem defeituosas, porque o esforço é concentrado na interface fibra/matriz ou entre as lâminas de compósitos, onde preferencialmente se localizam defeitos na forma de poros. Há uma correlação linear entre os valores de cisalhamento interlaminar e de massa específica de compósitos unidirecionais de fibra de carbono/resina epóxi dependente da fração volumétricade vazios. Resultados mostram que compósitos com fração volumétrica de fibras de 54% podem apresentar uma redução de até 6% na resistência ao cisalhamento interlaminar em relação a compósitos com fração volumétrica de fibras da ordem de 58% (ANCELOTTI JÚNIOR, 2006).

A velocidade recomendada é de 1 mm/min. A resistência ao cisalhamento interlaminar é calculada de acordo com a equação (10.82).

$$\tau = \frac{3}{4} \cdot \frac{P_{falha}}{A} \tag{10.82}$$

onde:

τ = resistência aparente média ao Cisalhamento Interlaminar (MPa);

P_{falha} = Carga correspondente à ruptura da amostra (N);

A = área da secção transversal dada por W (largura) x t (espessura) (mm^2);

10.5.4.2 Ensaio de resistência à tração em compósitos reforçados com fibras unidirecionais ou tecidos

A resistência a tração em compósitos estruturais, principalmente de lâminas com reforço unidirecional tracionadas na direção das fibras (ou seja, a 0^0), é dominada predominantemente pelas propriedades do reforço (fibras). Mas, se uma lâmina com reforço unidirecional é ensaiada com a carga (força aplicada) perpendicular às fibras (ou seja, a 90^0), a resistência que predomina é a da matriz que é bem mais baixa, conforme ilustrado na Tabela 10.9. Em lâminas reforçadas com tecidos balanceados, se a força de tração for paralela à urdidura (0^0), predominam as propriedades das fibras; e, se a carga for aplicada a $\pm 45^0$, em relação à urdidura, predominam as da matriz. Tecidos balanceados, ou 1:1, são aqueles que possuem a mesma quantidade de fibras ao longo da urdidura (0^0) e a trama do tecido (90^0).

São vários os fatores que afetam os resultados do ensaio de tração, os quais incluem: (i) ocontrole da preparação do corpo de prova; (ii) o uso de suportes no corpo de prova (*tabs*); (iii) as tolerâncias do corpo de prova; (iv) o condicionamento e a variabilidade da umidade; (v) o controle do alinhamento do corpo de prova no equipamento; (vi) a medida adequada da espessura; (vii) a seleção apropriada dos transdutores e da calibração de instrumentação; (viii) a documentação e a descrição correta dos tipos de fratura; (ix) o ângulo formado entre as fibras e a força aplicada (carga), no caso de lâminas com reforço fibroso unidirecional; e (x) a definição das propriedades elásticas. A geometria do corpo de prova para um ensaio de tração em compósito é mostrada na Figura 10.31. Valores típicos de resistência à tração, compressão e módulo de elasticidade para um compósito de fibras de carbono/epóxi são mostrados na Tabela 10.9. Os modos de falha típicos obtidos no ensaio de resistência a tração, segundo ASTM D3039 (2002), são apresentados na Figura 10.32. A Tabela 10.9 mostra algumas propriedades típicas de referência para um compósito unidirecional de carbono/epóxi (PETERS, 1998).

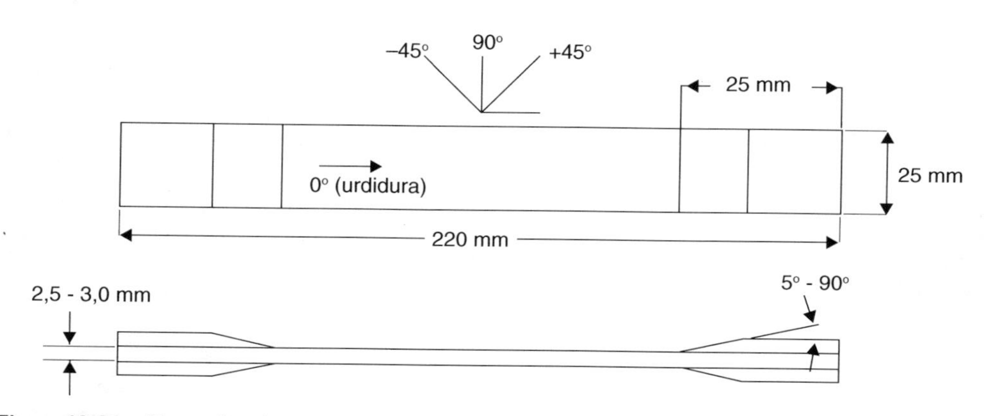

Figura 10.31 Dimensões dos corpos de prova para resistência a tração, segundo norma ASTM 3039. As dimensões do corpo de prova para ensaio na direção da trama são as mesmas.

Tabela 10.9 Propriedades típicas de um compósito unidirecional de fibras de carbono/epóxi (PETERS, 1998).

Propriedades	Direção do ensaio em relação às fibras	
	0º	90º
Resistência à tração (MPa)	2100	55
Resistência à compressão (MPa)	1380	190
Módulo de elasticidade (GPa)	138	9,7

Conforme ilustra a Figura 10.32, 0^0, 90^0, $+45^0$ e -45^0, são ângulos típicos formados entre as fibras e a força aplicada, na qualificação de lâminas com reforço fibroso unidirecional (ou tecidos balanceados; neste caso, o referencial para o ângulo com a carga a 0^0 é a direção da urdidura). Nota-se na Tabela 10.9 que as resistências à tração e à compressão, bem como o módulo elástico, variam significativamente quando o ângulo entre as fibras e a carga varia de 0^0 para 90^0. Em ensaios a 0^0 predominam as propriedades do reforço (fibras), ao passo que a 90^0 predominam as propriedades da matriz plástica (bem inferiores, relativamente). Neste caso, as fibras são de carbono, bem mais rígidas e resistentes que a matriz, e o contraste entre as propriedades a 0^0 e a 90^0 é bem significativo.

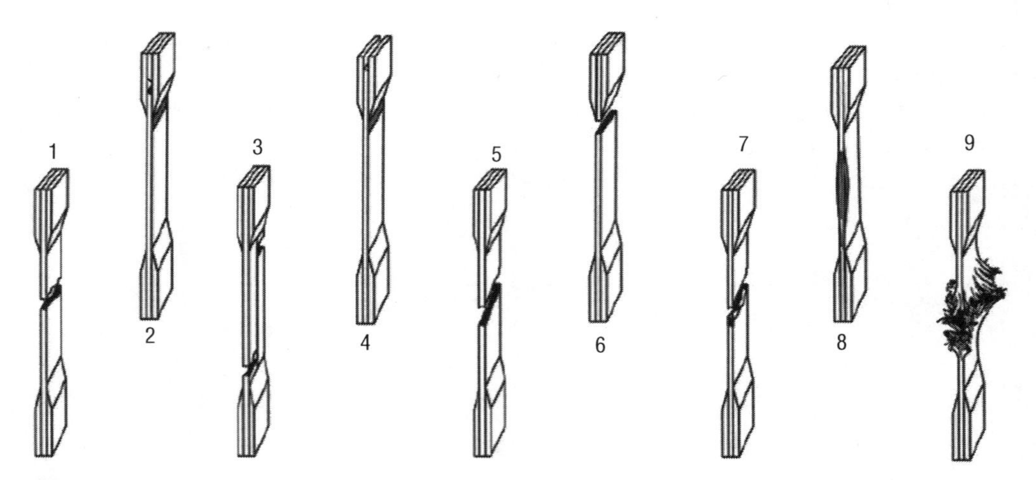

Figura 10.32 Modos de falha em sob tração, em compósitos, segundo norma ASTM D3039. Modos de falha na raiz do suporte (3 e 6) ou no interior do suporte (2 e 4), não validam o ensaio.

Conforme ilustrado na Figura 10.32, o aspecto da falha de corpos de prova submetidos a ensaios destrutivos de tração varia de acordo com o ângulo relativo entre a carga e o reforço. Em ensaios válidos, casos 1, 5, 7 e 9, os modos de falha 1 e 5 (fratura na horizontal) são típicos de ensaios a 0^0, em relação a fibras unidirecionais ou à urdidura e um tecido. No caso 7, fratura inclinada, o reforço deve ser de fibras unidirecionais inclinadas; e no 9 o compósito deve ser reforçado com a urdidura dos tecidos orientados a $\pm 45^0$ em relação à carga longitudinal.

O módulo a tração de uma lâmina pode ser obtido pela equação (10.83) (ASTM D3039).

$$E_T = \frac{M * L}{W * t * N} \tag{10.83}$$

onde:

E_T = Módulo de elasticidade de uma camada (lâmina) em GPa;

M = Coeficiente angular do diagrama Força-Deflexão (inclinação) da curva medida através da deformação entre os pontos de 1.000 e 3.000 $\mu\varepsilon$,

L = Comprimento da abertura do extensômetro (mm);

W = largura do corpo de prova (mm);

t = espessura média por camada (mm);

N = número de camadas.

10.5.4.3 Ensaio de resistência ao cisalhamento no plano

Assim como a resistência ao cisalhamento interlaminar, a resistência ao cisalhamento no plano, para um compósito, também é predominantemente dominada pelas propriedades da matriz. A norma geralmente utilizada é a ASTM D3518. Nesse caso, o reforço de fibras é disposto a ±45° em relação ao eixo de carregamento do corpo de prova. Este método, a exemplo do método de ensaio de resistência ao cisalhamento interlaminar, tem a vantagem de utilizar uma amostra simples, que não requer dispositivo de teste específico, e a medida da deformação pode ser obtida por meio de extensômetros elétricos. A geometria do corpo de prova (vistas de perfil e superior, com comprimento de 250 mm, largura de 25 mm e espessura na faixa de 2,5 a 3 mm) é mostrada na Figura 10.33.

De acordo com a norma ASTM D3518, os ensaios são realizados com velocidade de 2 mm/min. A resistência ao esforço longitudinal é obtida de acordo com a equação (10.84):

$$S_T = \frac{P_{falha}}{W * t * N} \tag{10.84}$$

onde:

S_T = Resistência na carga máxima (MPa);

P_{falha} = Carga máxima antes do início do processo de falha (N);

W = largura do corpo de prova (mm);

t = espessura média por camada (mm); e

N = número de camadas.

A resistência ao cisalhamento no plano é calculada de acordo com a equação (10.85).

$$\tau_{12m} = \frac{P_m}{2 * A} \tag{10.85}$$

onde:

τ_{12m} = Cisalhamento no plano máximo (MPa);

P_m = Carga máxima ou abaixo de 5% de deformação cisalhante (N);e

A = área da seção transversal (mm^2).

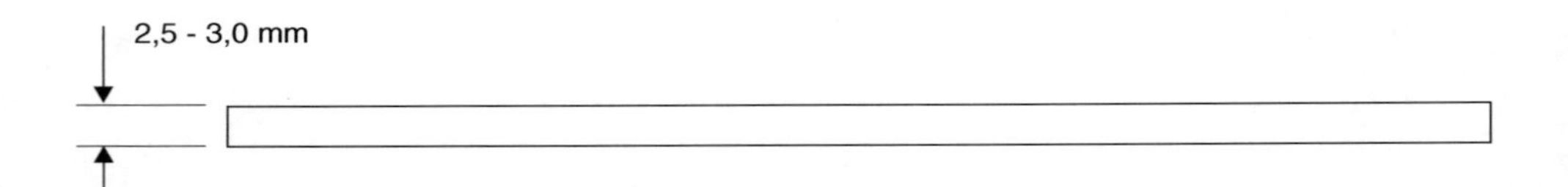

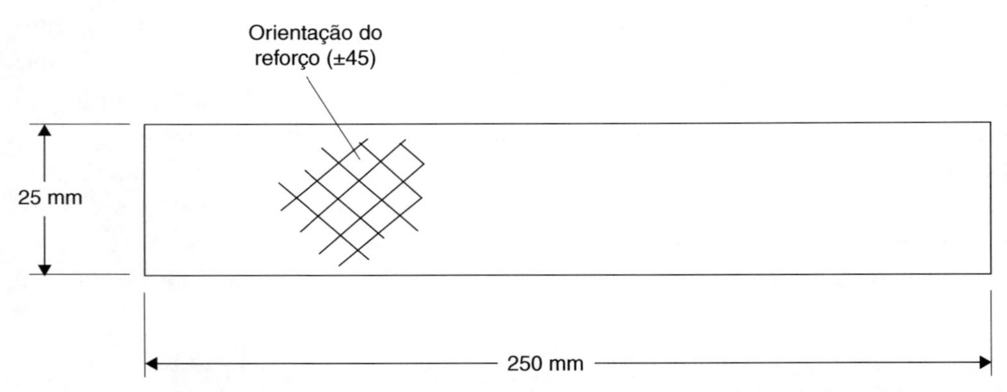

Figura 10.33 Dimensões típicas de corpos de prova para ensaio de cisalhamento no plano ±45°, segundo a norma ASTM D3518.

Na equação (10.85), o fator 2, que aparece no denominador, é devido ao fato de a tensão de cisalhamento no plano máxima, nas direções $\pm 45^0$, ser metade da tensão normal longitudinal aplicada, de acordo com o círculo de Mohr, mostrado na Figura 7.14 do Capítulo 7.

O módulo de cisalhamento no plano é calculado de acordo com a equação (10.86). Os valores são obtidos entre 2.000 e 6.000 $\mu\varepsilon$ em cisalhamento. A resposta gráfica do ensaio é mostrada na Figura 10.34.

$$G_{12Secante} = \frac{\Delta\tau_{12}}{\Delta\gamma_{12}} \tag{10.86}$$

onde:

$G_{12Secante}$ = Módulo elástico em cisalhamento (GPa);

$\Delta\tau_{12}$ = Diferença na tensão de cisalhamento entre dois pontos (MPa);

$\Delta\Upsilon_{12}$ = Diferença na deformação entre dois pontos, normalmente 0,004;

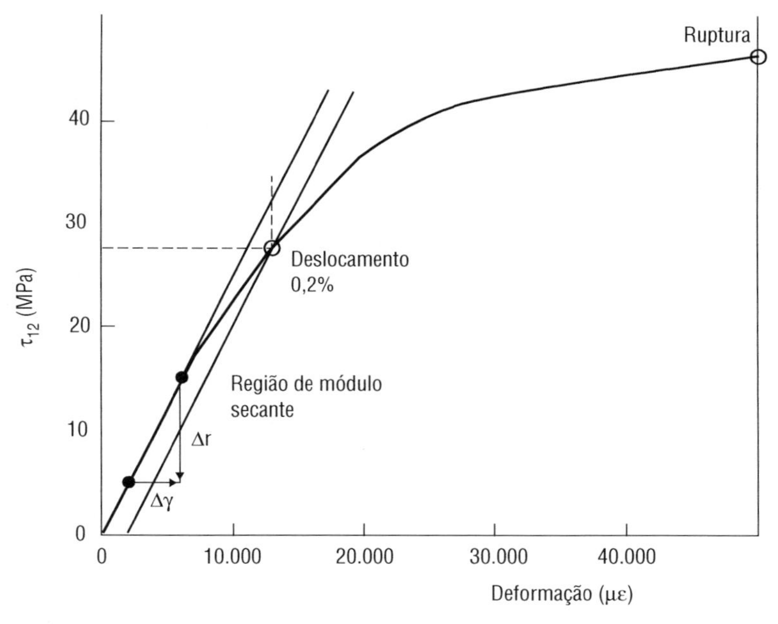

Figura 10.34 Tensão de cisalhamento em função da deformação para ensaio de cisalhamento no plano, segundo norma ASTM3518.

10.5.4.4 Ensaio de resistência ao cisalhamento Iosipescu

O ensaio de cisalhamento Iosipescu é descrito segundo procedimento preconizado pela norma ASTM D5379. A resistência e o módulo em cisalhamento Iosipescu são medidos na direção 1-2 do compósito, conforme mostra a Figura 10.35, o que possibilita comparação com a medida de resistência ao cisalhamento e módulo no plano ±45° (Seção 10.5.4.3). O dispositivo de ensaio desenvolvido permite a condição de cisalhamento puro na região central do corpo de prova (GONÇALVES, 2010).

A partir de um diagrama de corpo livre dos esforços sofridos pelo corpo de prova, se foram traçados os diagramas de esforço cortante e de momentos fletores ao longo da direção longitudinal, na região onde há os entalhes o esforço cortante é constante, e na seção correspondente aos entalhes o momento fletor nulo. O sistema de fixação do lado esquerdo (ver Figura 10.35) é totalmente fixo e o do lado direito pode transladar-se na vertical. A aplicação da carga P gera um torque no corpo de prova, em sentido horário, na região próxima ao entalhe. E, como todo sistema (corpo de prova e dispositivo) opera em equilíbrio estático, um torque de reação contrabalança o anterior, conforme ilustrado no diagrama de corpo livre da Figura 10.36 A.

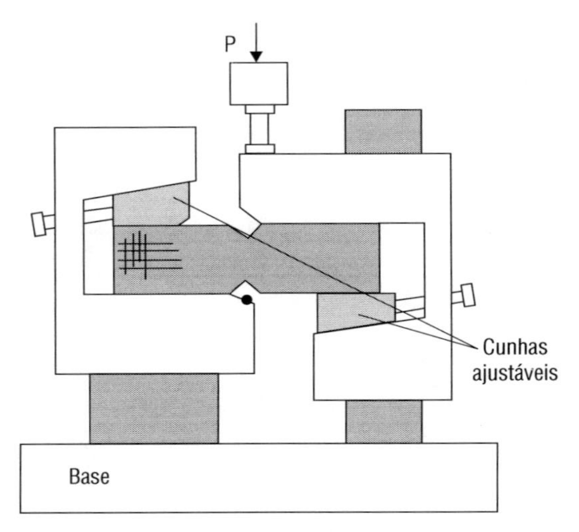

Figura 10.35 Dispositivo para ensaio de resistência ao cisalhamento Iosipescu (no plano), segundo norma ASTM D5379.

A resistência ao cisalhamento Iosipescu pode ser calculada por meio da equação (10.87):

$$\tau = \frac{P_{falha}}{A} \quad (10.87)$$

Onde:

τ = resistência média aparente ao cisalhamento Iosipescu (MPa)

P_{falha} = a carga máxima de ruptura da amostra (N)

A = área da secção transversal da amostra (largura x espessura) (mm^2)

Os diagramas de corpo livre, esforço cortante e momento fletor atuantes no corpo de prova de cisalhamento Iosipescu são mostrados na Figura 10.36.

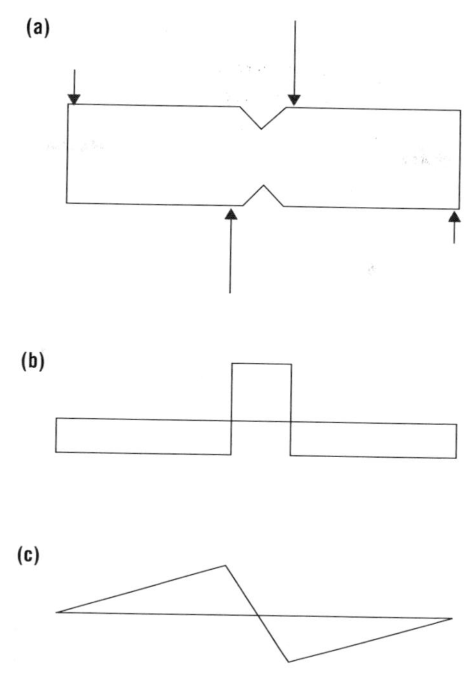

Figura 10.36 Diagramas de (a) corpo livre, (b) esforço cortante, e (c) momento fletor.

10.5.4.5 Ensaio de resistência à compressão

A resistência à compressão de um compósito é predominantemente dominada pelas características da matriz. Existem opções de dispositivos para realização do ensaio, descritos em normas (WOLFE; WEINER, 2004). Uma das condições críticas em ensaios de compressão é manter o alinhamento perfeito do centro geométrico do corpo de prova com o eixo de aplicação da carga, de modo a manter um campo de tensão uniforme e homogêneo na área do material sob ensaio, e ao mesmo tempo evitar sua flambagem.

A fixação do corpo de prova no dispositivo de ensaio de compressão é fator crítico e depende do método de ensaio utilizado, ou seja, a interferência corpo de prova/dispositivo baliza a confiabilidade do ensaio. Existem basicamente três condições para realização do ensaio. A primeira, realizada por cargas de cisalhamento (*shear loading*), cargas aplicadas pelas extremidades do corpo de prova (*end loading*) e uma combinação entre essas duas (*combined loading*). A aplicação de cargas nas extremidades do corpo de prova tende a ser o método mais usual tendo o cuidado, porém, de evitar esmagamento dessas mesmas extremidades durante o ensaio. As normas comumente utilizadas para ensaios de compressão que contemplam as condições de ensaio são a ASTM D3410(Figura 10.37 B), ASTM D695, SACMA SRM 1R (D695 modificada, Figura 10.37 A) e ASTM D6641 (CLC). O formato do corpo de prova sempre é uma barra de seção retangular e, dependendo da modalidade do ensaio, é necessária a fixação de suportes relativamente longos (*tabs*) nele. Os resultados de resistência à compressão tendem a ser diferentes dependendo do método utilizado para o ensaio. O modo de falha desejável corresponde à ruptura do material na região central do corpo de prova. No caso em que o corpo de prova tem suportes, para prevenir esmagamento causado pelas garras da máquina de teste, os ensaios que apresentem fratura na região de suporte devem ser desconsiderados.

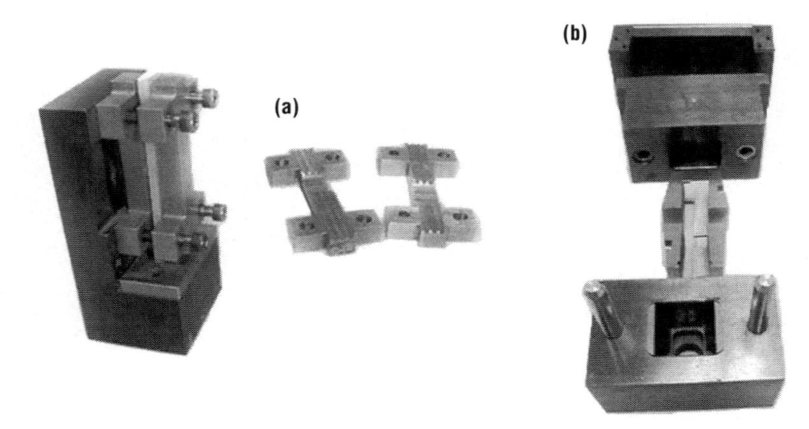

Figura 10.37 Vista do dispositivo de ensaio referente às normas SACMA SRM 1R (a) e ASTM D3410 (b).

Os ensaios de compressão são realizados com velocidade de 1 mm/min, geralmente, até ocorrerência da ruptura do material. A resistência à compressão é calculada de acordo com a equação (10.88):

$$\sigma_{ULT} = \frac{P_{falha}}{W * t * N} \qquad (10.88)$$

onde:

σ_{ULT} = Resistência à Compressão (MPa);

P_{falha} = Carga correspondente à ruptura da amostra (N);

w = largura do corpo de prova (m);

t = espessura média por camada (m);

N = número de camadas.

O módulo de compressão é calculado de acordo com a equação (10.89). Os valores foram obtidos entre 1.000 e 3.000 $\mu\varepsilon$, conforme a equação (10.89).

$$E_C = \frac{P_3 - P_1}{w * t * N * 0{,}002} \tag{10.89}$$

onde:

E_C = Módulo a Compressão (GPa);

P_3 = Carga a 3.000 με (N);

P_1 = Carga a 1.000 με (N);

w = largura do corpo de prova (mm);

t = espessura média por camada (m);

N = número de camadas.

10.5.4.6 Ensaio de tolerância a danos

A característica intrínseca de comportamento frágil inerente aos compósitos fez com que a comunidade acadêmica e industrial desenvolvesse ensaios que permitissem avaliação, qualitativa e quantitativa, da tolerância a danos desses materiais sob condições de carregamentos específicos. Ensaios de tolerância a danos também fazem parte do conjunto de ensaios destinados à qualificação de materiais para uso em estruturas na área aeronáutica e espacial. Um dos métodos utilizados é o ensaio de compressão pós-impacto, conforme norma ASTM D7137, onde uma placa do compósito a ser ensaiado (100 x 150 mm) é submetida a um impacto por objeto contundente. Isso produz uma área com delaminações no compósito, cuja resistência residual sob compressão é posteriormente avaliada. O dispositivo para realização do ensaio de compressão é mostrado na Figura 10.38, onde a placa do compósito é ajustada em seu entalhe, e o carregamento de compressão é aplicado no topo da placa.

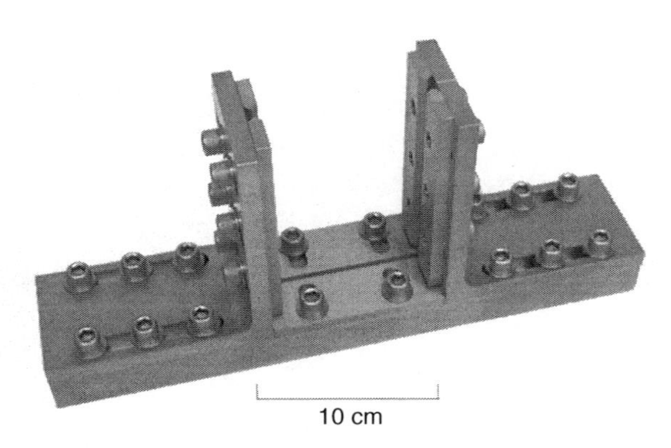

Figura 10.38 Dispositivo para teste de compósitos sob compressão pós-impacto, segundo norma ASTM D7137 (ADAMS, 2012).

Outra modalidade de ensaio que permite avaliar a característica de tolerância a danos de um compósito é pelo método de compressão em corpo de prova com orifício central (*open hole compression testing*), cujo teste é normatizado pela ASTM D6484. Nesse caso, o corpo de prova é uma viga com dimensões de 300 x 36 mm, que contém um orifício central com diâmetro de 6 mm. O dispositivo para fixação do corpo de prova é mostrado na Figura 10.39.

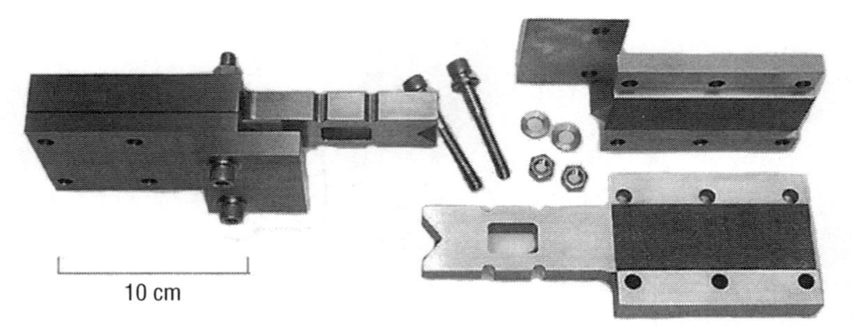

Figura 10.39 Dispositivo de teste para compressão de compósitos com orifício central, segundo ASTM D6484.

Anexo A Valor crítico para *MNR*. Adaptado de SAE R-424 CMH 2002; MONTGOMERY; RUNGER; HUBELE, 2011; ZIO, 2007; PHAM, 2006; DESHPANDE; PUROHIT, 2005.

n	CV	n	CV	n	CV	n	CV	n	CV
-	-	41	3,047	81	3,311	121	3,448	161	3,539
-	-	42	3,057	82	3,315	122	3,451	162	3,541
3	1,540	43	3,067	83	3,319	123	3,453	163	3,543
4	1,481	44	3,076	84	3,323	124	3,456	164	3,545
5	1,715	45	3,085	85	3,328	125	3,459	165	3,547
6	1,887	46	3,094	86	3,332	126	3,461	166	3,549
7	1,020	47	3,103	87	3,336	127	3,464	167	3,551
8	2,127	48	3,112	88	3,340	128	3,466	168	3,552
9	2,215	49	3,120	89	3,344	129	3,469	169	3,554
10	2,290	50	3,128	90	3,348	130	3,471	170	3,556
11	2,355	51	3,136	91	3,352	131	3,474	171	3,558
12	2,412	52	3,144	92	3,355	132	3,476	172	3,560
13	2,462	53	3,151	93	3,359	133	3,479	173	3,561
14	2,507	54	3,159	94	3,363	134	3,481	174	3,563
15	2,548	55	3,166	95	3,366	135	3,483	175	3,483
16	2,586	56	3,173	96	3,370	136	3,486	176	3,567
17	2,620	57	3,180	97	3,374	137	3,488	177	3,568
18	2,652	58	3,187	98	3,377	138	3,491	178	3,57
19	2,681	59	3,193	99	3381	139	3,493	179	3,572
20	2,708	60	3,2	100	3,384	140	3,495	180	3,574
21	2,734	61	3,206	101	3,387	141	3,497	181	3,575
22	2,758	62	3,212	102	3,391	142	3,5	182	3,577
23	2,780	63	3,218	103	3,394	143	3,502	183	3579
24	2,802	64	3,224	104	3,397	144	3,504	184	3,58
25	2,822	65	3,23	105	3,401	145	3,506	185	3,582
26	2,841	66	3,236	106	3,404	146	3,508	186	3,584

(*continua*)

Anexo A Valor crítico para *MNR*. Adaptado de SAE R-424 CMH 2002; MONTGOMERY; RUNGER; HUBELE, 2011; ZIO, 2007; PHAM, 2006; DESHPANDE; PUROHIT, 2005. (*continuação*)

n	CV	n	CV	n	CV	n	CV	n	CV
27	2,859	67	3,241	107	3,407	147	3,511	187	3,585
28	2,876	68	3,247	108	3,410	148	3,513	188	3,587
29	2,893	69	3,252	109	3,413	149	3,515	189	3,588
30	2,908	70	3,258	110	3,416	150	3,517	190	3,59
31	2,924	71	3,263	111	3,419	151	3,519	191	3,592
32	2,938	72	3,268	112	3,422	152	3,521	192	3,593
33	2,952	73	3,273	113	3,425	153	3,523	193	3,595
34	2,965	74	3,278	114	3,428	154	3,525	194	3,596
35	2,978	75	3,283	115	3,431	155	3,527	195	3,598
36	2,991	76	3,288	116	3,434	156	3,529	196	3,599
37	3,003	77	3,292	117	3,437	157	3,531	197	35,601
38	3,014	78	3,297	118	3,44	158	3,533	198	35,603
39	3,025	79	3,302	119	3,442	159	3,535	199	3,604
40	3,036	80	3,06	120	3,445	160	3,537	200	3,606

Anexo B Valor crítico para *k-sample Anderson-Darling test* para nível de significância $\alpha = 0,05$. Adaptado de SAE R-424 CMH 2002; MONTGOMERY; RUNGER; HUBELE, 2011; ZIO, 2007; PHAM, 2006; DESHPANDE; PUROHIT, 2005.

	k*													
	2	3	4	5	6	7	8	9	10	11	12	13	14	15
3	2,11	1,8	1,65	1,56	1,5	1,46	1,42	1,39	1,37	1,35	1,33	1,32	1,34	1,29
4	2,20	1,86	1,7	1,6	1,54	1,49	1,45	1,42	1,39	1,37	1,36	1,34	1,33	1,31
5	2,25	1,89	1,73	1,63	1,56	1,51	1,47	1,43	1,41	1,39	1,37	1,35	1,34	1,32
6	2,29	1,92	1,74	1,64	1,57	1,52	1,48	1,45	1,42	1,40	1,38	1,36	1,34	1,33
7	2,32	1,94	1,76	1,65	1,58	1,53	1,49	1,45	1,43	1,40	1,38	1,36	1,35	1,34
8	2,34	1,95	1,77	1,66	1,59	1,53	1,49	1,46	1,43	1,41	1,39	1,37	1,35	1,34

(*continua*)

Anexo B Valor crítico para *k-sample Anderson-Darling test* para nível de significância $\alpha = 0{,}05$. Adaptado de SAE R-424 CMH 2002; MONTGOMERY; RUNGER; HUBELE, 2011; ZIO, 2007; PHAM, 2006; DESHPANDE; PUROHIT, 2005. (*continuação*)

	k*													
	2	**3**	**4**	**5**	**6**	**7**	**8**	**9**	**10**	**11**	**12**	**13**	**14**	**15**
9	2,35	1,96	1,78	1,67	1,59	1,54	1,50	1,46	1,43	1,41	1,39	1,37	1,36	1,34
10	2,37	1,97	1,78	1,67	1,60	1,54	1,50	1,47	1,44	1,41	1,39	1,37	1,36	1,35
11	2,38	1,97	1,79	1,68	1,60	1,55	1,50	1,47	1,44	1,42	1,39	1,38	1,36	1,35
12	2,39	1,98	1,79	1,68	1,60	1,55	1,51	1,47	1,44	1,42	1,40	1,38	1,36	1,35
13	2,39	1,98	1,8	1,68	1,61	1,55	1,51	1,47	1,44	1,42	1,40	1,38	1,36	1,35
14	2,40	1,99	1,8	1,69	1,61	1,55	1,51	1,47	1,44	1,42	1,40	1,38	1,37	1,35
15	2,41	1,99	1,8	1,69	1,61	1,55	1,51	1,48	1,45	1,42	1,40	1,38	1,37	1,35
16	2,41	2	1,80	1,69	1,61	1,56	1,51	1,48	1,45	1,42	1,40	1,38	1,37	1,35
17	2,42	2	1,81	1,69	1,61	1,56	1,51	1,48	1,45	1,42	1,40	1,38	1,37	1,35
18	2,42	2	1,81	1,69	1,62	1,56	1,51	1,48	1,45	1,42	1,40	1,38	1,37	1,35
19	2,42	2	1,81	1,70	1,62	1,56	1,52	1,48	1,45	1,43	1,40	1,38	1,37	1,36
20	2,43	2,01	1,81	1,70	1,62	1,56	1,52	1,48	1,45	1,43	1,40	1,38	1,37	1,36
	2,49	2,05	1,84	1,72	1,64	1,58	1,53	1,5	1,46	1,44	1,42	1,4	1,38	1,37

Anexo C Fator de tolerância unilateral (V_B) para distribuição de Weibull. Adaptado de SAE R-424 CMH 2002; MONTGOMERY; RUNGER; HUBELE, 2011; ZIO, 2007; PHAM, 2006; DESHPANDE; PUROHIT, 2005.

n = 10 – 192							
n	V_B	**n**	V_B	**n**	V_B	**n**	V_B
10	6,711	45	4,764	80	4,477	130	4,309
11	6,477	46	4,751	81	4,471	132	4,305
12	6,286	47	4,738	82	4,466	134	4,301
13	6,127	48	4,725	83	4,462	136	4,296

(*continua*)

Anexo C Fator de tolerância unilateral (V_B) para distribuição de Weibull. Adaptado de SAE R-424 CMH 2002; MONTGOMERY; RUNGER; HUBELE, 2011; Zio, 2007; PHAM, 2006; DESHPANDE; PUROHIT, 2005. (*continuação*)

n = 10 – 192							
n	V_B	n	V_B	n	V_B	n	V_B
14	5,992	49	4,713	84	4,457	138	4,292
15	5,875	50	4,702	85	4,452	140	4,288
16	5,774	51	4,691	86	4,448	142	4,284
17	5,684	52	4,68	87	4,443	144	4,280
18	5,605	53	4,67	88	4,439	146	4,277
19	5,533	54	4,659	89	4,435	148	4,273
20	5,463	55	4,65	90	4,431	150	4,269
21	5,412	56	4,64	91	4,427	152	4,266
22	5,359	57	4,631	92	4,423	154	4,262
23	5,31	58	4,622	93	4,419	156	4,259
24	5,265	59	4,631	94	4,415	158	4,256
25	5,224	60	4,605	95	4,411	160	4,253
26	5,186	61	4,597	96	4,407	162	4,249
27	5,15	62	4,589	97	4,404	164	4,246
28	5,117	63	4,582	98	4,4	166	4,243
29	5,086	64	4,574	99	4,396	168	4,24
30	5,057	65	4,567	100	4,393	170	4,237
31	5,03	66	4,56	102	4,386	172	4,234
32	5,003	67	4,553	104	4,380	174	4,232
33	4,979	68	4,546	106	4,373	176	4,229
34	4,956	69	4,539	108	4,367	178	4,226
35	4,934	70	4,533	110	4,361	180	4,224
36	4,913	71	4,527	112	4,355	182	4,221
37	4,893	72	4,521	114	4,349	184	4,218

(*continua*)

Anexo C Fator de tolerância unilateral (V_B) para distribuição de Weibull. Adaptado de SAE R-424 CMH 2002; MONTGOMERY; RUNGER; HUBELE, 2011; ZIO, 2007; PHAM, 2006; DESHPANDE; PUROHIT, 2005. (*continuação*)

n = 10 – 192							
n	V_B	n	V_B	n	V_B	n	V_B
38	4,875	73	4,515	116	4,344	186	4,216
39	4,857	74	4,509	118	4,339	188	4,213
40	4,84	75	4,503	120	4,334	190	4,211
41	4,823	76	4,498	122	4,328	192	4,208
42	4,807	77	4,492	124	4,323		
43	4,792	78	4,487	126	4,317		
44	4,778	79	4,482	128	4,314		

ANEXO C Fator de tolerância unilateral (V_B) para distribuição de Weibull. Adaptado de SAE R-424 CMH 2002; MONTGOMERY; RUNGER; HUBELE, 2011; ZIO, 2007; PHAM, 2006; DESHPANDE; PUROHIT, 2005. (*continuação*)

n = 194 – ∞					
n	V_B	n	V_B	n	V_B
194	4,206	300	4,119	850	3,992
196	4,204	310	4,113	875	3,989
198	4,201	320	4,108	900	3,986
200	4,199	330	4,103	925	3,983
204	4,195	340	4,098	950	3,981
208	4,191	350	4,089	975	3,979
212	4,186	360	4,085	1.000	3,976
216	4,182	370	4,085	1.100	3,968
220	1,179	380	4,081	1.200	3,960
224	4,175	390	4,077	1.300	3,954
228	4,171	400	4,073	1.400	3,948

(*continua*)

ANEXO C Fator de tolerância unilateral (V_B) para distribuição de Weibull. Adaptado de SAE R-424 CMH 2002; MONTGOMERY; RUNGER; HUBELE, 2011; ZIO, 2007; PHAM, 2006; DESHPANDE; PUROHIT, 2005. (*continuação*)

n = 194 – ∞					
n	V_B	n	V_B	n	V_B
232	4,168	425	4,076	1.500	3,943
236	4,164	450	4,067	1.600	3,939
240	4,161	475	4,060	1.700	3,934
244	4,157	500	4,053	1.800	3,931
248	4,154	525	4,047	1.900	3,927
252	4,151	550	4,041	2.000	3,924
256	4,148	575	4,035	3.000	3,901
260	4,145	600	4,030	4.000	3,887
264	4,142	625	4,025	5.000	3,878
268	4,140	650	4,020	6.000	3,872
272	4,137	675	4,016	7.000	3,866
276	4,134	700	4,012	8.000	3,862
280	4,131	725	4,008	9.000	3,859
284	4,129	750	4,005	10.000	3,856
288	4,126	775	4,001	15.000	3,846
292	4,124	800	3,998	20.000	3,840
296	4,121	825	3,995	∞	3,803

Anexo D Probabilidades p = $P[0 \leq Z \leq Z_t]$ da Distribuição Normal padrão. Adaptado de SAE R-424 CMH 2002; MONTGOMERY; RUNGER; HUBELE, 2011; ZIO, 2007; PHAM, 2006; DESHPANDE; PUROHIT, 2005.

	0	1	2	3	4	5	6	7	8	9
0,0	0,00000	0,00399	0,00798	0,01197	0,01595	0,01994	0,02392	0,02790	0,03188	0,03586
0,1	0,03983	0,04380	0,04776	0,05172	0,05567	0,05962	0,06356	0,06749	0,07142	0,07535
0,2	0,07926	0,08317	0,08706	0,09095	0,09483	0,09871	0,10257	0,10642	0,11026	0,11409
0,3	0,11791	0,12172	0,12552	0,12930	0,13307	0,13683	0,14058	0,14431	0,14803	0,15173
0,4	0,15542	0,15910	0,16276	0,16640	0,17003	0,17364	0,17724	0,18082	0,18439	0,18793
0,5	0,19146	0,19497	0,19847	0,20194	0,20540	0,20884	0,21226	0,21566	0,21904	0,22240
0,6	0,22575	0,22907	0,23237	0,23565	0,23891	0,24215	0,24537	0,24857	0,25175	0,25490
0,7	0,25804	0,26115	0,26424	0,26730	0,27035	0,27337	0,27637	0,27935	0,28230	0,28524
0,8	0,28814	0,29103	0,29389	0,29673	0,29955	0,30234	0,30511	0,30785	0,31057	0,31327
0,9	0,31594	0,31859	0,32121	0,32381	0,32639	0,32894	0,33147	0,33398	0,33646	0,33891
1,0	0,34134	0,34375	0,34614	0,34849	0,35083	0,35314	0,35543	0,35769	0,35993	0,36214
1,1	0,36433	0,36650	0,36864	0,37076	0,37286	0,37493	0,37698	0,37900	0,38100	0,38298
1,2	0,38493	0,38686	0,38877	0,39065	0,39251	0,39435	0,39617	0,39796	0,39973	0,40147
1,3	0,40320	0,40490	0,40658	0,40824	0,40988	0,41149	0,41309	0,41466	0,41621	0,41774
1,4	0,41924	0,42073	0,42220	0,42364	0,42507	0,42647	0,42785	0,42922	0,43056	0,43189

(*continua*)

Anexo D Probabilidades $p = P[0 \leq Z \leq Z_i]$ da Distribuição Normal padrão. Adaptado de SAE R-424 CMH 2002; MONTGOMERY; RUNGER; HUBELE, 2011; ZIO, 2007; PHAM, 2006; DESHPANDE; PUROHIT, 2005. (*continuação*)

	0	1	2	3	4	5	6	7	8	9
1,5	0,43319	0,43448	0,43574	0,43699	0,43822	0,43943	0,44062	0,44179	0,44295	0,44408
1,6	0,44520	0,44630	0,44738	0,44845	0,44950	0,45053	0,45154	0,45254	0,45352	0,45449
1,7	0,45543	0,45637	0,45728	0,45818	0,45907	0,45994	0,46080	0,46164	0,46246	0,46327
1,8	0,46407	0,46485	0,46562	0,46638	0,46712	0,46784	0,46856	0,46926	0,46995	0,47062
1,9	0,47128	0,47193	0,47257	0,47320	0,47381	0,47441	0,47500	0,47558	0,47615	0,47670
2,0	0,47725	0,47778	0,47831	0,47882	0,47932	0,47982	0,48030	0,48077	0,48124	0,48169
2,1	0,48214	0,48257	0,48300	0,48341	0,48382	0,48422	0,48461	0,48500	0,48537	0,48574
2,2	0,48610	0,48645	0,48679	0,48713	0,48745	0,48778	0,48809	0,48840	0,48870	0,48899
2,3	0,48928	0,48956	0,48983	0,49010	0,49036	0,49061	0,49086	0,49111	0,49134	0,49158
2,4	0,49180	0,49202	0,49224	0,49245	0,49266	0,49286	0,49305	0,49324	0,49343	0,49361
2,5	0,49379	0,49396	0,49413	0,49430	0,49446	0,49461	0,49477	0,49492	0,49506	0,49520
2,6	0,49534	0,49547	0,49560	0,49573	0,49585	0,49598	0,49609	0,49621	0,49632	0,49643
2,7	0,49653	0,49664	0,49674	0,49683	0,49693	0,49702	0,49711	0,49720	0,49728	0,49736

(*continua*)

	0	1	2	3	4	5	6	7	8	9
2,8	0,49744	0,49752	0,49760	0,49767	0,49774	0,49781	0,49788	0,49795	0,49801	0,49807
2,9	0,49813	0,49819	0,49825	0,49831	0,49836	0,49841	0,49846	0,49851	0,49856	0,49861
3,0	0,49865	0,49869	0,49874	0,49878	0,49882	0,49886	0,49889	0,49893	0,49896	0,49900
3,1	0,49903	0,49906	0,49910	0,49913	0,49916	0,49918	0,49921	0,49924	0,49926	0,49929
3,2	0,49931	0,49934	0,49936	0,49938	0,49940	0,49942	0,49944	0,49946	0,49948	0,49950
3,3	0,49952	0,49953	0,49955	0,49957	0,49958	0,49960	0,49961	0,49962	0,49964	0,49965
3,4	0,49966	0,49968	0,49969	0,49970	0,49971	0,49972	0,49973	0,49974	0,49975	0,49976
3,5	0,49977	0,49978	0,49978	0,49979	0,49980	0,49981	0,49981	0,49982	0,49983	0,49983
3,6	0,49984	0,49985	0,49985	0,49986	0,49986	0,49987	0,49987	0,49988	0,49988	0,49989
3,7	0,49989	0,49990	0,49990	0,49990	0,49991	0,49991	0,49992	0,49992	0,49992	0,49992
3,8	0,49993	0,49993	0,49993	0,49994	0,49994	0,49994	0,49994	0,49995	0,49995	0,49995
3,9	0,49995	0,49995	0,49996	0,49996	0,49996	0,49996	0,49996	0,49996	0,49997	0,49997

Anexo E Fator limite de tolerância unilateral para base B (k_B) para distribuição normal. Adaptado de SAE R-424 CMH 2002; MONTGOMERY; RUNGER; HUBELE, 2011; ZIO, 2007; PHAM, 2006; DESHPANDE; PUROHI, 2005.

n = 2 – 137							
n	k_B	n	k_B	n	k_B	n	k_B
2	20,581	36	1,725	70	1,582	104	1,522
3	6,157	37	1,718	71	1,579	105	1,521
4	4,163	38	1,711	72	1,577	106	1,519
5	3,408	39	1,704	73	1,575	107	1,518
6	3,007	40	1,698	74	1,572	108	1,517
7	2,756	41	1,692	75	1,570	109	1,516
8	2,583	42	1,686	76	1,568	110	1,515
9	2,454	43	1,680	77	1,566	111	1,513
10	2,355	44	1,675	78	1,564	112	1,512
11	2,276	45	1,669	79	1,562	113	1,511
12	2,211	46	1,664	80	1,560	114	1,510
13	2,156	47	1,660	81	1,558	115	1,509
14	2,109	48	1,655	82	1,556	116	1,508
15	2,069	49	1,650	83	1,554	117	1507
16	2,034	50	1,646	84	1,552	118	1,506
17	2,002	51	1,642	85	1,551	119	1,505
18	1,974	52	1,638	86	1,549	120	1,504
19	1,949	53	1,634	87	1,547	121	1,503
20	1,927	54	1,630	88	1,545	122	1,502
21	1,906	55	1,626	89	1,544	123	1,501
22	1,887	56	1,623	90	1,542	124	1,500
23	1,870	57	1,619	91	1,540	125	1,499
24	1,854	58	1,616	92	1,539	126	1,498
25	1,839	59	1,613	93	1,537	127	1,497

(*continua*)

Anexo E Fator limite de tolerância unilateral para base B (k_B) para distribuição normal. Adaptado de SAE R-424 CMH 2002; MONTGOMERY; RUNGER; HUBELE, 2011; ZIO, 2007; PHAM, 2006; DESHPANDE; PUROHIT, 2005. (*continuação*)

n = 2 – 137							
n	k_B	n	k_B	n	k_B	n	k_B
26	1,825	60	1,609	94	1,536	128	1,496
27	1,812	61	1606	95	1,534	129	1,495
28	1,800	62	1,603	96	1,533	130	1,494
29	1,789	63	1,600	97	1,532	131	1,493
30	1,778	64	1,597	98	1,530	132	1,492
31	1,768	65	1,595	99	1,529	133	1,492
32	1,758	66	1,592	100	1,527	134	1,491
33	1,749	67	1,589	101	1,526	135	1,490
34	1,741	68	1,587	102	1,525	136	1,489
35	1,733	69	1,584	103	1,523	137	1,488

Anexo E Fator limite de tolerância unilateral para base B (k_B) para distribuição normal. Adaptado de SAE R-424 CMH 2002; MONTGOMERY; RUNGER; HUBELE, 2011; ZIO, 2007; PHAM, 2006; DESHPANDE; PUROHIT, 2005. (*continuação*)

n = 137 – ∞							
n	k_B	n	k_B	n	k_B	n	k_B
138	1,487	172	1,464	230	1,438	400	1,398
139	1,487	173	1,464	235	1,436	425	1,395
140	1,486	174	1,463	240	1,434	450	1,391
141	1,485	175	1,463	245	1,433	475	1,388
142	1,484	176	1,462	250	1,431	500	1,386
143	1,483	177	1,461	255	1,430	525	1,383
144	1,483	178	1,461	260	1428	550	1,381
145	1,482	179	1,460	265	1,427	575	1,378
146	1,481	180	1,460	270	1,425	600	1,376

(*continua*)

Anexo E Fator limite de tolerância unilateral para base B (k_B) para distribuição normal. Adaptado de SAE R-424 CMH 2002; MONTGOMERY; RUNGER; HUBELE, 2011; ZIO, 2007; PHAM, 2006; DESHPANDE; PUROHIT, 2005. (*continuação*)

n = 137 – ∞							
n	k_B	n	k_B	n	k_B	n	k_B
147	1,480	181	1,459	275	1,424	625	1,374
148	1,480	182	1,459	280	1,422	650	1,372
149	1,479	183	1,458	285	1,421	675	1,371
150	1,478	184	1,458	290	1,420	700	1,369
151	1,478	185	1,457	295	1,419	725	1,367
152	1,477	186	1,457	300	1,417	750	1,366
153	1,476	187	1,456	305	1,416	775	1,364
154	1,475	188	1,456	310	1,415	800	1,363
155	1,475	189	1,455	315	1,414	825	1,362
156	1,474	190	1,455	320	1,413	850	1,361
157	1,473	191	1,454	325	1,412	875	1,359
158	1,473	192	1,454	330	1,411	900	1,358
159	1,472	193	1,453	335	1,410	925	1,357
160	1,472	194	1,453	340	1,409	950	1,356
161	1,471	195	1,452	345	1,408	975	1,355
162	1,470	196	1,452	350	1,407	1.000	1,354
163	1,470	197	1,451	355	1,406	1.500	1,340
164	1,469	198	1,451	360	1,405	2.000	1,332
165	1,468	199	1,450	365	1,404	3.000	1,323
166	1,468	200	1,450	370	1,403	5.000	1,313
167	1,467	205	1,448	375	1,402	10.000	1,304
168	1,467	210	1,446	380	1,402	∞	1,282
169	1,466	215	1,444	385	1,401		
170	1,465	220	1,442	390	1,400		
171	1,465	225	1,440	395	1,399		

Anexo F r_B para determinação de valores de base B para o método não paramétrico. Adaptado de SAE R-424 CMH 2002; MONTGOMERY; RUNGER; HUBELE, 2011; ZIO, 2007; PHAM, 2006; DESHPANDE; PUROHIT, 2005.

n	r_B	n	r_B	n	r_B
28	*	660	54	3.901	360
29	1	682	56	4.005	370
46	2	704	58	4.109	380
61	3	726	60	4.213	390
76	4	781	65	4.317	400
89	5	836	70	4.421	410
103	6	890	75	4.525	420
116	7	945	80	4.629	430
129	8	999	85	4.733	440
142	9	1.053	90	4.836	450
154	10	1.107	95	4.940	460
167	11	1.161	100	5.044	470
179	12	1.269	110	5.147	480
191	13	1.376	120	5.251	490
203	14	1.483	130	5.354	500
215	15	1.590	140	5.613	525
227	16	1.696	150	5.871	550
239	17	1.803	160	6.130	575
251	18	1.909	170	6.388	600
263	19	2.015	180	6.645	625
275	20	2.120	190	6.903	650
298	22	2.226	200	7.161	675
321	24	2.331	210	7.418	700
345	26	2.437	220	7.727	730
368	28	2.542	230	8.036	760

(continua)

Anexo F r_B para determinação de valores de base B para o método não paramétrico. Adaptado de SAE R-424 CMH 2002; MONTGOMERY; RUNGER; HUBELE, 2011; ZIO, 2007; PHAM, 2006; DESHPANDE; PUROHIT, 2005. (*continuação*)

n	r_B	n	r_B	n	r_B
391	30	2.647	240	8.344	790
413	32	2.752	250	8.652	820
436	34	2.857	260	8.960	850
459	36	2.962	270	9.268	880
481	38	3.066	280	9.576	910
504	40	3.171	290	9.884	940
526	42	3.272	300	10.191	970
549	44	3.380	310	10.499	10.00[1]
571	46	3.484	320		
593	48	3.589	330		
615	50	3.693	340		
638	52	3.797	350		

* Não existem valores de base B para n < 28.

[1] Para n > 10499, use eq. 3.36.

Anexo G Fatores não paramétricos de base B para tamanho de amostras pequenas. Adaptado de SAE R-424 CMH 2002; MONTGOMERY; RUNGER; HUBELE, 2011; ZIO, 2007; PHAM, 2006; DESHPANDE; PUROHIT, 2005.

n	r_B	k_B
2	2	35,177
3	3	7,859
4	4	4,505
5	4	4,101
6	5	3,064
7	5	2,858
8	6	2,382

(*continua*)

Anexo G Fatores não paramétricos de base B para tamanho de amostras pequenas. Adaptado de SAE R-424 CMH 2002; MONTGOMERY; RUNGER; HUBELE, 2011; ZIO, 2007; PHAM, 2006; DESHPANDE; PUROHIT, 2005. (*continuação*)

n	r_B	k_B
9	6	2,253
10	6	2,137
11	7	1,897
12	7	1,814
13	7	1,738
14	8	1,599
15	8	1,540
16	8	1,485
17	8	1,434
18	9	1,354
19	9	1,311
20	10	1,253
21	10	1,218
22	10	1,184
23	11	1,143
24	11	1,114
25	11	1,087
26	11	1,060
27	11	1,350
28	12	1,010

Anexo H Quantil da distribuição F. Adaptado de SAE R-424 CMH 2002; MONTGOMERY; RUNGER; HUBELE, 2011; ZIO, 2007; PHAM, 2006; DESHPANDE; PUROHIT, 2005.

Denominador γ_2 graus de liberdade		Numerador γ_1 graus de liberdade								
		1	**2**	**3**	**4**	**5**	**6**	**7**	**8**	**9**
	1	161,45	199,5	215,71	224,58	230,16	233,99	236,77	238,88	240,54
	2	18,51	19,00	19,16	19,25	19,30	19,33	1,935	19,37	19,38
	3	10,13	9,55	9,28	9,12	9,01	8,94	8,89	8,85	8,81
	4	7,71	6,94	6,59	6,39	6,26	6,16	6,09	6,04	6,00
	5	6,61	5,79	5,41	5,19	5,05	4,95	4,88	4,82	4,77
	6	5,99	5,14	4,76	4,53	4,39	4,28	4,21	4,15	4,10
	7	5,59	4,74	4,35	4,12	3,97	3,87	3,79	3,73	3,68
	8	5,32	4,46	4,07	3,84	3,69	3,58	3,50	3,44	3,39
	9	5,12	4,26	3,86	3,63	3,48	3,37	3,29	3,23	3,18
	10	4,96	4,10	3,71	3,48	3,33	3,22	3,14	3,07	3,02
	11	4,84	3,98	3,59	3,36	3,20	3,09	3,01	2,95	2,90
	12	4,75	3,89	3,49	3,26	3,11	3,0	2,91	2,85	2,80
	13	4,67	3,81	3,41	3,18	3,03	2,92	2,83	2,77	2,71
	14	4,60	3,74	3,34	3,11	2,96	2,85	2,76	2,70	2,65
	15	4,54	3,68	3,29	3,06	2,90	2,79	2,71	2,64	2,59
	16	4,49	3,63	3,24	3,01	2,85	2,74	2,66	2,59	2,54
	17	4,45	3,59	3,20	2,96	2,81	2,70	2,61	2,55	2,49
	18	4,41	3,55	3,16	2,93	2,77	2,66	2,58	2,51	2,46
	19	4,38	3,52	3,13	2,90	2,74	2,63	2,54	2,48	2,42
	20	4,35	3,49	3,10	2,87	2,71	2,60	2,51	2,45	2,39
	21	4,32	3,47	3,07	2,84	2,68	2,57	2,49	2,42	2,37
	22	4,30	3,44	3,05	2,82	2,66	2,55	2,46	2,40	2,34
	23	4,28	3,42	3,03	2,80	2,64	2,53	2,44	2,37	2,32
	24	4,26	3,40	3,01	2,78	2,62	2,51	2,42	2,36	2,30

(*continua*)

Anexo H Quantil da distribuição F. Adaptado de SAE R-424 CMH 2002; MONTGOMERY; RUNGER; HUBELE, 2011; ZIO, 2007; PHAM, 2006; DESHPANDE; PUROHIT, 2005. (*continuação*)

Denominador γ_2 graus de liberdade	Numerador γ_1 graus de liberdade								
	1	**2**	**3**	**4**	**5**	**6**	**7**	**8**	**9**
25	4,24	3,39	2,99	2,76	2,60	2,49	2,40	2,34	2,28
26	4,23	3,37	2,98	2,74	2,59	2,47	2,39	2,32	2,27
27	4,21	3,35	2,96	2,73	2,57	2,46	2,37	2,31	2,25
28	4,20	3,34	2,95	2,71	2,56	2,45	2,36	2,29	2,24
29	4,18	3,33	2,93	2,70	2,55	2,43	2,35	2,28	2,22
30	4,17	3,32	2,92	2,69	2,53	2,42	2,33	2,27	2,21
40	4,08	3,23	2,84	2,61	2,45	2,34	2,25	2,18	2,12
60	4,0	3,15	2,76	2,53	2,37	2,25	2,17	2,10	2,04
120	3,92	3,07	2,68	2,45	2,29	2,18	2,09	2,02	1,96
∞	3,84	3,00	2,61	2,37	2,21	2,10	2,01	1,94	188

Anexo H Quantil da distribuição F. Adaptado de SAE R-424 CMH 2002; MONTGOMERY; RUNGER; HUBELE, 2011; ZIO, 2007; PHAM, 2006; DESHPANDE; PUROHIT, 2005. (*continuação*)

Denominador γ_2 graus de liberdade	Numerador γ_1 graus de liberdade									
	10	**12**	**15**	**20**	**24**	**30**	**40**	**60**	**120**	∞
1	241,88	243,91	245,95	248,01	249,05	250,10	251,14	252,20	253,25	254,31
2	19,40	19,41	19,43	19,45	19,45	19,46	19,47	19,48	19,49	19,51
3	8,79	8,74	8,70	8,66	8,64	8,62	8,59	8,57	8,55	8,53
4	5,96	5,91	5,86	5,80	5,77	5,75	5,72	5,69	5,66	5,63
5	4,74	4,68	4,62	4,56	4,53	4,50	4,46	4,43	4,40	4,37
6	4,06	4,00	3,94	3,87	3,84	3,81	3,77	3,74	3,70	3,67
7	3,64	3,57	3,51	3,44	3,41	3,38	3,34	3,30	3,27	3,23
8	3,35	3,28	3,22	3,15	3,12	3,08	3,04	3,01	2,97	2,93
9	3,14	3,07	3,01	2,94	2,90	2,86	2,83	2,79	2,75	2,71
10	2,98	2,91	2,85	2,77	2,74	2,70	2,66	2,62	2,58	2,54

(*continua*)

Anexo H Quantil da distribuição F. Adaptado de SAE R-424 CMH 2002; MONTGOMERY; RUNGER; HUBELE, 2011; ZIO, 2007; PHAM, 2006; DESHPANDE; PUROHIT, 2005. (*continuação*)

Denominador γ_2 graus de liberdade	Numerador γ_1 graus de liberdade									
	10	**12**	**15**	**20**	**24**	**30**	**40**	**60**	**120**	∞
11	2,85	2,79	2,72	2,65	2,61	2,57	2,53	2,49	2,45	2,40
12	2,75	2,69	2,62	2,54	2,51	2,47	2,43	2,38	2,34	2,30
13	2,67	2,60	2,53	2,46	2,42	2,38	2,34	2,30	2,25	2,21
14	2,60	2,53	2,46	2,39	2,35	2,31	2,27	2,22	2,18	2,13
15	2,54	2,48	2,40	2,33	2,29	2,25	2,20	2,16	2,11	2,07
16	2,49	2,42	2,35	2,28	2,24	2,19	,15	2,11	2,06	2,01
17	2,45	2,38	2,31	2,23	2,19	2,15	2,10	2,06	2,01	1,96
18	2,41	2,34	2,27	2,19	2,15	2,11	2,06	2,02	1,97	1,92
19	2,38	2,31	2,23	2,16	2,11	2,07	2,03	1,98	1,93	1,88
20	2,35	2,28	2,20	2,12	2,08	2,04	1,99	1,95	1,90	1,84
21	2,32	2,25	2,18	2,10	2,05	2,01	1,96	1,92	1,87	1,81
22	2,30	2,23	2,15	2,07	2,03	1,98	1,94	1,89	1,84	1,78
23	2,27	2,20	2,13	2,05	2,01	1,96	1,91	1,86	1,81	1,76
24	2,25	2,18	2,11	2,03	1,98	1,94	1,89	1,84	1,79	1,73
25	2,24	2,16	2,09	2,01	1,96	1,92	1,87	1,82	1,77	1,71
26	2,22	2,15	2,07	1,99	1,95	1,90	1,85	1,80	1,75	1,69
27	2,20	2,13	2,06	1,97	1,93	1,88	1,84	1,79	1,73	1,67
28	2,19	2,12	2,04	1,96	1,91	1,97	1,82	1,77	1,71	1,65
29	2,18	2,10	2,03	1,94	1,90	1,85	1,81	1,75	1,70	1,64
30	2,16	2,09	2,01	1,93	1,89	1,84	1,79	1,74	1,68	1,62
40	2,08	2,00	1,92	1,84	1,79	1,74	1,69	1,64	1,58	1,51
60	1,99	1,92	1,84	1,75	1,70	1,65	1,59	1,53	1,47	1,39
120	1,91	1,83	1,75	1,66	1,61	1,55	1,50	1,43	1,35	1,25
∞	1,83	1,75	1,67	1,57	1,52	1,46	1,39	1,32	122	1,00

10.6 REFERÊNCIAS

ADAMS, D. F. Testing the damage tolerance of composite materials. *High Performance Composites*, Mar. 2012. Disponível em: <http://www.compositesworld.com/articles/testing-the-damage-tolerance-of-composite-materials>. Acesso em: 3 mar. 2015.

ADVANCED COMPOSITE MATERIALS ASSOCIATION. *SACMA SRM 1R-94:* compressive properties of oriented fiber-resin composites. Arlington, VA: SACMA, 1994.

ADVANCED COMPOSITE MATERIALS ASSOCIATION. *SACMA SRM 2R-94:* compression after impact properties of oriented fiber-resin composites. Arlington, VA: SACMA, 1994.

ADVANCED COMPOSITE MATERIALS ASSOCIATION. *SACMA SRM 3R-94:* open-hole compression properties of oriented fiber-resin composites. Arlington, VA: SACMA, 1994.

ADVANCED COMPOSITE MATERIALS ASSOCIATION. *SACMA SRM 4R-94:* tensile properties of oriented fiber-resin composites. Arlington, VA: SACMA, 1994.

ADVANCED COMPOSITE MATERIALS ASSOCIATION. *SACMA SRM 5R-94:* open-hole tensile properties of oriented fiber-resin composites. Arlington, VA: SACMA, 1994.

ADVANCED COMPOSITE MATERIALS ASSOCIATION. *SACMA SRM 6-94:* compressive properties of oriented cross-plied fiber-resin composites. Arlington, VA: SACMA, 1994.

ADVANCED COMPOSITE MATERIALS ASSOCIATION. *SACMA SRM 7R-94:* inplane shear stress-strain properties of oriented fiber-resin composites. Arlington, VA: SACMA, 1994.

ADVANCED COMPOSITE MATERIALS ASSOCIATION. *SACMA SRM 8R-94:* short beam shear strength of oriented fiber-resin composites. Arlington, VA: SACMA, 1994.

ADVANCED COMPOSITE MATERIALS ASSOCIATION. *SACMA SRM 9-94:* tensile properties of oriented cross-plied fiber-resin composites. Arlington, VA: SACMA, 1994.

ADVANCED COMPOSITE MATERIALS ASSOCIATION. *SACMA SRM 10R-94:* fiber volume, percent resin volume and calculated average cured ply thickness of plied laminates. Arlington, VA: SACMA, 1994.

ADVANCED COMPOSITE MATERIALS ASSOCIATION. *SACMA SRM 11R-94:* environmental conditioning of composite test laminates. Arlington, VA: SACMA, 1994.

ADVANCED COMPOSITE MATERIALS ASSOCIATION. *SACMA SRM 12R-94:* lot acceptance of carbon fibers. Arlington, VA: SACMA, 1994.

ADVANCED COMPOSITE MATERIALS ASSOCIATION. *SACMA SRM 13R-94:* determination of mass per unit length of carbon fibers. Arlington, VA: SACMA, 1994.

ADVANCED COMPOSITE MATERIALS ASSOCIATION. *SACMA SRM 14R-94:* determination of sizing content of carbon fibers. Arlington, VA: SACMA, 1994.

ADVANCED COMPOSITE MATERIALS ASSOCIATION. *SACMA SRM 15R-94:* determination of density of carbon fibers. Arlington, VA: SACMA, 1994.

ADVANCED COMPOSITE MATERIALS ASSOCIATION. *SACMA SRM 16R-94:* tow tensile testing of carbon fibers. Arlington, VA: SACMA, 1994.

ADVANCED COMPOSITE MATERIALS ASSOCIATION. *SACMA SRM 17R-94:* determination of twist in carbon fibers. Arlington, VA: SACMA, 1994.

ADVANCED COMPOSITE MATERIALS ASSOCIATION. *SACMA SRM 18R-94:* glass transition temperature (Tg) determination by DMA of oriented fiber-resin composites. Arlington, VA: SACMA, 1994.

ADVANCED COMPOSITE MATERIALS ASSOCIATION. *SACMA SRM 19-94:* viscosity characteristics of matrix resins. Arlington, VA: SACMA, 1994.

ADVANCED COMPOSITE MATERIALS ASSOCIATION. *SACMA SRM 20R-94:* high performance liquid chromatography of thermoset resins. Arlington, VA: SACMA, 1994.

ADVANCED COMPOSITE MATERIALS ASSOCIATION. *SACMA SRM 21R-94:* fluid resistance evaluation of composite materials. Arlington, VA: SACMA, 1994.

ADVANCED COMPOSITE MATERIALS ASSOCIATION. *SACMA SRM 22R-94:* determining the resin flow of preimpregnated "B" staged material. Arlington, VA: SACMA, 1994.

ADVANCED COMPOSITE MATERIALS ASSOCIATION. *SACMA SRM 23R-94:* determination of resin content and fiber areal weight of thermoset prepreg with destructive techniques. Arlington, VA: SACMA, 1994.

ADVANCED COMPOSITE MATERIALS ASSOCIATION. *SACMA SRM 24R-94:* determination of resin content, fiber areal weight and flow of thermoset prepreg by combined mechanical and ultrasonic methods. Arlington, VA: SACMA, 1994.

ADVANCED COMPOSITE MATERIALS ASSOCIATION. *SACMA SRM 25R-94:* onset temperature and peak temperature for composite system resins using differential scanning calorimetry (DSC). Arlington, VA: SACMA, 1994.

ADVANCED COMPOSITE MATERIALS ASSOCIATION. *SACMA SRM 26-94:* fiber/matrix adhesion of carbon fiber reinforced polymer matrix composites. Arlington, VA: SACMA, 1994.

ADVANCED COMPOSITE MATERIALS ASSOCIATION. *SACMA SRM 27-98:* semi-quantitative identification of offgassing volatiles from composite prepreg materials. Arlington, VA: SACMA, 1998.

AL-FAWZAN, M. A. Methods for estimating the parameters of the Weibull distribution. *InterStat Stat Journal*, p. 1-11, Oct. 2000. Disponível em: <http://interstat.statjournals.net/YEAR/2000/articles/0010001.pdf>. Acesso em: 9 mar. 2015.

ALQAM, M.; BENNETT, R. M.; ZUREICK, A. Three-parameter vs. two-parameter Weibull distribution for pultruded composite material properties. *Composite Structures*, v. 58, n. 4, p. 497-503, Dec. 2002.

AMERICAN SOCIETY FOR TESTING AND MATERIALS. *ASTM D256-10e1:* standard test method for determining the izod pendulum impact resistance of plastics. West Conshohocken, PA: ASTM International, 2010.

AMERICAN SOCIETY FOR TESTING AND MATERIALS. *ASTM D618-13:* standard practice for conditioning plastics for testing. West Conshohocken, PA: ASTM International, 2013.

AMERICAN SOCIETY FOR TESTING AND MATERIALS. *ASTM D638-14*: standard test method for tensile properties of plastics. West Conshohocken, PA: ASTM International, 2014.

AMERICAN SOCIETY FOR TESTING AND MATERIALS. *ASTM D695-15:* standard test method for compressive properties of rigid plastics. West Conshohocken, PA: ASTM International, 2015.

AMERICAN SOCIETY FOR TESTING AND MATERIALS. *ASTM D792-13*: standard test methods for density and specific gravity (relative density) of plastics by displacement. West Conshohocken, PA: ASTM International, 2013.

AMERICAN SOCIETY FOR TESTING AND MATERIALS. *ASTM D2344/2344M-13:* standard test method for short-beam strength of polymer matrix composite materials and their laminates. West Conshohocken, PA: ASTM International, 2013.

AMERICAN SOCIETY FOR TESTING AND MATERIALS. *ASTM D3039/D3039M-14:* standard test method for tensile properties of polymer matrix composite materials. West Conshohocken, PA: ASTM International, 2014.

AMERICAN SOCIETY FOR TESTING AND MATERIALS. *ASTM D3171-15:* standard test method for constituent content of composite materials. West Conshohocken, PA: ASTM International, 2015.

AMERICAN SOCIETY FOR TESTING AND MATERIALS. *ASTM D3410/3410M-03 (2008):* standard test method for compressive properties of polymer matrix composite materials with unsupported gage section by shear loading. West Conshohocken, PA: ASTM International, 2008.

AMERICAN SOCIETY FOR TESTING AND MATERIALS. *ASTM D3518/3515M-13:* standard test method for in-plane shear response of polymer matrix composite materials by tensile test of a ±45° laminate. West Conshohocken, PA: ASTM International, 2013.

AMERICAN SOCIETY FOR TESTING AND MATERIALS. ASTM D4812-11: standard test method for unnotched cantilever beam impact resistance of plastics. West Conshohocken, PA: ASTM International, 2011.

AMERICAN SOCIETY FOR TESTING AND MATERIALS. *ASTM D5229/5229M-14:* standard test method for moisture absorption properties and equilibrium conditioning of polymer matrix composite materials. West Conshohocken, PA: ASTM International, 2014.

AMERICAN SOCIETY FOR TESTING AND MATERIALS. *ASTM D6484/D6484M-14:* standard test method for open-hole compressive strength of polymer matrix composite laminates. West Conshohocken, PA: ASTM International, 2014.

AMERICAN SOCIETY FOR TESTING AND MATERIALS. *ASTM D7137/7137M-12:* compressive residual strength properties of damaged polymer matrix composite plates. West Conshohocken, PA: ASTM International, 2012.

AMERICAN SOCIETY FOR TESTING AND MATERIALS. *The composite materials handbook - MIL 17:* polymer matrix composites: guidelines for characterization of structural materials. West Conshohocken, PA: ASTM International, 2002. v. 1.

ANCELOTTI JÚNIOR, A. C. *Efeitos da porosidade na resistência ao cisalhamento e nas propriedades dinâmicas de compósitos de fibra de carbono/resina epóxi.* 2006. 203 f. Dissertação (Mestrado em Engenharia Aeronáutica e Mecânica) – Instituto Tecnológico de Aeronáutica, São José dos Campos, 2006.

BARBERO, E. J.; GUTIERREZ, J. M. Determination of basis values from experimental data for fabrics and composites. In: SAMPE CONFERENCE AND EXHIBITION, 2012, Baltimore, *Proceedings...* Covina, CA: SAMPE, Paper number 1989. 10p. Disponível em: <http://barbero.cadec-online.com/papers/2012/conference/1989.pdf>. Acesso em: 14 jul. 2015.

BARBERO, E.; FERNANDEZ-SAEZ, J.; NAVARRO, C. Statistical analysis of the mechanical properties of composite materials. *Composites Part B: Engineering,* v. 31, n. 5, p. 375-381, July 2000.

BINGHAM, N. H.; FRY, J. M. *Regression*: Linear models in statistics. London: Springer Verlag, 2010. 284p.

BOGUCKI, G. W. et al. *Guidelines for the development of process specifications, instructions, and controls for the fabrication of fiber- reinforced polymer composites.* Washington, DC: U.S. Department of Transportation, 2003. 48p. (Final Report - DOT/FAA/AR-02/110). Disponível em: <http://www.tc.faa.gov/its/worldpac/techrpt/ar02-110.pdf>. Acesso em: 29 maio 2015.

BOGUCKI, G. et al. *Preliminary guidelines and recommendations for the development of material and process specifications for carbon fiber-reinforced liquid resin molded materials.* Washington, DC: U.S. Department of Transportation, 2007. 124p. (Final Report - DOT/FAA/AR-06/25). Disponível em: <http://www.tc.faa.gov/its/worldpac/techrpt/ar0625.pdf>. Acesso em: 29 maio 2015.

CLARKSON, E. Cytec Cycom 5320-1 T650 3k-PW Fabric Material Allowables Statistical Analysis Report. NCAMP Project Number NPN071001. NCAMP Report Number: NCP-RP-2012-023 Ver NC. October/2015.

DESHPANDE, J. V. PUROHIT, S. G. *Life time data*: statistical models and methods, Series on Quality, Reliability and Engineering Statistics. v. 11. Singapore: World Scientific Publishing Co. Pte. Ltd, 2005. 258p.

EVANS, J. W.; JOHNSON, R. A.; GREEN, D. W. *Two- and three-parameter Weibull goodness-of-fit tests.* Madison, WI: U.S. Department of Agriculture - Forest Service, Forest Products Laboratory, 1989. 27p. (Research Paper: FPL-RP-493). Disponível em: <http://originwww.fpl.fs.fed.us/documnts/fplrp/fplrp493.pdf>. Acesso em: 3 abr. 2015.

EGBERT, H. *Test method stardand for environmental engineering considerations and laboratory tests.* MIL-STD-810G, Department of Defense/USA. 2000. 804p.

FERREIRA, C. L. C. *Degradação de compósitos poliméricos em ambientes úmidos:* influência da interface. 2003. 140f. Dissertação (Mestrado em Engenharia Metalúrgica) – Universidade Federal de Minas Gerais, Belo Horizonte, 2003.

GONÇALVES, V. O. *Avaliação da resistência estática e em fadiga em compósitos de fibra de carbono/epóxi e fibra de vidro/epóxi sob cisalhamento modo Iosipescu.* 2010. 161f. Dissertação (Mestrado em Engenharia Aeronáutica e Mecânica) – Instituto Tecnológico de Aeronáutica, São José dos Campos, 2009.

HUA, Z. J.; MAO-SHENG, Z. J. *Composite materials*, v. 38, 2004, p. 779-790.

KIM, H. J.; LILLEY, D. G. Heat Release Rates of Burning Items in Fires. 38th Aerospace Sciences Meeting & Exhibit, Paper AIAA 2000-0722, p. 1-26. Reno, NV, 10-13 Jan., 2000.

KAUFMANN, M. *Cost/weight optimization of aircraft structures.* 2008. 43 f. Licentiate Thesis – KTH School of Engineering Science, Stockholm, Sweden, 2008. Disponível em: <https://www.diva-portal.org/smash/get/diva2:13224/FULLTEXT01.pdf>. Acesso em: 17 out. 2014.

KUTNER, M., et al. *Applied linear statistical models.* 5. ed. Homewood, IL: McGraw-Hill/Irwin, 2004. 1346p.

KRISHNAMOORTHY, K. *Handbook of statistical distributions with applications.* Boca Raton: Chapman and Hall/CRF, 2006. 350p.

MANN, M.; NG, Y.; MARLETT, K. *Qualification Statistical Analysis Report.* Wichita, KS: Wichita State University - National Institute for Aviation Research, 2013. 273p. (Test Number Report: NCP-RP-2008-003 Rev. D). Disponível em: <http://www.niar.wichita.edu/coe/NCAMP_Documents/ACG%20MTM45-1/Qual%20CAM-RP-2008-003%20Rev%20D%20ACG%20G30-500%20PW%2005.02.13%20FINAL%20MPDR.pdf>. Acesso em: 16 out. 2014.

MILLER, R. G. *Beyond ANOVA, basics of applied statistics.* Boca Raton: Chapman & Hall/CRC Texts in Statistical Science. 1986. 336p.

MONTGOMERY, D. C.; RUNGER, G. C.; HUBELE, N. F. *Engineering Statistics*, 5th Hoboken/NJ: Edition, John Wiley & Sons. 2011. 544p.

MUNJAL, A. K. Test methods for determining design allowables for fiber reinforced composites. In: CHAMIS, C. C. (Ed.). *Test methods for design allowables for fibrous composites.* v. 2. Philadelphia, PA: ASTM, 1989. p. 93-110. (ASTM STP 1003).

NILSSON, S. *Manufacturing control*: certification and standards for composite material. 2005. 58f. Dissertation (Mechanical Engineering) – Department of Applied Physics and Mechanical Engineering - Division of Polymer Engineering, Lulea University of Technology, Lulea, Sweden, 2005. Disponível em: <http://epubl.ltu.se/1402-1617/2005/059/LTU-EX-05059-SE.pdf>. Acesso em: 16 nov. 2014.

PETERS, S. T. *Handbook of composites*. Edited by S.T. Peters. Published in 1998 by Chapman & Hall.

PETTITT, A. N. Testing the normality of several independent samples using the Anderson-Darling statistic. *Journal of the Royal Statistical Society. Series C (Applied Statistics)*, v. 26, n. 2, p. 156-161, 1977.

PERREUX, D.; SURI, C. A study of the coupling between the phenomena of water absorption and damage in glass/epoxy composite pipes. *Composites Science and Technology*, v. 57, n. 9-10, p. 1403-1413, 1997.

PÉRONNET, E. et al. Characterization and comparison of defects detection limits of three ultrasonic non destructive methods. *EPJ Web of Conferences*, v. 6, p. 3600-1/8, 2010, EDP Sciences.

PHAM, H. *Springer handbook of engineering statistics*. London: Springer-Verlag, 2006. 1120p.

PRADO, V. J. S. *Moldagem de compósitos pelo processo de infusão de resina:* correlação de propriedades. 2009. 188 f. Dissertação (Mestrado em Engenharia Aeronáutica e Mecânica) – Instituto Tecnológico de Aeronáutica, São José dos Campos, 2009.

QUAYLE, A. *Design allowables re-evaluation of ten composite materials; mechanical testing and porosity examination of M55J fabric coupons.* 2013. 40f. BSc Thesis (BS in Materials Engineering) – Faculty of the Materials Engineering, California Polytechnic State University, San Luis Obispo, 2013. Disponível em: <http://digitalcommons.calpoly.edu/cgi/viewcontent.cgi?article=1071&context=matesp>. Acesso em: 18 fev. 2015.

RICE, R. C. et al. *Metallic Materials Properties Development and Standardization (MMPDS).* DOT/FAA/AR-MMPDS-01, 2003. 1632p.

ROMEU, J. L. Anderson-Darling: a goodness of fit test for small samples assumptions. *Start,* v. 10, n. 5. p. 1-6, May 2003a. Disponível em: <https://src.alionscience.com/pdf/A_DTest.pdf>. Acesso em: 3 set. 2015.

ROMEU, J. L. Empirical assessment of Weibull distribution. *Start,* v. 10, n. 3. p. 1-6, Mar. 2003b. Disponível em: <https://www.dsiac.org/sites/www.dsiac.org/files/reference-documents/weibull.pdf>. Acesso em: 3 set. 2015.

RUST, S. W. et al. Statistical methods for calculating material allowables for MIL-HDBK-17. In: CHAMIS, C. C. (Ed.). *Test methods for design allowables for fibrous composites.* v. 2. Philadelphia, PA: ASTM, 1989. p. 136-149. (ASTM STP 1003).

SAE INTERNATIONAL. *SAE R-424 Composite materials handbook.* Wichita State University, 2012. v. 3.

SCHOLZ, F. W.; STEPHENS, M. A. K-Sample Anderson-Darling Tests. *Journal of the American Statistical Association*, v. 82, n. 399, p. 918-924, Sept. 1987.

SUH, D. W. et al. Equilibrium water uptake of epoxy/carbon fiber composites in hygrothermal environmental conditions. *Journal of Composite Materials*, v. 35, n. 3, p. 264-278, 2001.

TOMBLIN, J. S.; NG, Y. C.; RAJU, K. S. *Material qualification and equivalency for polymer matrix composite material systems.* Washington, DC: U.S. Department of Transportation, 2001. 119p. (Final Report - DOT/FAA/AR-00/47). Disponível em: <https://www.wmc.eu/public_docs/10329_000.pdf>. Acesso em: 29 maio 2015.

TROMBLIN, J. S. et al. S. *B – Basis design allowables for epoxy* – Based Prepreg FiberCote Graphite Fabric T300 6K 5HS / E765. NIAR Report # 02-2 Rev.1, National Institute for Aviation Research, Wichita State University, 2003.

TROMBLIN, J.; SENEVIRATNE, W. *Laminate statistical allowable generation for fiber-reinforced composite materials*: Lamina Variability Method., DOT/FAA/AR-06/53. Department of Aerospace Engineering. Wichita State University. 176p. 2009.

WALCK, C. *Handbook of statistical distributions for experimentalists.* Internal Report SUF–PFY/96–01. University of Stockolm. 202p. 2007.

WARD, S.; McCARVILL, W.; TOMBLIN, J. *Guidelines and recommended criteria for the development of a material specification for carbon fiber/epoxy fabric prepregs*, Washington, DC: U.S. Department of Transportation – Federal Aviation Administration, 2007. 81p. (DOT/FAA/AR-06/10). Disponível em: <http://www.tc.faa.gov/its/worldpac/techrpt/ar0610.pdf>. Acesso em: 5 abr. 2015.

WOLFE, A. R.; WEINER, M. Compression testing - comparison of various test methods. In: AMERICAN COMPOSITES MANUFACTURERS - ACMA COMPOSITES, 25th., 2004, Tampa, FL. *Proceedings...* Arlington, VA: ACMA, 2004. p. 1-4. Disponível em: <http://lightweight-id.com/compression%20test%20methods.pdf>. Acesso em: 28 maio 2015.

ZANG, J-H.; ZAN, M. S. Visual experiments for water absorbing process of fiber-reinforced composites. *Journal of Composite Materials*, v. 38, n. 9, p. 779-790, 2004.

ZIO, E. *An introduction to the basics of reliability and risk analysls.* Series in Quality, Reliability and Engineering Statistics. v. 13, World Scientific Publishing Co. Re. Ltd. 2007. 236p.

Índice remissivo

Aa

Bb

Cc

Gg

Hh

Ii

Ll

Mm

Nn

Oo

Pp